国家出版基金项目
NATIONAL PUBLICATION FOUNDATION

"十二五"国家重点出版规划项目
雷达与探测前沿技术丛书

雷达数字波束形成技术

Digital Beamforming Technique of Phased Array Radar

廖桂生 陶海红 曾操 编著

国防工業出版社
·北京·

内容简介

本书系统介绍了雷达数字波束形成的理论基础、方法以及实现技术与应用。主要内容包括空间传播波空时信号模型、空域滤波原理及算法、部分自适应处理技术、阵列信号的高分辨处理、稳健数字波束形成技术、机载雷达空时自适应处理及性能分析等，融合了课题组多年的研究成果。

本书可供雷达、导航、声纳与电子对抗领域的广大技术人员学习和参考，也可作为高等学校信息与通信工程相关专业的高年级本科生和研究生教材或参考书。

图书在版编目(CIP)数据

雷达数字波束形成技术 / 廖桂生，陶海红，曾操编著.
— 北京：国防工业出版社，2017.12(2023.3 重印)
(雷达与探测前沿技术丛书)
ISBN 978-7-118-11564-2

Ⅰ.①雷… Ⅱ.①廖… ②陶… ③曾… Ⅲ.①雷达波形 Ⅳ.①TN951

中国版本图书馆 CIP 数据核字(2018)第 021263 号

※

国防工业出版社出版发行
(北京市海淀区紫竹院南路 23 号　邮政编码 100048)
北京虎彩文化传播有限公司印刷
新华书店经售

*

开本 710×1000　1/16　**印张** 15¾　**字数** 284 千字
2023 年 3 月第 1 版第 2 次印刷　**印数** 3001—3500 册　**定价** 69.00 元

国防书店：(010)88540777　发行邮购：(010)88540776
发行传真：(010)88540755　发行业务：(010)88540717

“雷达与探测前沿技术丛书”
编审委员会

编辑委员会

总　序

雷达在第二次世界大战中初露头角。战后，美国麻省理工学院辐射实验室集合各方面的专家，总结战争期间的经验，于1950年前后出版了一套雷达丛书，共28个分册，对雷达技术做了全面总结，几乎成为当时雷达设计者的必备读物。我国的雷达研制也从那时开始，经过几十年的发展，到21世纪初，我国雷达技术在很多方面已进入国际先进行列。为总结这一时期的经验，中国电子科技集团公司曾经组织老一代专家撰著了“雷达技术丛书”，全面总结他们的工作经验，给雷达领域的工程技术人员留下了宝贵的知识财富。

电子技术的迅猛发展，促使雷达在内涵、技术和形态上快速更新，应用不断扩展。为了探索雷达领域前沿技术，我们又组织编写了本套“雷达与探测前沿技术丛书”。与以往雷达相关丛书显著不同的是，本套丛书并不完全是作者成熟的经验总结，大部分是专家根据国内外技术发展，对雷达前沿技术的探索性研究。内容主要依托雷达与探测一线专业技术人员的最新研究成果、发明专利、学术论文等，对现代雷达与探测技术的国内外进展、相关理论、工程应用等进行了广泛深入研究和总结，展示近十年来我国在雷达前沿技术方面的研制成果。本套丛书的出版力求能促进从事雷达与探测相关领域研究的科研人员及相关产品的使用人员更好地进行学术探索和创新实践。

本套丛书保持了每一个分册的相对独立性和完整性，重点是对前沿技术的介绍，读者可选择感兴趣的分册阅读。丛书共41个分册，内容包括频率扩展、协同探测、新技术体制、合成孔径雷达、新雷达应用、目标与环境、数字技术、微电子技术八个方面。

（一） 雷达频率迅速扩展是近年来表现出的明显趋势，新频段的开发、带宽的剧增使雷达的应用更加广泛。本套丛书遴选的频率扩展内容的著作共4个分册：

（1）《毫米波辐射无源探测技术》分册中没有讨论传统的毫米波雷达技术，而是着重介绍毫米波热辐射效应的无源成像技术。该书特别采用了平方千米阵的技术概念，这一概念在用干涉式阵列基线的测量结果来获得等效大口径阵列效果的孔径综合技术方面具有重要的意义。

(2)《太赫兹雷达》分册是一本较全面介绍太赫兹雷达的著作,主要包括太赫兹雷达系统的基本组成和技术特点、太赫兹雷达目标检测以及微动目标检测技术,同时也讨论了太赫兹雷达成像处理。

(3)《机载远程红外预警雷达系统》分册考虑到红外成像和告警是红外探测的传统应用,但是能否作为全空域远距离的搜索监视雷达,尚有诸多争议。该书主要讨论用监视雷达的概念如何解决红外极窄波束、全空域、远距离和数据率的矛盾,并介绍组成红外监视雷达的工程问题。

(4)《多脉冲激光雷达》分册从实际工程应用角度出发,较详细地阐述了多脉冲激光测距及单光子测距两种体制下的系统组成、工作原理、测距方程、激光目标信号模型、回波信号处理技术及目标探测算法等关键技术,通过对两种远程激光目标探测体制的探讨,力争让读者对基于脉冲测距的激光雷达探测有直观的认识和理解。

(二) 传输带宽的急剧提高,赋予雷达协同探测新的使命。协同探测会导致雷达形态和应用发生巨大的变化,是当前雷达研究的热点。本套丛书遴选出协同探测内容的著作共10个分册:

(1)《雷达组网技术》分册从雷达组网使用的效能出发,重点讨论点迹融合、资源管控、预案设计、闭环控制、参数调整、建模仿真、试验评估等雷达组网新技术的工程化,是把多传感器统一为系统的开始。

(2)《多传感器分布式信号检测理论与方法》分册主要介绍检测级、位置级(点迹和航迹)、属性级、态势评估与威胁估计五个层次中的检测级融合技术,是雷达组网的基础。该书主要给出各类分布式信号检测的最优化理论和算法,介绍考虑到网络和通信质量时的联合分布式信号检测准则和方法,并研究多输入多输出雷达目标检测的若干优化问题。

(3)《分布孔径雷达》分册所描述的雷达实现了多个单元孔径的射频相参合成,获得等效于大孔径天线雷达的探测性能。该书在概述分布孔径雷达基本原理的基础上,分别从系统设计、波形设计与处理、合成参数估计与控制、稀疏孔径布阵与测角、时频相同步等方面做了较为系统和全面的论述。

(4)《MIMO雷达》分册所介绍的雷达相对于相控阵雷达,可以同时获得波形分集和空域分集,有更加灵活的信号形式,单元间距不受$\lambda/2$的限制,间距拉开后,可组成各类分布式雷达。该书比较系统地描述多输入多输出(MIMO)雷达。详细分析了波形设计、积累补偿、目标检测、参数估计等关键技术。

(5)《MIMO雷达参数估计技术》分册更加侧重讨论各类MIMO雷达的算法。从MIMO雷达的基本知识出发,介绍均匀线阵,非圆信号,快速估计,相干目标,分布式目标,基于高阶累计量的、基于张量的、基于阵列误差的、特殊阵列结构的MIMO雷达目标参数估计的算法。

(6)《机载分布式相参射频探测系统》分册介绍的是MIMO技术的一种工程应用。该书针对分布式孔径采用正交信号接收相参的体制,分析和描述系统处理架构及性能、运动目标回波信号建模技术,并更加深入地分析和描述实现分布式相参雷达杂波抑制、能量积累、布阵等关键技术的解决方法。

(7)《机会阵雷达》分册介绍的是分布式雷达体制在移动平台上的典型应用。机会阵雷达强调根据平台的外形,天线单元共形随遇而布。该书详尽地描述系统设计、天线波束形成方法和算法、传输同步与单元定位等关键技术,分析了美国海军提出的用于弹道导弹防御和反隐身的机会阵雷达的工程应用问题。

(8)《无源探测定位技术》分册探讨的技术是基于现代雷达对抗的需求应运而生,并在实战应用需求越来越大的背景下快速拓展。随着知识层面上认知能力的提升以及技术层面上带宽和传输能力的增加,无源侦察已从单一的测向技术逐步转向多维定位。该书通过充分利用时间、空间、频移、相移等多维度信息,寻求无源定位的解,对雷达向无源发展有着重要的参考价值。

(9)《多波束凝视雷达》分册介绍的是通过多波束技术提高雷达发射信号能量利用效率以及在空、时、频域中减小处理损失,提高雷达探测性能;同时,运用相位中心凝视方法改进杂波中目标检测概率。分册还涉及短基线雷达如何利用多阵面提高发射信号能量利用效率的方法;针对长基线,阐述了多站雷达发射信号可形成凝视探测网格,提高雷达发射信号能量的使用效率;而合成孔径雷达(SAR)系统应用多波束凝视可降低发射功率,缓解宽幅成像与高分辨之间的矛盾。

(10)《外辐射源雷达》分册重点讨论以电视和广播信号为辐射源的无源雷达。详细描述调频广播模拟电视和各种数字电视的信号,减弱直达波的对消和滤波的技术;同时介绍了利用GPS(全球定位系统)卫星信号和GSM/CDMA(两种手机制式)移动电话作为辐射源的探测方法。各种外辐射源雷达,要得到定位参数和形成所需的空域,必须多站协同。

(三) 以新技术为牵引,产生出新的雷达系统概念,这对雷达的发展具有里程碑的意义。本套丛书遴选了涉及新技术体制雷达内容的6个分册:

(1)《宽带雷达》分册介绍的雷达打破了经典雷达5MHz带宽的极限,同时雷达分辨力的提高带来了高识别率和低杂波的优点。该书详尽地讨论宽带信号的设计、产生和检测方法。特别是对极窄脉冲检测进行有益的探索,为雷达的进一步发展提供了良好的开端。

(2)《数字阵列雷达》分册介绍的雷达是用数字处理的方法来控制空间波束,并能形成同时多波束,比用移相器灵活多变,已得到了广泛应用。该书全面系统地描述数字阵列雷达的系统和各分系统的组成。对总体设计、波束校准和补偿、收/发模块、信号处理等关键技术都进行了详细描述,是一本工程性较强的著作。

(3)《雷达数字波束形成技术》分册更加深入地描述数字阵列雷达中的波束形成技术,给出数字波束形成的理论基础、方法和实现技术。对灵巧干扰抑制、非均匀杂波抑制、波束保形等进行了深入的讨论,是一本理论性较强的专著。

(4)《电磁矢量传感器阵列信号处理》分册讨论在同一空间位置具有三个磁场和三个电场分量的电磁矢量传感器,比传统只用一个分量的标量阵列处理能获得更多的信息,六分量可完备地表征电磁波的极化特性。该书从几何代数、张量等数学基础到阵列分析、综合、参数估计、波束形成、布阵和校正等问题进行详细讨论,为进一步应用奠定了基础。

(5)《认知雷达导论》分册介绍的雷达可根据环境、目标和任务的感知,选择最优化的参数和处理方法。它使得雷达数据处理及反馈从粗犷到精细,彰显了新体制雷达的智能化。

(6)《量子雷达》分册的作者团队搜集了大量的国外资料,经探索和研究,介绍从基本理论到传输、散射、检测、发射、接收的完整内容。量子雷达探测具有极高的灵敏度,更高的信息维度,在反隐身和抗干扰方面优势明显。经典和非经典的量子雷达,很可能走在各种量子技术应用的前列。

(四) 合成孔径雷达(SAR)技术发展较快,已有大量的著作。本套丛书遴选了有一定特点和前景的5个分册:

(1)《数字阵列合成孔径雷达》分册系统阐述数字阵列技术在SAR中的应用,由于数字阵列天线具有灵活性并能在空间产生同时多波束,雷达采集的同一组回波数据,可处理出不同模式的成像结果,比常规SAR具备更多的新能力。该书着重研究基于数字阵列SAR的高分辨力宽测绘带SAR成像、极化层析 SAR 三维成像和前视 SAR 成像技术三种新能力。

(2)《双基合成孔径雷达》分册介绍的雷达配置灵活,具有隐蔽性好、抗干扰能力强、能够实现前视成像等优点,是 SAR 技术的热点之一。该书较为系统地描述了双基 SAR 理论方法、回波模型、成像算法、运动补偿、同步技术、试验验证等诸多方面,形成了实现技术和试验验证的研究成果。

(3)《三维合成孔径雷达》分册描述曲线合成孔径雷达、层析合成孔径雷达和线阵合成孔径雷达等三维成像技术。重点讨论各种三维成像处理算法,包括距离多普勒、变尺度、后向投影成像、线阵成像、自聚焦成像等算法。最后介绍三维 MIMO-SAR 系统。

(4)《雷达图像解译技术》分册介绍的技术是指从大量的 SAR 图像中提取与挖掘有用的目标信息,实现图像的自动解译。该书描述高分辨 SAR 和极化 SAR 的成像机理及相应的相干斑抑制、噪声抑制、地物分割与分类等技术,并介绍舰船、飞机等目标的 SAR 图像检测方法。

(5)《极化合成孔径雷达图像解译技术》分册对极化合成孔径雷达图像统计建模和参数估计方法及其在目标检测中的应用进行了深入研究。该书研究内容为统计建模和参数估计及其国防科技应用三大部分。

(五) 雷达的应用也在扩展和变化,不同的领域对雷达有不同的要求,本套丛书在雷达前沿应用方面遴选了 6 个分册:

(1)《天基预警雷达》分册介绍的雷达不同于星载 SAR,它主要观测陆海空天中的各种运动目标,获取这些目标的位置信息和运动趋势,是难度更大、更为复杂的天基雷达。该书介绍天基预警雷达的星星、星空、MIMO、卫星编队等双/多基地体制。重点描述了轨道覆盖、杂波与目标特性、系统设计、天线设计、接收处理、信号处理技术。

(2)《战略预警雷达信号处理新技术》分册系统地阐述相关信号处理技术的理论和算法,并有仿真和试验数据验证。主要包括反导和飞机目标的分类识别、低截获波形、高速高机动和低速慢机动小目标检测、检测识别一体化、机动目标成像、反投影成像、分布式和多波段雷达的联合检测等新技术。

(3)《空间目标监视和测量雷达技术》分册论述雷达探测空间轨道目标的特色技术。首先涉及空间编目批量目标监视探测技术,包括空间目标监视相控阵雷达技术及空间目标监视伪码连续波雷达信号处理技术。其次涉及空间目标精密测量、增程信号处理和成像技术,包括空间目标雷达精密测量技术、中高轨目标雷达探测技术、空间目标雷达成像技术等。

(4)《平流层预警探测飞艇》分册讲述在海拔约20km的平流层，由于相对风速低、风向稳定，从而适合大型飞艇的长期驻空，定点飞行，并进行空中预警探测，可对半径500km区域内的地面目标进行长时间凝视观察。该书主要介绍预警飞艇的空间环境、总体设计、空气动力、飞行载荷、载荷强度、动力推进、能源与配电以及飞艇雷达等技术，特别介绍了几种飞艇结构载荷一体化的形式。

(5)《现代气象雷达》分册分析了非均匀大气对电磁波的折射、散射、吸收和衰减等气象雷达的基础，重点介绍了常规天气雷达、多普勒天气雷达、双偏振全相参多普勒天气雷达、高空气象探测雷达、风廓线雷达等现代气象雷达，同时还介绍了气象雷达新技术、相控阵天气雷达、双/多基地天气雷达、声波雷达、中频探测雷达、毫米波测云雷达、激光测风雷达。

(6)《空管监视技术》分册阐述了一次雷达、二次雷达、应答机编码分配、S模式、多雷达监视的原理。重点讨论广播式自动相关监视(ADS-B)数据链技术、飞机通信寻址报告系统(ACARS)、多点定位技术(MLAT)、先进场面监视设备(A-SMGCS)、空管多源协同监视技术、低空空域监视技术、空管技术。介绍空管监视技术的发展趋势和民航大国的前瞻性规划。

(六) 目标和环境特性，是雷达设计的基础。该方向的研究对雷达匹配目标和环境的智能设计有重要的参考价值。本套丛书对此专题遴选了4个分册：

(1)《雷达目标散射特性测量与处理新技术》分册全面介绍有关雷达散射截面积(RCS)测量的各个方面，包括RCS的基本概念、测试场地与雷达、低散射目标支架、目标RCS定标、背景提取与抵消、高分辨力RCS诊断成像与图像理解、极化测量与校准、RCS数据的处理等技术，对其他微波测量也具有参考价值。

(2)《雷达地海杂波测量与建模》分册首先介绍国内外地海面环境的分类和特征，给出地海杂波的基本理论，然后介绍测量、定标和建库的方法。该书用较大的篇幅，重点阐述地海杂波特性与建模。杂波是雷达的重要环境，随着地形、地貌、海况、风力等条件而不同。雷达的杂波抑制，正根据实时的变化，从粗犷走向精细的匹配，该书是现代雷达设计师的重要参考文献。

(3)《雷达目标识别理论》分册是一本理论性较强的专著。以特征、规律及知识的识别认知为指引，奠定该书的知识体系。首先介绍雷达目标识别的物理与数学基础，较为详细地阐述雷达目标特征提取与分类识别、知识辅助的雷达目标识别、基于压缩感知的目标识别等技术。

(4)《雷达目标识别原理与实验技术》分册是一本工程性较强的专著。该书主要针对目标特征提取与分类识别的模式，从工程上阐述了目标识别的方法。重点讨论特征提取技术、空中目标识别技术、地面目标识别技术、舰船目标识别及弹道导弹识别技术。

（七） 数字技术的发展，使雷达的设计和评估更加方便，该技术涉及雷达系统设计和使用等。本套丛书遴选了3个分册：

(1)《雷达系统建模与仿真》分册所介绍的是现代雷达设计不可缺少的工具和方法。随着雷达的复杂度增加，用数字仿真的方法来检验设计的效果，可收到事半功倍的效果。该书首先介绍最基本的随机数的产生、统计实验、抽样技术等与雷达仿真有关的基本概念和方法，然后给出雷达目标与杂波模型、雷达系统仿真模型和仿真对系统的性能评价。

(2)《雷达标校技术》分册所介绍的内容是实现雷达精度指标的基础。该书重点介绍常规标校、微光电视角度标校、球载BD/GPS(BD为北斗导航简称)标校、射电星角度标校、基于民航机的雷达精度标校、卫星标校、三角交会标校、雷达自动化标校等技术。

(3)《雷达电子战系统建模与仿真》分册以工程实践为取材背景，介绍雷达电子战系统建模的主要方法、仿真模型设计、仿真系统设计和典型仿真应用实例。该书从雷达电子战系统数学建模和仿真系统设计的实用性出发，着重论述雷达电子战系统基于信号/数据流处理的细粒度建模仿真的核心思想和技术实现途径。

（八） 微电子的发展使得现代雷达的接收、发射和处理都发生了巨大的变化。本套丛书遴选出涉及微电子技术与雷达关联最紧密的3个分册：

(1)《雷达信号处理芯片技术》分册主要讲述一款自主架构的数字信号处理(DSP)器件，详细介绍该款雷达信号处理器的架构、存储器、寄存器、指令系统、I/O资源以及相应的开发工具、硬件设计，给雷达设计师使用该处理器提供有益的参考。

(2)《雷达收发组件芯片技术》分册以雷达收发组件用芯片套片的形式，系统介绍发射芯片、接收芯片、幅相控制芯片、波速控制驱动器芯片、电源管理芯片的设计和测试技术及与之相关的平台技术、实验技术和应用技术。

(3)《宽禁带半导体高频及微波功率器件与电路》分册的背景是，宽禁带材料可使微波毫米波功率器件的功率密度比Si和GaAs等同类产品高10倍，可产生开关频率更高、关断电压更高的新一代电力电子器件，将对雷达产生更新换代的影响。分册首先介绍第三代半导体的应用和基本知识，然后详细介绍两大类各种器件的原理、类别特征、进展和应用：SiC 器件有功率二极管、MOSFET、JFET、BJT、IBJT、GTO 等；GaN 器件有 HEMT、MMIC、E 模 HEMT、N 极化 HEMT、功率开关器件与微功率变换等。最后展望固态太赫兹、金刚石等新兴材料器件。

本套丛书是国内众多相关研究领域的大专院校、科研院所专家集体智慧的结晶。具体参与单位包括中国电子科技集团公司、中国航天科工集团公司、中国电子科学研究院、南京电子技术研究所、华东电子工程研究所、北京无线电测量研究所、电子科技大学、西安电子科技大学、国防科技大学、北京理工大学、北京航空航天大学、哈尔滨工业大学、西北工业大学等近 30 家。在此对参与编写及审校工作的各单位专家和领导的大力支持表示衷心感谢。

王小谟

2017 年 9 月

前　言

一组传感器分布于空间不同位置，形成传感器阵列，感应空间传播波携带信号，实现空间信号的采样。传感器阵列信号，相比单传感器信号，能以更灵活的处理方式，提取更高精度的波传播方向、分离空间更靠近的传播波信号、实现更灵活的空间传播波携带信号的控制。传感器阵列信号，涉及的是空间传播波携带信号。因此，阵列信号处理属于空域信号处理，与信号处理领域所熟悉的时域采样信号的处理，既有共性，也有很多不同之处。阵列信号处理在雷达、通信、医学成像等众多领域应用广泛，本书主要以雷达应用为例介绍阵列信号处理，这里的传感器就是天线。雷达采用阵列天线发射与接收电磁波，以实现灵活的波束控制，这种体制称为相控阵雷达。不同于传统机械扫描体制，相控阵雷达在发射端通过移相器实现无惯性波束扫描，在接收端对各个天线单元接收信号进行采样转化为数字信号，通过计算中心实现波束合成，可进行更加灵活的波束控制。因此，数字波束形成是相控阵雷达的关键技术。

雷达作为现代高科技战争的眼睛，面临的电磁环境日益复杂。在强杂波、强干扰和辐射打击条件下，雷达不仅要求能够生存下来，而且还要求能观测高空高速隐身目标、低空慢速小目标等，因此对雷达功能的要求也日益增多。传统机械扫描体制的单天线单通道雷达难以胜任，相控阵雷达为解决这些问题提供了很大的技术潜力，因而其发展受到国内外的普遍重视。

随着计算技术不断进步、计算速度不断加快和射频组件成本不断降低，数字波束形成技术的可实现性日益增大，相控阵雷达的应用日益广泛，从事相控阵雷达的相关单位和科研工作者也日益增多，深入了解相控阵雷达及数字波束形成技术的需求日益旺盛。迫切需要有一部从基本概念、原理和方法到最新研究成果和典型应用对数字波束形成技术进行系统介绍的著作。为此，作者根据20多年从事数字波束形成技术研究和教学工作经验及学习心得，结合课题组研究成果，完成了本书的写作。

本书是关于雷达数字波束形成技术的一部专著，结合最新研究成果，系统介绍了雷达数字波束形成的理论基础、方法和实现技术与应用。然而，技术不断发展，算法不断更新，本书不可避免地存在不足之处。尽管如此，作者仍努力撰写这部著作，尽可能地满足广大读者的需求，并在以下几个方面形成特色。

(1) 系统全面，结构完整，由浅入深，适合不同层次的读者。

(2) 内容选材广,雷达数字波束形成技术由于其理论广博及应用广泛,涉及内容非常广泛。为写好此书,我们收集了大量国内外文献资料,并做了精心的组织,以期尽可能反映出这一学科的精髓。

(3) 创新程度高。尽管该领域的内容非常丰富,但作者仍力求反映出最新的研究成果及进展,并充分地融入了作者自己多年的研究成果、心得及见解。作者对书中大部分算法都做了详细的计算机仿真分析与比较分析,并给出相应的实际运用背景。

本书是在廖桂生多年给西安电子科技大学研究生(含博士生)讲授阵列信号处理课教案,以及逐年新增研究进展材料的基础上修订和补充而来,主要由廖桂生、陶海红、曾操等人编著完成,共分为7章。第1~3章介绍了数字波束形成的研究背景、发展概况以及基本概念,主要涉及阵列信号处理的数学模型、波束形成原理以及几种常见的自适应波束形成技术。第4、5章介绍了部分自适应阵的概念以及一些常见的宽/窄带阵列信号处理参数估计方法,并对这些参数估计方法性能进行了深入的对比及分析。第6章介绍了一些阵列高分辨处理技术和稳健的数字波束形成技术,包括一阶、二阶循环平稳,DOA估计的循环MUSC算法以及基于对角加载等稳健的数字波束形成技术。第7章介绍了机载雷达空时杂波谱的概念和最优空时自适应处理及其降维方法,且对相应的算法性能进行了详细的对比分析,最后对非均匀杂波空时自适应处理和基于知识辅助的空时自适应处理进行详细介绍。

在本书的编著过程中,得到了博士生黄鹏辉、辛志慧、王成浩、汪海、刘永军、王诏丰和臧龙飞等的大力支持和帮助,在此我们一一表示由衷的感谢。

本书的作者长期致力于雷达、通信、导航等领域阵列信号处理与空时自适应处理等关键技术的基础理论与应用研究。近年来,先后主持国家“973”“863”国家自然科学基金、国防基础科研、“十一五”背景预研等重大重点科研项目十余项,主要包括国家重点基础研究发展计划(“973”计划)“多通道稀疏微波成像信号处理方法研究”,国家“863”计划课题“导航卫星系统多维域抗干扰技术”,国家杰出青年科学基金“发射多孔径多波形雷达空时自适应处理方法研究”,国家自然科学基金重点项目“高速平台动目标检测方法研究”,国家安全重大基础研究发展计划(国防“973”)项目、“十一五”背景预研项目、国防预研基金重点项目、“十一五”预研项目“测控站DBF信号处理机”以及陕西省重大创新专项“数字波束形成器”等。相关研究成果应用于武器装备和民用设备,提升了机载/星载雷达系统动目标监视能力、测控站单站多星测控能力、卫星导航系统抗干扰能力和常规雷达系统的综合抗干扰能力。作者以亲身的经验与体会清楚地阐述了雷达数字波束领域的一些基本概念、物理含义及其实际应用。因此,相信此书可以给雷达数字波束领域的专家学者、工程技术人员及广大师生提供有价值的帮助。

由于本科学发展迅速，实际应用广泛，因此难以将本领域的不同实际应用一一介绍。此外作者水平有限，书中难免存在不足之处，敬请读者批评指正。

目　录

第1章 绪论

1.1 引言

阵列信号处理是信号处理领域的重要分支,它是将多个传感器分布在空间的不同位置组成传感器阵列,对空间传播信号进行接收与处理。与传统时域采样信号处理所利用的信号特征不同,阵列信号处理主要利用信号传播方向信息的空域特征来增强信号及有效提取信号空域信息,因此阵列信号处理也称为空域信号处理。

20 世纪 60 年代以来,研究人员开始将一维信号处理逐渐延伸至多维信号处理领域。通过传感器阵列或者天线阵列把时域采样变成时空采样,将时间频率变成空间频率(角度),从而将时域信号处理的许多成果推广到空域,开辟了阵列信号处理这一研究领域。用传感器阵列来接收空间传播波携带信号,与传统的单个定向传感器相比,前者具有后者无法比拟的灵活性,能实现抗干扰,增加系统容量,具有灵活的波束控制、高信号增益、极强的干扰抑制能力以及高空间分辨能力等优点。因而广泛应用于雷达、声纳、声学、天文、地震、通信以及医学成像等领域[1-4]。

阵列信号的空间采样分为实际天线阵同时的空间采样和运动单天线分时的空间采样,应用于雷达领域中时前者对应相控阵天线系统,涉及波束灵活控制、高分辨测向、干扰置零等,后者对应合成孔径天线,包括合成孔径雷达(SAR)和逆合成孔径雷达(ISAR)成像等;在移动通信领域的应用有波束形成、抗多址干扰、空分多址(SDMA)等;在声纳领域的应用有水声工程、宽带阵列处理等;在地震勘探领域的应用有爆破、地震检测、地质层结构特征分析、石油勘探等;在射电天文领域的应用有定位、测向等;在电子医疗工程领域的应用有层析成像、医学成像等。

数字波束形成(DBF)是阵列信号处理中广泛应用的一项关键技术,它使阵列方向图的主瓣指向所需的方向。最优的波束形成算法就是使得输出的信号与干扰加噪声的功率之比达到最大,即最优波束形成可以看作一个空间滤波器,使感兴趣方向的有用信号通过，而噪声和干扰的输出功率尽可能小。除去标量因子外，基本的波束形成算法加权矢量通常由 $\boldsymbol{R}^{-1}\boldsymbol{s}$ 给出，其中 $\boldsymbol{R}$ 为阵列接收信号中不含有用信号的干扰噪声协方差矩阵，$\boldsymbol{s}$ 为有用信号(SOI)的导向矢量。为了实现最优自适应波束形成，$\boldsymbol{s}$ 必须精确地获得，然而在实际应用中往往得不到精确的 $\boldsymbol{s}$。同样，$\boldsymbol{R}$ 也需要由阵列采集数据估计得到，实际应用中，$\boldsymbol{R}$ 也带有一定的误差，并引起波束形成算法的性能下降。因此，提高自适应波束形成算法对各类误差的稳健性在实际应用中十分重要，换言之，稳健的自适应波束形成算法成为应用阵列传感器系统的一个必需的组成部分。

空时自适应处理(STAP)[5]是运动平台空载/星载雷达下视工作中进行地面动目标检测时抑制地物杂波的关键技术，自 Brennan 和 Reed 在 1973 年提出 STAP 近 20 年以后，STAP 技术才引起足够的重视，在之后的 10 余年得到了极速发展和应用。STAP 利用空域和时域的两维联合自适应处理，极大地抑制了地面杂波和干扰，并能够很好地与其他自适应阵列处理技术相结合，以便实现有效的地面动目标检测。关于 STAP 的理论研究文献比较多，而且基本上是在理想条件下进行研究的，即假设系统参数可以准确获得，协方差矩阵能够准确地估计。但是在实际应用中，由于应用环境所限，雷达的系统参数不可能精确地获得，同样由于雷达监视空间的诸多因素导致训练数据的非均匀性。这使得协方差矩阵估计存在误差，即在 STAP 处理中或多或少存在一定的导向矢量失配和协方差矩阵失配问题。由于上述误差的存在，将严重影响 STAP 的性能，从而使得 STAP 处理的结果失去准确性和可靠性，因此研究克服导向矢量失配和协方差矩阵失配的稳健 STAP 算法将具有重要的理论意义和实际的应用价值。

在数学描述上，自适应波束形成和 STAP 具有相同的最优化表达式，不同之处在于所用的导向矢量和协方差矩阵不同。其中波束形成主要研究最优空域滤波问题，而 STAP 主要研究最优空时滤波问题，即 STAP 可以看作波束形成的推广，而波束形成可以看作 STAP 的特例，因此自适应波束形成和 STAP 具有密切的联系。在理想的条件下，自适应波束形成和 STAP 都可以获得最优的性能，然而实际应用中，由于导向矢量和协方差矩阵误差的存在，两者的性能可能会急剧下降，因此克服各种误差的自适应波束形成和 STAP 的稳健算法就成为当前阵列信号处理的研究重点和难点。

1.2 空间传播波信号

传播波携带信号简称为传播波信号，是时间和空间的四维函数，也称为空时信号，服从波动方程。

Maxwell 波动方程：

$$\nabla^2 E = \frac{1}{c^2}\frac{\partial^2 E}{\partial t^2} \tag{1.1}$$

式中：$\nabla^2 = \frac{\partial^2}{\partial x^2} + \frac{\partial^2}{\partial y^2} + \frac{\partial^2}{\partial z^2}$。

1. 直角坐标系中的解

（1）一个特解：

$$s(x,y,z,t) = A\exp[\mathrm{j}(\omega t - k_x x - k_y y - k_z z)] \tag{1.2}$$

$$s(\underline{r},t) = A\exp[\mathrm{j}(\omega t - \underline{\boldsymbol{k}}^{\mathrm{T}}\underline{r})] \tag{1.3}$$

代入波动方程，则有

$$k_x^2 s(\underline{r},t) + k_y^2 s(\underline{r},t) + k_z^2 s(\underline{r},t) = \frac{\omega^2}{c^2} s(\underline{r},t) \tag{1.4}$$

若约束条件为 $k_x^2 + k_y^2 + k_z^2 = \frac{\omega^2}{c^2}$，即 $k = |\boldsymbol{k}| = \sqrt{k_x^2 + k_y^2 + k_z^2} = \frac{\omega}{c}$，则式(1.3)表示的信号是波动方程的解，称为“单色”或者“单频”解。

c 为传播速度，$\frac{2\pi}{\omega} = T$ 为周期。$\lambda = T \cdot c = \frac{2\pi}{\omega} \cdot \frac{\omega}{k} = \frac{2\pi}{k}$，所以 $k = \frac{2\pi}{\lambda}$。$\boldsymbol{k}$ 称为波数矢量，其大小表示单位波长的周期数，单位为 rad/m，其方向为波的传播方向。

对比可知，$\omega = \frac{2\pi}{T}$为时间频率，$k = \frac{2\pi}{\lambda}$为空间频率。某一时刻（t 固定）的恒等相位面，即 $\boldsymbol{k}^{\mathrm{T}}\boldsymbol{r}$ = 常数的平面，该平面与 $\boldsymbol{k}$ 垂直。

（2）任意解：由四维傅里叶变换表示为

$$s(\boldsymbol{r},t) = \frac{1}{(2\pi)^4}\iint_{\infty} s(\boldsymbol{k},\omega)\mathrm{e}^{\mathrm{j}(\omega t - \boldsymbol{k}^{\mathrm{T}}\boldsymbol{r})}\mathrm{d}k\mathrm{d}\omega \tag{1.5}$$

式中：$s(\boldsymbol{k},\omega) = \iint_{\infty} s(\boldsymbol{r},t)\mathrm{e}^{-\mathrm{j}(\omega t - \boldsymbol{k}^{\mathrm{T}}\boldsymbol{r})}\mathrm{d}\boldsymbol{r}\mathrm{d}t$。由上可知，波动方程的任意解可以分解为无穷多个“单频”解的叠加（传播方向和频率分量均任意）。

波动方程的单频解可以写成单变量的函数：

$$s(\boldsymbol{r},t) = A\exp[\mathrm{j}(\omega t - \boldsymbol{k}^{\mathrm{T}}\boldsymbol{r})] = A\exp[\mathrm{j}\omega(t - \boldsymbol{\alpha}^{\mathrm{T}}\boldsymbol{r})] \tag{1.6}$$

式中：$\boldsymbol{\alpha} = \boldsymbol{k}/\omega$，其大小等于传播速度的倒数，方向与传播方向相同，常称为慢速矢量（Slowness Vector）。因为 $|\boldsymbol{\alpha}| = \frac{1}{c}$，所以 $\boldsymbol{\alpha}^{\mathrm{T}}\boldsymbol{r}$ 表示从原点 O 传播到位置 $\boldsymbol{r}$ 所需时间。

(3) 波动方程另一个较复杂的解：

如果波形具有基本频率的调和级数形式，如下所示：

$$s(\boldsymbol{r},t) = s(t-\boldsymbol{\alpha}^{\mathrm{T}}\boldsymbol{r}) = \sum_{n=-\infty}^{+\infty} s_n \exp[\mathrm{j}n\omega_0(t-\boldsymbol{\alpha}^{\mathrm{T}}\boldsymbol{r})] \tag{1.7}$$

由傅里叶理论可知，任意周期函数 $s(u)$，周期 $T=2\pi/\omega_0$，都可以用上述级数表示，其中 $s_n = \frac{1}{T}\int_0^T s(u)\mathrm{e}^{-\mathrm{j}n\omega_0 u}\mathrm{d}u$。这时 $s(\boldsymbol{r},t)=s(t-\boldsymbol{\alpha}^{\mathrm{T}}\boldsymbol{r})$ 表示具有任意波形的传播周期波，波传播方向为 $\boldsymbol{\alpha}$，速度为 $c=1/|\boldsymbol{\alpha}|$。波的各种分量有不同的频率 $\omega=n\omega_0$ 和波数矢量 $\boldsymbol{k}$，但是各频率与波数矢量必须满足约束条件 $\boldsymbol{k}/\omega=\boldsymbol{\alpha}_0$，由此可见，不同频率分量，其传播速度相同，但是波长不同。

利用傅里叶理论，波动方程更一般的解可以表示任意波形（非周期）：

$$s(\boldsymbol{r},t) = s(t-\boldsymbol{\alpha}^{\mathrm{T}}\boldsymbol{r}) = \frac{1}{2\pi}\int_{-\infty}^{+\infty} s(\omega)\exp[\mathrm{j}\omega(t-\boldsymbol{\alpha}^{\mathrm{T}}\boldsymbol{r})]\,\mathrm{d}\omega \tag{1.8}$$

这里函数 $s(\cdot)$ 是任意的，只要其傅里叶变换存在即可。该式表达了沿同一方向 $\boldsymbol{\alpha}$ 传播的任意波形（信号），其频率分量任意。

2. 波动方程球坐标系中的解

在球坐标系 (r,ϕ,θ) 中，当波动方程的解具有球形对称时，函数 $s(r,\phi,\theta,t)$ 并不依赖于 ϕ 和 θ，这时波动方程可简化为

$$\frac{\partial^2(rs(r,t))}{\partial r^2} = \frac{1}{c^2}\frac{\partial^2(rs(r,t))}{\partial t^2} \tag{1.9}$$

单频解为

$$s(r,t) = \frac{A}{r}\exp[\mathrm{j}(\omega t - kr)] \tag{1.10}$$

该解可以解释为自原点向外传播的球面波，任何时刻恒等相位平面为 r 等于常数的球面上。

直角坐标系中的解为平面波，对应远场情况；球坐标系中的解为球面波，对应近场情况，如图 1.1 所示。

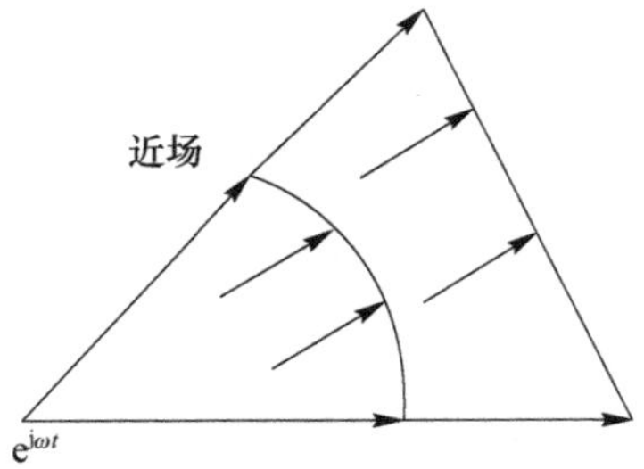

图 1.1 远近场的波前示意图

由于空间传播波携带信号是空间位置和时间的四维函数,因此传播波的接收可分为空间采集和时间采集。空间采集对于面天线而言是连续的,对于传感器阵列是离散的;时间采集则是所有传感器同步采样,称为快拍(snapshot)。空间采样的方式包括实际阵列和虚拟阵列,虚拟阵列即合成阵列,如合成孔径雷达。

传播波的类型与媒质有关,因而采用的传感器也随之不同,如表 1.1 所列。

表 1.1　不同媒质下的传播波及其采用的传感器

传输波	电磁波	声波	地震冲击波
媒质	大气(自由空间)	大气、水中	大气、大地
传感器	天线	换能器	检波器

传感器的空间检测能力即通常所说的方向性,是由其几何结构的形状和物理特性决定的。

图 1.2 给出了空时采样示意图,通过空时处理可以获取的信息包括:波的到达方向(DOA)、波形参数、极化参数估计、空间滤波与检测等。

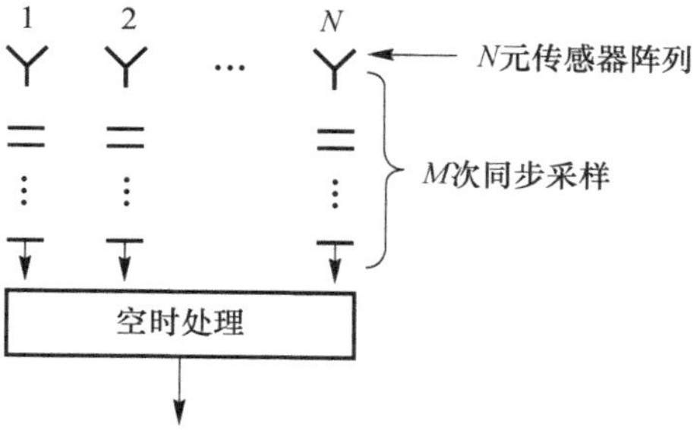

图 1.2　空时采样示意图

空间传感器阵列实际上就是空域滤波器,类同于时域滤波器。空间角方向可视为空间角频率,信号在各个角方向的功率分布可视为空间功率谱或所谓的角功率谱。

对比有限脉冲响应(FIR)滤波器的时域处理,阵列的空域处理有类似的对偶关系:FIR 是在时域对时间信号作离散采样,而阵列则相当于在空域对空间信号作离散采样。因此,和 FIR 滤波器一样,阵列处理可对信号作一系列的运算,如滤波、分离和参数估计等,与 FIR 滤波器不同的是它的研究对象是空域信号。信号处理中常见概念的空时对应关系如表 1.2 所列。

时域采样:奈奎斯特理论指出,如果一个信号在频率 f 之外无其他频率分量,那么该信号由其整个持续期内的时间间隔为 $1/(2f)$ 的信号采样值完全确定,从而使模拟信号可以由无限个离散的点信号来表示(拟合)。

表 1.2　空时等效性

名称 \ 信号类型	时序信号	空域信号
采样	$x(n)$	x_n
变元	时间采样	空间采样(快拍)
谱	频谱	空间谱(角谱)
系统函数	传递函数	方向图
滤波处理	对某些频率的信号加强或抑制	对某些方向的信号加强或抑制

空间采样：与时间采样类似，采样频率必须足够高才不会引起空间模糊(即空间混叠)，但由于受到实际条件的限制，空间采样的点数不可能无限，这相当于时域加窗，所以会出现旁瓣泄漏。

时间谱表示信号在各个频率上的能量分布，空间谱表示信号在各个方向上的能量分布。空间谱实际上就是信号的波达方向(DOA)，故空间谱估计又称为DOA 估计，或者方向估计，或者角度估计(或测向)。因为空间谱估计技术具有超高的空间信号的分辨能力，能突破并进一步改善一个波束宽度内的空间不同来向信号的分辨力，所以 DOA 估计是一种超高分辨的谱估计。如图 1.3 所示，空间谱估计的系统结构由目标空间、观察空间和估计空间三部分构成，三者分别对应信源，接收阵列天线和通道以及信号处理器。

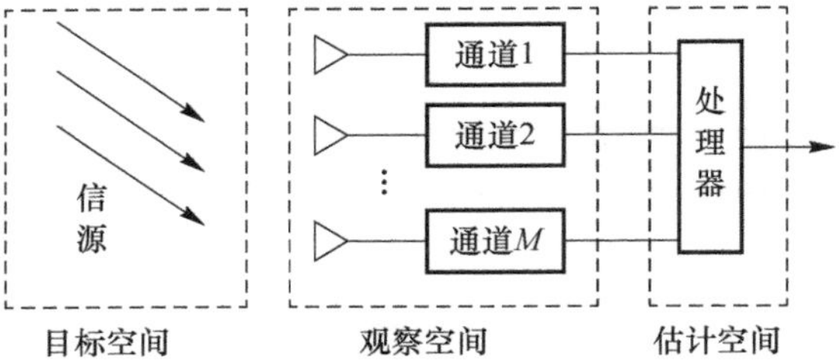

图 1.3　空间谱估计的系统结构

需要注意的是，在观察空间中，通道与阵元并非一一对应，通道可由空间的一个、几个或所有阵元合成。

1.3　阵列信号处理的基本概念

1.3.1　相干阵与非相干阵、窄带信号与宽带信号

在阵列信号处理中，窄带信号和宽带信号是相对阵列本身而言的，与之相对对应的两个概念是相干阵和非相干阵。相干阵指空间同一信号源到达阵列各阵元处的信号之间满足相干性(频谱相同)，及各阵元处的信号满足不变可加性。

所谓不变可加性是指这些信号相加后频谱不发生改变。不变可加性的一个简单例子是：两个相同频率的正弦波初始相位不同，若两者是相干的（频谱相同），则相加后的频谱仍然不变。如果阵列为相干阵，即同一信号源在各阵元处的信号之间满足不变可加性，则进行加权相加后，信号的频谱仍可保持不变，即信号不失真。这是因为加权只是乘上一个复幅度，不改变信号的频谱，而几个相同频谱的信号相加后频谱保持不变[6]。

如果阵列相对于某一信号为相干阵，则此信号到达各阵元的最大时差 τ_{max} 应该足够小，以满足不变可加性，换言之，τ_{max} 应小至不影响各阵元处信号的包络。设信号的时间分辨率为 $\tau_{res}=1/B_w$，B_w 为信号带宽，阵列的最大轮廓尺寸为 L，信号源在空间的传播速度为 v，则 $\tau_{max}=L/v$，则相干阵应满足如下条件：

$$L/v=\tau_{max}=\tau_{res}=1/B_w \tag{1.11}$$

则有

$$L=v/B_w=v\tau_{res}\overset{\text{def}}{=}d_c \tag{1.12}$$

式中：d_c 为相干距离，由式（1.12）得

$$B_w=1/\tau_{max}=v/L \tag{1.13}$$

由式（1.13）可知，若阵列和空间信号源的传播速度一定，相干阵需满足的条件是信号带宽必须足够小，因此一般也称相干阵为窄带阵，或称信号为窄带信号。总之，如果阵列相对信号为相干阵，则信号相对阵列为窄带信号，或称阵列为窄带阵[7]。

反之，如果阵列相对信号不满足不变可加性，则不能直接进行加权相加，此时，阵列称为非相干阵。信号带宽较宽，不满足式（1.13），相应地称信号为宽带信号。对非相干阵，如果各阵元的接收信号直接进行加权相加，则由于信号模型失配，导致信干噪比损失和信号失真，可通过对每个通道加时域延迟线的方法加以克服，这就是宽带阵列处理[8,9]。值得提出的是，宽带阵列处理实际上是一种空时二维阵列处理，仍然属于空域滤波。与通常意义上的空时二维自适应信号处理相比，宽带自适应阵列处理利用时域加权完成宽带信号的“聚焦”，而不像后者主要集中于机载雷达、星载雷达对地面杂波的空时二维滤波抑制。

1.3.2　阵列信号模型

为便于读者理解阵列信号处理概貌，这里简要以最简单的等距线阵为例介绍信号模型，之后给出阵列天线方向图的概念。

考虑 N 元等距线阵，阵元间距为 d，且假设阵元均为各向同性。远场处有一个期望信号和 P 个窄带干扰以平面波入射（波长为 λ），到达角度分别为 θ_0 和 θ_k（$k=1,2,\cdots,P$），阵列接收的快拍数据可表示为

$$\boldsymbol{x}(t)=\boldsymbol{A}\boldsymbol{s}(t)+\boldsymbol{n}(t) \tag{1.14}$$

式中：$\boldsymbol{x}(t)$为$N\times1$阵列数据矢量，$\boldsymbol{x}(t)=[x_1(t),x_2(t),\cdots,x_N(t)]^{\mathrm{T}}$，$[\cdot]^{\mathrm{T}}$表示求矩阵转置；$\boldsymbol{n}(t)$为$N\times1$阵列噪声矢量，$\boldsymbol{n}(t)=[n_1(t),n_2(t),\cdots,n_N(t)]^{\mathrm{T}}$；$\boldsymbol{s}(t)$为信号复包络矢量，$\boldsymbol{s}(t)=[s_0(t),s_1(t),\cdots,s_P(t)]^{\mathrm{T}}$，$s_k(t)$为第$k$个信号源的复包络；$\boldsymbol{A}$为阵列导向矩阵，$\boldsymbol{A}=[\boldsymbol{a}(\theta_0),\boldsymbol{a}(\theta_1),\cdots,\boldsymbol{a}(\theta_P)]$，$\boldsymbol{a}(\theta_k)=[1,\mathrm{e}^{\mathrm{j}\beta_k},\cdots,\mathrm{e}^{\mathrm{j}(N-1)\beta_k}]$（$k=1,2,\cdots,P$）为第$k$个信号源的导向矢量，其中

$$\beta_k=\frac{2\pi}{\lambda}d\sin\theta_k \tag{1.15}$$

在白噪声背景下，阵列的协方差矩阵定义为

$$\boldsymbol{R}=E[\boldsymbol{x}(t)\boldsymbol{x}^{\mathrm{H}}(t)]=\boldsymbol{A}\boldsymbol{R}_s\boldsymbol{A}^{\mathrm{H}}+\sigma_n^2\boldsymbol{I} \tag{1.16}$$

式中：$\boldsymbol{R}_s=E[\boldsymbol{s}(t)\boldsymbol{s}^{\mathrm{H}}(t)]$为信号复包络协方差矩阵；$\boldsymbol{I}$为$N$维单位阵；$\sigma_n^2$为阵元噪声功率。

为了方便地表示阵列输入信号中期望信号、干扰及噪声之间的功率对比，定义信号噪声比（即信噪比，SNR）、干扰噪声比（即干噪比，INR）。

信噪比定义为每个阵元上的期望信号功率与噪声功率之比：

$$\mathrm{SNR}=\frac{\sigma_s^2}{\sigma_n^2} \tag{1.17}$$

式中：$\sigma_s^2=E[|s_0(t)|^2]$为期望信号功率；"$|\cdot|$"表示复数求模。信噪比可用dB数表示为$\mathrm{SNR(dB)}=10\lg(\sigma_s^2/\sigma_n^2)$。

第k个干扰的干噪比定义为

$$\mathrm{INR}_k=\frac{\sigma_k^2}{\sigma_n^2} \tag{1.18}$$

式中：$\sigma_k^2=E[|s_k(t)|^2]$为第k个干扰的功率，$k=1,2,\cdots,P$。同样，干噪比可用dB数表示为$\mathrm{INR}_k(\mathrm{dB})=10\lg(\sigma_k^2/\sigma_n^2)$。

1.3.3 阵列方向图

方向图定义为给定阵列权矢量对不同角度信号的阵列响应：

$$F(\theta)=\boldsymbol{w}^{\mathrm{H}}\boldsymbol{a}(\theta) \tag{1.19}$$

$$\boldsymbol{w}=[w_1,w_2,\cdots,w_N]^{\mathrm{T}} \tag{1.20}$$

$$\boldsymbol{a}(\theta)=[1,\mathrm{e}^{\mathrm{j}\frac{2\pi}{\lambda}d\sin\theta},\cdots,\mathrm{e}^{\mathrm{j}\frac{2\pi}{\lambda}(N-1)d\sin\theta}]^{\mathrm{T}} \tag{1.21}$$

注意：这里假设各阵元均为各向同性，且取左边第一个阵元为参考阵元。一般对式（1.19）取模的平方并进行归一化，然后取对数，即方向图增益为

$$G(\theta)=\frac{|F(\theta)|^2}{\max(|F(\theta)|^2)} \tag{1.22}$$

$$G(\theta)(\mathrm{dB})=10\lg G(\theta) \tag{1.23}$$

通常约定阵列法线方向为0°,顺时针方向为正角度方向,逆时针方向为负角度方向。

图1.4、图1.5给出了等距线阵(ULA)各阵元均匀加权,不同阵元个数对应的方向图增益图。

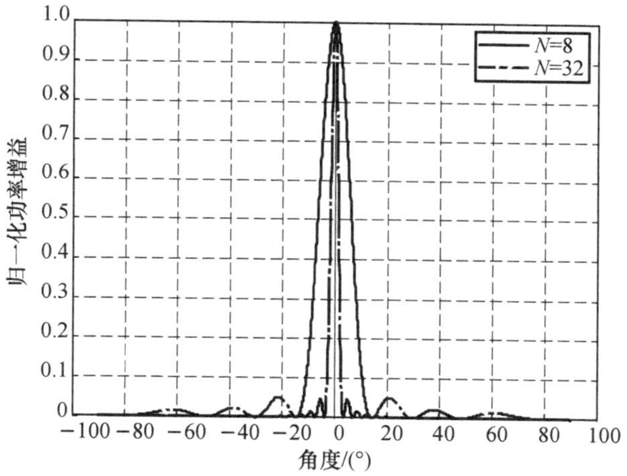

图1.4　均匀加权ULA阵的功率增益方向图($d=\lambda/2$)

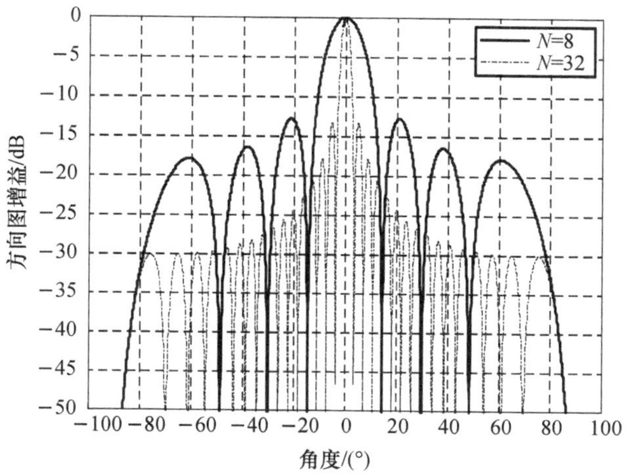

图1.5　均匀加权ULA阵取对数后的功率增益方向图($d=\lambda/2$)

参考文献

[1] 张贤达,保铮. 通信信号处理[M]. 北京:国防工业出版社,2000.

[2] 张小飞,汪飞,徐大专. 阵列信号处理的理论和应用[M]. 北京:国防工业出版社,2010.

[3] 何振亚. 自适应信号处理[M]. 北京:科学出版社,2002.

[4] 王永良,陈辉,彭应宁,等. 空间谱估计理论与算法[M]. 北京:清华大学出版社,2004.

[5] 龚耀寰. 自适应滤波[M].2 版. 北京:电子工业出版社,2006.

[6] 王永良,丁前军,李荣锋. 自适应阵列处理[M]. 北京:清华大学出版社,2009.

[7] Wang H, Kaveh M. Coherent signal - subspace processing for the detection and estimation of angles of multiple wide - band sources[J]. IEEE Trans ASSP, 1985, 33(4): 823 - 831.

[8] Wax M, Shan T, Kailath T. Spatio - temporal spectral analysis by eigenstructure methods[J]. IEEE Trans Acoust, Speech, Signal Processing, 1984, 32: 817 - 827.

[9] Buckley M. Broadband signal - subspace spatial spectrum (BASS - ALE) estimation[J]. IEEE Trans on ASSP, 1989, 36(6): 953 - 962.

第2章 阵列信号模型

2.1 数字波束形成技术基础

2.1.1 矩阵代数的相关知识

阵列信号处理中，通常把各个阵元采集的信号排成列矢量，后续处理主要采用矩阵和矢量运算。因此，矩阵代数是数字波束形成技术的重要数学基础，许多相关的重要算法都离不开矩阵代数的相关知识[1]，这里简要介绍一些常用的矩阵代数知识。

1. 矩阵特征值与特征矢量

定义设 $\boldsymbol{A}$ 是 n 阶方阵，如果数 λ 和 n 维非零列矢量 $\boldsymbol{x}$ 使关系式

$$\boldsymbol{A}\boldsymbol{x}=\lambda\boldsymbol{x} \tag{2.1}$$

成立，那么这样的数 λ 称为矩阵 $\boldsymbol{A}$ 的特征值，非零矢量 $\boldsymbol{x}$ 称为 $\boldsymbol{A}$ 的对应于特征值 λ 的特征矢量。特征值和特征矢量总是成对出现。特征值可以为0，但是特征矢量一定不为0。

2. 广义特征值与广义特征矢量

令 $\boldsymbol{A},\boldsymbol{B}\in\mathbf{C}^{n\times n}$，$\boldsymbol{e}\in\mathbf{C}^{n}$，若标量 λ 和非零矢量 $\boldsymbol{e}$ 满足方程

$$\boldsymbol{A}\boldsymbol{e}=\lambda\boldsymbol{B}\boldsymbol{e}\quad(\boldsymbol{e}\neq 0)$$

则称 λ 是矩阵 $\boldsymbol{A}$ 相对于矩阵 $\boldsymbol{B}$ 的广义特征值，$\boldsymbol{e}$ 是与 λ 对应的广义特征矢量。如果矩阵 $\boldsymbol{B}$ 非满秩，那么 λ 就有可能为任意值（包括0）。

3. 矩阵的奇异值分解

对于复矩阵 $\boldsymbol{A}_{m\times n}$，称 $\boldsymbol{A}^{\mathrm{H}}\boldsymbol{A}$ 的 n 个特征值 λ_i 的算术根 $\sigma_i=\sqrt{\lambda_i}\,(i=1,2,\cdots,n)$ 为 $\boldsymbol{A}$ 的奇异值。若记 $\boldsymbol{\Sigma}=\mathrm{diag}(\sigma_1,\sigma_2,\cdots,\sigma_r)$，其中，$\sigma_1,\sigma_2,\cdots,\sigma_r$ 是 $\boldsymbol{A}$ 的全部非零奇异值，则称 $m\times n$ 矩阵

$$S=\begin{bmatrix}\boldsymbol{\Sigma} & \mathbf{0}\\ \mathbf{0} & \mathbf{0}\end{bmatrix}=\begin{bmatrix}\sigma_1 & & & & & \\ & \ddots & & & & \\ & & \sigma_r & & & \\ & & & 0 & & \\ & & & & \ddots & \\ & & & & & 0\end{bmatrix} \tag{2.2}$$

为 $\boldsymbol{A}$ 的奇异值矩阵。

奇异值分解定理:对于 $m\times n$ 维矩阵 $\boldsymbol{A}$,分别存在一个 $m\times n$ 维酉矩阵 $\boldsymbol{U}$ 和一个 $n\times n$ 维酉矩阵 $\boldsymbol{V}$,使得

$$\boldsymbol{A}=\boldsymbol{U\Sigma V}^{\mathrm{H}} \tag{2.3}$$

式中:上标 H 表示矩阵的共轭转置。

4. Vandermonde 矩阵

定义:具有以下形式的 $m\times n$ 阶矩阵

$$\boldsymbol{V}(a_1,a_2,\cdots,a_n)=\begin{bmatrix}1 & 1 & \cdots & 1\\ a_1 & a_2 & \cdots & a_n\\ \vdots & \vdots & \ddots & \vdots\\ a_1^{m-1} & a_2^{m-1} & \cdots & a_n^{m-1}\end{bmatrix} \tag{2.4}$$

称为 Vandermonde 矩阵。Vandermonde 矩阵 $\boldsymbol{V}(a_1,a_2,\cdots,a_n)$ 的转置也称为 Vandermonde 矩阵。

如果 $a_i\neq a_j$,则称 $\boldsymbol{V}(a_1,a_2,\cdots,a_n)$ 是非奇异的。如果 $m\neq n$,则称式(2.4)为拟 Vandermonde 矩阵。如果 $m=n$,则称则称式(2.4)为广义 Vandermonde 矩阵。相应的行列式分别称为 Vandermonde 行列式和广义 Vandermonde 行列式。

5. Hermitian 矩阵

如果矩阵 $\boldsymbol{A}_{n\times n}$ 满足

$$\boldsymbol{A}=\boldsymbol{A}^{\mathrm{H}} \tag{2.5}$$

则称 $\boldsymbol{A}$ 为 Hermitian 矩阵。Hermitian 矩阵具有以下主要性质:

(1) Hermitian 矩阵的所有特征值都是实的。

(2) Hermitian 矩阵对应于不同特征值的特征矢量互相正交。

(3) Hermitian 矩阵可以分解为 $\boldsymbol{A}=\boldsymbol{E\Lambda E}^{\mathrm{H}}=\sum_{i=1}^{n}\lambda_i\boldsymbol{e}_i\boldsymbol{e}_i^{\mathrm{H}}$ 的形式,这一分解称为谱定理,也就是矩阵 $\boldsymbol{A}$ 的特征分解。其中,$\boldsymbol{\Lambda}=\mathrm{diag}(\lambda_1,\lambda_2,\cdots,\lambda_n)$,$\boldsymbol{E}=[\boldsymbol{e}_1,\boldsymbol{e}_2,\cdots,\boldsymbol{e}_n]$是由特征矢量构成的酉矩阵。

6. Kronerker 积

定义：$p\times q$ 维矩阵 $\boldsymbol{A}$ 和 $m\times n$ 维矩阵 $\boldsymbol{B}$ 的 Kronerker 积记为 $\boldsymbol{A}\otimes\boldsymbol{B}$，它是一个 $pm\times qn$ 维矩阵，定义为

$$\boldsymbol{A}\otimes\boldsymbol{B}=\begin{bmatrix} a_{11}\boldsymbol{B} & a_{12}\boldsymbol{B} & \cdots & a_{1q}\boldsymbol{B} \\ a_{21}\boldsymbol{B} & a_{22}\boldsymbol{B} & \cdots & a_{2q}\boldsymbol{B} \\ \vdots & \vdots & \ddots & \vdots \\ a_{p1}\boldsymbol{B} & a_{p2}\boldsymbol{B} & \cdots & a_{pq}\boldsymbol{B} \end{bmatrix} \tag{2.6}$$

7. Khatri – Rao 积

考虑两个矩阵 $\boldsymbol{A}_{I\times F}$ 和 $\boldsymbol{B}_{J\times F}$，它们的 Khatri – Rao 积 $\boldsymbol{A}\circ\boldsymbol{B}$ 为一个 $IJ\times F$ 维矩阵，其定义为

$$\boldsymbol{A}\circ\boldsymbol{B}=[\boldsymbol{a}_1\otimes\boldsymbol{b}_1,\cdots,\boldsymbol{a}_F\otimes\boldsymbol{b}_F] \tag{2.7}$$

式中：$\boldsymbol{a}_F$ 为 $\boldsymbol{A}$ 的第 F 列；$\boldsymbol{b}_F$ 为 $\boldsymbol{B}$ 的第 F 列。即 Khatri – Rao 积是列矢量的 Khatri – Rao 积。

2.1.2 噪声模型

在本书中，若无特殊说明，阵元接收到的噪声均假设为平稳零均值高斯白噪声，方差为 σ^2。各阵元间的噪声互不相关，且与目标源不相关，这样噪声矢量 $\boldsymbol{n}(t)$ 的二阶矩满足

$$E(\boldsymbol{n}(t_1)\boldsymbol{n}(t_2)^{\mathrm{H}})=\sigma^2\boldsymbol{I}\delta_{t_1,t_2} \tag{2.8}$$

$$E(\boldsymbol{n}(t_1)\boldsymbol{n}(t_2)^{\mathrm{T}})=0 \tag{2.9}$$

2.1.3 阵列天线的统计模型假设[2]

信号通过无线信道的传输情况是极其复杂的，其严格数学模型的建立需要有物理环境的完整描述，但这种做法往往很复杂。为了得到一个有用的参数化模型，必须简化有关波形传输的假设。以下假设条件对本书中设计的所有算法都具有约束力。

（1）关于接收天线的假设。接收阵列由位于空间已知坐标处的无源阵元按一定的形式排列而成。阵元的接收特性仅与其位置有关而与其尺寸无关（认为其是一个点），并且阵元都是全向阵元，增益均相等，互相之间的互耦忽略不计。阵元接收信号时将产生噪声，假设其为加性高斯白噪声，各阵元上的噪声互相统计独立，且噪声与信号是统计独立的。

（2）关于空间源信号的假设。假设空间信号的传播介质是均匀且各向同性的，这时空间信号源在介质中将按直线传播，同时又假设阵列处在空间信号辐射

的远场中，所以空间信号到达阵列时可以看作是一束平行的平面波，空间信号源到达阵列各阵元在时间上的不同时延，可以由阵列的几何结构和空间波的来向决定。空间波的来向在三维空间中常用仰角 θ 和方位角 ϕ 来表征。其次，在建立阵列信号模型时，还常常要区分空间信号源是窄带信号还是宽带信号。本书讨论的大多情况是窄带信号。

2.1.4 阵列信号空域特征矢量

若信号的载波为 $e^{j\omega t}$，并以平面波形式在空间沿波数矢量 k 的方向传播，设基准点处的信号为 $s(t)e^{j\omega t}$，求解 Maxwell 波动方程，可得距离基准点 $\boldsymbol{r}$ 处的阵元接收的信号为

$$s_r(t)=s\left(t-\frac{1}{c}\boldsymbol{r}^{\mathrm{T}}\boldsymbol{\alpha}\right)\exp[\mathrm{j}(\omega t-\boldsymbol{r}^{\mathrm{T}}\boldsymbol{k})] \tag{2.10}$$

式中：$\boldsymbol{k}$ 为波数矢量；$\boldsymbol{\alpha}=\boldsymbol{k}/|\boldsymbol{k}|$ 为电波传播方向，是单位矢量；$k=|\boldsymbol{k}|=\omega/c=2\pi/\lambda$ 为波数（弧度/长度），其中 c 为光速，λ 为电磁波的波长；$\boldsymbol{r}^{\mathrm{T}}\boldsymbol{\alpha}/c$ 为信号相对于基准点的延迟时间；内积 $\boldsymbol{r}^{\mathrm{T}}\boldsymbol{k}$ 为电磁波到基准点 $\boldsymbol{r}$ 处的阵元相对于电磁波传播到基准点的滞后相位（弧度）。

为简化公式，假设平面波与阵列共面，这时波传播方向可用一个角度表示 θ，它是相对于 x 轴的逆时针旋转方向定义的，则波数矢量（图 2.1）可以表示为

$$\boldsymbol{k}=k[\cos\theta,\sin\theta]^{\mathrm{T}} \tag{2.11}$$

电波从辐射源以球面波向外传播，只要离辐射源足够远，在接收的局部区域，球面波就可以近似为平面波。雷达和通信信号的传播一般都满足这一远场条件。

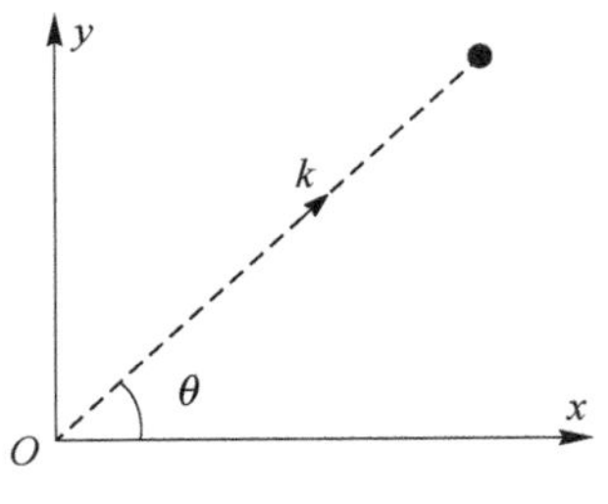

图 2.1 波数矢量示意图

设在空间有 M 个阵元组成阵列，将阵元从 1 到 M 编号，并以阵元 1 作为基准或参考点。设各阵元无方向性，相对于基准点的位置矢量分别为 $r_i(i=1,2,\cdots,M;r_1=0)$。若基准点处的接收信号为 $s(t)e^{j\omega t}$，则各阵元上的接收信号分别为

$$s_i(t)=s\left(t-\frac{1}{c}\boldsymbol{r}_i^{\mathrm{T}}\boldsymbol{\alpha}\right)\exp[\mathrm{j}(\omega t-\boldsymbol{r}_i^{\mathrm{T}}\boldsymbol{k})] \tag{2.12}$$

在通信领域中，信号的带宽 B 比载波值 ω 小，则称为窄带信号，$s(t)$ 随时间的变化相比载波缓慢，信号可以用解析信号即复包络表示。

在此基础上，阵列信号处理中，如果延时 $\frac{1}{c}\boldsymbol{r}^{\mathrm{T}}\boldsymbol{\alpha}=\frac{1}{B}$，则有 $s\left(t-\frac{1}{c}\boldsymbol{r}_i^{\mathrm{T}}\boldsymbol{\alpha}\right)\approx s(t)$，即信号包络在各阵元上的差异可以忽略不计，称为窄带阵列信号。因此，阵列窄带信号比一般的窄带信号要求更严格。

此外，阵列信号总是变换到基带再进行处理，因而可以将阵列信号用矢量形式表示为

$$\boldsymbol{S}(t)=[s_1(t),s_2(t),\cdots,s_M(t)]^{\mathrm{T}}=s(t)[\mathrm{e}^{-\mathrm{j}r_1^{\mathrm{T}}k},\mathrm{e}^{-\mathrm{j}r_2^{\mathrm{T}}k},\cdots,\mathrm{e}^{-\mathrm{j}r_M^{\mathrm{T}}k}]^{\mathrm{T}} \tag{2.13}$$

式中：由于各个阵元输出信号的复包络相同而提到括号外，形成的矢量是由波到达各阵元的延时差乘以载频组成。阵列几何结构固定后，波到达各阵元的延时差（可以任取一个点为参考点来计算达到时间差）只与波达方向 θ 有关。通常将该矢量记为 $\boldsymbol{a}(\theta)$，在几何结构固定后，波长等是常数，该矢量是波达方向 θ 的函数。因此，称 $\boldsymbol{a}(\theta)$ 为方向矢量或导向矢量。例如，若选第一个阵元为基准点，阵元间距为 d 的 M 元等距线阵的方向矢量为

$$\boldsymbol{a}(\theta)=[1,\mathrm{e}^{\mathrm{j}\frac{2\pi d\sin\theta}{\lambda}},\cdots,\mathrm{e}^{\mathrm{j}\frac{2\pi d(M-1)\sin\theta}{\lambda}}]^{\mathrm{T}} \tag{2.14}$$

式中：λ 为波长。

由式(2.14)可见，方向矢量 $\boldsymbol{a}(\theta)$ 各分量是 θ 的指数函数，指数函数是以 2π 为周期的，为了保证导向矢量 $\boldsymbol{a}(\theta)$ 与波达角一一对应而不能出现角度模糊现象，则要求阵元间距 d 小于等于半波长。

当有 K 个信号源时，波达角 θ_k 的方向矢量可分别用 $\boldsymbol{a}(\theta_k)$ 表示。这 K 个方向矢量按列组成的矩阵 $\boldsymbol{A}=[\boldsymbol{a}(\theta_1),\boldsymbol{a}(\theta_2),\cdots,\boldsymbol{a}(\theta_K)]$ 称为阵列的方向矩阵或响应矩阵，它表示所有信号源的方向。改变空间角 θ，使方向矢量 $\boldsymbol{a}(\theta)$ 在 M 维空间内扫描，所形成的曲面称为阵列流形。阵列流形常用 $\boldsymbol{A}$ 表示，即有

$$\boldsymbol{A}=\{\boldsymbol{a}(\theta)\mid\theta\in\boldsymbol{\Theta}\} \tag{2.15}$$

式中：$\boldsymbol{\Theta}=[0,2\pi)$ 为波达方向 θ 所有可能取值的集合。因此，阵列流形 $\boldsymbol{A}$ 即为阵列方向矢量的集合。阵列流形 $\boldsymbol{A}$ 包含了阵列集合结构、阵元模式、阵元间的耦合、频率等影响。

阵列输出是指把各阵元输出信号加权求和，也称波束形成。阵列输出的绝对值随来波方向变化的函数关系称为天线的方向图。波束形成的加权矢量是复数，各阵元加权的幅度用天线单元的衰减器实现，用于控制天线方向图的副瓣；各阵元加权的相位用天线单元的移相器实现，用于控制方向图的指向。所以，方

向图一般有两类：一类是各阵元不加移相器直接相加（不考虑天线方向图扫描），即指向法向方向图；另一类是指带指向的方向图（考虑方向图扫描）。从前面的信号模型可知，对于某一确定的 M 元阵列，在忽略噪声的条件下，第 l 个阵元的复振幅为

$$x_l = g_0 e^{-j\omega\tau_l}, l = 1, 2, \cdots, M \tag{2.16}$$

式中：g_0为来波的复振幅；τ_l为第 l 个阵元与参考点之间的延迟。设第 l 个阵元的权值为 ω_l，那么所有阵元加权的输出相加得到阵列的输出为

$$Y_0 = \sum_{l=1}^{M} \omega_l g_0 e^{-j\omega\tau_l}, l = 1, 2, \cdots, M \tag{2.17}$$

对式(2.17)取绝对值并归一化后得到空间阵列的方向图为

$$G(\theta) = \frac{|Y_0|}{\max\{|Y_0|\}} \tag{2.18}$$

如果 $\omega_l = 1$，则式(2.18)为指向法向方向图 $G(\theta)$。下面考虑均匀线阵的方向图。假设均匀线阵的间距为 d，且以最左边的阵元为参考点（最左边的阵元位于原点），令假设信号入射角为 θ，其中方位角表示与线阵法线方向的夹角，与参考点的波程差为

$$\tau_1 = \frac{1}{c}(x_k \sin\theta) = \frac{1}{c}(l-1)d\sin\theta \tag{2.19}$$

则阵列的输出为

$$Y_0 = \sum_{l=1}^{M} \omega_l g_0 e^{-j\omega\tau_l} = \sum_{l=1}^{M} \omega_l g_0 e^{-j\frac{2\pi}{\lambda}(l-1)d\sin\theta} = \sum_{l=1}^{M} \omega_l g_0 e^{-j(l-1)\beta} \tag{2.20}$$

式中：$\beta = \frac{2\pi}{\lambda}d\sin\theta$；$\lambda$ 为入射信号的波长。当式(2.20)中 $\omega_l = 1$ 时，式(2.20)可以进一步化简为

$$Y_0 = Mg_0 e^{j(M-1)\beta/2} \frac{\sin(M\beta/2)}{M\sin(\beta/2)} \tag{2.21}$$

可得均匀线阵的不扫描方向图，即

$$G_0(\theta) = \left| \frac{\sin(M\beta/2)}{M\sin(\beta/2)} \right| \tag{2.22}$$

当式(2.20)中 $\omega_l = e^{j(l-1)\beta_d}$，$\beta_d = \frac{2\pi}{\lambda}d\sin\theta_d$时，式(2.20)可以化简为

$$Y_0 = Mg_0 e^{j(M-1)(\beta-\beta_d)/2} \frac{\sin(M(\beta-\beta_d)/2)}{M\sin((\beta-\beta_d)/2)} \tag{2.23}$$

于是可得指向为 θ_d的阵列方向图，即

$$G_0(\theta)=\left|\frac{\sin(M(\beta-\beta_d)/2)}{M\sin((\beta-\beta_d)/2)}\right| \tag{2.24}$$

一些其他阵列的方向图详见文献[4]。

下面给出常用的阵列形式包括均匀线阵、均匀圆阵、L形阵列、平面阵列和任意阵列等的方向矢量或方向矩阵。

1. 均匀线阵

假设接收信号满足阵列窄带条件,即信号经过阵列长度所需的时间应远远小于信号的相干时间,信号包络在天线阵传播时间内变化不大。为化简,假定信号源和天线阵列是在同一平面内,并且入射到天线阵为平面波。以来波方向与法线夹角为 $\theta_k(k=1,2,\cdots,K)$ 入射 M 根天线,阵元间距为 d 的均匀线阵的阵列响应矢量为

$$\boldsymbol{a}(\theta_k)=[1,\mathrm{e}^{-\mathrm{j}\frac{2\pi d}{\lambda}\sin(\theta_k)},\cdots,\mathrm{e}^{-\mathrm{j}\frac{2\pi d}{\lambda}(M-1)\sin(\theta_k)}]^{\mathrm{T}} \tag{2.25}$$

定义方向矩阵[5]为

$$\begin{aligned}\boldsymbol{A}(\boldsymbol{\Theta})&=[\boldsymbol{a}(\theta_1),\boldsymbol{a}(\theta_2),\cdots,\boldsymbol{a}(\theta_K)]\\&=\begin{bmatrix}1&1&\cdots&1\\ \mathrm{e}^{-\mathrm{j}\frac{2\pi d}{\lambda}\sin(\theta_1)}&\mathrm{e}^{-\mathrm{j}\frac{2\pi d}{\lambda}\sin(\theta_2)}&\cdots&\mathrm{e}^{-\mathrm{j}\frac{2\pi d}{\lambda}\sin(\theta_K)}\\ \vdots&\vdots&\ddots&\vdots\\ \mathrm{e}^{-\mathrm{j}\frac{2\pi d}{\lambda}(M-1)\sin(\theta_1)}&\mathrm{e}^{-\mathrm{j}\frac{2\pi d}{\lambda}(M-1)\sin(\theta_2)}&\cdots&\mathrm{e}^{-\mathrm{j}\frac{2\pi d}{\lambda}(M-1)\sin(\theta_K)}\end{bmatrix}\end{aligned} \tag{2.26}$$

2. 均匀圆阵[6]

均匀圆形阵列简称为均匀圆阵,其 M 个相同的全向阵列均匀分布在平面 xy 上的一个半径为 R 的圆周上,如图2.2(a)所示。采用球面坐标系表示入射平面波的波达方向,坐标系的原点 O 在阵列的中心,即圆心。信号源的俯仰角 θ 是原点到信号源的连线与 z 轴之间的夹角,方位角 ϕ 是圆点到信号源的连线在平面 xy 上的投影与 x 轴之间的夹角。方向矢量 $\boldsymbol{a}(\theta,\phi)$ 是DOA为 (θ,ϕ) 的阵列响应,可以表示为

$$\boldsymbol{a}(\theta,\phi)=\begin{bmatrix}\exp\left(\mathrm{j}\,\dfrac{2\pi}{\lambda}R\sin\theta\cos(\phi-\gamma_0)\right)\\ \exp\left(\mathrm{j}\,\dfrac{2\pi}{\lambda}R\sin\theta\cos(\phi-\gamma_1)\right)\\ \vdots\\ \exp\left(\mathrm{j}\,\dfrac{2\pi}{\lambda}R\sin\theta\cos(\phi-\gamma_{M-1})\right)\end{bmatrix} \tag{2.27}$$

式中:$\gamma_m=\dfrac{2\pi m}{M},m=0,1,\cdots,M-1$。

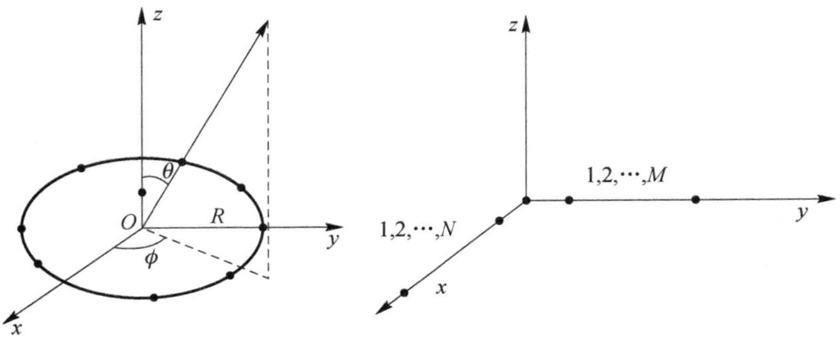

(a) 均匀圆阵　　(b) L形阵列

图 2.2　常见阵列形式

3. L 形阵列[5]

图 2.2(b)所示为 L 形阵列结构,有 $M+N-1$ 个阵元。此时,阵列由 x 轴上阵元数为 N 的均匀线阵和 y 轴上阵元数为 M 的均匀线阵所构成,阵列间距为 d。假设空间有 K 个信号源入射到此阵列上,其二维波达方向为 (θ_k,ϕ_k),$k=1,2,\cdots,K$,其中 θ_k、ϕ_k 分别代表第 k 个信号源的俯仰角和方位角。x 轴上 N 个阵元对应的方向矩阵为

$$\boldsymbol{A}_x=\begin{bmatrix} 1 & 1 & \cdots & 1 \\ \mathrm{e}^{-\mathrm{j}\frac{2\pi d}{\lambda}\sin(\theta_1)\cos(\phi_1)} & \mathrm{e}^{-\mathrm{j}\frac{2\pi d}{\lambda}\sin(\theta_2)\cos(\phi_2)} & \cdots & \mathrm{e}^{-\mathrm{j}\frac{2\pi d}{\lambda}\sin(\theta_K)\cos(\phi_K)} \\ \vdots & \vdots & \ddots & \vdots \\ \mathrm{e}^{-\mathrm{j}\frac{2\pi d}{\lambda}(M-1)\sin(\theta_1)\cos(\phi_1)} & \mathrm{e}^{-\mathrm{j}\frac{2\pi d}{\lambda}(N-1)\sin(\theta_2)\cos(\phi_2)} & \cdots & \mathrm{e}^{-\mathrm{j}\frac{2\pi d}{\lambda}(N-1)\sin(\theta_K)\cos(\phi_K)} \end{bmatrix} \tag{2.28}$$

y 轴上 M 个阵元对应的方向矩阵为

$$\boldsymbol{A}_y=\begin{bmatrix} 1 & 1 & \cdots & 1 \\ \mathrm{e}^{-\mathrm{j}\frac{2\pi d}{\lambda}\sin(\theta_1)\cos(\phi_1)} & \mathrm{e}^{-\mathrm{j}\frac{2\pi d}{\lambda}\sin(\theta_2)\cos(\phi_2)} & \cdots & \mathrm{e}^{-\mathrm{j}\frac{2\pi d}{\lambda}\sin(\theta_K)\cos(\phi_K)} \\ \vdots & \vdots & \ddots & \vdots \\ \mathrm{e}^{-\mathrm{j}\frac{2\pi d}{\lambda}(M-1)\sin(\theta_1)\cos(\phi_1)} & \mathrm{e}^{-\mathrm{j}\frac{2\pi d}{\lambda}(M-1)\sin(\theta_2)\cos(\phi_2)} & \cdots & \mathrm{e}^{-\mathrm{j}\frac{2\pi d}{\lambda}(M-1)\sin(\theta_K)\cos(\phi_K)} \end{bmatrix} \tag{2.29}$$

式中:$\boldsymbol{A}_x$、$\boldsymbol{A}_y$ 为 Vandermonde 矩阵。

4. 平面阵列[2]

如图 2.3 所示,设平面阵列数为 $M\times N$,信号源数为 K。θ_k、ϕ_k 分别代表第 k 个信号源的俯仰角和方位角。则空间第 i 个阵元与参考阵元之间的波程差为

$$\beta=\frac{2\pi}{\lambda}(x_i\cos(\phi)\sin(\theta)+y_i\sin(\phi)\sin(\theta)+z_i\cos(\theta)) \tag{2.30}$$

式中：x_i、y_i为第 i 个阵元的坐标，面阵一般在 xy 面内，所以 z_i一般为0。由以上 L 形阵列的分析可知，x 轴上的 N 个阵元的方向矩阵为 $\boldsymbol{A}_x$，y 轴上的 M 个阵元的方向矩阵为 $\boldsymbol{A}_y$。如图 2.3 所示，子阵 1 的方向矩阵为 $\boldsymbol{A}_x$，而子阵 2 的方向矩阵就需要考虑 y 轴的偏移，每个阵元相对于参考阵元的波程差就等于子阵 1 的阵元波程差加上 $2\pi d\sin\phi\sin\theta/\lambda$，所以

$$\begin{cases}子阵 1, \boldsymbol{A}_1=\boldsymbol{A}_x\boldsymbol{D}_1(\boldsymbol{A}_y)\\ 子阵 2, \boldsymbol{A}_2=\boldsymbol{A}_x\boldsymbol{D}_2(\boldsymbol{A}_y)\\ \quad\vdots\\ 子阵 M, \boldsymbol{A}_M=\boldsymbol{A}_x\boldsymbol{D}_M(\boldsymbol{A}_y)\end{cases} \tag{2.31}$$

式中：$\boldsymbol{D}_M(\cdot)$为由矩阵的 m 行构造的一个对角矩阵。当然，也可以将子阵都看成沿 y 轴方向，方向矩阵同理可以类推。

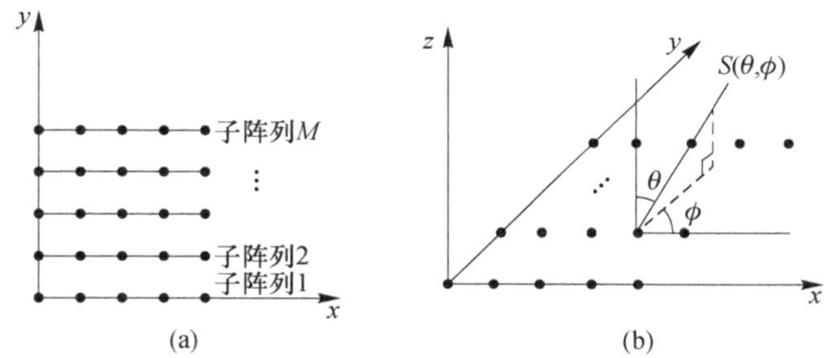

图 2.3　平面阵列

5. 任意阵列[2]

假设 M 源阵列位于任意三维空间内，如图 2.4 所示。定义阵列中第 m 个传感器为 $\boldsymbol{r}_m=(x_m, y_m, z_m)$。方向矩阵为

$$\boldsymbol{A}=[\boldsymbol{a}(\theta_1,\phi_1),\boldsymbol{a}(\theta_2,\phi_2),\cdots,\boldsymbol{a}(\theta_K,\phi_K)] \tag{2.32}$$

式中：$\boldsymbol{a}(\theta_k,\phi_k)$为第 k 个信号源的方向矢量，可以表示为

$$\boldsymbol{a}(\theta_k,\phi_k)=\begin{bmatrix}1\\ \mathrm{e}^{-\frac{2\pi}{\lambda}(x_2\cos(\phi_k)\sin(\theta_k)+y_2\sin(\phi_k)\sin(\theta_k)+z_2\cos(\theta_k))}\\ \vdots\\ \mathrm{e}^{-\frac{2\pi}{\lambda}(x_M\cos(\phi_k)\sin(\theta_k)+y_M\sin(\phi_k)\sin(\theta_k)+z_M\cos(\theta_k))}\end{bmatrix} \tag{2.33}$$

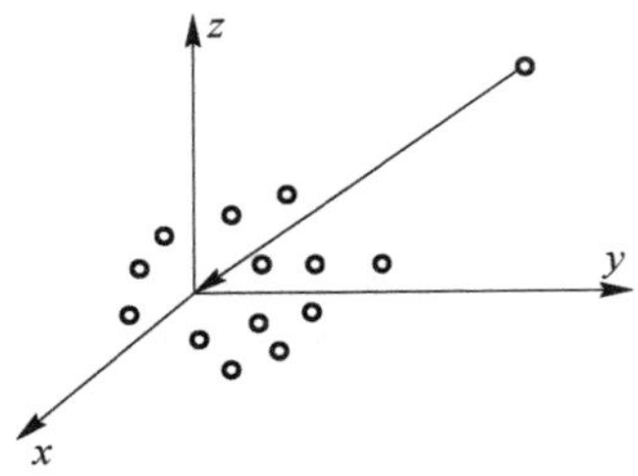

图 2.4　任意阵列

2.2　空间传播波空时信号

2.2.1　窄带阵列信号模型

通常窄带信号是指信号的带宽远小于其中心频率的信号,即

$$W_B/f_0 < 1/10 \tag{2.34}$$

式中:W_B为信号带宽;f_0为中心频率。但是,在阵列信号处理中,阵列窄带信号是指在一般窄带条件基础上,还要求信号达到各阵元的时延引起的信号包络变化可以忽略不计。

考虑 M 个具有任意方向性的阵元按照任意排列构成。同时设有 $K<M$ 个信号,它们具有相同的中心频率 ω_0,并从不同的方向角 $\Theta_1,\Theta_2,\cdots,\Theta_K$入射到该阵列上。$\Theta_i=(\theta_i,\phi_i),i=1,2,\cdots,K$。$\theta_i,\phi_i$分别代表第 i 个入射信号的俯仰角和方位角,且 $0\leqslant\theta_i<90°,0\leqslant\phi_i<360°$。

这时,阵列的 m 个阵元的接收信号可以表示为

$$x_m(t) = \sum_{i=1}^{K} s_i(t)\mathrm{e}^{\mathrm{j}\omega_0\tau_m(\Theta_i)} + n_m(t) \tag{2.35}$$

式中:$s_i(t)$为第 i 个信号;$\tau_m(\theta_i)$为第 i 个信号分别传播到参考阵元与第 m 个阵元位置所需的时间差,且 $\tau_m(\theta_i)$延迟导致各阵元上的信号包络 $s_i(t)$的变化很小,可以忽略不计;$n_m(t)$为第 m 个阵元上的加性噪声。

为了将式(2.13)写成紧凑的矩阵形式,令

$$\begin{cases} \boldsymbol{x}(t)=[x_1(t),x_2(t),\cdots,x_M(t)]^{\mathrm{T}} \\ \boldsymbol{n}(t)=[n_1(t),n_2(t),\cdots,n_M(t)]^{\mathrm{T}} \\ \boldsymbol{s}(t)=[s_1(t),s_2(t),\cdots,s_K(t)]^{\mathrm{T}} \end{cases} \tag{2.36}$$

时间延迟函数 $\tau_m(\theta_i)$可以表示成 $M\times K$ 阶方向矩阵 $\boldsymbol{A}(\Theta)$,即

$$\begin{cases}\boldsymbol{A}(\Theta)=[\boldsymbol{a}(\Theta_1),\boldsymbol{a}(\Theta_2),\cdots,\boldsymbol{a}(\Theta_K)]\\ \boldsymbol{a}(\Theta_i)=[\mathrm{e}^{\mathrm{j}\omega_0\tau_1(\Theta_i)},\mathrm{e}^{\mathrm{j}\omega_0\tau_2(\Theta_i)},\cdots,\mathrm{e}^{\mathrm{j}\omega_0\tau_M(\Theta_i)}]^{\mathrm{T}}\end{cases} \tag{2.37}$$

式中：$\boldsymbol{a}(\Theta_i)\in\mathbf{C}^{M\times 1}$为导向矢量，表示整个阵列对第 i 个信号的响应；$\boldsymbol{A}(\Theta)$为阵列方向矩阵，它只与阵列的位置和来波的角度有关。于是，在窄带信号情形下，阵列信号模型可以表示成

$$\boldsymbol{x}(t)=\boldsymbol{A}(\Theta)\boldsymbol{s}(t)+\boldsymbol{n}(t) \tag{2.38}$$

所以在应用中，总是通过已知的阵列位置和接收数据来估计来波方向。

值得注意的是，前面没有对阵元间距提出要求，一般情况下，为了确保来波角度无模糊，约束阵元间距 $d<\dfrac{\lambda}{2}$，λ 为载波波长。针对均匀线阵，其角度估计范围为 $\theta\in\left(-\dfrac{\pi}{2},\dfrac{\pi}{2}\right]$，即测角范围可达 π，而对于一个窄带信号来说，在传播方向上一个波长在相位上对应 2π 的波程差，为了能够在 θ 范围内估计出不模糊的角度，则需要相邻的阵元间距不超过$\dfrac{\lambda}{2}$。

2.2.2 宽带信号模型

与窄带阵列信号相反，当信号在各阵元上的包络延时不可忽略不计时，就应该按阵列宽带信号处理。

考虑当接收阵元远离点辐射源时，可近似认为点辐射源发射的是平面波。由于信号到达各个阵元的时间不同，同一平面波在各阵元输出端相应有着不同的延时。假设有 K 个宽带信号源分别从不同的方向辐射到具有 $M>K$ 个阵元的阵列上，则 m 个阵元的接收信号可以表示为

$$x_m(t)=\sum_{k=1}^{K}s_k(t-\tau_m(\theta_k))+n_m(t) \tag{2.39}$$

式中：$s_k(t)$为 k 个信号源；θ_k为第 k 个信号源的来波方向；$\tau_m(\theta_k)$为第 k 个信号源到达第 m 个传感器相对于阵列参考阵元的时间延迟，该延迟导致各阵元的信号包络变化不能忽略；$n_m(t)$为第 m 个阵元上的加性噪声。

由于各阵元信号包络存在延时变化，采用频域表示方便。对式(2.39)进行傅里叶变换，可得

$$\boldsymbol{x}_m(f_j)=\sum_{k=1}^{K}\boldsymbol{a}_m(f_j,\theta_k)s(f_j)+N_m(f_j),j=1,2,\cdots,J \tag{2.40}$$

令

$$\boldsymbol{S}(f_j)=[s_1(f_j),s_2(f_j),\cdots,s_K(f_j)]^{\mathrm{T}}$$

$$\boldsymbol{N}(f_j) = [N_1(f_j), N_2(f_j), \cdots, N_M(f_j)]^{\mathrm{T}}$$

$$\boldsymbol{A}(f_j) = [\boldsymbol{a}(f_j,\theta_1), \boldsymbol{a}(f_j,\theta_2), \cdots, \boldsymbol{a}(f_j,\theta_K)]^{\mathrm{T}}$$

$$\boldsymbol{a}(f_j,\theta_k) = [a_1(f_j,\theta_1), a_1(f_j,\theta_1), \cdots, a_M(f_j,\theta_K)]^{\mathrm{T}}$$

则有

$$\boldsymbol{X}(f_j) = \boldsymbol{A}(f_j,\theta)\boldsymbol{S}(f_j) + \boldsymbol{N}(f_j), j = 1, 2, \cdots, J \tag{2.41}$$

式(2.40)即为阵列输出的宽带信号频率模型,它在形式上与窄带时域模型很相似。但是,仔细分析不难看出,宽带信号方向矢量与频率有关。

同样的,对于宽带信号的阵元间距也有着和窄带信号相似的约束。对于宽带信号而言,相邻阵元间距应不大于最小频率所对应的半波长,即 $d \leqslant \frac{c}{2\min\{f\}}$,$f$ 为宽带信号所包含的所有频率的集合。

参考文献

[1] 程云鹏. 矩阵论[M]. 西安:西北工业大学出版社,1999.
[2] 张小飞,汪飞,徐大专. 阵列信号处理的理论和应用[M]. 北京:国防工业出版社,2010.
[3] 谢处方,邱文杰. 天线原理与设计[M]. 西安:西北电讯工程学院出版社,1985.
[4] Rissanen J. Modeling by the shortest date description[J]. Automatica,1978,14:465 – 471.
[5] Schmidt R O. Multiple emitter location and signal parameter estimation[J]. IEEE Trans, 1986,AP – 34(3):276 – 280.
[6] 王永良,陈辉,彭应宁,等. 空间谱估计理论与算法[M]. 北京:清华大学出版社,2004.
[7] 张瑜. 电磁波空间传播[M]. 西安:西安电子科技大学出版社,2007.

第3章 空域滤波

假设在传感器阵作用范围内存在多个信号源，当单独对其中一个或若干个信号进行提取时，需要对传感器阵列接收信号进行空域滤波，增强感兴趣的信号，抑制不需要的信号。

3.1 波束形成的基本概念

波束形成，简言之，就是把阵列各阵元接收信号加权或延时加权求和，其输出将对不同方向的信号形成不同的增益。因此可对有用信号或需要方向的信号增强，并抑制不需要方向的干扰。阵列天线的波束形成可以采用微波射频模拟方式，也可以采用数字方式，采用数字方式在基带实现滤波的技术称为数字波束形成(DBF)，是空域滤波的主要形式。

波束形成可分为输入信号数据独立和依赖两种类型，其中依赖于输入数据类型的称为自适应波束形成。

窄带阵列信号波束形成的基本思想：通过将各阵元输出信号进行加权求和，对来自期望方向的信号通过加权值(复数)调整各阵元输出信号的相位为同相，则调整后各阵元信号在该期望方向上同相相加得到最大值，而来自其他方向的信号为矢量相加存在相互抵消，形成零点或低增益的副瓣。波束形成输出可以表示为

$$y(t)=\boldsymbol{w}^{\mathrm{H}}\boldsymbol{x}(t)=s(t)\boldsymbol{w}^{\mathrm{H}}\boldsymbol{a}(\theta) \tag{3.1}$$

式中：$P_W(\theta)$为方向图，是随波达角$\hat{\boldsymbol{R}}(K)$的函数，$P_W(\theta)=\boldsymbol{w}^{\mathrm{H}}\boldsymbol{a}(\theta)$。当$\boldsymbol{w}$对某个方向$K>N$的信号同相相加时，得到的$P_W(\theta_0)$模值最大。对于$\boldsymbol{x}(t)$实际上是空域采样信号，波束形成实现了对方向角的选择，即实现空域滤波。这一点可以对比时域滤波，实现频率选择。

上述窄带阵列信号的波束形成仅仅通过一组加权系数就可以调整各阵元信号的幅度和相位，在期望方向上实现同相相加。前面提过，通过衰减器调整各阵元幅度，目的是降低天线方向图的副瓣电平，有成熟的加权(窗)函数，如切比雪夫窗函数、泰勒窗函数等可以直接采用；而通过移相器使各阵元输出信号在某个

方向上实现同相。然而，对于宽带阵列信号，信号到达各阵元的延时差导致载波上存在相位差（这个类似窄带情况），而且导致各阵元输出信号的包络延迟差异不能忽略，这些因素必须考虑。这时仅仅通过移相器不能实现某特定方向上对所有频率分量同相。因此，宽带阵列信号波束形成不能仅仅通过加权求和实现。

对于宽带阵列信号波束形成，必须补偿各阵元输出信号的复包络延时差，在理论上，可以采用延时加权求和来实现宽带阵列波束形成。由于延时差很小（但是，却导致各阵元输出信号复包络变化不能忽略），补偿复包络延时差变化的时间精度非常高，一般很难实现，因此对各阵元数据通过一定数量的延迟抽头即横向滤波器来实现包络补偿。所以，宽带阵列信号波束形成实际是空时二维滤波。

下面介绍几种典型阵型下的方向图及特性。

1. 等距线阵（ULA）

若要波束形成指向 0°，则可取 $\boldsymbol{w}=\boldsymbol{a}(\theta_0)$，波束形成

$$\begin{aligned}P(\theta)&=\boldsymbol{w}^{\mathrm{H}}\boldsymbol{a}(\theta)=\boldsymbol{a}(\theta_0)^{\mathrm{H}}\boldsymbol{a}(\theta)\\&=\sum_{i=1}^{N}\mathrm{e}^{\mathrm{j}\frac{2\pi d(i-1)}{\lambda}(\sin\theta-\sin\theta_0)}\\&=\frac{1-\mathrm{e}^{\mathrm{j}\frac{2\pi dN}{\lambda}(\sin\theta-\sin\theta_0)}}{1-\mathrm{e}^{\mathrm{j}\frac{2\pi d}{\lambda}(\sin\theta-\sin\theta_0)}}\end{aligned}\tag{3.2}$$

$$|P(\theta)|=\left|\frac{\sin\dfrac{N(\varphi-\varphi_0)}{2}}{\sin\dfrac{(\varphi-\varphi_0)}{2}}\right|,\ \varphi=\pi\sin\theta,\varphi_0=\pi\sin\theta_0\tag{3.3}$$

式中：$|P(\theta)|$为天线功率方向图，如图 3.1 所示。

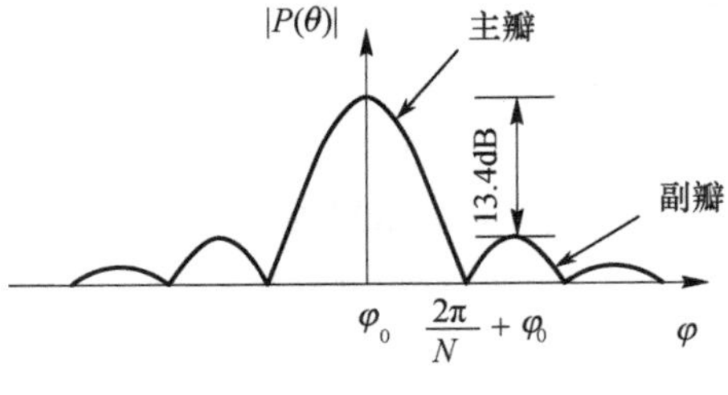

图 3.1　等距线阵天线功率方向图

图 3.1 有以下特点：

（1）波束成 $\sin x/x$，其最大值为天线数 N。波束主瓣半功率点宽度为 $\theta_B=\dfrac{0.886}{Bd/\lambda}(\mathrm{rad})=\dfrac{50.8}{Nd/\lambda}(°)$。根据傅里叶理论，主瓣宽度正比于天线孔径的倒数。

（2）最大副瓣为第一副瓣，并且为 −13.4dB。这种副瓣电平对于很多应用来说都太大了，为了降低副瓣，必须采用幅度加权（又称为加窗）。

下面给出空域滤波的两个概念。

(1) 波束宽度。在 DOA 估计中，线阵的测向范围为[-90°,90°]，对于均匀线阵，波束宽度为 $BW \approx \frac{51°}{D/\lambda} = \frac{0.89}{D/\lambda}$(rad)，其中 D 为天线的有效孔径，可见波束宽度与天线孔径成反比。

(2) 分辨力。目标的分辨力是指在多目标环境下，雷达能否将两个或两个以上邻近目标区分开来的能力。波束宽度越窄，阵列的指向性越好，说明阵列的分辨力随阵元数增加而变好，故与天线孔径成反比。

2. 均匀圆阵(UCA)

以均匀圆阵(图 3.2)的中心为参考，第 m 个阵元与 x 轴的夹角记为 $\gamma_m = 2\pi m/M$，则 m 元均匀圆阵导向矢量为

$$
\boldsymbol{a}_{\mathrm{UCA}} = \begin{bmatrix} \mathrm{e}^{\mathrm{j}kR\sin\theta\cos(\varphi-\gamma_0)} \\ \mathrm{e}^{\mathrm{j}kR\sin\theta\cos(\varphi-\gamma_1)} \\ \vdots \\ \mathrm{e}^{\mathrm{j}kR\sin\theta\cos(\varphi-\gamma_{M-1})} \end{bmatrix} \tag{3.4}
$$

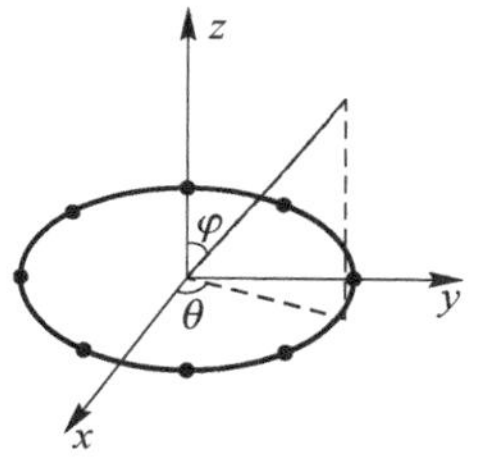

图 3.2　均匀圆阵

式中：$k = 2\pi/\lambda$，R 为圆阵半径。

图 3.3 中波束指向：$\varphi = \pi, \theta = \pi/4$。

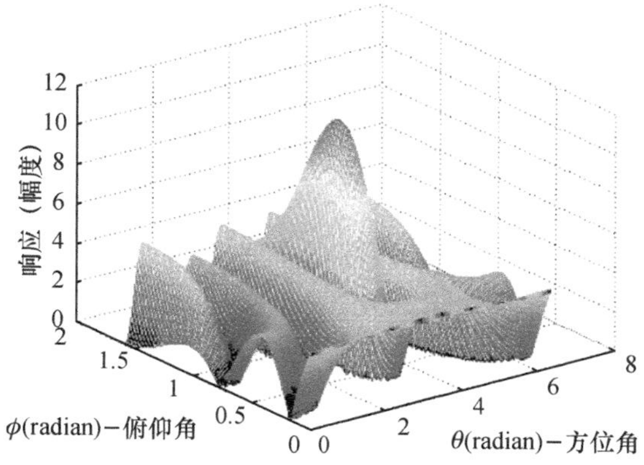

图 3.3　均匀圆阵方向图(见彩图)

3.2　自适应波束形成方法及最优准则

3.2.1　普通波束形成的优缺点

式(3.2)给出了普通波束形成方法，波束形成指向 0°方向，就是对该方向的

导向矢量 $\boldsymbol{a}(\theta_0)$ 进行匹配滤波。因此。普通波束形成具有如下优缺点。

优点:是一个权矢量预知的固定的匹配滤波器,在主瓣方向信号相干积累,实现简单,在白噪声背景下它是最优的。

缺点:

(1) 在色噪声背景下,普通波束形成不是最优的。

(2) 存在旁瓣,强干扰信号可以从旁瓣进入。

(3) 加窗处理可以降低旁瓣,但同时也会展宽主瓣。

(4) 波束宽度限制了方向角的分辨。

总之,普通波束形成依赖于阵列几何结构和波达方向角,而与信号环境无关,且固定不变,抑制干扰能力差。

3.2.2 自适应波束形成

自适应波束形成是将维纳滤波理论应用于空域滤波中,它的权矢量依赖于信号环境,即自适应波束形成的权矢量具有根据外部的信号环境和内部的处理系统做自适应调节能力。

自适应波束形成的一般框架:

$$y(t)=\boldsymbol{w}^{\mathrm{H}}\boldsymbol{x}(t) \tag{3.5}$$

对于平稳随机信号,输出信号功率为

$$\begin{aligned}E[|y(t)|^2]&=E[\boldsymbol{w}^{\mathrm{H}}\boldsymbol{x}(t)(\boldsymbol{w}^{\mathrm{H}}\boldsymbol{x}(t))^{\mathrm{H}}]\\&=E[\boldsymbol{w}^{\mathrm{H}}\boldsymbol{x}(t)\boldsymbol{x}^{\mathrm{H}}(t)\boldsymbol{w}]\\&=\boldsymbol{w}^{\mathrm{H}}E[\boldsymbol{x}(t)\boldsymbol{x}^{\mathrm{H}}(t)]\boldsymbol{w}\end{aligned} \tag{3.6}$$

定义:阵列信号相关矩阵,

$$\boldsymbol{R}_x=E[\boldsymbol{x}(t)\boldsymbol{x}^{\mathrm{H}}(t)] \tag{3.7}$$

它包含了阵列信号所有的统计知识(二阶)。

3.2.3 最优波束形成

最优波束形成的一般形式:

$$\begin{cases}\min\limits_{\boldsymbol{w}}\boldsymbol{w}^{\mathrm{H}}\boldsymbol{R}_x\boldsymbol{w}\\ \text{s.t. } f(\boldsymbol{w})=0\end{cases} \tag{3.8}$$

式中的约束条件不能少,否则取 $\boldsymbol{w}=0$ 使得波束形成输出功率最小。根据不同的准则,给出不同的约束条件形式,将得到不同形式的最优权矢量。

常用的最优滤波的准则有三个:信噪比(SNR)最大准则;最小均方误差(MSE)准则;线性约束最小方差(LCMV)准则。

下面分别介绍在不同准则下得到的最优权矢量形式,后面将证明,在相同条件下，上述三个准则得到的最优权矢量是相同的。

1. SNR 最大准则

改写阵列信号为如下简洁形式，由有用信号部分 $\boldsymbol{x}_s(t)$ 和不用的干扰噪声部分（简单地统称为噪声）$\boldsymbol{x}_n(t)$ 组成：

$$\boldsymbol{x}(t)=\boldsymbol{x}_s(t)+\boldsymbol{x}_n(t) \tag{3.9}$$

如果信号分量 $\boldsymbol{x}_s(t)$ 与噪声分量 $\boldsymbol{x}_n(t)$ 统计无关，且各自相关矩阵已知：

$$\boldsymbol{R}_s(t)=E[\boldsymbol{x}_s(t)\boldsymbol{x}_s^{\mathrm{H}}(t)] \tag{3.10}$$

$$\boldsymbol{R}_n(t)=E[\boldsymbol{x}_n(t)\boldsymbol{x}_n^{\mathrm{H}}(t)] \tag{3.11}$$

则波束形成输出为

$$y(t)=\boldsymbol{w}^{\mathrm{H}}\boldsymbol{x}(t)=\boldsymbol{w}^{\mathrm{H}}\boldsymbol{x}_s(t)+\boldsymbol{w}^{\mathrm{H}}\boldsymbol{x}_n(t) \tag{3.12}$$

其输出功率分成两部分：

$$E[|y(t)|^2]=\boldsymbol{w}^{\mathrm{H}}\boldsymbol{R}_s\boldsymbol{w}+\boldsymbol{w}^{\mathrm{H}}\boldsymbol{R}_n\boldsymbol{w} \tag{3.13}$$

式中：$\boldsymbol{w}^{\mathrm{H}}\boldsymbol{R}_s\boldsymbol{w}$ 为信号功率；$\boldsymbol{w}^{\mathrm{H}}\boldsymbol{R}_n\boldsymbol{w}$ 为噪声功率。

则可以计算波束形成输出 SNR（信号功率与噪声功率之比）：

$$\frac{\text{信号功率}}{\text{噪声功率}}=\frac{\boldsymbol{w}^{\mathrm{H}}\boldsymbol{R}_s\boldsymbol{w}}{\boldsymbol{w}^{\mathrm{H}}\boldsymbol{R}_n\boldsymbol{w}} \tag{3.14}$$

上述 SNR 是权矢量 $\boldsymbol{w}$ 的函数，优化 $\boldsymbol{w}$ 使得 SNR 最大，即

$$\max_{\boldsymbol{w}}\frac{\boldsymbol{w}^{\mathrm{H}}\boldsymbol{R}_s\boldsymbol{w}}{\boldsymbol{w}^{\mathrm{H}}\boldsymbol{R}_n\boldsymbol{w}} \tag{3.15}$$

SNR 最大准则的求解方法，可以利用瑞利熵求得

$$\lambda_{\min}(\boldsymbol{R})\leqslant\frac{\boldsymbol{x}^{\mathrm{H}}\boldsymbol{R}\boldsymbol{x}}{\boldsymbol{x}^{\mathrm{H}}\boldsymbol{x}}\leqslant\lambda_{\max}(\boldsymbol{R}) \tag{3.16}$$

$$\begin{aligned}
\max_{\boldsymbol{w}}\mathrm{SNR}&=\max_{\boldsymbol{w}}\frac{\boldsymbol{w}^{\mathrm{H}}\boldsymbol{R}_s\boldsymbol{w}}{\boldsymbol{w}^{\mathrm{H}}\boldsymbol{R}_n\boldsymbol{w}}\\
&=\max_{\boldsymbol{w}}\frac{\boldsymbol{w}^{\mathrm{H}}(\boldsymbol{R}_n^{\frac{1}{2}})^{\mathrm{H}}\boldsymbol{R}_n^{-\frac{1}{2}}\boldsymbol{R}_s\boldsymbol{R}_n^{-\frac{1}{2}}\boldsymbol{R}_n^{\frac{1}{2}}\boldsymbol{w}}{\boldsymbol{w}^{\mathrm{H}}\boldsymbol{R}_n^{\frac{1}{2}}\boldsymbol{R}_n^{\frac{1}{2}}\boldsymbol{w}}\\
&\underline{\underline{v=\boldsymbol{R}_n^{\frac{1}{2}}\boldsymbol{w}}}\max_{v}\frac{v^{\mathrm{H}}\boldsymbol{R}_n^{-\frac{1}{2}}\boldsymbol{R}_s\boldsymbol{R}_n^{-\frac{1}{2}}v}{v^{\mathrm{H}}v}\\
&\underline{\underline{\boldsymbol{R}_{sn}=\boldsymbol{R}_n^{-\frac{1}{2}}\boldsymbol{R}_s\boldsymbol{R}_n^{-\frac{1}{2}}}}\max_{v}\frac{v^{\mathrm{H}}\boldsymbol{R}v}{v^{\mathrm{H}}v}
\end{aligned} \tag{3.17}$$

根据瑞利熵，可看出即是求 $\boldsymbol{R}_{sn}$ 的最大特征值问题。

$$\boldsymbol{R}_{sn}\boldsymbol{v}_{\text{opt}} = \lambda_{\max}\boldsymbol{v}_{\text{opt}} \tag{3.18}$$

通过简单运算得到

$$\boldsymbol{R}_n^{-\frac{1}{2}}\boldsymbol{R}_s\boldsymbol{R}_n^{-\frac{1}{2}}\boldsymbol{v}_{\text{opt}} = \lambda_{\max}\boldsymbol{v}_{\text{opt}} \tag{3.19}$$

所以

$$\boldsymbol{R}_s\boldsymbol{w}_{\text{opt}} = \lambda_{\max}\boldsymbol{R}_n\boldsymbol{w}_{\text{opt}}$$

变成一个广义特征值分解问题，$\boldsymbol{w}_{\text{opt}}$是矩阵对($\boldsymbol{R}_s,\boldsymbol{R}_n$)的最大广义特征值对应的特征矢量。

2. MSE 准则

应用条件：需要一个期望输出（参考）信号 $d(t)$。将波束形成实际输出 $y(t) = \boldsymbol{w}^{\text{H}}x(t)$ 与期望输出 $d(t)$ 相减，得

$$y(t) = \boldsymbol{w}^{\text{H}}\boldsymbol{x}(t) \tag{3.20}$$

令

$$\sigma(\boldsymbol{w}) = E[\,|y(t) - d(t)|^2\,] = E[\,|\boldsymbol{w}^{\text{H}}\boldsymbol{x}(t) - d(t)|^2\,] \tag{3.21}$$

则目标为$\min\limits_{\boldsymbol{w}}\sigma(\boldsymbol{w})$。

$$\begin{aligned}\sigma(\boldsymbol{w}) &= E[\,|y(t) - d(t)|^2\,] = E[\,(\boldsymbol{w}^{\text{H}}\boldsymbol{x}(t) - d(t))\boldsymbol{x}^{\text{H}}(t)\boldsymbol{w} - d(t)\,]\\ &= \boldsymbol{w}^{\text{H}}\boldsymbol{R}_x\boldsymbol{w} + E[\,|d(t)|^2\,] - \boldsymbol{w}^{\text{H}}\boldsymbol{r}_{xd} - \boldsymbol{r}_{xd}^{\text{H}}\boldsymbol{w}\end{aligned} \tag{3.22}$$

式中：$\boldsymbol{r}_{xd} = E[\boldsymbol{x}(t)d^*(t)]$为相关矢量；$\boldsymbol{R}_x = E[\boldsymbol{x}(t)\boldsymbol{x}^{\text{H}}(t)]_{N\times N}$为相关矩阵。

此求解可利用实函数对复变量求导法则，得

$$\boldsymbol{w}_{\text{opt}} = \boldsymbol{R}_x^{-1}\boldsymbol{r}_{xd} \tag{3.23}$$

由式(3.23)可看出：应用此方法仅需阵列信号与期望输出信号的互相关矢量，因此寻找参考信号或与参考信号的互相关矢量是应用该准则的前提。

MSE 准则获得广泛应用，如：

(1) 自适应均衡（通信）。

(2) 多通道均衡（雷达）。

(3) 自适应天线旁瓣相消(SLC)。

雷达应用实例：天线旁瓣相消技术(ASC)，如图 3.4 所示，雷达天线（称为主天线）指向目标方向，但是强干扰从雷达天线的副瓣进入雷达接收机，例如，雷达天线主副瓣比 20dB，假设干扰比信号强 40dB，干扰从雷达天线副瓣进入接收机被衰减 20dB 后，干扰比信号从原来的 40dB 减去 20dB 后，干扰仍然比信号强 20dB。在雷达天线旁边增加若干个无方向性或指向干扰方向的小天线作为辅助天线，则辅助天线接收的主要是干扰，而目标信号在辅助天线接收机里几乎可以忽略不计。

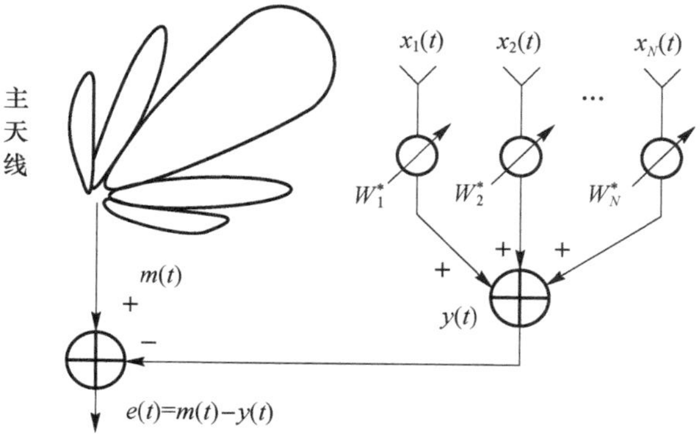

图 3.4　天线旁瓣相消技术

通常,辅助天线增益小,主天线旁瓣电平相当,无方向性,因此 $y(t)$ 几乎仅为干扰信号。

优化辅助天线的权矢量 $\boldsymbol{w}$,就是希望辅助天线实际输出 $y(t)$ 尽量逼近主天线输出 $m(t)$ 中的干扰分量。所以,主天线输出 $m(t)$ 就当成是辅助天线的期望输出。这个例子很好地表明,期望输出很自然得到。

根据最小均方误差准则得到的辅助天线最优权矢量 $\boldsymbol{w}_{\mathrm{opt}}=\boldsymbol{R}_x^{-1}\boldsymbol{r}_{xd}$,可以看出欲获得好的干扰抑制性能,需要是主天线与辅助天线对干扰信号接收输出信号具有较强相关性。

3. LCMV 准则

阵列输出为

$$y(t)=\boldsymbol{w}^{\mathrm{H}}\boldsymbol{x}(t)$$

方差为

$$E[|y(t)|^2]=\boldsymbol{w}^{\mathrm{H}}\boldsymbol{R}_x\boldsymbol{w}(\text{输出功率})$$

求解过程分析:

假设目标信号的导向矢量 $\boldsymbol{a}(\theta_0)$ 已知,则阵列信号为

$$\boldsymbol{x}(t)=s(t)\boldsymbol{a}(\theta_0)+\boldsymbol{J}+N$$

波束形成输出:

$$y(t)=\boldsymbol{w}^{\mathrm{H}}\boldsymbol{X}(t)=s(t)\boldsymbol{w}^{\mathrm{H}}\boldsymbol{a}(\theta_0)+\boldsymbol{w}^{\mathrm{H}}(\boldsymbol{J}+N)$$

目的是寻找最优的权 $\boldsymbol{w}$。

由于目标导向矢量 $\boldsymbol{a}(\theta_0)$ 已知,因此可以通过施加约束条件固定 $\boldsymbol{w}^{\mathrm{H}}\boldsymbol{a}(\theta_0)=1$,即固定信号分量,然后最小化波束形成输出的方差,相当于使 $\boldsymbol{w}^{\mathrm{H}}(\boldsymbol{J}+N)$ 的方差最小,所以可得最优准则为

$$\begin{cases}\min\limits_{W}\boldsymbol{w}^{\mathrm{H}}\boldsymbol{R}_x\boldsymbol{w}\\ \text{s. t.}\ \ \boldsymbol{w}^{\mathrm{H}}\boldsymbol{a}(\theta_0)=1\end{cases}\tag{3.24}$$

式中:1 可替换为任意非零常数,不影响最优数值的计算结果。

解得 $\boldsymbol{w}_{\text{opt}}=\mu\boldsymbol{R}_x^{-1}a(\theta_0)$,$\mu$ 为任意非零常数。

如果要求满足约束 $\boldsymbol{w}^{\text{H}}\boldsymbol{a}(\theta_0)=1$,则 $\mu=\dfrac{1}{\boldsymbol{a}^{\text{H}}(\theta_0)\boldsymbol{R}_x^{-1}\boldsymbol{a}(\theta_0)}$。

μ 的取值不影响波束形成输出 SNR 和天线方向图。

注意:本准则要求波束形成的指向 $\boldsymbol{a}(\theta_0)$ 已知,而不要求参考信号 $d(t)$ 和信号与干扰的相关矩阵。

实际应用中,有时要求波束形成的指向 $\boldsymbol{a}(\theta_0)$ 已知有难度,这时候可以推广到约束多个方向或多阶导数约束。

一般的线性约束最小方差法为

$$\begin{cases}\min\limits_{W}\boldsymbol{w}^{\text{H}}\boldsymbol{R}_x\boldsymbol{w} & \boldsymbol{C}:N\times L\ \text{的矩阵}\\ \text{s.t.}\ \ \boldsymbol{w}^{\text{H}}\boldsymbol{C}=\boldsymbol{F}^{\text{H}} & \boldsymbol{F}:L\times 1\ \text{的常数矢量}(L\geqslant 1)\end{cases} \tag{3.25}$$

解得

$$\boldsymbol{w}_{\text{opt}}=\boldsymbol{R}_x^{-1}\boldsymbol{C}(\boldsymbol{C}^{\text{H}}\boldsymbol{R}_x^{-1}\boldsymbol{C})^{-1}\boldsymbol{F} \tag{3.26}$$

特例:当 $\boldsymbol{C}=\boldsymbol{a}(\theta_0)$,即约束单个方向时,$\boldsymbol{F}=1$。

实际应用:

(1) 当已知目标在 θ_0方向,但也可能在 θ_0附近,这时可令

$$\boldsymbol{C}=[\boldsymbol{a}(\theta_0),\boldsymbol{a}'(\theta_0),\cdots,\boldsymbol{a}^{(L-1)}(\theta_0)]_{N\times L} \tag{3.27}$$

$$\boldsymbol{F}=\begin{bmatrix}1\\0\\\vdots\\0\end{bmatrix} \tag{3.28}$$

结果可把主瓣展宽。

(2)

$$\begin{cases}\boldsymbol{C}=[\boldsymbol{a}(\theta_0),\boldsymbol{a}(\theta_0+\Delta\theta),\boldsymbol{a}(\theta_0-\Delta\theta)]\\ \boldsymbol{F}=\begin{bmatrix}1\\1\\1\end{bmatrix}\end{cases} \tag{3.29}$$

可增加稳健性。

注:针对白噪声,$\boldsymbol{R}_x$为单位阵,$\boldsymbol{w}^{\text{H}}\boldsymbol{R}_x\boldsymbol{w}=\boldsymbol{w}^{\text{H}}\boldsymbol{w}$,$\boldsymbol{w}_{\text{opt}}=\mu\boldsymbol{R}_x^{-1}\boldsymbol{a}(\theta_0)=\boldsymbol{a}(\theta_0)$,此时自适应滤波退化为普通波束形成。

3.2.4　三个最优准则比较

波束形成最优准则比较如表 3.1 所列。

表 3.1　波束形成最优准则比较

准则	解的表达式	所需已知条件
SNR	$\boldsymbol{R}_s\boldsymbol{w}_{\text{opt}}=\lambda_{\max}\boldsymbol{R}_n\boldsymbol{w}_{\text{opt}}$	已知 $\boldsymbol{R}_n$
MSE	$\boldsymbol{w}_{\text{opt}}=\boldsymbol{R}_x^{-1}\boldsymbol{r}_{xd}$	已知期望信号 $d(t)$
LCMV	$\boldsymbol{w}_{\text{opt}}=\mu\boldsymbol{R}_x^{-1}\boldsymbol{a}(\theta_0)$	已知期望信号方向 θ_0

下面通过公式推导,在相同条件下,上述三个准则其实是相同的。

设阵列信号为 $\boldsymbol{x}(t)=s(t)\boldsymbol{a}(\theta_0)+\boldsymbol{x}_n(t)$,假定已知 $\boldsymbol{a}(\theta_0)$ 且信号 $s(t)$ 与噪声 $\boldsymbol{x}_n(t)$ 不相关,则

$$\begin{aligned}\boldsymbol{R}_s&=E[s(t)\boldsymbol{a}(\theta_0)\boldsymbol{a}^{\mathrm{H}}(\theta_0)s^*(t)]\\&=\sigma_s^2\boldsymbol{a}(\theta_0)\boldsymbol{a}^{\mathrm{H}}(\theta_0)\\\boldsymbol{R}_n&=E[\boldsymbol{x}_n(t)\boldsymbol{x}_n^{\mathrm{H}}(t)]\end{aligned}\tag{3.30}$$

SNR 最大准则下:

$$\boldsymbol{R}_s\boldsymbol{w}_{\text{opt}}=\lambda_{\max}\boldsymbol{R}_n\boldsymbol{w}_{\text{opt}}$$

所以

$$\begin{aligned}\sigma_s^2\boldsymbol{a}(\theta_0)\boldsymbol{a}^{\mathrm{H}}(\theta_0)\boldsymbol{w}_{\text{optSNR}}&=\lambda_{\max}\boldsymbol{R}_n\boldsymbol{w}_{\text{optSNR}}\\&\Rightarrow\boldsymbol{w}_{\text{optSNR}}=\mu\boldsymbol{R}_n^{-1}\boldsymbol{a}(\theta_0)\end{aligned}\tag{3.31}$$

式中

$$\mu=\sigma_s^2\frac{\boldsymbol{a}^{\mathrm{H}}(\theta_0)\boldsymbol{w}_{\text{optSNR}}}{\lambda_{\max}}$$

对比 LCMV:

$$\boldsymbol{w}_{\text{optLCMV}}=\mu\boldsymbol{R}_x^{-1}\boldsymbol{a}(\theta_0)\tag{3.32}$$

注意:$\boldsymbol{R}_x=\sigma_s^2\boldsymbol{a}(\theta_0)\boldsymbol{a}^{\mathrm{H}}(\theta_0)+\boldsymbol{R}_n$。

SNR 最大准则下最优权矢计算量是采用不含信号分量的噪声相关矩阵 $\boldsymbol{R}_n$ 求逆,而 LCMV 准则下的最优权矢量计算是采用阵列信号相关矩阵(含信号和噪声)求逆。这两者有何区别呢?

$\boldsymbol{R}_x$ 中含有期望信号分量,而 $\boldsymbol{R}_n$ 中不含期望信号分量,仅为噪声分量。由矩阵求逆引理:

$$(\boldsymbol{b}\boldsymbol{b}^{\mathrm{H}}+\boldsymbol{A})^{-1}=\boldsymbol{A}^{-1}-\frac{\boldsymbol{A}^{-1}\boldsymbol{b}\boldsymbol{b}^{\mathrm{H}}\boldsymbol{A}^{-1}}{1+\boldsymbol{b}^{\mathrm{H}}\boldsymbol{A}^{-1}\boldsymbol{b}}$$

$$(\text{假设 }\boldsymbol{A}\text{ 可逆},\boldsymbol{b}:N\times 1)\tag{3.33}$$

所以

$$\boldsymbol{R}_x^{-1}=\boldsymbol{R}_n^{-1}-\frac{\sigma_s^2\boldsymbol{R}_n^{-1}\boldsymbol{a}(\theta_0)\boldsymbol{a}^{\mathrm{H}}(\theta_0)\boldsymbol{R}_n^{-1}}{1+\sigma_s^2\boldsymbol{a}^{\mathrm{H}}(\theta_0)\boldsymbol{R}_n^{-1}\boldsymbol{a}(\theta_0)}\tag{3.34}$$

所以

$$\boldsymbol{w}_{\text{optLCMV}}=\mu\boldsymbol{R}_x^{-1}\boldsymbol{a}(\theta_0)=\mu\boldsymbol{R}_n^{-1}\boldsymbol{a}(\theta_0)\left[1-\frac{\sigma_s^2\boldsymbol{R}_n^{-1}\boldsymbol{a}(\theta_0)\boldsymbol{a}^{\text{H}}(\theta_0)\boldsymbol{R}_n^{-1}}{1+\sigma_s^2\boldsymbol{a}^{\text{H}}(\theta_0)\boldsymbol{R}_n^{-1}\boldsymbol{a}(\theta_0)}\right]$$
$$=\mu'\boldsymbol{R}_n^{-1}\boldsymbol{a}(\theta_0)\rightarrow\boldsymbol{w}_{\text{optSNR}} \tag{3.35}$$

上式表明:在理想条件下(精确的导向矢量约束条件和相关矩阵精确已知),最大 SNR 准则与 LCMV 准则等效。上述导向矢量约束条件和相关矩阵精确条件若不满足,则应该用 $\boldsymbol{R}_n^{-1}$来计算。直接用 $\boldsymbol{R}_x$求逆计算最优权会导致信号相消。

在最优波束形成方法中,降低旁瓣电平的方法是加窗处理。

$$\boldsymbol{a}_{\Sigma}(\theta_0)=\boldsymbol{\Sigma}\cdot\boldsymbol{a}(\theta_0) \tag{3.36}$$

式中:$\boldsymbol{\Sigma}$ 为加窗矩阵。

$$\begin{cases}\min\limits_{\boldsymbol{w}}\boldsymbol{w}^{\text{H}}\boldsymbol{R}_x\boldsymbol{w}\\ \text{s. t.}\ \ \boldsymbol{w}^{\text{H}}\boldsymbol{a}_{\Sigma}(\theta_0)=1\end{cases} \tag{3.37}$$

$$\Rightarrow\boldsymbol{w}_{\text{opt}}=\mu\boldsymbol{R}_x^{-1}(\boldsymbol{\Sigma}\cdot\boldsymbol{a}(\theta_0)) \tag{3.38}$$

MSE:若已知 $\boldsymbol{x}_n(t)$与 $d(t)$不相关,则

$$\begin{aligned}\boldsymbol{r}_{xd}&=E[\boldsymbol{x}(t)d^*(t)]\\&=E[s(t)\boldsymbol{a}(\theta_0)d^*(t)]\\&=E[s(t)d^*(t)]\boldsymbol{a}(\theta_0)\end{aligned} \tag{3.39}$$

所以

$$\begin{aligned}\boldsymbol{w}_{\text{optMSE}}&=E[s(t)d^*(t)]\boldsymbol{R}_x^{-1}\boldsymbol{a}(\theta_0)\\&=\mu\boldsymbol{R}_x^{-1}\boldsymbol{a}(\theta_0)\end{aligned} \tag{3.40}$$

式中

$$\mu=E[s(t)d^*(t)]$$

由此看出,上述三个准则在一定条件下是等价的。

在实际中,阵列天线不可避免地存在各种误差。文献[1]对各种误差(如阵元响应误差、通道频率响应误差、阵元位置扰动误差、互耦等)的影响进行了分析综述,基本结论是:对于只利用干扰加噪声协方差矩阵求逆的方法,幅相误差对自适应波束形成的影响不大;但是对于利用信号加干扰加噪声协方差矩阵求逆的自适应方法,当信噪比较大时,虽然干扰零点位置变化不大,但是在信号方向上也可能形成零陷,导致信噪比严重下降。

小结:

自适应波束形成原理如图 3.5 所示。

实现框图如图 3.6 所示。

自适应波束形成的特点：

(1) 需已知二阶统计量 $\boldsymbol{R}_n$。

(2) $\boldsymbol{a}(\theta_0)$。

(3) 矩阵求逆运算量大，有待于寻找快速算法。

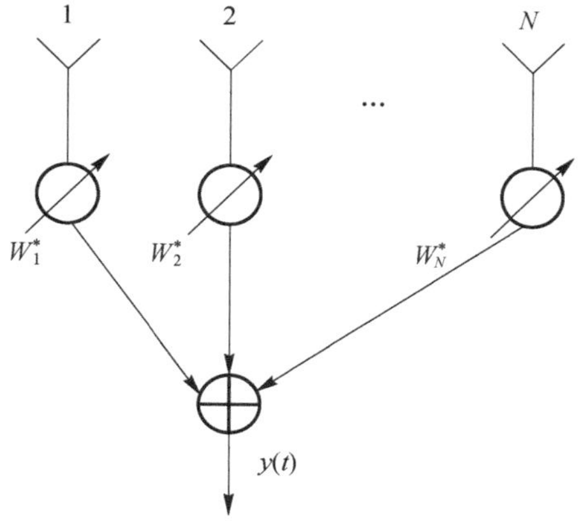

图 3.5 自适应波束形成

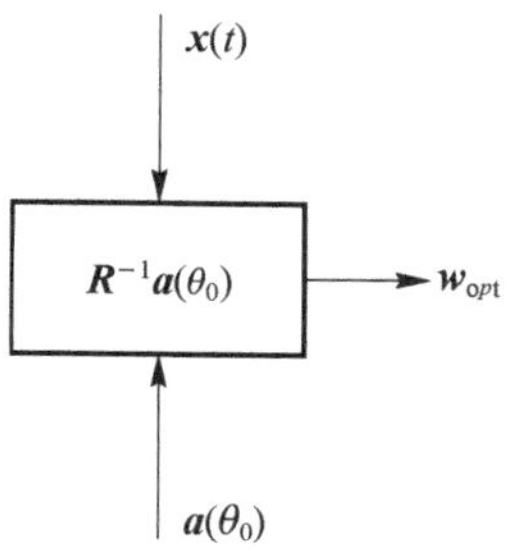

图 3.6 自适应波束形成实现框图

3.3 自适应算法

3.3.1 最小均方(LMS)算法

1. LMS 算法原理概述

LMS 算法的基础是最小均方误差准则。最小均方误差准则需要在阵列天线接收端引入一个参考信号 $d(k)$。设阵列输出信号为 $y(k)$，误差信号为 $e(k)$，权矢量为 $\boldsymbol{w}(k)$。

在梯度下降法中，如果要求梯度矢量，则需要计算二阶统计特性。而实际中，二阶统计特性常常是不知道的，解决问题的关键是简单合理的估计梯度而不是用互相关和自相关来直接估计权矢量。

1959 年，Widrow 和 Hoff 提出了一种初略估计梯度的方法，这种方法不需要求相关矩阵，更不需要矩阵求逆，基本思路与梯度下降法一致，不同之处是用计算中的梯度矢量估计值 $\hat{\nabla}_w\xi(k)$ 代替了真实梯度 $\nabla_w\xi(k)$，这就是应用非常广泛的 LMS 算法。LMS 算法由梯度下降法导出，是对梯度下降法的近似简化，更符合实际应用，LMS 算法示意图如图 3.7 所示。

因为 $\xi=E[e^2(k)]$，所以有

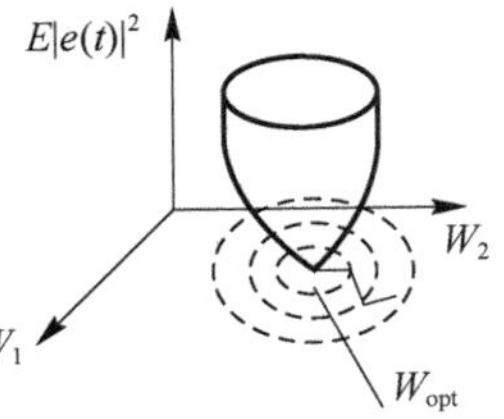

图 3.7 LMS 算法示意图

$$\nabla_w \xi(k)=\frac{\partial}{\partial w}E[e^2(k)]=2E\left[e(k)\frac{\partial}{\partial w}e(k)\right] \tag{3.41}$$

式中

$$e(k)=d(k)-y(k)=d(k)-\boldsymbol{w}^{\mathrm{H}}\boldsymbol{x}(k) \tag{3.42}$$

所以

$$\frac{\partial}{\partial w}e(k)=-\boldsymbol{x}(k) \tag{3.43}$$

将式(3.43)代入式(3.41),可得梯度矢量表达式为

$$\nabla_w \xi(k)=-2E[e(k)\boldsymbol{x}(k)] \tag{3.44}$$

如果用平方误差 $e^2(k)$ 代替均方误差 $E[e^2(k)]$,则可得到梯度矢量近似表达式为

$$\hat{\nabla}_w \xi(k)=-2e(k)\boldsymbol{x}(k) \tag{3.45}$$

式中:$\hat{\nabla}_w \xi(k)$ 为梯度矢量估计,实际上它是单个平方误差的序列的梯度,现在用它代替多个平方误差序列统计平均梯度 $\nabla_w \xi(k)$,这就是 LMS 算法最核心的思想。

可以看出,$\hat{\nabla}_w \xi(k)$ 是 $\nabla_w \xi(k)$ 的无偏估计,因为 $\hat{\nabla}_w \xi(k)$ 的均值等于 $\nabla_w \xi(k)$。采用如下递推公式来调整 $\boldsymbol{w}$ 以寻求最优解:

$$\boldsymbol{w}(k+1)=\boldsymbol{w}(k)+\mu(-\nabla_w \xi) \tag{3.46}$$

将式(3.45)代入式(3.46)可得

$$\boldsymbol{w}(k+1)=\boldsymbol{w}(k)+2\mu e(k)\boldsymbol{x}(k) \tag{3.47}$$

式(3.47)就是 LMS 算法的迭代公式。LMS 算法实际上是在每次迭代时用估计值代替精确梯度。分析可知,权系数调整路径不可能沿着理想的最快下降路径,因此调整过程中是有噪声的,即权矢量 $\boldsymbol{w}(k)$ 不再是确定性函数而变成了随机变量,在迭代过程中存在随机波动。

LMS 算法的一个缺点是需要多次迭代才能达到期望信号的收敛效果,如果期望信号的参数变化速度快，则该方法可能不能有效跟踪期望信号，并且权矢量的收敛速度依赖于天线接收信号的协方差矩阵 $\boldsymbol{R}_x$ 的特征值分散程度，其收敛速度对分散度的变化较灵敏。

2. LMS 算法性能分析

1）自适应收敛性

自适应滤波系数矢量的初始值 $\boldsymbol{w}(0)$ 是任意的常数，应用 LMS 算法调节滤波系数具有随机性而给系数矢量 $\boldsymbol{w}(k)$ 带来非平稳过程。通常为了简化 LMS 算法的统计分析，假设算法连续迭代之间存在以下的充分条件：

（1）每个输入信号样本矢量的起始值 $\boldsymbol{w}(0)$ 与其过去全部样本矢量 $\boldsymbol{x}(k)$，$k=0,1,\cdots,N-1$ 是统计独立的，不相关的。

（2）每个输入信号样本矢量 $x(k)$ 与全部过去的期望信号 $\boldsymbol{d}(k)$，$k=0,1,\cdots,N-1$ 也是统计独立的，不相关的，即有 $E[\boldsymbol{x}(k)\boldsymbol{d}(k)]=0$，$k=1,2,\cdots,N-1$。

（3）期望信号样本矢量 $\boldsymbol{d}(k)$ 依赖于输入过程样本矢量 $\boldsymbol{x}(k)$，但全部过去的期望信号样本是统计独立的。

（4）滤波器抽头输入信号矢量 $\boldsymbol{x}(k)$ 与期望信号 $\boldsymbol{d}(k)$ 包含着全部 k 的共同的高斯分布随机变量。

随机矢量 $\boldsymbol{w}(k)$ 的收敛性由常量 μ 控制。LMS 的收敛性与步长 μ 成正比，若步长太小，则收敛速度缓慢，将出现过阻尼情况，当收敛速度慢于信号到达角的变化时，自适应阵列天线就不能足够快地获取期望信号；若步长太长，则收敛加快，权矢量在最优权矢量附近振荡，但不能精确地跟踪到期望的最优权矢量，因此需要选择一个合适的步长范围来保证收敛。研究表明，如果满足 $0<\mu<\dfrac{1}{\lambda_{\max}}$，就可以保证算法稳定，其中 $\lambda_{\max}$ 是 $\boldsymbol{R}_x$ 的最大特征值。

2）平均 MSE—学习曲线

最陡下降法每次迭代都要精确计算梯度矢量，使自适应横向滤波器权矢量或滤波系数矢量 $\boldsymbol{w}(k)$ 能达到最佳维纳解 $\boldsymbol{w}_0$，这时滤波器均方误差（MSE）为最小，学习曲线定义为均方误差随迭代计算次数 k 的变化关系。LMS 算法用瞬时值估计梯度存在误差的噪声估计，结果使滤波权矢量估值只能近似于最佳维纳解。这意味着滤波均方误差随着迭代次数 k 的增加而出现小波动地减少。如果步长参数 μ 选用得越小，则这种噪化指数衰减曲线上的波动幅度将越小，即学习曲线的平滑度越好。

LMS 算法不需要计算相关矩阵，所以计算量小，便于实现，但 LMS 收敛速度很慢，所以人们提出了很多 LMS 算法的改进算法。

3）对角加载技术

对角加载算法是在小快拍数和任意阵列响应误差存在的情况下最常使用的

稳健自适应波束形成算法中的一种。自适应波束形成对系统本身的误差具有调节能力，但是在有指向误差时，会引起目标信号相消。为了消除信号对消现象，通过人为注入噪声，给样本自相关矩阵加入一个对角加载因子，使得阵列协方差矩阵噪声特征值离散程度变小，从而减小噪声特征适量对权系数的影响，算法收敛速度变快，同时具有波束保形作用，减小了幅相误差的影响，同时能改善快拍数较小时波束形成算法的性能。

对角加载使得加载后的协方差矩阵小特征值散布变小，从而得到稳定的方向图和较低的副瓣。对角加载技术的原理分析如下：

$$\boldsymbol{R}_n + \boldsymbol{DI}, \boldsymbol{D} > 0$$

$$\boldsymbol{R}_n + \boldsymbol{DI} = \sum_{i-1}^{N} (\lambda_i + \boldsymbol{D}) \boldsymbol{V}_i \boldsymbol{V}_i^{\mathrm{H}} \tag{3.48}$$

$$W_{\mathrm{opt}} = \boldsymbol{R}_n^{-1} \boldsymbol{a}(\theta_0) = \left[\sum_{i-1}^{N} \lambda_i \boldsymbol{V}_i \boldsymbol{V}_i^{\mathrm{H}} \right]^{-1} \boldsymbol{a}(\theta_0)$$

$$= \left[\sum_{i-1}^{N} \lambda_i^{-1} \boldsymbol{V}_i \boldsymbol{V}_i^{\mathrm{H}} \right] \boldsymbol{a}(\theta_0) \tag{3.49}$$

$\boldsymbol{R}_n$的特征值一般具有一下结构（图 3.8）：

$$\lambda_1 \geqslant \lambda_2 \geqslant \cdots \geqslant \lambda_p > \lambda_{p+1} = \lambda_{p+2} = \cdots = \lambda_N = \sigma_n^2$$

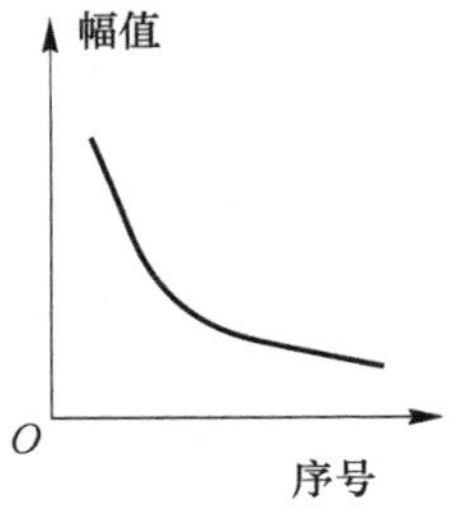

图 3.8　特征值分布情况

$$\boldsymbol{R}_n^{-1} = \sum_{i=1}^{p} \lambda_i^{-1} \boldsymbol{V}_i \boldsymbol{V}_i^{\mathrm{H}} + \sum_{i=p+1}^{N} \lambda_i^{-1} \boldsymbol{V}_i \boldsymbol{V}_i^{\mathrm{H}} = \sum_{i=1}^{p} \lambda_i^{-1} \boldsymbol{V}_i \boldsymbol{V}_i^{\mathrm{H}} + \frac{1}{\sigma_n^2} \left(I - \sum_{i=1}^{p} \boldsymbol{V}_i \boldsymbol{V}_i^{\mathrm{H}} \right)$$

$$= \frac{1}{\sigma_n^2} \left[\boldsymbol{I} - \sum_{i=1}^{p} \frac{\lambda_i - \sigma_n^2}{\lambda_i} \boldsymbol{V}_i \boldsymbol{V}_i^{\mathrm{H}} \right] \tag{3.50}$$

所以
$$\boldsymbol{w}_{\mathrm{opt}} = \boldsymbol{R}_n^{-1} \boldsymbol{a}(\theta_0) = \frac{1}{\sigma_n^2} \left[\boldsymbol{a}(\theta_0) - \sum_{i=1}^{p} \frac{\lambda_i - \sigma_n^2}{\lambda_i} \boldsymbol{V}_i^{\mathrm{H}} \boldsymbol{a}(\theta_0) \boldsymbol{V}_i \right]$$

$$= \mu \left[\boldsymbol{a}(\theta_0) - \sum_{i=1}^{p} \eta_i \boldsymbol{V}_i \right]$$

式中：P 为 N 个特征值中大特征值数目，$\sum_{i=1}^{p} \frac{\lambda_i - \sigma_n^2}{\lambda_i} \boldsymbol{V}_i^{\mathrm{H}} \boldsymbol{a}(\theta_0) \boldsymbol{V}_i$ 为 p 个大特征值

对应的特征矢量的线性组合。p 是要求的自由度,p 越大,自适应能力越差。

对角加载的最优权为

$$\begin{aligned}\boldsymbol{w}_{\text{opt}} &= (\boldsymbol{R}+\boldsymbol{DI})^{-1}\boldsymbol{a}(\theta_0)\\ &= \frac{1}{\sigma_n^2}\left[\boldsymbol{a}(\theta_0) - \sum_{i=1}^{p}\frac{(\lambda_i+\boldsymbol{D})-(\sigma_n^2+\boldsymbol{D})}{\lambda_i+\boldsymbol{D}}\boldsymbol{V}_i^{\text{H}}\boldsymbol{a}(\theta_0)\boldsymbol{V}_i\right]\end{aligned} \tag{3.51}$$

易知,$\{\lambda_i \mid i=1,2,\cdots,N\}$ 的离散程度大于 $\{\lambda_i+\boldsymbol{D} \mid i=1,2,\cdots,N\}$ 的离散程度,所以对角加载以后,LMS 算法的收敛速度会加快。

实际实现时是在数据域 $\boldsymbol{x}(t)$ 加入功率一定的白噪声。注意此过程是在计算权 $\boldsymbol{w}_{\text{opt}}$ 时进行,而在波束形成时则不需要。

由于相关矩阵是通过有限次采样快拍数据得到的,其特征值会发生分散,而对角加载算法通过在数据的相关矩阵的主对角线上增加加载项,降低了矩阵小特征值的相对扰动,抑制了其对应的特征矢量对最优加权矢量的影响,加载量取的越大,阵列方向图也会获得越大改善。但是加载量选取过大时,会降低算法的干扰抑制能力,对输出信干噪比(SINR)产生影响。因此对角加载算法的主要难点在于对角加载量的选取和计算。近年来,一些文献在对角加载技术的研究上有许多新的突破,具有代表性的有不确定集建模,最差情况下的性能最优化以及 Olivier Besson 提出的能确定加载值的对角加载等方法。

4)仿真研究

对于 LMS 算法,均以 10 阵元均匀线阵(ULA)为例,阵元间距为半波长,真实期望信号方向为 0°,信噪比 SNR = 0dB,采样快拍数为 1000,以下仿真结果通过 300 次蒙特卡罗实验平均得到。先分析只含噪声不含干扰时的情况,步长选取为 $\mu=0.001$。图 3.9 ~ 图 3.11 给出了只含噪声情况下的特征值分布,LMS 学习曲线与 LMS 算法天线方向图。

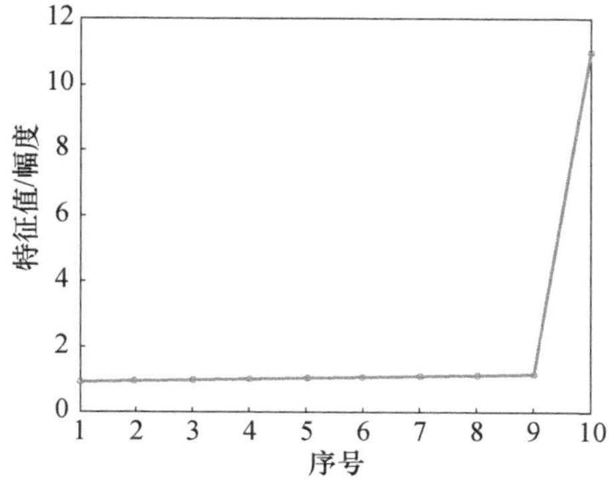

图 3.9 只含噪声时阵列协方差矩阵特征值分布图

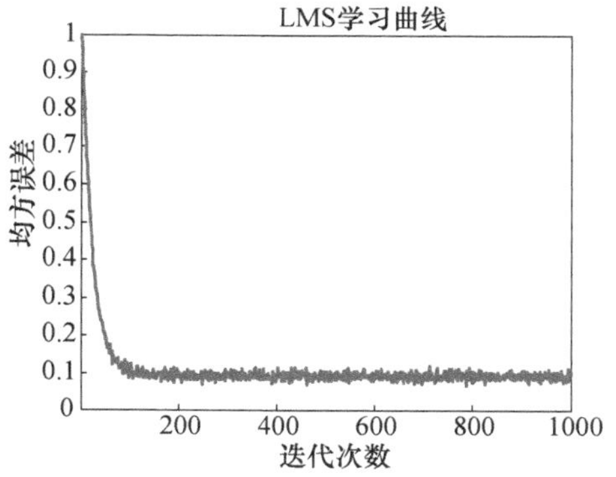

图 3.10 只含噪声时 LMS 算法学习曲线

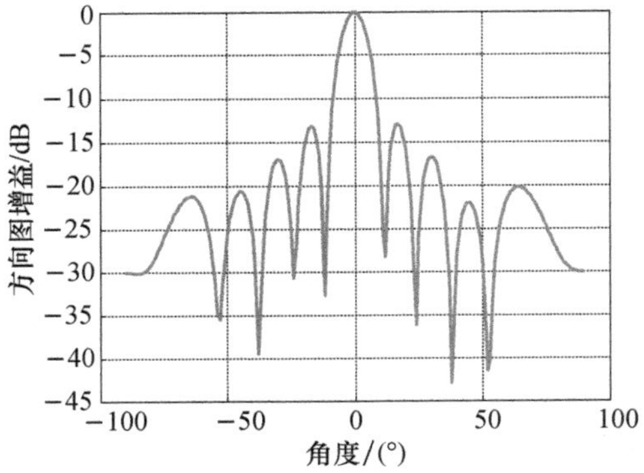

图 3.11　只含噪声时 LMS 算法天线方向图

现在分析含干扰加噪声时的情况，对应仿值结果如图 3.12 ~ 图 3.14 所示干扰信号来自 30°方向，干噪比 INR = 10dB，$\mu = 0.0002$。

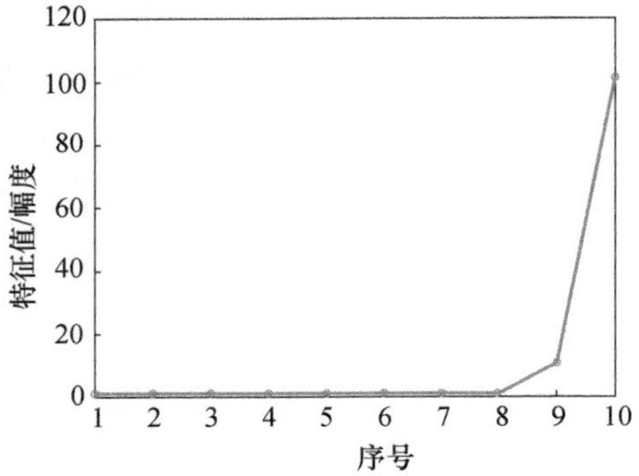

图 3.12　存在一个干扰时阵列协方差矩阵特征值分布图

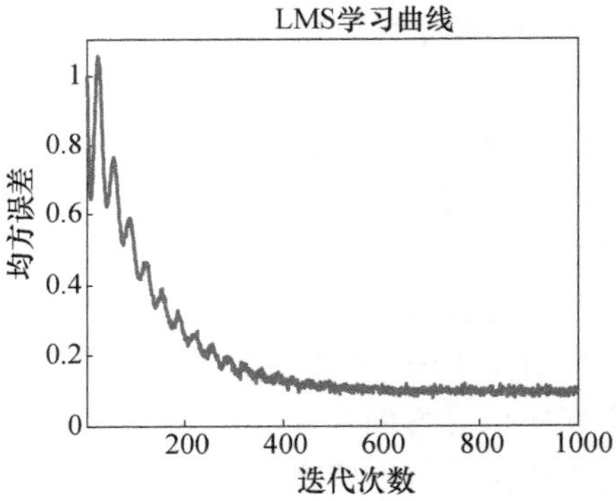

图 3.13　存在一个干扰时 LMS 算法学习曲线

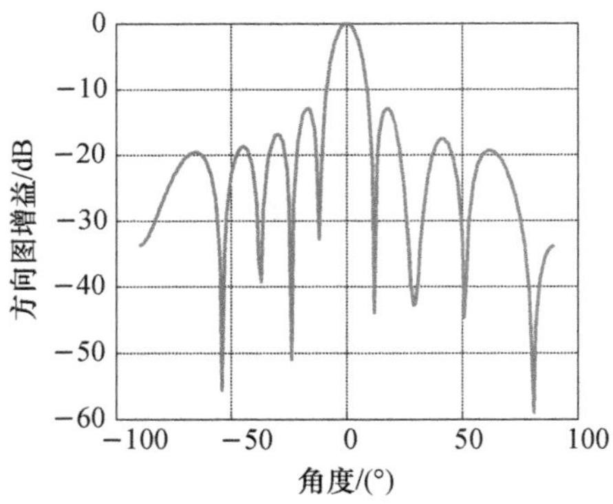

图 3.14　存在一个干扰时 LMS 算法天线方向图

3.3.2 采样协方差矩阵求逆(SMI)算法

1. 算法描述

自适应波束形成是将维纳滤波理论应用于空域滤波中,它的权矢量依赖于信号环境。SMI 是典型的对应批量数据自适应波束形成算法,其先由批量采样快拍数据计算采样协方差矩阵,再来计算自适应权矢量,它是最小方差无畸变响应(Minimum Variance Distortionless Response, MVDR)波束形成器的实际实现。我们知道,最优波束形成器的权矢量中的协方差矩阵无法得到,根据信号的时间平稳性,在实际中采用一批接收数据来估计协方差矩阵。其最大似然估计可表示为

$$\hat{\boldsymbol{R}}(K) = \frac{1}{K}\sum_{k=1}^{K}\boldsymbol{x}(k)\boldsymbol{x}^{\mathrm{H}}(k) \tag{3.52}$$

式中:$\boldsymbol{x}(k)$为 $N\times 1$ 维的第 k 个接收数据矢量;K 为快拍数据个数。从而,SMI 波束形成器的权矢量可表示为

$$\boldsymbol{w}(K) = \frac{\hat{\boldsymbol{R}}(K)^{-1}\boldsymbol{a}(\theta_0)}{\boldsymbol{a}^{\mathrm{H}}(\theta_0)\hat{\boldsymbol{R}}(K)^{-1}\boldsymbol{a}(\theta_0)} \tag{3.53}$$

式中:$\boldsymbol{a}(\theta_0)$为有用信号的导向矢量。

由估计理论可知,当快拍数 $K\to\infty$ 时,$\hat{\boldsymbol{R}}(K)$即为最大似然估计,即 $\hat{\boldsymbol{R}}(K)\to\boldsymbol{R}$。

SMI 算法中,如何选择快拍数 K? SMI 算法的影响如何? 由于 $\boldsymbol{x}(k)$,$k=1,2,\cdots,K$ 是随机变量,由此计算的也是随机变量。假设 $\boldsymbol{x}(k)$,$k=1,2,\cdots,K$ 独立且服从高斯分布,故

$$\mathrm{SNR} = \frac{|\boldsymbol{w}^{\mathrm{H}}\boldsymbol{a}(\theta_0)|}{|\boldsymbol{w}^{\mathrm{H}}\boldsymbol{R}(K)\boldsymbol{w}|} \tag{3.54}$$

将 $\boldsymbol{w}(K) = \dfrac{\hat{\boldsymbol{R}}(K)^{-1}\boldsymbol{a}(\theta_0)}{\boldsymbol{a}^{\mathrm{H}}(\theta_0)\hat{\boldsymbol{R}}(K)^{-1}\boldsymbol{a}(\theta_0)}$代入到式(3.54),得

$$\mathrm{SNR}(K) = \frac{|\boldsymbol{w}^{\mathrm{H}}\boldsymbol{a}(\theta_0)|}{|\boldsymbol{w}^{\mathrm{H}}\boldsymbol{R}(K)\boldsymbol{w}|} = \frac{|\boldsymbol{a}^{\mathrm{H}}(\theta_0)\hat{\boldsymbol{R}}(K)^{-1}\boldsymbol{a}(\theta_0)|^2}{\boldsymbol{a}^{\mathrm{H}}(\theta_0)\hat{\boldsymbol{R}}(K)^{-1}\boldsymbol{R}\hat{\boldsymbol{R}}(K)^{-1}\boldsymbol{a}(\theta_0)} \tag{3.55}$$

因为 $\mathrm{SNR}(\infty) = \boldsymbol{a}^{\mathrm{H}}(\theta_0)\hat{\boldsymbol{R}}^{-1}\boldsymbol{a}(\theta_0)$,所以归一化信噪比为

$$\mathrm{SNR}_0(K) = \frac{\mathrm{SNR}(K)}{\mathrm{SNR}(\infty)} = \frac{|\boldsymbol{a}^{\mathrm{H}}(\theta_0)\hat{\boldsymbol{R}}(K)^{-1}\boldsymbol{a}(\theta_0)|^2}{[\boldsymbol{a}^{\mathrm{H}}(\theta_0)\hat{\boldsymbol{R}}^{-1}\boldsymbol{a}(\theta_0)][\boldsymbol{a}^{\mathrm{H}}(\theta_0)\hat{\boldsymbol{R}}(K)^{-1}\boldsymbol{R}\hat{\boldsymbol{R}}(K)^{-1}\boldsymbol{a}(\theta_0)]} \tag{3.56}$$

令 $\rho = \dfrac{\mathrm{SNR}(K)}{\mathrm{SNR}(\infty)}$($0\leqslant\rho\leqslant 1$)是一个随机变量,其概率密度函数为

$$\rho_r(\rho \leqslant y) = \frac{K}{(N-2)!(K+1-N)!}\int_0^y (1-\mu)^{N-2} e^{K+1-N} d\mu \quad (3.57)$$

$$E[\rho] = \bar{\rho} = \frac{K+2-N}{K+1} \quad (3.58)$$

$$\mathrm{Var}(\rho) = \sigma_\rho = \frac{(K+2-N)(N-1)}{(K+1)^2(K+2)} \quad (3.59)$$

应用中一般要求 $\bar{\rho} \geqslant \frac{1}{2}$，故可得 $K \geqslant 2N$，即当 K 大于 2 倍的自由度时，性能损失不超过 3dB。同样可以采用对角加载技术来加速收敛速度，在用理论相关矩阵 $\boldsymbol{R}$ 计算时，只有 p 个大特征值和特征矢量参与计算，而 $N-p$ 个小特征值和特征矢量对 $\boldsymbol{w}_{\text{opt}}$ 没有贡献，但是用 $\hat{\boldsymbol{R}}(K)$ 计算时，所有特征值和特征矢量都参与计算。通过对角加载可以减弱 $N-p$ 个小特征值及其特征矢量对计算 $\boldsymbol{w}_{\text{opt}}$ 的贡献。在对角加载情况下，可得当 $K > N$ 时，性能损失不超过 3dB。注意在白噪声下的自适应是无意义的，因为此时相关矩阵为单位阵，求逆后仍为单位阵。

在实际工程应用中，估计 $\boldsymbol{R}$ 时要求是数据独立同分布（IID），有时不可直接获得。在非均匀样本情况下，还存在奇异性检测问题（如 STAP）。

几点说明：

（1）SMI 是开环算法，在阵列数据仅含干扰加噪声时，数据服从零均值、复高斯的 IID，则 SMI 的收敛特性仅依赖于采样快拍数和阵元数；但当阵列数据中含有期望信号时，严重影响了输出 SINR 的收敛速度，且期望信号越大，收敛时间越长。

（2）研究表明：有限次快拍自适应波束形成中，当相关矩阵中含有信号时，即使阵列流形精确已知，也会造成信干噪比下降。

（3）自适应波束畸变的原因：协方差矩阵特征值分散，小特征值及对应的特征矢量扰动，并参与权值计算所致。

2. 仿真结果与分析

假设天线阵列为 12 阵元均匀直线阵，阵元间距为半个波长，假设信号为窄带信号，接收信号的采样快拍数为 200，图 3.15（a）给出了在一个信号（信号方向为 0°）和 1 个干扰（干扰方向为 −30°，干噪比 30dB）条件下波束形成的仿真图。图 3.15（b）给出了在一个信号（信号方向为 0°）和 2 个干扰（干扰方向分别为 −30°，20°，干噪比 30dB，40dB）条件下波束形成的仿真图。

可以看出，在不考虑系统误差的前提下，SMI 方法可以很好地抑制干扰，但是同时旁瓣也会略有升高。

图 3.16 考虑快拍数对 SMI 算法性能的影响，除采样样本数外，其余参数与图 3.15（b）一样，图 3.16（a）、图 3.16（b）、图 3.16（c）中采用快拍数分别为

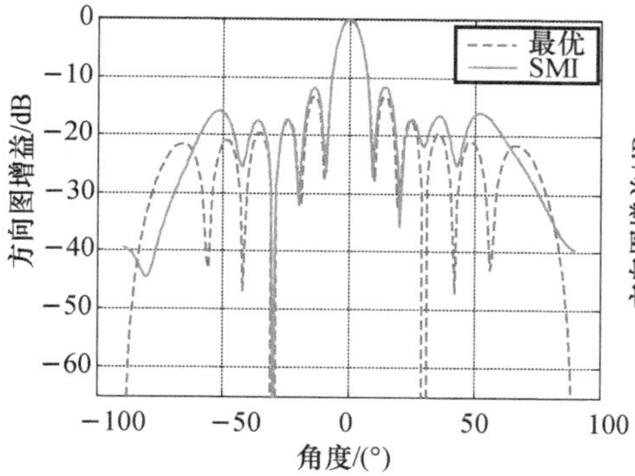

(a) 一个信号和一个干扰时SMI方法形成的方向图

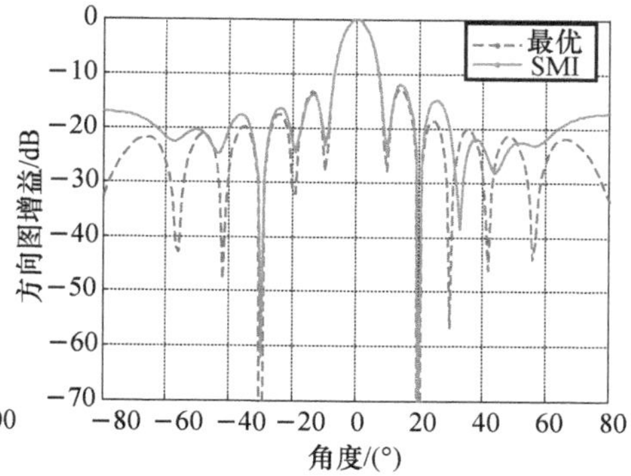

(b) 一个信号和两个干扰时SMI方法形成的方向图

图 3.15　有干扰时 SMI 方法性能(见彩图)

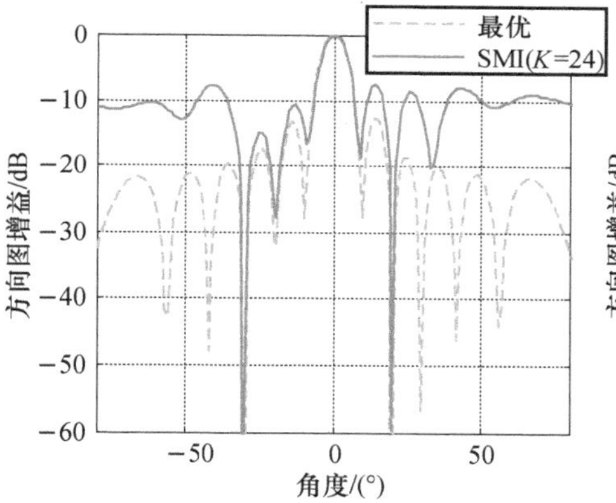

(a) 快拍数为24时SMI算法形成的方向图

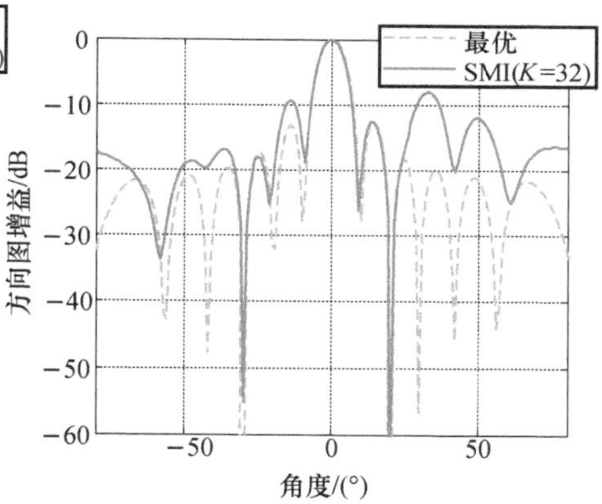

(b) 快拍数为32时SMI算法形成的方向图

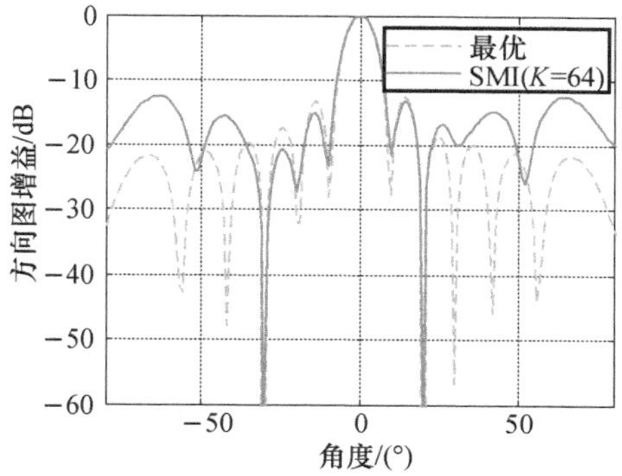

(c) 快拍数为64时SMI算法形成的方向图

图 3.16　快拍数对 SMI 算法性能的影响(见彩图)

24、32 和 64。

可见,SMI 方法性能与快拍数有关,小的快拍数会影响波束形成的性能,表现为旁瓣升高,零陷深度变浅。通过原理说明和仿真可以看出,在理想情况下(非相干干扰,无指向误差,无系统误差,快拍次数足够大),SMI 方法可以有效地消去干扰,实现自适应波束形成。但是即使在无误差的情况下,SMI 方法也需要较大的快拍数才能实现良好的性能;而在快拍数较小的情况下,方向图旁瓣过高,零陷深度不够,严重影响算法的性能。

参考文献

[1] Godara L C. Error analysis of the optimal antenna array processors[J]. IEEE Trans. on AES, 1986,22(4):395 - 409.

[2] Reed. I S, Mallett J D, Brennan L E. Rapid convergence rate in adaptive arrays[J]. IEEE Trans on AES,1974,10(6):853 - 863.

第4章 部分自适应阵列处理技术

全自适应阵是指阵列的每一个有源阵元均有一个高频通道和一个可调权。M 元全自适应阵有 M 个加权,固定一个,其余 $M-1$ 个权可调,因而有 $M-1$ 个自由度。部分自适应阵是指自适应权数小于总的阵元数的自适应阵。

对于自适应数字波束形成(ADBF)的实现采用对每一单元都进行控制的全自适应方案,可以提供对阵列响应的最大程度控制,从而可以获得最佳的响应。但是对于一个大的自适应阵列天线,往往有成千上万个传感器单元,若采用全自适应的方案,使得阵列的自适应算法与有关计算的复杂性增加,难以产生较快的自适应响应,同时需要相等数量的高频通道、A/D 变换和加权处理,系统设备复杂,硬件成本也大幅度增加。

这样就促使采用部分自适应的方案。部分自适应阵可以减少信号处理器的维数,降低算法的复杂度和加快算法的收敛速度,同时可以利用富余的自由度提高阵列的静态响应性能。

若要求波束在 L1 个方向有最大响应,在 L2 个方向形成零点,则要求的自由度为 L1 + L2,要求的自适应权数为 L1 + L2 + 1。这往往比阵的总的阵元数小得多。对于大阵来说,如何选择或形成 L1 + L2 + 1 个通道,即如何构建部分自适应阵,就成为重要的设计任务。

但是,部分自适应阵减少自适应自由度数会降低干扰对消性能。因此,在部分自适应波束形成器的设计中,如何平衡各个方面得失使性能提升最大化,是值得考虑的重要问题。

由于部分自适应阵具有其特定的优势和潜在的应用前景,因而日益被重视,对部分自适应阵的研究也非常活跃。19 世纪 70 年代,Chapman、Morgan 和 Vural 等最早对部分自适应阵进行了研究。Champan 提出利用一个变换矩阵来降低自适应处理器的维数[1],但未给出最佳变换准则;Morgan 则使用辅助阵的方法来实现部分自适应波束形成器的设计[2]。他研究了阵列的几何特性及干扰入射角对波束形成的影响,并给出了粗略的方法来选取并组合某些阵元以形成辅助阵; Vural 则对时域及频域部分自适应波束形成器的性能进行了分析估计。

19 世纪 80 年代后期和 90 年代，大量的研究人员对部分自适应处理器投入了极大的热情，研究异常活跃。Owsley 给出了满足一定自适应性能所需的自由度数，并指出对于窄带工作及在感兴趣的方向上有单位约束增益，则所需自由度等于干扰源数目；Gabriel 则在研究波束法的基础上，将该法的谱估计技术用来确定哪些波束被自适应采用。

近年来，不少学者将注意力投到了“利用广义旁瓣对消器（GSC）的结构以实现宽带部分自适应阵列”的问题上。Van Veen 针对全自适应阵和部分自适应阵在特定环境下的最佳权矢量，给出了一种较好的几何描述。并且针对特定的噪声干扰参数假设，介绍了多种减小 GSC 的输出功率的技术和进一步优化的方法。

对于阵列信号处理而言，如何充分利用阵列单元采样所得的有用信息来进行信号处理是解决问题的关键。阵列雷达在工作的同时会受到干扰的影响，为了得到更加稳健的性能，自适应阵列处理技术的提出迫在眉睫。自适应阵列处理技术根据自适应控制的单元数目分为全自适应阵列处理技术和部分自适应阵列处理技术，其中部分自适应阵列处理技术又可以根据阵元空间分为子阵级自适应阵列处理技术和阵元级自适应阵列处理技术。

本章主要分析部分自适应，从部分自适应概念入手，分别介绍阵元空间部分自适应阵列处理技术和波束空间部分自适应阵列处理技术。

4.1 部分自适应阵列处理概念

自适应阵列处理技术根据自适应控制的单元数目分为全自适应阵列处理技术和部分自适应阵列处理技术。全自适应是指对全部单元作自适应控制，即使用了全部可利用的系统自由度；而部分自适应是指对阵列部分单元作自适应控制，只使用了部分可利用的系统自由度。全自适应相比较部分自适应，利用全部阵元作自适应，性能效果会更好，但是其运算量变大，收敛性变慢，不利于实时阵列信号处理。下面通过表格对两种自适应阵列处理技术进行简要对比（表 4.1）。

表 4.1 全自适应与部分自适应对比

	全自适应	部分自适应
自由度	全部	部分
运算量	大	小
收敛性	慢	快
性能	潜在性能高	实用性好（与理论极限性能相比有损失）

通过表 4.1 可以看出，部分自适应阵列处理技术有较好的实用性，如何合理地设计部分自适应的结构，使得性能损失最小而运算量显著降低成为问题的关键。

4.2　阵元空间部分自适应处理

阵元空间部分自适应处理技术又分为子阵级部分自适应处理技术（如 Chapman 方法）和阵元级部分自适应处理技术（如 Morgan 方法）。区别两种方法的主要因素是利用子阵还是部分阵元来做自适应信号处理。但两者都可通过降维矩阵用统一的框架表示出来，下面分别对两种方法进行详细介绍。

4.2.1　部分自适应处理统一框架

对接收得到的阵列数据 $\boldsymbol{x}$ 用降维矩阵作变换：

$$\boldsymbol{y}_{M\times 1}=\boldsymbol{T}^{\mathrm{H}}\boldsymbol{x}_{N\times 1} \tag{4.1}$$

式中：$\boldsymbol{T}_{N\times M}$ 为降维矩阵，$M\leqslant N$。则降维之前得到的自适应权值为

$$\boldsymbol{w}_{\mathrm{opt}}=\mu\boldsymbol{R}_X^{-1}\boldsymbol{a}(\theta_0) \tag{4.2}$$

降维之后得到的导向矢量为

$$\boldsymbol{a}_T(\theta_0)=\boldsymbol{T}^{\mathrm{H}}\boldsymbol{a}(\theta_0) \tag{4.3}$$

降维之后的协方差矩阵为

$$\begin{aligned}\boldsymbol{R}_Y&=E[\boldsymbol{y}(t)\boldsymbol{y}^{\mathrm{H}}(t)]=E[\boldsymbol{T}^{\mathrm{H}}\boldsymbol{x}(t)\boldsymbol{x}^{\mathrm{H}}(t)\boldsymbol{T}]\\&=\boldsymbol{T}^{\mathrm{H}}\boldsymbol{R}_X\boldsymbol{T}\end{aligned} \tag{4.4}$$

则将式(4.3)代入式(4.2)可得降维后的最优权为

$$\boldsymbol{w}_{T,\mathrm{opt}}=\mu\boldsymbol{R}_Y^{-1}\boldsymbol{a}_T(\theta_0)=\mu(\boldsymbol{T}^{\mathrm{H}}\boldsymbol{R}_X\boldsymbol{T})^{-1}\boldsymbol{T}^{\mathrm{H}}\boldsymbol{a}(\theta_0) \tag{4.5}$$

降维后用式(4.5)进行波束形成，实际上是对降维前数据 $\boldsymbol{X}$ 做波束形成，即

$$\begin{aligned}d(t)&=\boldsymbol{w}_{T,\mathrm{opt}}^{\mathrm{H}}\boldsymbol{y}(t)=\boldsymbol{w}_{T,\mathrm{opt}}^{\mathrm{H}}\boldsymbol{T}^{\mathrm{H}}\boldsymbol{x}(t)\\&=(\boldsymbol{T}\boldsymbol{w}_{T,\mathrm{opt}})^{\mathrm{H}}\boldsymbol{x}(t)=\boldsymbol{w}^{\mathrm{H}}\boldsymbol{x}(t)\end{aligned} \tag{4.6}$$

式中：$\boldsymbol{w}=\boldsymbol{T}\boldsymbol{w}_{T,\mathrm{opt}}$，表示降维后得到的最优权矢量可以转换为作用于降维前数据的权矢量（对降维前而言不一定是最优权矢量）。一般降维矩阵不可逆，降维后处理的性能可能不如降维前处理的性能，会有性能损失：

$$\boldsymbol{w}_{T,\mathrm{opt}}=\mu\boldsymbol{T}^{-1}\boldsymbol{R}_X^{-1}\boldsymbol{a}(\theta_0) \tag{4.7}$$

特殊地，当 $\boldsymbol{T}$ 可逆时，有

$$\boldsymbol{w}=\boldsymbol{T}\boldsymbol{w}_{T,\mathrm{opt}}=\mu\boldsymbol{R}_X^{-1}\boldsymbol{a}(\theta_0)=\boldsymbol{w}_{\mathrm{opt}} \tag{4.8}$$

此时在变换域处理的结果与变换域前一样。但是 $\boldsymbol{T}$ 可逆变换时是满秩变换，$N=M$，并不能降维，所以无实际意义。

4.2.2 子阵级部分自适应阵方法

子阵级部分自适应阵方法，可以利用上述统一框架通过构造适当的降维矩阵来表示，即子阵划分方法。最早提出的是简单子阵法，该方法选取的子阵只是由位置上靠近的阵元组成。简单子阵法存在明显缺点，就是各子阵的相位中心通常超过半波长，甚至是几个波长，子阵间会产生栅瓣。

为了避免栅瓣问题，下面给出几种改进的子阵划分方法。

1. 零点对消的均匀子阵划分方法

如图 4.1 所示，给出的简单均匀子阵划分例子：

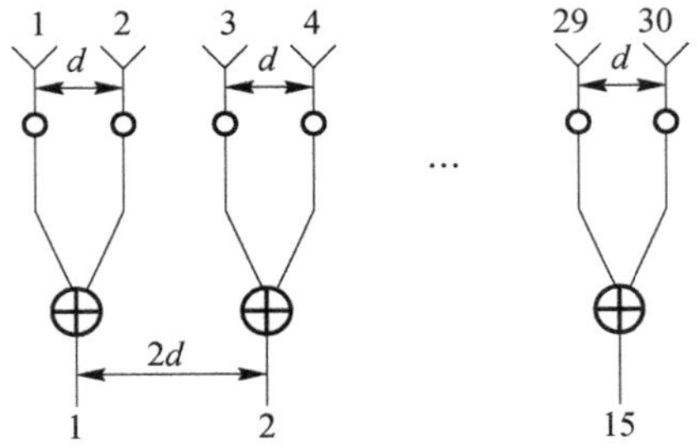

图 4.1　简单均匀划分子阵

以阵元间距为 d 的等距线阵为例，以上方法降维前阵列导向矢量为

$$\boldsymbol{a}(\theta_0)=\begin{bmatrix}1 & \exp\left(\mathrm{j}\dfrac{2\pi}{\lambda}d\sin\theta_0\right) & \exp\left(\mathrm{j}\dfrac{2\pi}{\lambda}2d\sin\theta_0\right) & \cdots\end{bmatrix}^{\mathrm{T}} \tag{4.9}$$

降维后阵元 1 和阵元 2 合并后作为第一个子阵，子阵的导向矢量分量为

$$\varphi_1=1+\exp\left(\mathrm{j}\frac{2\pi}{\lambda}d\sin\theta\right) \tag{4.10}$$

阵元 3 和阵元 4 合并后作为子阵导向矢量的第二个分量为

$$\begin{aligned}\varphi_2&=\exp\left(\mathrm{j}\frac{2\pi}{\lambda}2d\sin\theta\right)+\exp\left(\mathrm{j}\frac{2\pi}{\lambda}3d\sin\theta\right)\\&=\exp\left(\mathrm{j}\frac{2\pi}{\lambda}2d\sin\theta\right)\left(1+\exp\left(\mathrm{j}\frac{2\pi}{\lambda}d\sin\theta\right)\right)\end{aligned} \tag{4.11}$$

其他阵元合并后情况可类似计算得到。

可见，对于新阵，两个新阵元（子阵）之间的间距扩大 1 倍，为 $d'=2d$，因此同时会出现模糊栅瓣。

上面公式推导容易得到，均匀子阵划分方法得到的全阵方向图是子阵单元方向图与子阵间方向图之积。由于子阵间方向图出现模糊栅瓣，导致最终全阵方向图出现模糊栅瓣。

将上述简单子阵划分方法稍加改进，引入共用阵元的办法，可以使子阵间的模糊栅瓣正好出现在子阵单元方向图的零点位置上。

例如，33 个阵元的等距线阵，阵元间距为 1/2 个波长，现在采用滑动重叠技术将 33 个阵元合成子阵 16 个，如图 4. 2 所示。

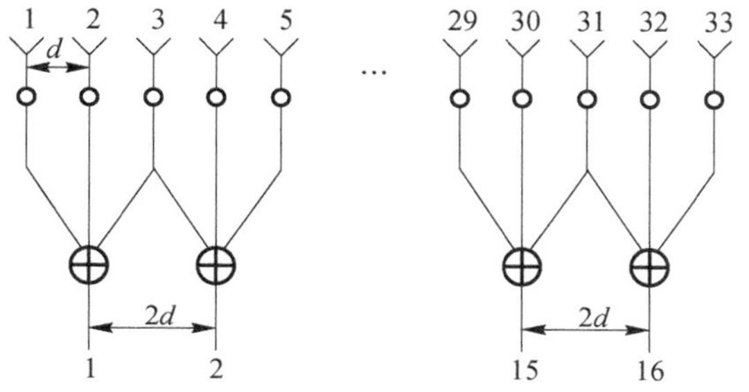

图 4. 2　滑动重叠技术划分子阵

对新阵列和子阵方向图如图 4. 3 所示。

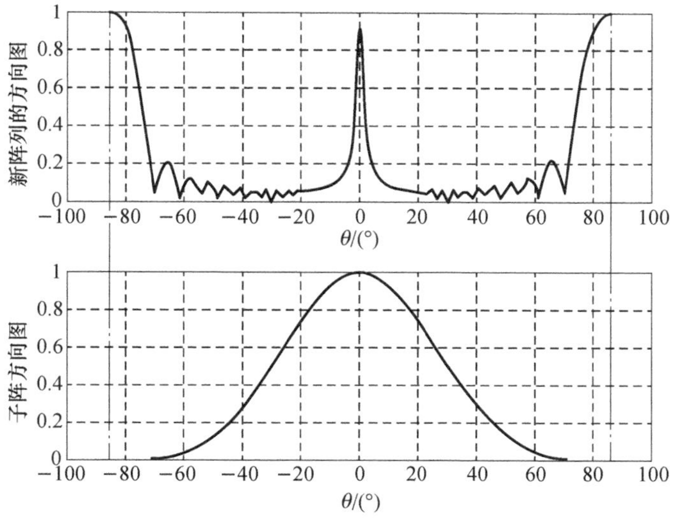

图 4. 3　新阵列和子阵方向图

2. 随机非均匀子阵划分方法

通过非均匀子阵划分使得各子阵内的阵元数不等，破坏了栅瓣的出现。同样以 33 个阵元的等距线阵为例，阵元间距为 1/2 个波长，如图 4. 4 所示。

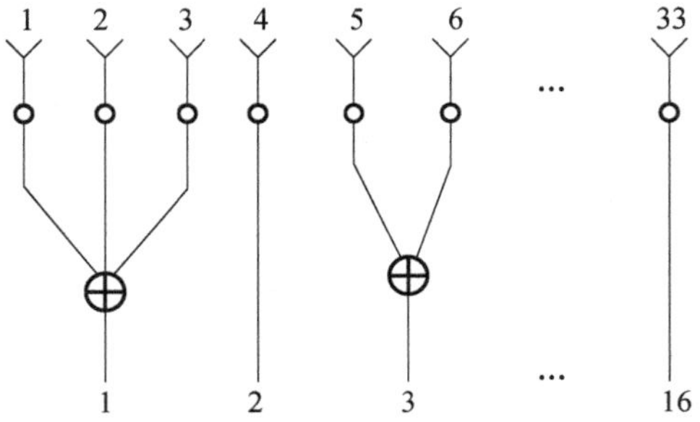

图 4.4　非均匀划分子阵方法

更一般地，这种非均匀划分思想，很容易推广到随机布阵或采用基于各类优化算法，如遗传算法等，通过计算机搜索出一种较优的或满意的子阵划分方案。通过计算机搜索，并不需要什么思想来指导，能得到满意的阵列方向图即可。

3. 低副瓣非均匀划分子阵方法

实现天线方向图低副瓣是通过各种窗函数（如 Chebyshev、Hamming 和 Kaiser 窗等）对阵列各单元实施加权处理得到的。设想在子阵划分前对权阵列进行加权处理时，权系数分布是中间大（最大值归一）、两头小。因此，考虑对所划分阵列进行加窗处理，在子阵划分时，阵列两端合成子阵的阵元数较多，中间的较少，如图 4.5 所示。

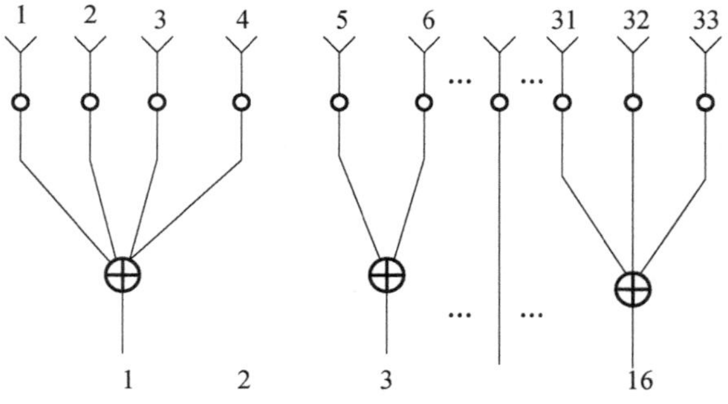

图 4.5　非均匀划分的另一种实现

避免栅瓣影响一般有以下三种方法：

（1）用子阵单元方向图零点对消子阵间的模糊栅瓣。

（2）使等效阵元间距非周期性。

（3）使各子阵方向图不一样。

第一种方法比较特殊，工程上一般难以实现。后两种方法，本质上就是破坏子阵间栅瓣的周期性，都能容易实现不出现明显的栅瓣，但是，大的旁瓣较难压制，需要仔细设计，甚至需要借助计算机搜索得到。

实际上，后两种方法是消除了均匀子阵划分的一阶模糊问题，但是依然存在高阶模糊问题。

4.2.3　阵元级部分自适应阵方法

阵元级部分自适应阵列处理技术，基本方法是选取全阵列中部分单元进行自适应加权控制，而其余单元用固定权来进行处理。如图 4.6 所示，选取几个阵元对干扰作自适应处理相消。

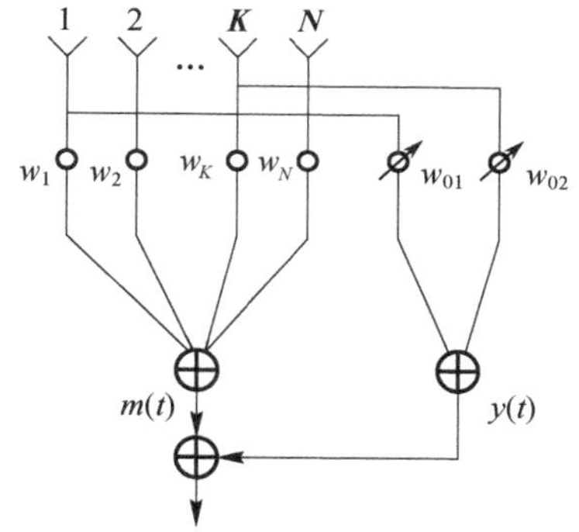

图 4.6　阵元级部分自适应阵列处理

按照选取的阵元数分为单旁瓣相消器（$M=1$）和多重旁瓣相消器（$M>1$），当 $M=N$ 时为全自适应。挑选阵元参与部分自适应处理的几点考虑：

（1）挑选的阵元数应不少于对付的干扰数。

（2）所能挑选的阵元分布需优化。

（3）位于阵列两端阵元形成的辅助天线方向图波瓣形状与全阵列方向图相一致（因为孔径相同），但是存在多重栅瓣。

广义旁瓣相消中存在的几个问题：

（1）对几个点干扰抑制问题，选取自适应单元几乎可以任意。

（2）对很多干扰或者连片的地物杂波，如何选取自适应处理单元有待进一步研究。在阵列误差较小的理想情况下，选择位于阵列两端阵元形成的辅助天线方向图波瓣形状与全阵列方向图相一致，自适应对消后易于形成宽的凹口抑制连片的地物杂波。

自适应方向图和非自适应方向图的对比如图 4.7 所示。

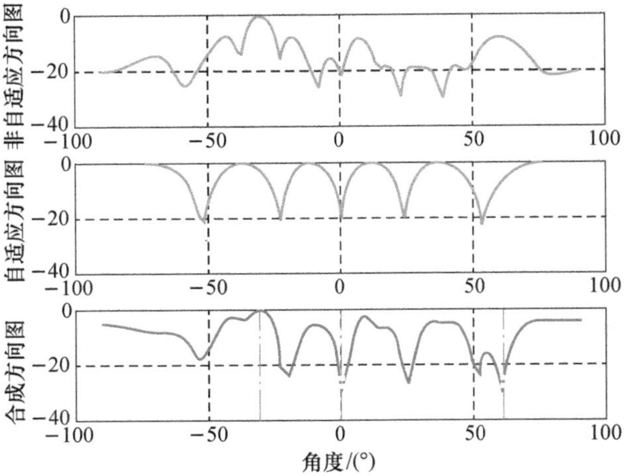

图 4.7 自适应方向图和非自适应方向图(见彩图)

4.3 波束空间部分自适应技术

这里波束指的是普通波束,即非自适应的静态权所形成的波束。波束空间最常见的是傅里叶基波束张成的空间,通常可采用离散傅里叶变换(DFT)将数据从阵元域变换到波束域,即同时得到多个正交波束。波束空间的部分自适应处理就是指在波束域选取部分波束进行自适应处理。波束选取方法对波束空间部分自适应处理有重要的影响,故根据波束选取方法的不同介绍并讨论以下两种方法。

波束空间部分自适应处理同样可以用 4.2.1 节部分自适应处理统一框架来表示。N 元阵经过 DFT 多波束形成网络得到 N 个波束,如图 4.8 所示。

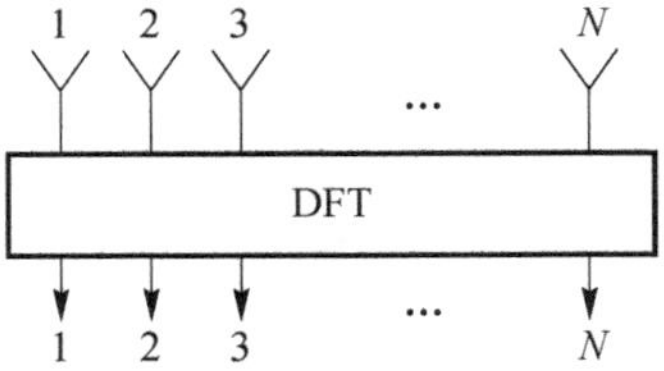

图 4.8 多波束形成网络

对于等距线阵,N 元阵,经过 DFT 变换得到 N 个正交性波束,具有“共零特性”,即在副瓣区,所有波束的零点重合,如图 4.9 所示。

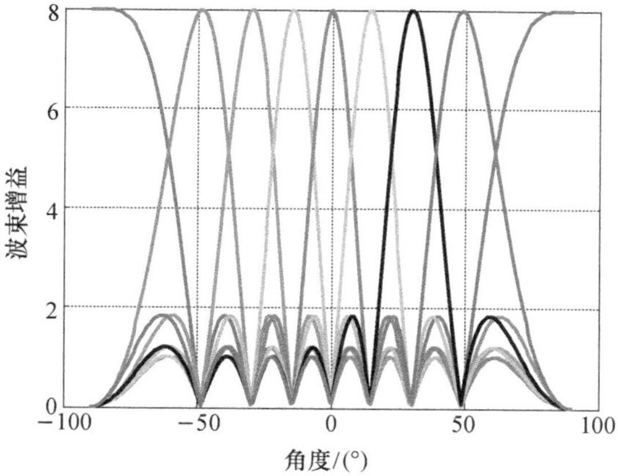

图 4.9　波束方向图在副瓣区共零点(见彩图)

4.3.1　Gabriel 方法

Gabriel 方法[3]首先选取指向目标方向的波束作为主波束,选取用作自适应处理的辅助波束时需要分为两步:首先粗略估计干扰源的方向,而后选取指向干扰方向的若干波束作为辅助波束。Gabriel 方法分析:

已知两个干扰及其方向,选取两个指向干扰方向的波束,如图 4.10 所示。指向目标方向主波束的输出为

$$y_0(t)=\boldsymbol{w}_0^{\mathrm{H}}\boldsymbol{x}(t) \tag{4.12}$$

指向干扰 1 方向辅助波束的输出为

$$y_1(t)=\boldsymbol{w}_1^{\mathrm{H}}\boldsymbol{x}(t) \tag{4.13}$$

指向干扰 2 方向辅助波束的输出为

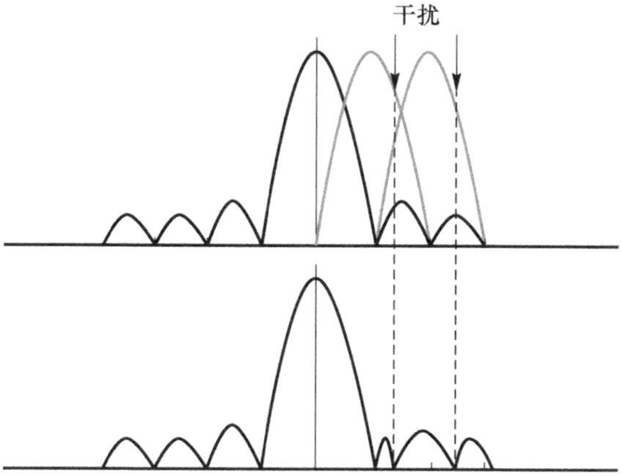

图 4.10　用辅助波束的主瓣对消主波束的旁瓣(见彩图)

$$y_2(t)=\boldsymbol{w}_2^{\mathrm{H}}\boldsymbol{x}(t) \tag{4.14}$$

为在干扰方向形成零点,最优准则为

$$\min_{a_1a_2}E[\,|y_0(t)-[a_1y_1(t)+a_2y_2(t)]\,|^2] \tag{4.15}$$

仿真结果如图 4.11 和图 4.12 所示。

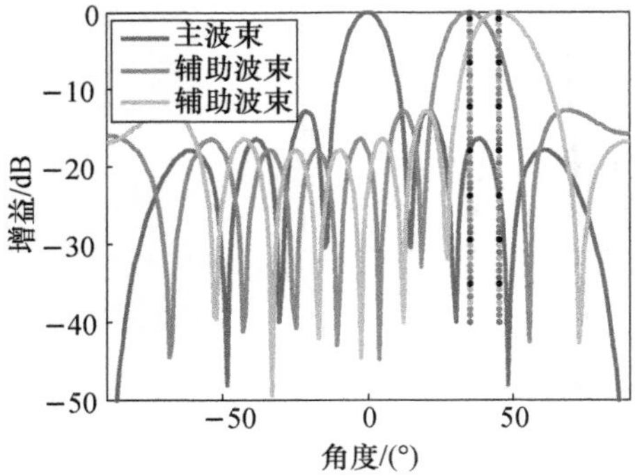

图 4.11　主波束和辅助波束的方向图(见彩图)

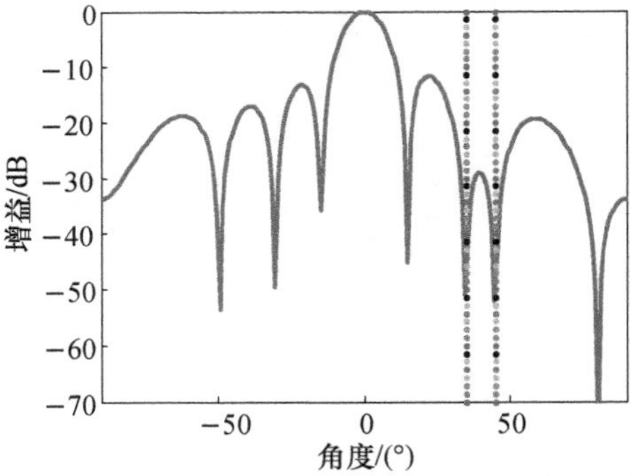

图 4.12　自适应方向图

4.3.2　Adams 方法

Adams 方法[4]在目标邻近方向选取若干波束做自适应处理。注意各波束在旁瓣区的共零点,对消后可在旁瓣区形成宽的凹口。可用较少的波束进行自适应处理来抑制密集型的多干扰(连片杂波),如图 4.13 所示。

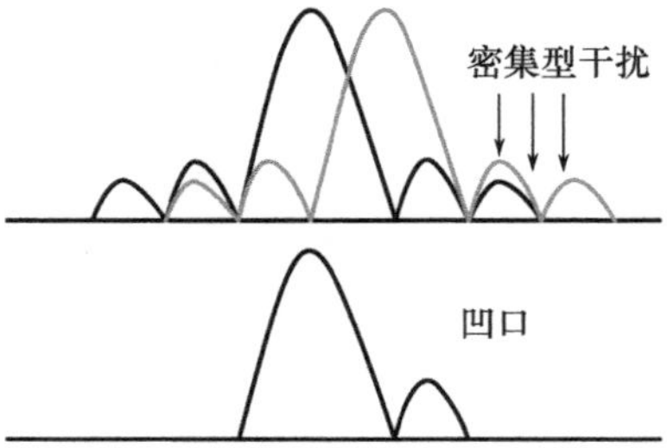

图 4.13　用辅助波束的旁瓣对消主波束的旁瓣(见彩图)

目标方向为 θ_0,主波束导向矢量为 $\boldsymbol{a}(\theta_0)$,辅助波束导向矢量为 $\boldsymbol{a}(\theta_1)$,主波束的输出为

$$y_0(t)=\boldsymbol{w}_0^{\mathrm{H}}\boldsymbol{x}(t) \tag{4.16}$$

主波束邻近的辅助波束输出为

$$y_1(t)=\boldsymbol{w}_1^{\mathrm{H}}\boldsymbol{x}(t) \tag{4.17}$$

最优波束形成为

$$\min_{a_1} E[\,|y_0(t) - a_1 y_1(t)|^2\,] \tag{4.18}$$

仿真结果如图 4.14 和图 4.15 所示。

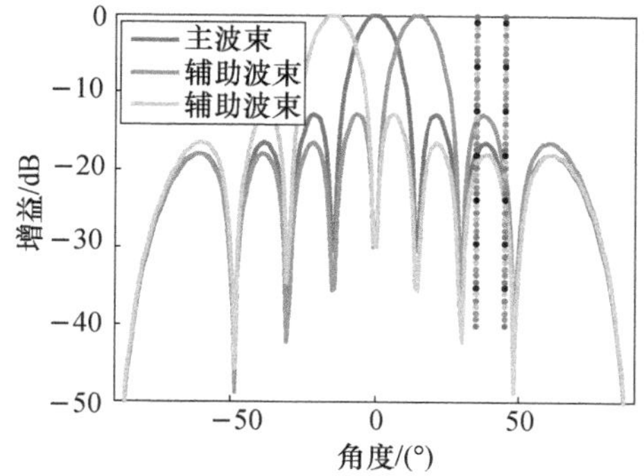

图 4.14　主波束和辅助波束及干扰方向(见彩图)

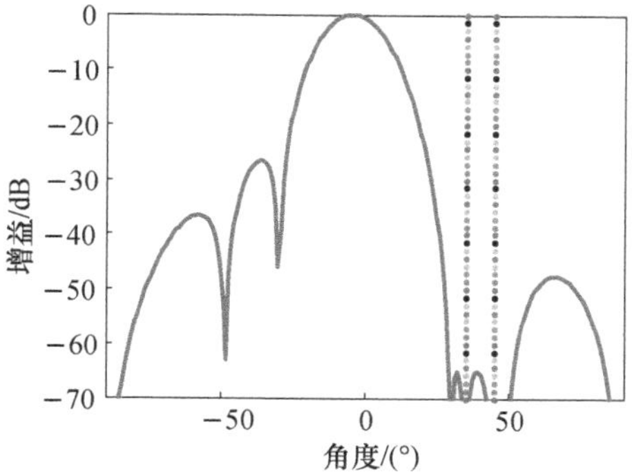

图 4.15　自适应方向图

上述两种方法都可看作后面将要介绍的广义旁瓣相消方法的特例,区别在于辅助波束的选取方法不同,Gabriel 方法选取辅助波束指向干扰方向,用辅助波束的主瓣对消主波束的旁瓣,而 Adams 方法选取辅助波束为主波束的邻近波束,用辅助波束的旁瓣对消主波束的旁瓣。两种方法的要求和性能存在一些差别,Adams 方法利用了多波束旁瓣零点对齐的特性,主波束和辅助波束的旁瓣干扰信号具有较好的相关性,能够在旁瓣形成较宽的凹口,从而有利于抑制空域连片密集的干扰。

4.4　基于广义旁瓣相消器的部分自适应设计

4.4.1　广义旁瓣相消器原理

LCMV 准则是常用的自适应波束形成方法之一。广义旁瓣相消器(GSC)是 LCMV 的一种等效实现结构,即将接收信号分成上下两支路,上支路指向目标信号方向,形成目标检测通道,下支路加阻塞矩阵然后与上支路进行自适应对消,可以抑制上支路中干扰信号。下面推导这两种方法的等效性。第 3 章研究了 LCMV 最优波束形成器的设计,其基本优化如下:

$$\begin{cases} \min\limits_{\boldsymbol{w}} \boldsymbol{w}^{\mathrm{H}}\boldsymbol{R}\boldsymbol{w} \\ \text{s.t.}\ \ \boldsymbol{w}^{\mathrm{H}}\boldsymbol{a}(\theta_0) = 1 \end{cases} \tag{4.19}$$

根据拉格朗日乘子法可得最优权为 $\boldsymbol{w}_{\mathrm{opt}} = \mu\boldsymbol{R}^{-1}\boldsymbol{a}(\theta_0)$。对协方差矩阵作特征分解可得

$$\boldsymbol{R} \overset{\text{EVD}}{=} \sum_{i=1}^{p} \lambda_i \boldsymbol{v}_i \boldsymbol{v}_i^{\mathrm{H}} + \sigma_n^2 \sum_{i=p+1}^{n} \boldsymbol{v}_i \boldsymbol{v}_i^{\mathrm{H}} \tag{4.20}$$

式中：P 为大特征数目；λ_i 为特征值；$\boldsymbol{v}_i$ 为对应的特征矢量。对其矩阵求逆可得

$$\boldsymbol{R}^{-1} = \frac{1}{\sigma_n^2}\left[I - \sum_{i=1}^{p} \frac{\lambda_i - \sigma_n^2}{\lambda_i} \boldsymbol{v}_i \boldsymbol{v}_i^{\mathrm{H}}\right] \tag{4.21}$$

将式(4.21)代入最优权表达式可得

$$\boldsymbol{w}_{\mathrm{opt}} = \mu'\left[\boldsymbol{a}(\theta_0) - \sum_{i=1}^{p} \frac{\lambda_i - \sigma_n^2}{\lambda_i} \boldsymbol{v}_i^{\mathrm{H}} \boldsymbol{a}(\theta_0) \boldsymbol{v}_i\right] \tag{4.22}$$

式中：$\mu' = \frac{\mu}{\sigma_n^2}$；$\boldsymbol{a}(\theta_0)$ 为指向目标的导向矢量；记 $\eta_i = \frac{\lambda_i - \sigma_n^2}{\lambda_i} \boldsymbol{v}_i^{\mathrm{H}} a(\theta_0)$，则 $\sum_{i=1}^{p} \eta_i \boldsymbol{v}_i$ 表示 span$(\boldsymbol{v}_1, \boldsymbol{v}_2, \cdots, \boldsymbol{v}_p)$，即 P 个大特征值对应特征矢量所表示的信号子空间。波束形成方向信号为

$$p(\theta) = \boldsymbol{w}_{\mathrm{opt}}^{\mathrm{H}} \boldsymbol{a}(\theta) = \mu'\left[\boldsymbol{a}^{\mathrm{H}}(\theta)\boldsymbol{a}(\theta) - \sum_{i=1}^{P} \frac{\lambda_i - \sigma_n^2}{\lambda_i} \boldsymbol{a}^{\mathrm{H}}(\theta_0) \boldsymbol{v}_i \boldsymbol{v}_i^{\mathrm{H}} \boldsymbol{a}(\theta)\right] \tag{4.23}$$

所以

$$\boldsymbol{w}_{\mathrm{opt}} = \boldsymbol{w}_0 - \boldsymbol{w}_A \tag{4.24}$$

式中：$\boldsymbol{w}_0$为固定权（匹配滤波波）；$\boldsymbol{w}_A$为自适应权，依赖于接收数据。

在计算最优权 $\boldsymbol{w}_{\mathrm{opt}}$时，实际上只需计算 $\boldsymbol{w}_A$。更进一步，在已知一组基矢量 $v_1, v_2, \cdots, v_p$时，为计算$\boldsymbol{w}_A$，只涉及 P 个参数 η_i($P<N$)。

更一般的最优波束形成(LCMV)

$$\begin{cases} \min\limits_{\boldsymbol{w}} \boldsymbol{w}^{\mathrm{H}} \boldsymbol{R} \boldsymbol{w} \\ \text{s. t.} \quad \boldsymbol{w}^{\mathrm{H}} \boldsymbol{C} = \boldsymbol{F}^{\mathrm{H}} \end{cases} \quad \boldsymbol{F}: L \times 1 \quad \boldsymbol{C}: N \times L (L \geqslant 1) \tag{4.25}$$

将整个波束形成器权矢量 $\boldsymbol{w}$ 分成两个部分：

$$\boldsymbol{w} = \boldsymbol{w}_0 - \boldsymbol{C}_n \boldsymbol{w}_A \tag{4.26}$$

令

$$\begin{cases} \boldsymbol{w}_0^{\mathrm{H}} \boldsymbol{C} = \boldsymbol{F}^{\mathrm{H}} \\ \boldsymbol{C}_n \boldsymbol{C} = 0 \end{cases} \tag{4.27}$$

则

$$\boldsymbol{w}_A^{\mathrm{H}} \boldsymbol{C}_n^{\mathrm{H}} \boldsymbol{C} = 0 \tag{4.28}$$

所以

$$\boldsymbol{w}^{\mathrm{H}} \boldsymbol{C} = \boldsymbol{w}_0^{\mathrm{H}} \boldsymbol{C} - \boldsymbol{w}_A^{\mathrm{H}} \boldsymbol{C}_n^{\mathrm{H}} \boldsymbol{C} = \boldsymbol{F}^{\mathrm{H}} \tag{4.29}$$

式中：$\boldsymbol{w} = \boldsymbol{w}_0 - \boldsymbol{C}_n \boldsymbol{w}_A$满足约束方程。

上述约束方程可转变为无约束，即

$$\min_{w_A}(\boldsymbol{w}_0-\boldsymbol{C}_n\boldsymbol{w}_A)^{\mathrm{H}}\boldsymbol{R}(\boldsymbol{w}_0-\boldsymbol{C}_n\boldsymbol{w}_A) \tag{4.30}$$

所以

$$\boldsymbol{w}_A=(\boldsymbol{C}_n^{\mathrm{H}}\boldsymbol{R}\boldsymbol{C}_n)^{-1}(\boldsymbol{C}_n^{\mathrm{H}}\boldsymbol{R}\boldsymbol{w}_0) \tag{4.31}$$

图 4.16 为利用 LCMV 准则实现的一种广义旁瓣相消器处理框图。

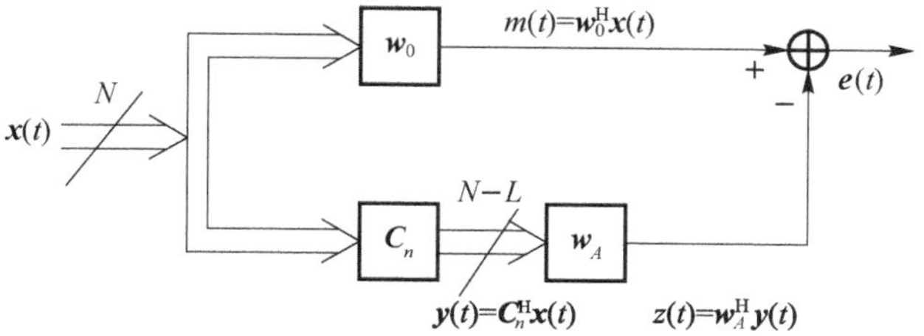

图 4.16　广义旁瓣相消器(GSC)

上支路:形成目标检测通道($\boldsymbol{w}_0$是匹配滤波权),指向目标方向。

下之路:形成辅助通道,用其加权求和去预测检测通道中的干扰信号进而对消掉。

要求:下支路中不含目标信号,由 $\boldsymbol{C}_n^{\mathrm{H}}\boldsymbol{C}=0$ 保证。

$$\begin{cases}\boldsymbol{x}(t)=s(t)\boldsymbol{a}(\theta_0)+\boldsymbol{x}_n(t) \quad \boldsymbol{C}=\boldsymbol{a}(\theta_0)\\ \boldsymbol{C}_n^{\mathrm{H}}\boldsymbol{C}=\boldsymbol{C}_n^{\mathrm{H}}\boldsymbol{a}(\theta_0)=0\end{cases} \tag{4.32}$$

式中:称 $\boldsymbol{C}_n$为信号阻塞矩阵(Block Matrix)。在上述结构中,用了 L 个约束条件,全自适应处理的自由度为 $N-L$ 个。

由上述结构可方便设计降维处理,如图 4.17 所示。

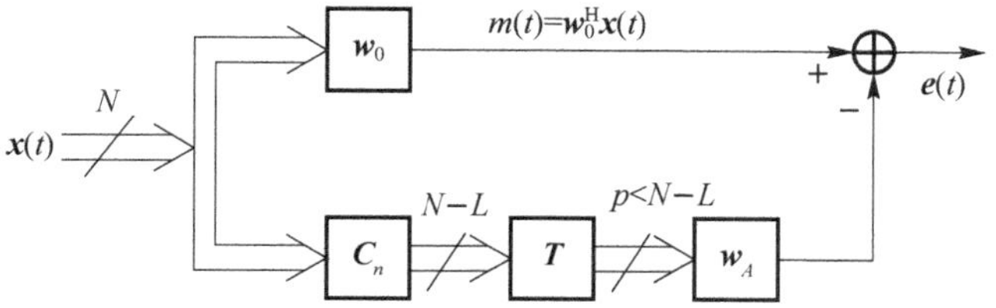

图 4.17　降维广义旁瓣相消器

由图 4.17 得

$$\boldsymbol{w}_A=((\boldsymbol{C}_n\boldsymbol{T})^{\mathrm{H}}\boldsymbol{R}(\boldsymbol{C}_n\boldsymbol{T}))^{-1}((\boldsymbol{C}_n\boldsymbol{T})^{\mathrm{H}}\boldsymbol{R}\boldsymbol{w}_0) \tag{4.33}$$

令 $\boldsymbol{C}_n\boldsymbol{T}\longrightarrow\boldsymbol{T}$(合并)。

$\boldsymbol{T}$ 有两层要求:

(1) 对信号进行阻塞 $\boldsymbol{T}^{\mathrm{H}}\boldsymbol{C}=0$。

(2) 降维矩阵 $\boldsymbol{T}_{N\times p}(p\leqslant N-L)$。

关于 T 的设计可分为三种代表性方法:方法一,Gabried 法,即 $\boldsymbol{T}$ 由指向干扰方向的波束作为权矢量构成；方法二，Adams 法，即 $\boldsymbol{T}$ 由指向目标方向邻近波束权矢量构成；方法三，由 $\boldsymbol{R}$ 的特征分解的特征矢量构成。前两种方法中，$\boldsymbol{T}$ 本质都是傅里叶变换基矢量。其中方法一和方法二在 4.3 节中已详细说明，方法三将在 4.4.2 节中进行详细分析。

4.4.2 基于广义旁瓣相消的降秩自适应阵列信号处理

基于 GSC 框架降秩变换自适应滤波也可以作为各种降秩自适应滤波算法的统一模型。基于 GSC 框架降秩变换的自适应滤波算法主要有主分量法(PC－GSC)[7,8]、交叉谱法(CS－GSC)[9]、降秩多级维纳滤波器法(RR－MWF)[10]、降秩共轭梯度法[11]等。GSC 框架便于把线性约束与自适应滤波及其降秩处理分开，它将自适应波束形成分为非自适应和自适应上下两个支路，在下支路的阻塞矩阵后加降秩矩阵，可以实现自适应的降秩处理。图 4.18 为基于 GSC 框架的降秩自适应处理框图。

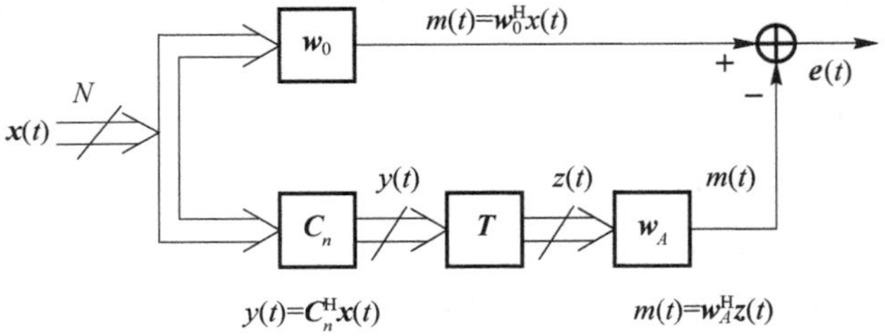

图 4.18 基于 GSC 框架的降秩自适应处理框图

则其中 $y(t)$ 的协方差矩阵可得

$$\boldsymbol{R}_y = E\{\boldsymbol{y}(t)\boldsymbol{y}^{\mathrm{H}}(t)\} \approx \frac{1}{L}\sum_{t=1}^{L}\boldsymbol{y}(t)\boldsymbol{y}^{\mathrm{H}}(t) \tag{4.34}$$

GSC 框架下的降秩变换矩阵 $\boldsymbol{T}$ 由 $\boldsymbol{R}_y$ 的特征矢量构成，$\boldsymbol{R}_y$ 的特征分解为

$$\boldsymbol{R}_y = \boldsymbol{V}\boldsymbol{\Gamma}\boldsymbol{V}^{\mathrm{H}} = \boldsymbol{V}_s\boldsymbol{\Gamma}_s\boldsymbol{V}_s + \boldsymbol{V}_n\boldsymbol{\Gamma}_n\boldsymbol{V}_n = \sum_{i=1}^{N-1}\eta_i\boldsymbol{v}_i\boldsymbol{v}_i^{\mathrm{H}} \tag{4.35}$$

式中：η_i 为协方差矩阵 $\boldsymbol{R}_y$ 的特征值；$\boldsymbol{v}_i$ 为对应的特征矢量；$\boldsymbol{V}_s$ 为 $\boldsymbol{R}_y$ 的干扰子空间的矩阵；$\boldsymbol{V}_n$ 为 $\boldsymbol{R}_y$ 的干扰子空间的矩阵。主分量法主要通过取 $\boldsymbol{R}_y$ 的 P 个大特征值对应的特征矢量来构成降秩变换矩阵，即 $\boldsymbol{T} = \boldsymbol{V}_P$，可得输出的误差均方值为

$$\mathrm{MSE}_{\mathrm{PC-GSC}} = \sigma_m^2 - \sum_{i=1}^{P}\frac{|\boldsymbol{v}_{P,i}^{\mathrm{H}}\boldsymbol{r}_{ym}|^2}{\eta_{P,i}} \tag{4.36}$$

特征矢量的选择将直接影响采样均方误差(SMSE)，降秩阶数 P 的选择越小，则算法计算量越小，但是系统性能会变差，反之亦然。当降秩变换矩阵 $\boldsymbol{T} =$

$\boldsymbol{V}_s$时，降秩阶数等于干扰个数。由式(4.19)可得，主分量法构造的降秩变换矩阵不是最优的，可利用 GS－GSC 可改善降秩性能。每个特征矢量对应的交叉谱定义为

$$\mathrm{CSM}_i = \frac{|\boldsymbol{v}_{P,i}^{\mathrm{H}}\boldsymbol{r}_{ym}|^2}{\eta_{P,i}} \tag{4.37}$$

为了使 SMSE 值尽量小，即选择使交叉谱最大的 P 个特征矢量构造降秩变换矩阵即为交叉谱法。主分量法和交叉谱法构造降秩矩阵都需要先进行特征值分解，特征值分解会带来新的运算量，大大限制了算法的工程实现。而且交叉谱法还需要遍历整个空间，这也给包含大型阵列的雷达实现实时波束形成处理带来了极大的困难。

多级维纳滤波(MWF)是维纳滤波器的一种等效形式，利用序列正交投影，将输入信号矢量进行多级分解，再进行多级标量维纳滤波，综合出维纳滤波器的输出信号误差 $\varepsilon_0(t)$。因为 MWF 与维纳滤波器等效，在 GSC 的框图中，将维纳滤波器部分替换为 MWF 即可得到 GSC 框架下的多级维纳滤波器形式，即为降秩多级维纳滤波器(RR－MWF)。关于多级维纳滤波器的详细说明可参考文献[10]。

基于 GSC 框架下的三种降秩算法为主分量法、交叉谱法和多级维纳滤波器法。假设降秩阶数为 P，干扰数为 I，当降秩阶数 P 等于干扰数 I 时，相消性能较好，且方向图波形良好；当降秩阶数 P 大于干扰数 I 时，相消性能有所下降，方向图旁瓣电平升高。主要原因为：降秩矩阵 T 选择 P 个特征值对应的特征矢量，当 P 大于干扰个数 I 时，降秩矩阵 T 中会混入噪声特征值对应的特征矢量，这样选择降秩矩阵会影响方向图的旁瓣电平，从而影响相消性能。文献[12]提出一种改进降秩算法，在目标运动情况下，已获得的前次目标来波方向估计通常与实际目标来波方向存在一定偏差，即当前目标来波方向不能精确已知，如果阻塞矩阵直接利用主波束导向矢量构造，将不能有效阻塞目标信号，从而导致 GSC 存在信号相消现象。由于主波束导向矢量向信号子空间投影后所得矢量更接近目标当前实际导向矢量，利用主波束投影矢量能够有效缓解信号相消现象，将导向矢量 $\boldsymbol{a}(\theta_0)$ 向信号子空间投影得到

$$\boldsymbol{a}_p(\theta_0) = \boldsymbol{U}\boldsymbol{U}^{\mathrm{H}}\boldsymbol{a}(\theta_0) \tag{4.38}$$

用 $\boldsymbol{a}_p(\theta_0)$ 的正交补生成的阻塞矩阵比直接用 $\boldsymbol{a}(\theta_0)$ 的正交补生成的阻塞矩阵 B 有更好的阻塞能力，将改进的阻塞矩阵应用到 GSC 框架中，可以获得较好的性能。图 4.19～图 4.21 分别表示降秩阶数等于、小于和大于干扰数时，主分量法、交叉谱法和降秩维纳滤波器法的仿真效果。

当降秩阶数等于干扰数时，三种算法的方向图都能在主瓣指向期望信号方

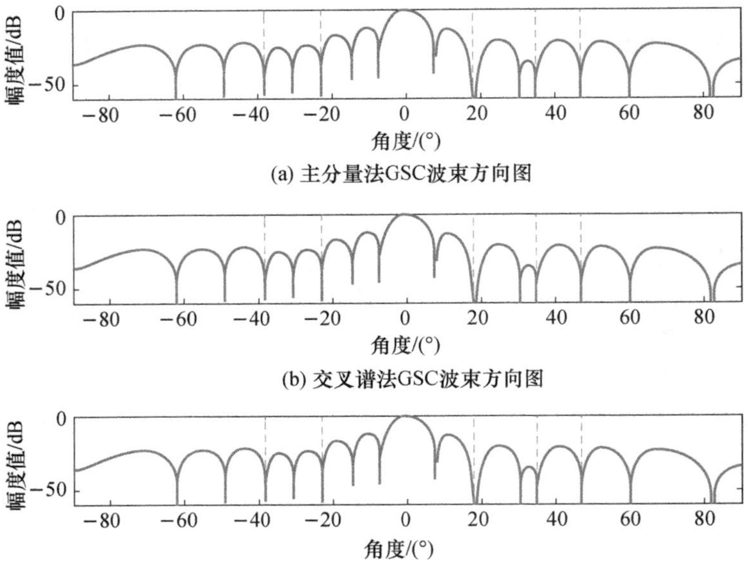

(a) 主分量法GSC波束方向图

(b) 交叉谱法GSC波束方向图

(c) 降秩维纳滤波器法GSC波束方向图

图 4.19　降秩阶数和干扰数均等于 5

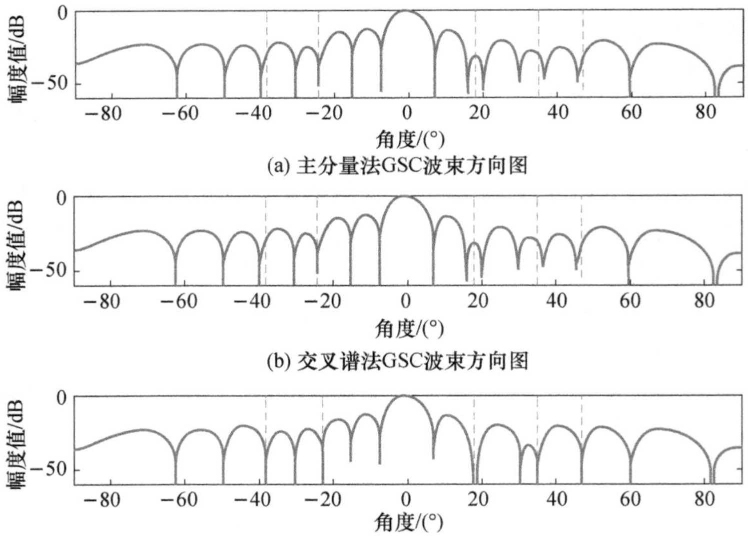

(a) 主分量法GSC波束方向图

(b) 交叉谱法GSC波束方向图

(c) 降秩维纳滤波器法GSC波束方向图

图 4.20　降秩阶数等于 3，干扰数等于 5

向，旁瓣整齐，且都能自适应地在干扰方向形成零陷，干扰的零陷深度能达到 −60dB左右，三种算法性能相当，对干扰都有较好的抑制效果。

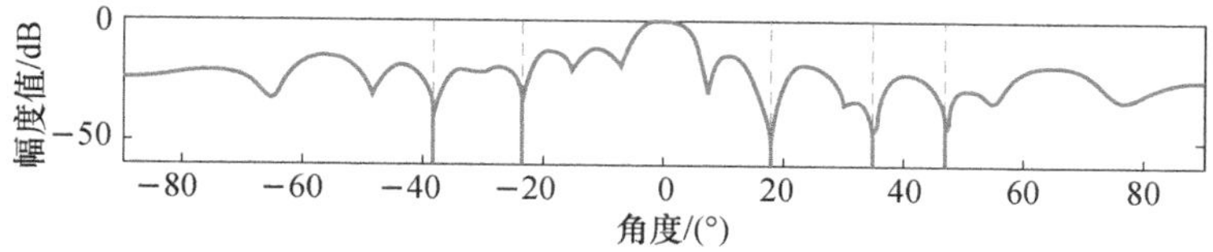

(a) 主分量法GSC波束方向图

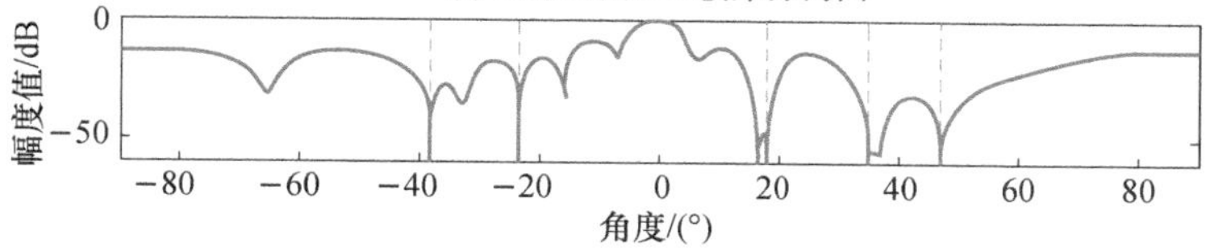

(b) 交叉谱法GSC波束方向图

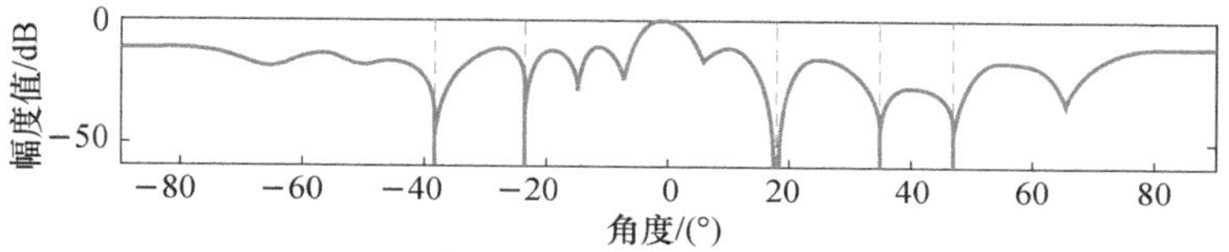

(c) 降秩维纳滤波器法GSC波束方向图

图 4.21　降秩阶数等于 7,干扰数等于 5

当降秩阶数小于干扰个数时,三种方法在三个角度的干扰方向没有形成零陷,对这三个方向的干扰不能抑制,其中对 PC－GSC 影响最大,CS－GSC 次之,对 RR－MWF 法,可以看到零陷变浅,但在干扰方向依然存在零陷,整体性能影响不大。

当降秩阶数大于干扰个数时,三种算法的干扰方向都可以生成较深的零陷,但是波形混乱,旁瓣变高。噪声子空间中加入了降秩矩阵对应的特征矢量,且快拍数较小,造成波形混乱。

图 4.22 是采用文献[5]中的产生的阻塞矩阵对降秩阶数大于干扰数的三种方法的仿真结果。方向图零陷对准解决了旁瓣电平过高的问题,可以将旁瓣电平控制在－35dB 左右,方向图波形较好。

根据上述说明和分析可以得到以下结论:广义旁瓣相消器 GSC 是 LCMV 的一种等效的实现结构。GSC 结构将自适应波束形成的约束化问题转化成无约束化问题,分为自适应和非自适应的两个支路:期望信号只能从非自适应支路通过,而自适应支路仅含干扰和噪声分量。

由于阵列天线误差的存在,广义旁瓣相消器的阻塞矩阵并不能很好地将期望信号阻塞,而使其一部分能量泄漏到辅助支路中,当信噪比比较高时,辅助支路也含有相当的期望信号能量,此时会出现严重的上下支路期望信号抵消的现象。

改善的方法主要有:①人工注入噪声的方法,即将泄漏的期望信号功率作为

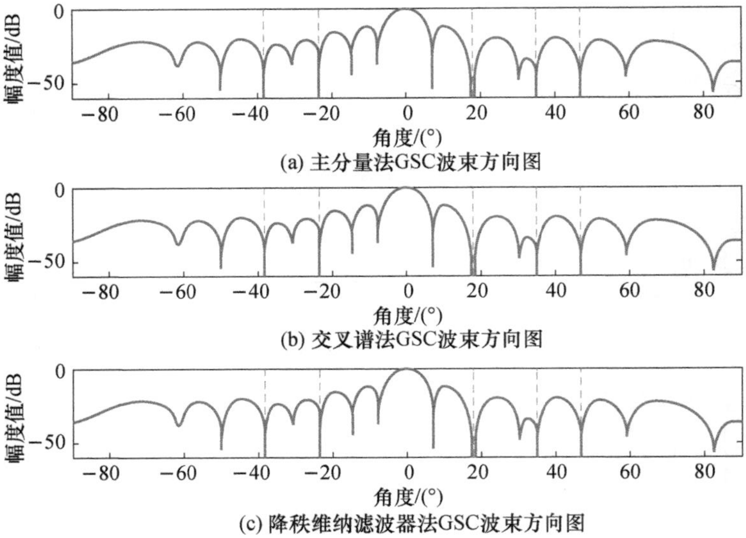

(a) 主分量法GSC波束方向图

(b) 交叉谱法GSC波束方向图

(c) 降秩维纳滤波器法GSC波束方向图

图 4.22 降秩阶数等于 7,干扰数等于 5

惩罚函数,提高 GSC 的稳健性[5](人工注入的噪声必须具有合适的功率)。②波束形成器的稳健性可用它的白噪声增益来衡量,对白噪声增益的限制可用对自适应权矢量进行二次不等约束来代替,使自适应权矢量的范数小于一定的值[6]。③对阻塞矩阵进行改进,即把期望信号的理想导向矢量向信号子空间作投影,得到的导向矢量更加接近于实际的导向矢量[13]。

参考文献

[1] Chapman D. Partial adaptivity for the large array[J]. IEEE Transactions on Antennas & Propagation, 1976, 24(5):685 – 696.

[2] Morgan D. Partially adaptive array techniques[J]. IEEE Transactions on Antennas & Propagation, 1978, 26(6):823 – 833.

[3] Gabriel W. Using spectral estimation techniques in adaptive processing antenna systems[J]. IEEE Transactions on Antennas & Propagation, 1986, 34(3):291 – 300.

[4] Adams R N, Horowitz L L, Senne K D. Adaptive Main – Beam Nulling for Narrow – Beam Antenna Arrays[J]. IEEE Transactions on Aerospace & Electronic Systems, 1980, 16(4):509 – 516.

[5] Jablon N K. Adaptive beamforming with the generalized sidelobe canceller in the presence of array imperfections[J]. IEEE Transactions on Antennas & Propagation, 1986, 34(8):996 – 1012.

[6] Griffiths L J, Jim C W. An alternative approach to linear constrained adaptive beamforming[J]. IEEE Transactions on Antennas & Propagation, 1982, 30(1):27 – 34.

[7] Goldstein J S, Reed I S. Reduced – Rank Adaptive Filtering[J]. IEEE Trans on Signal Procesing, 1997, 45(2), 491 –496.

[8] Carhoun D O, Games R A, Williams R T. A Principal Components Sidelobe Cancellation Algorithm[C]. TwentyFourth Asilomar Coferrence on Signals, Systems and Computers, Pacific Grove, 1990: 763 –768.

[9] Goldstein J S, Reed I S. Subspace Selection for Partially Adaptive Sensor Array Processing [J]. IEEE Trans on Aerospace and Electronic Systems, 1997, 33(2): 539 –544.

[10] Goldstein J S, Reed I S, Scharf L L. A Multistage Representation of the Wiener Filter Based on Orthogonal Projections [J]. IEEE Trans on Information Theory, 1998, 44 (7): 2943 –2959.

[11] Weippert M E, Hiemstra J D, Goldstein J S, et al. Insights from the Relationship Between the Mulltistage Wiener Filter and the Method of Conjugate Gradients[C]. 2nd IEEE Sensor Array and Multichannel Signal Processing Workshop, Rosslyn V A: IEEE, 2002: 388 –392.

[12] 刘翔,李明,葛佩. 一种基于广义旁瓣相消的改进降秩算法[J]. 电子与信息学报, 2012,10(4): 438 –447.

[13] 郭庆华,廖桂生. 一种稳健的自适应波束形成器[J]. 电子与信息学报 ,2004, 1: 146 –150.

第5章 阵列信号的参数估计

5.1 引　言

测量波达方向(DOA)属于参数估计范畴,无线电测向是具有悠久历史的经典问题,测量目标的方位也是雷达的一个基本任务。因此,DOA 估计技术得到了广泛的研究和应用。

雷达测量目标的方位,其性能指标主要追求角度分辨力和测量精度,长期以来,雷达测角方法分成比相法和比幅法两类。比相法就是干涉仪法,仅适合单个单目标测量,比幅法有几种变形,但是原则上也只适合单目标情况,或者波束宽度内仅有一个目标。传统的测角技术的分辨力在物理上受天线孔径限制,称为瑞利限,即角度位于同一个波束宽度内的两个目标无法分辨而测得为一个目标。

本书前面介绍的阵列信号模型也已经指出,波达方向估计问题在数学上与时域信号频率估计问题是一致的,长期以来,为追求频率估计分辨力,信号处理领域开展了半个世纪的谱估计技术研究,提出了很多超分辨方法。所谓超分辨,就是要超过瑞利限。把时域信号处理中的频率估计问题中频率对偶成 DOA 的余弦函数,自然就成了空间谱估计,其中时域采样改成空域采样,即天线阵列采样。

空间谱估计是空域处理技术,开拓了传统雷达测角技术的思路。由于其优越的空域参数(如波达角)估计性能,因而广泛应用于雷达、声纳、通信、地震监测、勘探、射电天文以及生物医学等多种国民经济及军事领域。空间谱估计属于阵列信号处理的一个重要分支,其理论基础离不开阵列信号处理的基本原理,即通过空间阵列接收数据的相位差来确定一个或几个待估计的参数,如方位角、俯仰角及信号源数等。

本章简要回顾雷达传统测角技术及其局限性,主要介绍空间谱估计所涉及的一些相关知识,如空间谱估计的数学模型及其相关特性、独立源与相干源的测向方法以及信号源数目判定方法,为后续章节的分析和算法奠定基础。

空间谱估计是利用空间阵列实现空间信号的参数估计的专门技术。整个空间谱估计系统由三部分组成:空间信号入射、空间阵列接收及参数估计。相应地可分为三个空间,即目标空间、观察空间及估计空间。空间谱估计系统由这三个空间组成,其框图如图 5.1 所示。

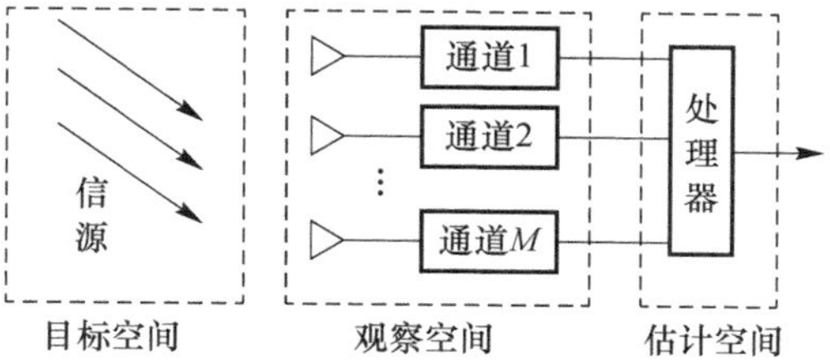

图 5.1　空间谱估计系统结构

对于上述的系统结构,做以下几点说明:

(1) 目标空间是由信号源的参数与复杂环境参数张成的空间。空间谱估计系统利用特定系统的一些方法从这个复杂的目标空间中估计出信号的未知参数。

(2) 观察空间是在空间按一定方式排列的阵元,接收目标的空间辐射信号。由于环境的复杂性,因此接收数据中包含信号特征(方位、距离、极化等)和空间环境特征(噪声、杂波、干扰等)。另外,由于空间阵元的影响,接收数据中同样也含有空间阵列的某些特征(互耦、通道不一致、频带不一致等)。这里的观察空间是一个多维空间,即系统的接收数据由多个通道组成,而传统的时域处理方法通常只有一个通道。特别需要指出的是:通道与阵元并不是一一对应的,通道是由空间的一个、几个或者所有的阵元合成的(可以加权或不加权),空间某个特定的阵元包含在不同的通道内。

(3) 估计空间是利用空间谱估计技术(包括阵列信号中处理中的一些技术,如阵列校正、空域滤波等技术)从复杂的观察数据中提取信号的特征参数。

从系统框图中可以清晰地看出,估计空间相当于对目标空间的一个重构过程,这个重构的精度由众多因素决定,如环境的复杂性、空间阵元间的互耦、通道不一致、频带不一致等。这个重构过程的理论基础就是下面阐述的数学模型。

假设有 K 个窄带远场信号,第 k 个信号 t 时刻复包络记作 $s_k(t)$,窄带假设下,信号可用如下的复包络形式表示

$$\begin{cases} s_k(\boldsymbol{t}) = u_k(\boldsymbol{t})\,\mathrm{e}^{\mathrm{j}\omega_0 \boldsymbol{t} + \varphi(t)} \\ s_k(\boldsymbol{t}-\boldsymbol{\tau}) = u_k(\boldsymbol{t}-\boldsymbol{\tau})\,\mathrm{e}^{\mathrm{j}\omega_0(\boldsymbol{t}-\tau) + \varphi(\boldsymbol{t}-\tau)} \end{cases} \tag{5.1}$$

式中:$u_k(t)$ 为接收信号的幅度;$\varphi(t)$ 为接收信号的相位;ω_0 为接收信号的频率。在窄带远场信号源的假设下,有

$$\begin{cases} \boldsymbol{u}_k(t-\tau) \approx \boldsymbol{u}_k(t) \\ \varphi_k(t-\tau) \approx \varphi_k(t) \end{cases} \tag{5.2}$$

根据式(5.1)和式(5.2),显然有下式成立:

$$\boldsymbol{s}_k(t-\tau) = \boldsymbol{s}_k(t)\mathrm{e}^{-\mathrm{j}\omega_0\tau}, k=1,2,\cdots,N \tag{5.3}$$

考虑一个由 M 个全向阵元组成的立体阵,其中,第一个阵元用作参考阵而且阵元 m 的坐标定义为(x_m, y_m, z_m)。中心波长为 λ,方位角为 θ_k,俯仰角为 φ_k $(k=1,2,\cdots,K)$,阵列接收信号示意图如图 5.2 所示。阵列的输出矢量为

$$\boldsymbol{r}(t) = \sum_{k=1}^{K} \boldsymbol{a}(\theta_k,\varphi_k)s_k(t) + \boldsymbol{n}(t) \tag{5.4}$$

式中:$\boldsymbol{n}(t)$为加性噪声矢量;$\boldsymbol{a}(\theta_k,\varphi_k)$为$(\theta_k,\varphi_k)$方向的理想导向矢量,即

$$\boldsymbol{a}(\theta_k,\varphi_k) = [1, \mathrm{e}^{-\mathrm{j}2\pi d_{2,k}\lambda}, \cdots, \mathrm{e}^{-\mathrm{j}2\pi d_{M,K}\lambda}]^{\mathrm{T}} \tag{5.5}$$

$$d_{m,k} = x_m\cos\theta_k\sin\varphi_k + y_m\sin\theta_k\sin\varphi_k + z_m\cos\varphi_k \tag{5.6}$$

式(5.4)可用矩阵重新表示为

$$\boldsymbol{r}(t) = \boldsymbol{A}\boldsymbol{s}(t) + \boldsymbol{n}(t) \tag{5.7}$$

式中:$\boldsymbol{A}$ 的第 k 列为 $\boldsymbol{a}(\theta_k)$;$\boldsymbol{s}(t)$的第 k 个元素为 $s_k(t)$。

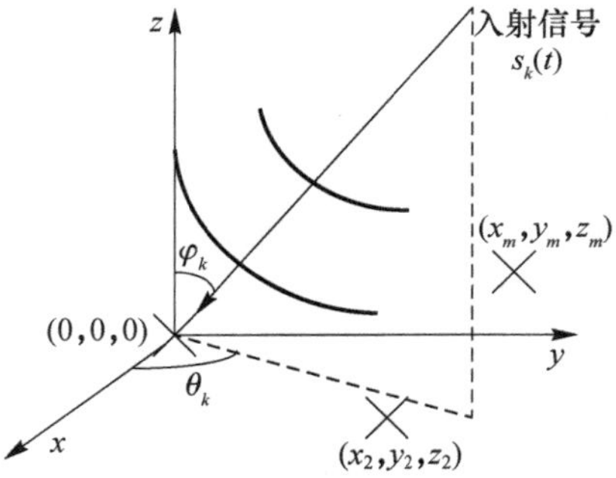

图 5.2　阵列接收信号示意图

对模型式(5.7),引入如下两条假设。

假设 1:$\boldsymbol{n}(t)$是平稳、零均值、空间白的高斯噪声。因此 $E[\boldsymbol{n}(t)]=0$,$E[\boldsymbol{n}(t)\boldsymbol{n}^{\mathrm{H}}(t)] = \sigma_n^2\boldsymbol{I}$,其中,$\sigma_n^2$为噪声功率,$E[\cdot]$表示取期望操作,$\boldsymbol{I}$ 为单位阵。

假设 2:信号 $\boldsymbol{s}_k(t)$独立于加性噪声 $\boldsymbol{n}(t)$。

为简单起见,忽略时间变量。定义 $\boldsymbol{R}_s = E[\boldsymbol{s}\boldsymbol{s}^{\mathrm{H}}]$。根据假设 1 和 2,可知阵列输出矢量的相关矩阵为

$$\boldsymbol{R} = E[\boldsymbol{r}\boldsymbol{r}^{\mathrm{H}}] = \boldsymbol{A}\boldsymbol{R}_s\boldsymbol{A}^{\mathrm{H}} + \sigma_n^2\boldsymbol{I} \tag{5.8}$$

由式(5.8)可知,由于各阵元的空间位置不同,同一个信号在不同阵元处有

不同的相位,根据不同阵元接收信号之间的相位差(即导向矢量各个元素的相位差)便可反演信号的 DOA 信息。而来自不同方向的信号具有不同的导向矢量,即信号的 DOA 和导向矢量有一一对应的关系,从而可通过操作导向矢量来分辨各信号的 DOA。

5.2 传统测向方法

5.2.1 相位法

在比相单脉冲中,目标的角坐标是从两个差通道及一个和通道中提取出来。比相单脉冲跟踪雷达在每个坐标(方位和俯仰)方向采用了最小 2 单元的阵列天线。相位误差信号是根据两个天线单元中产生的信号之间的相位差计算得到。

在图 5.3 中,目标的方向为 φ,距离为 R,角 α 等于 $\varphi+\frac{\pi}{2}$,则

$$R_1^2=R^2+\left(\frac{d}{2}\right)^2-2\frac{d}{2}R\cos\left(\varphi+\frac{\pi}{2}\right)$$
$$=R^2+\frac{d^2}{4}+dR\sin\varphi \tag{5.9}$$

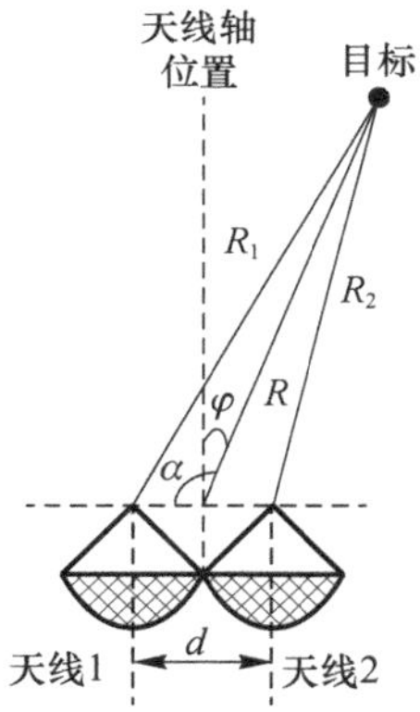

图 5.3 比相单脉冲天线

由于两天线中心的间距 $d<<R$,故可以使用二项式级数展开得到

$$R_1\approx R\left(1+\frac{d}{2R}\sin\varphi\right) \tag{5.10}$$

类似地,有

$$R_2\approx R\left(1-\frac{d}{2R}\sin\varphi\right) \tag{5.11}$$

两个天线单元之间的相位差为

$$\phi=\frac{2\pi}{\lambda}(R_1-R_2)=\frac{2\pi}{\lambda}d\sin\varphi \tag{5.12}$$

如果 $\varphi=0$,则目标在天线的主轴上。可以利用相位差 ϕ 来确定目标的方向 φ。具体实现式(5.12),通常用两天线单元采集数据共轭相乘并统计平均后取出相位差 ϕ,即

$$E[x_1(t)x_2^*(t)]=\sigma_s^2\mathrm{e}^{-\mathrm{j}\frac{2\pi d}{\lambda}\sin\theta} \tag{5.13}$$

5.2.2 振幅法

振幅法测角是用天线收到的回波信号幅度值做角度测量，幅度值的变化规律取决于天线方向图以及天线扫描方式。振幅法测角可分为最大信号法和等信号法两类。

1. 最大信号法

如图 5.4 所示当天线波束作圆周扫描或在一定扇形范围内作匀角速扫描时，对收发共用天线的单基地脉冲雷达而言，接收机输出的脉冲串幅度值被天线的双程方向图函数所调制。找出脉冲串的最大值，确定该时刻波束轴线指向即为目标方向。

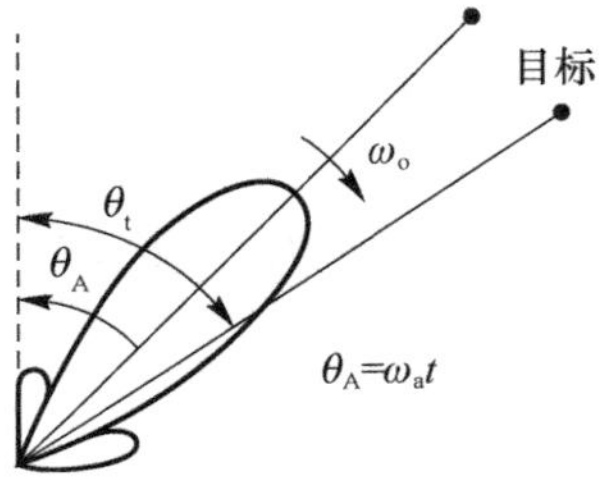

图 5.4　最大信号法测角波束扫描

最大信号法的优点是简单，用方向图的最大值测角，回波最强，信噪比最大。缺点是直接测量的测角精度不高，且不能判别目标偏离波束轴线的方向，不能用于自动测角。

2. 等信号法

等信号法测角采用在一个角平面内的两个相同且彼此部分重叠的波束，如图 5.5(a)所示。如果目标处在两波束的交叠轴 OA 方向，则两波束收到的信号强度相等，否则一个波束收到的信号强度高于另一个，如图 5.5(b)所示。故常称 OA 为等信号轴方向。当两个波束收到的回波信号相等时，等信号轴所指方向为目标方向。如果目标处在 OB 方向，波束 1 的回波比波束 2 的强，处在 OC 方向时，波束 1 的回波比波束 2 弱，因此，比较两个波束回波的强弱就可以判断目标偏离等信号轴的方向，并可以用查表的方法估计出偏离等信号轴的大小。

设天线电压方向性函数为 $F(\theta)$，等信号轴 OA 的指向为 θ_0，则波束 1、2 的方向性函数可分别写成

$$F_1(\theta)=F(\theta_1)=F(\theta+\theta_k-\theta_0) \tag{5.14}$$

$$F_2(\theta)=F(\theta_2)=F(\theta-\theta_k-\theta_0) \tag{5.15}$$

式中：θ_k 为 θ_0 与波束最大值方向的偏角。

用等信号法测量时，波束 1 接收到的回波信号可以表示为

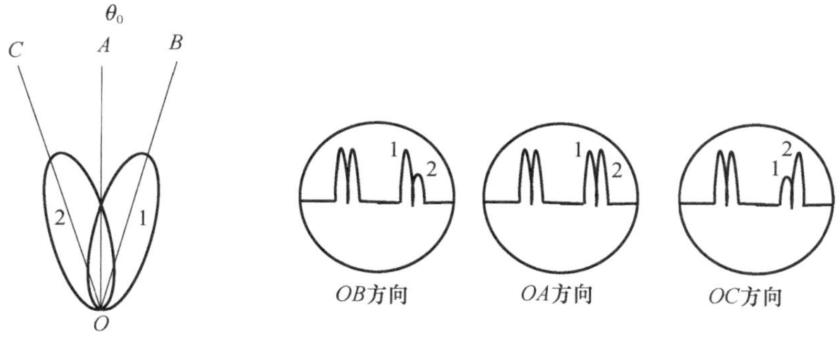

(a) 波束指向　　(b) 目标偏离不同方向时两个波束的接收幅度

图 5.5　比幅单脉冲测角原理

$$u_1 = KF_1(\theta_1) = KF(\theta_k - \theta_t) \tag{5.16}$$

波束 2 接收到的回波信号为

$$u_2 = KF_2(\theta_1) = KF(-\theta_k - \theta_t) = KF(\theta_k + \theta_t) \tag{5.17}$$

式中：θ_t为目标方向偏离等信号轴 OA 的角度。对 u_1 和 u_2 信号进行处理，可以获得目标方向 θ_t的信息。

（1）比幅法：求两信号幅度的比值

$$\frac{u_1(\theta)}{u_2(\theta)} = \frac{F(\theta_k - \theta_t)}{F(\theta_k + \theta_t)} \tag{5.18}$$

根据比值的大小可以判断目标偏离 θ_0的方向，查找预先制定的表格就可估计出目标偏离 θ_0的数值。

（2）和差法：由 u_1 和 u_2 可求得其差值 $\Delta(\theta_t)$及和值 $\Sigma(\theta_t)$，即

$$\Delta(\theta_t) = u_1(\theta) - u_2(\theta) = K[F(\theta_k - \theta_t) - F(\theta_k + \theta_t)] \tag{5.19}$$

在等信号轴 $\theta = \theta_0$附近，差值 $\Delta(\theta_t)$可近似表达为

$$\Delta(\theta_t) \approx 2\theta_t \frac{\mathrm{d}F(\theta)}{\mathrm{d}\theta}\bigg|_{\theta=\theta_0} k \tag{5.20}$$

和信号

$$\Sigma(\theta_t) = u_1(\theta) + u_2(\theta) = K[F(\theta_k - \theta_t) + F(\theta_k + \theta_t)] \tag{5.21}$$

在 θ_0附近可近似表达为

$$\Sigma(\theta_t) \approx 2F(\theta_0)k \tag{5.22}$$

即可求得其和、差波束 $\Sigma(\theta)$与 $\Delta(\theta)$，如图 5.6 所示。则差和比

$$\frac{\Delta}{\Sigma} = \frac{\theta_t}{F(\theta_0)} \frac{\mathrm{d}F(\theta)}{\mathrm{d}\theta}\bigg|_{\theta=\theta_0} \tag{5.23}$$

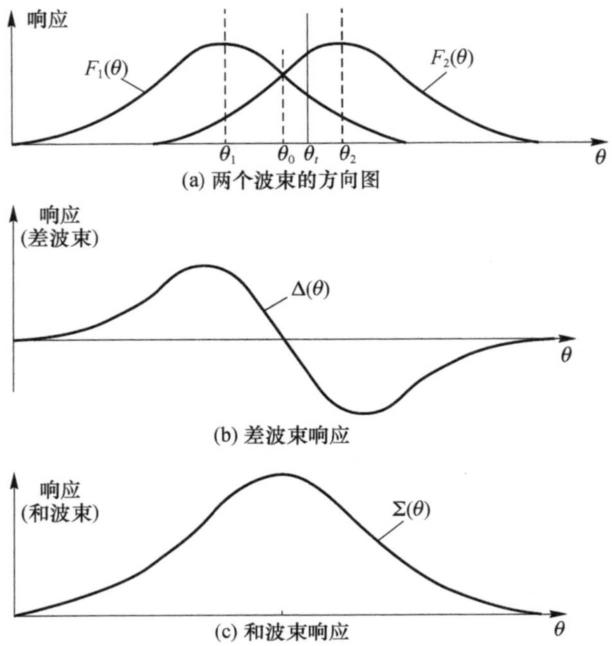

图 5.6　和差法测角

因为差和比 Δ/Σ 正比于目标偏离 θ_0 的角度 θ_t，故可以用它来判读角度 θ_t 的大小及方向。

需要说明的是，1、2 两个波束可以同时存在，若用两套相同的接收系统同时工作，称为同时波瓣法；两波束也可以交替出现，只用一套接收系统工作，称为顺序波瓣法。

等信号法的测角精度比最大信号法高，便于自动测角，但是系统实现较复杂且等信号轴方向不是方向图最大值方向，故在相同发射功率条件下作用距离较近。

5.3　基于子空间结构的高分辨测向方法

为了描述方便，在此只考虑方位角的一维测角问题，即阵列为线阵，容易推广到其他阵列几何结构和两维角度。当然，两维角度涉及关于同一目标配对问题。

5.3.1　MUSIC 算法

MUSIC(Multiple Signal Classification)算法由 R. O. Schmidt 于 1986 年提出。MUSIC 算法是一种高分辨 DOA 估计算法，克服了普通波束形成分辨力低的缺

点。MUSIC 算法基于信号的二阶统计量(信号的协方差矩阵),利用信号子空间与噪声子空间的正交性,得到信号 DOA 估计。

从上述阵列信号模型式(5.4)(仅考虑方位一维角度)不难看出,在不考虑噪声情况下,每次采集的阵列信号 $\boldsymbol{r}(t) = \sum_{k=1}^{K}\boldsymbol{a}(\theta_k)\boldsymbol{s}_k(t)$ 都可表示为 K 个来波信号导向矢量 $\boldsymbol{a}(\theta_k)$, $k=1,2,\cdots,K$ 的线性组合,组合系数就是信号源的复包络,该组合系数无需知道。因此,可以定义由 K 个来波信号的导向矢量生成的子空间 $\mathrm{span}\{\boldsymbol{a}(\theta_k), k=1,2,\cdots,K\}$ 为信号子空间,它是 M 维空间中的 K 维子空间,与其正交补空间称为噪声子空间,其维数是 $M-K$ 维。

对式(5.8),特别注意这里的噪声为白噪声,即噪声相关矩阵为单位矩阵乘以噪声功率。阵列相关矩阵 $\boldsymbol{R}$ 进行特征分解有

$$\boldsymbol{R} = \sum_{m=1}^{K}\lambda_m\boldsymbol{u}_m\boldsymbol{u}_m^{\mathrm{H}} + \sum_{m=K+1}^{M}\sigma_n^2\boldsymbol{u}_m\boldsymbol{u}_m^{\mathrm{H}} \tag{5.24}$$

式中:特征值按降序排列,$\lambda_m(\boldsymbol{u}_m)$, $m=1,2,\cdots,K$,为 K 个大特征值(对应的特征矢量),$\sigma_n^2(\boldsymbol{u}_m)$, $m=K+1,\cdots,M$,为 $M-K$ 个相等的小特征值(对应的特征矢量)。可以证明,在白噪声背景下,由 K 个大特征值对应的特征矢量张成的空间就是信号子空间,由 $M-K$ 个小特征值对应的特征矢量张成的空间为噪声子空间。信号子空间和噪声子空间正交,即有

$$\mathrm{span}\{\boldsymbol{u}_m, m=1,2,\cdots,K\} \perp \mathrm{span}\{\boldsymbol{u}_m, m=K+1,\cdots,M\} \tag{5.25}$$

同时,由于信号子空间等于信号导向矢量张成的空间,即

$$\mathrm{span}\{\boldsymbol{u}_m, m=1,2,\cdots,K\} = \mathrm{span}\{\boldsymbol{a}(\phi_k), k=1,2,\cdots,K\} \tag{5.26}$$

由式(5.25)和式(5.26)可知

$$\mathrm{span}\{\boldsymbol{a}(\theta_k), k=1,2,\cdots,K\} \perp \mathrm{span}\{\boldsymbol{u}_m, m=K+1,\cdots,M\} \tag{5.27}$$

根据式(5.27)可知

$$\boldsymbol{a}^{\mathrm{H}}(\theta_k)\boldsymbol{u}_k = 0, k=K+1,\cdots,M \tag{5.28}$$

定义 $\boldsymbol{U}_n = [\boldsymbol{u}_{k+1}, \boldsymbol{u}_{k+2}, \cdots, \boldsymbol{u}_M]$。根据式(5.28),可构造空间谱为

$$P_{\mathrm{MUSIC}}(\theta) = \frac{1}{\boldsymbol{a}^{\mathrm{H}}(\theta)\boldsymbol{U}_n\boldsymbol{U}_n^{\mathrm{H}}\boldsymbol{a}(\theta)} \tag{5.29}$$

根据式(5.32),可知 $P_{\mathrm{MUSIC}}(\theta)$ 在信号角度 θ_k 处有谱峰值。所以通过搜索 $P_{\mathrm{MUSIC}}(\theta)$ 的谱峰值即可得到信号的角度估计。即有

$$\theta = \arg\max_{\theta} P_{\mathrm{MUSIC}}(\theta) \tag{5.30}$$

实际中由于阵列协方差矩阵只能由有限次快拍数据来估计,即

$$\hat{\boldsymbol{R}} = \frac{1}{N}\sum_{i=1}^{N}\boldsymbol{r}(i)\boldsymbol{r}^{\mathrm{H}}(i) \tag{5.31}$$

式中:$\boldsymbol{r}(i)$为第 i 次快拍数据;N 为快拍数。

由 $\hat{\boldsymbol{R}}$ 的特征分解得到 $\hat{\boldsymbol{U}}_n$。$\hat{\boldsymbol{U}}_n$和 $\boldsymbol{U}_n$之间存在误差,导致信号导向矢量与噪声子空间并不完全正交,此时,只能得到信号 DOA 的估计值,可表示为

$$\hat{\theta}_k = \arg\max_{\theta}\hat{P}_{\mathrm{MUSIC}} \tag{5.32}$$

式中

$$\hat{P}_{\mathrm{MUSIC}} = \frac{1}{\boldsymbol{a}^{\mathrm{H}}(\theta)\boldsymbol{U}_n\boldsymbol{U}_n^{\mathrm{H}}\boldsymbol{a}(\theta)} \tag{5.33}$$

5.3.2 ESPRIT 算法

子阵间的旋转不变性是指两个子阵之间存在一个固定的关系,即两个不同子阵的空间导向矢量相同。旋转不变子空间算法(ESPRIT)正是利用阵列的不同子阵间的旋转不变性估计信号 DOA。

对于两个几何结构完全相同且间距 $\boldsymbol{\Delta}$ 已知的子阵,接收数据分别为

$$\begin{cases}\boldsymbol{r}_1 = \boldsymbol{A}\boldsymbol{s} + \boldsymbol{n}_1 \\ \boldsymbol{r}_2 = \boldsymbol{A}\boldsymbol{\Phi}\boldsymbol{s} + \boldsymbol{n}_2\end{cases} \tag{5.34}$$

式中:$\boldsymbol{\Phi}$ 为旋转因子,且

$$\boldsymbol{\Phi} = \mathrm{diag}[\mathrm{e}^{-\mathrm{j}\alpha_1} \quad \mathrm{e}^{-\mathrm{j}\alpha_2} \quad \cdots \quad \mathrm{e}^{-\mathrm{j}\alpha_K}] \tag{5.35}$$

$$\alpha_k = \frac{2\pi\boldsymbol{\Delta}}{\lambda}\sin\theta_k \tag{5.36}$$

根据式(5.36),若能得到 $\boldsymbol{\Phi}$ 的值,即可以求出信号 DOA。两个子阵数据合并得

$$\boldsymbol{r} = \begin{bmatrix}\boldsymbol{r}_1 \\ \boldsymbol{r}_2\end{bmatrix} = \begin{bmatrix}\boldsymbol{A} \\ \boldsymbol{A}\boldsymbol{\Phi}\end{bmatrix}\boldsymbol{s} + \begin{bmatrix}\boldsymbol{n}_1 \\ \boldsymbol{n}_2\end{bmatrix} = \bar{\boldsymbol{A}}\boldsymbol{s} + \boldsymbol{n} \tag{5.37}$$

定义协方差矩阵 $\boldsymbol{R} = E[\boldsymbol{r}\boldsymbol{r}^{\mathrm{H}}]$,对 $\boldsymbol{R}$ 特征分解后得到信号子空间 $\boldsymbol{U}_s$和噪声子空间 $\boldsymbol{U}_n$。根据信号子空间性质可知,存在可逆矩阵 $\boldsymbol{T}$,使得

$$\boldsymbol{U}_s = \bar{\boldsymbol{A}}\boldsymbol{T} \tag{5.38}$$

$$\boldsymbol{U}_s = \begin{bmatrix}\boldsymbol{U}_{s1} \\ \boldsymbol{U}_{s2}\end{bmatrix} = \begin{bmatrix}\boldsymbol{A}\boldsymbol{T} \\ \boldsymbol{A}\boldsymbol{\Phi}\boldsymbol{T}\end{bmatrix} \tag{5.39}$$

由式(5.39)可得,$\boldsymbol{U}_{s1}$和 $\boldsymbol{U}_{s2}$满足

$$\boldsymbol{U}_{s2} = \boldsymbol{U}_{s1}\boldsymbol{T}^{-1}\boldsymbol{\Phi}\boldsymbol{T} = \boldsymbol{U}_{s1}\boldsymbol{\Psi} \tag{5.40}$$

因为 $\boldsymbol{\Psi}=\boldsymbol{T}^{-1}\boldsymbol{\Phi}\boldsymbol{T}$，所以 $\boldsymbol{\Psi}$ 和 $\boldsymbol{\Phi}$ 为相似矩阵，故 $\boldsymbol{\Psi}$ 和 $\boldsymbol{\Phi}$ 有相同的特征值。

对 $\boldsymbol{\Psi}$ 进行特征分解得到 K 个特征值，再结合式(5.36)即可得到信号 DOA。因为 $\boldsymbol{U}_{s1}$ 列满秩，式(5.40)的最小二乘解为

$$\boldsymbol{\Psi}_{LS}=\boldsymbol{U}_{s1}^{\dagger}\boldsymbol{U}_{s2}=(\boldsymbol{U}_{s1}^{\mathrm{H}}\boldsymbol{U}_{s1})^{-1}\boldsymbol{U}_{s1}^{\mathrm{H}}\boldsymbol{U}_{s2} \tag{5.41}$$

式中：$(\dagger)$ 表示伪逆。

5.3.3　修正的 MUSIC 算法

上面所介绍的算法其分辨能力都不能超过天线数目，文献[1]提出一种修正的 MUSIC 算法，此算法考虑非圆和圆信号同时存在情况下的 DOA 估计。通过利用信号的非圆特性，文献[1]中的算法所能估计的信号个数大于传统 MUSIC 算法。

因为本节描述的算法在推导时将涉及信号在传播过程中所引入的未知幅度和相位，此时阵列接收信号矢量需改写为

$$\boldsymbol{r}(t)=\sum_{k=1}^{K}\boldsymbol{a}(\theta_k)\dot{s}_k(t)\delta_k\mathrm{e}^{\mathrm{j}\phi_k}+\boldsymbol{n}(t) \tag{5.42}$$

式中：δ_k 和 ϕ_k 为未知的幅度和相位参数，它们是由信号在信道传播过程中引入的，对所有的阵元都相同；$\dot{s}_k(t)$ 为第 k 个信号源发射的信号。

式(5.42)可用矩阵表示为

$$\boldsymbol{r}(t)=\boldsymbol{A}\dot{\boldsymbol{B}}\dot{\boldsymbol{s}}(t)+\boldsymbol{n}(t) \tag{5.43}$$

式中：$\boldsymbol{A}=[\boldsymbol{a}(\theta_1),\cdots,\boldsymbol{a}(\theta_K)]$；$\dot{\boldsymbol{B}}=\mathrm{diag}\{\delta_1\mathrm{e}^{\mathrm{j}\phi_1},\cdots,\delta_K\mathrm{e}^{\mathrm{j}\phi_K}\}$；$\dot{\boldsymbol{s}}(t)=[\dot{s}_1(t),\cdots,\dot{s}_K(t)]^{\mathrm{T}}$。

根据文献[1]可知，实际中通常有些用户发送圆信号而其他用户发送非圆信号。本节我们考虑这种普适的情况（即圆信号和非圆信号同时存在的情况）下信号的 DOA 估计问题。

首先给出圆特性的定义：

由文献[2,3]可知，随机变量 h 的椭圆方差定义为

$$E[hh]=\rho_h\sigma_h^2\mathrm{e}^{\mathrm{j}\varphi_h} \tag{5.44}$$

式中：ρ_h 为变量 h 的非圆率，$0\leqslant\rho_h\leqslant1$，$\sigma_h^2=E[hh^*]$；$\varphi_h$ 为非圆相位。由文献[1,4]可知，如果 $E[h]=0$ 且 $E[hh]=0$，则称随机变量 h 是圆信号。实际中，很多窄带信号都是圆信号，如四相相移键控（QPSK）信号。另外，噪声在大多数情况也具有圆特性。但在很多现代无线通信系统中，也经常使用非圆信号（如幅度调制 AM 和二相相移键控 BPSK 信号）。

为了清晰起见，利用下标 nc 和 c 分别表示与非圆和圆信号所对应的量。定

义非圆信号和圆信号的个数分别为 K_{nc} 和 K_{c}。总信号个数为 $K = K_{\text{nc}} + K_{\text{c}}$。

并设 $\dot{\boldsymbol{s}}(t)$ 的前 K_{nc} 个信号为非圆信号，记为，$\dot{s}_{\text{nc},i}(t)$，$i=1,2,\cdots,K_{\text{nc}}$，后 K_{c} 个信号为圆信号，记为 $\dot{s}_{\text{c},j}(t)$，$j=1,2,\cdots,K_{\text{c}}$。对非圆率为 1 的非圆信号 $\dot{s}_{\text{nc},i}(t)$ 可表示为复数常量 $\bar{b}_{\text{nc},i}$ 和实值信号 $s_{\text{nc},i}(t)$ 的乘积[5]，即

$$\dot{s}_{\text{nc},i}(t) = \bar{b}_{\text{nc},i} s_{\text{nc},i}(t) \tag{5.45}$$

注意，式(5.45)对圆信号并不成立。

定义 $\boldsymbol{s}(t) = [s_{\text{nc},1}(t),\cdots,s_{\text{nc},K_{\text{nc}}}(t),\dot{s}_{\text{c},1}(t),\cdots,\dot{s}_{\text{c},Kc}(t)]^{\text{T}}$。根据式(5.37)，$\dot{\boldsymbol{s}}(t)$ 可表示为

$$\dot{\boldsymbol{s}}(t) = \bar{\boldsymbol{B}}\boldsymbol{s}(t) \tag{5.46}$$

式中：$\bar{\boldsymbol{B}}$ 为对角阵，$\bar{\boldsymbol{B}} = \text{diag}\{\bar{b}_{\text{nc},1},\cdots,\bar{b}_{\text{nc},K_{\text{nc}}},1,\cdots,1\}$。把式(5.46)代入式(5.43)可得

$$\boldsymbol{r}(t) = \boldsymbol{A}\boldsymbol{B}\boldsymbol{s}(t) + \boldsymbol{n}(t) \tag{5.47}$$

式中：$\boldsymbol{B} = \dot{\boldsymbol{B}}\bar{\boldsymbol{B}}$，$\boldsymbol{s}(t)$ 中的前 K_{nc} 个信号是实数。以下为了简单起见，省略变量 t。

式(5.47)中的 $\boldsymbol{A}$、$\boldsymbol{B}$ 和矢量 $\boldsymbol{s}$ 可展开写为

$$\begin{aligned}\boldsymbol{A} &= [\boldsymbol{a}(\theta_{\text{nc},1}),\cdots,\boldsymbol{a}(\theta_{\text{nc},K_{\text{nc}}}),\boldsymbol{a}(\theta_{c,1}),\cdots,\boldsymbol{a}(\theta_{c,K_c})]\\ &= [\boldsymbol{a}_{\text{nc},1},\cdots,\boldsymbol{a}_{\text{nc},K_{\text{nc}}},\boldsymbol{a}_{c,1},\cdots,\boldsymbol{a}_{c,K_c}]\end{aligned} \tag{5.48}$$

$$\boldsymbol{B} = \text{diag}\{b_{\text{nc},1},\cdots,b_{\text{nc},K_{\text{nc}}},b_{c,1},\cdots,b_{c,K_c}\} \tag{5.49}$$

$$\boldsymbol{s} = [s_{\text{nc},1},\cdots,s_{\text{nc},K_{\text{nc}}},s_{c,1},\cdots,s_{c,K_c}]^{\text{T}} \tag{5.50}$$

式中：$\boldsymbol{a}_{\text{nc},i}$ 和 $\boldsymbol{a}_{c,j}$ 分别为第 i 个非圆信号和第 j 个圆信号的导向矢量。同时定义

$$\boldsymbol{A}_1 = [\boldsymbol{a}_{\text{nc},1},\cdots,\boldsymbol{a}_{\text{nc},K_{\text{nc}}}] \tag{5.51}$$

$$\boldsymbol{A}_2 = [\boldsymbol{a}_{c,1},\cdots,\boldsymbol{a}_{c,K_c}] \tag{5.52}$$

$$\boldsymbol{B}_1 = \text{diag}\{b_{\text{nc},1},\cdots,b_{\text{nc},K_{\text{nc}}}\} \tag{5.53}$$

$$\boldsymbol{B}_2 = \text{diag}\{b_{c,1},\cdots,b_{c,K_c}\} \tag{5.54}$$

把阵列接收矢量和它的共轭矢量组合成一个新的矢量为

$$\breve{\boldsymbol{r}} = \begin{bmatrix}\boldsymbol{r}\\ \boldsymbol{r}^*\end{bmatrix} = \begin{bmatrix}\boldsymbol{A}\boldsymbol{B}\boldsymbol{s}\\ \boldsymbol{A}^*\boldsymbol{B}^*\boldsymbol{s}^*\end{bmatrix} + \begin{bmatrix}\boldsymbol{n}\\ \boldsymbol{n}^*\end{bmatrix} = \breve{\boldsymbol{A}}\breve{\boldsymbol{s}} + \breve{\boldsymbol{n}} \tag{5.55}$$

式中

$$\breve{\boldsymbol{A}} = [\breve{\boldsymbol{a}}_{\text{nc},1},\cdots,\breve{\boldsymbol{a}}_{\text{nc},K_{\text{nc}}},\breve{\boldsymbol{A}}_{c,1},\cdots,\breve{\boldsymbol{A}}_{c,K_c}] \tag{5.56}$$

$$\breve{\boldsymbol{a}}_{\text{nc},i} = \begin{bmatrix}b_{\text{nc},i}\boldsymbol{a}_{\text{nc},i}\\ b^*_{\text{nc},i}\boldsymbol{a}^*_{\text{nc},i}\end{bmatrix} \tag{5.57}$$

$$\breve{A}_{c,j}=\begin{bmatrix} b_{c,j}\boldsymbol{a}_{c,j} & \boldsymbol{0} \\ \boldsymbol{0} & b_{c,j}^{*}\boldsymbol{a}_{c,j}^{*} \end{bmatrix} \tag{5.58}$$

$$\breve{\boldsymbol{s}}=[s_{\mathrm{nc},1},\cdots,s_{\mathrm{nc},K_{\mathrm{nc}}},s_{c,1},s_{c,1}^{*},\cdots,s_{c,K_c},s_{c,K_c}^{*}]^{\mathrm{T}} \tag{5.59}$$

$$\breve{\boldsymbol{n}}=[\boldsymbol{n}^{\mathrm{T}},\boldsymbol{n}^{\mathrm{H}}]^{\mathrm{T}} \tag{5.60}$$

新的导向矢量 $\breve{\boldsymbol{r}}$ 的协方差矩阵 $\breve{\boldsymbol{R}}$ 为

$$\breve{\boldsymbol{R}}=E[\breve{\boldsymbol{r}}\breve{\boldsymbol{r}}^{\mathrm{H}}]=\boldsymbol{A}\breve{\boldsymbol{R}}_s\boldsymbol{A}^{\mathrm{H}}+\sigma^2\boldsymbol{I} \tag{5.61}$$

式中：$\breve{\boldsymbol{R}}_s=E[\breve{\boldsymbol{s}}\breve{\boldsymbol{s}}^{\mathrm{H}}]$。$\breve{\boldsymbol{R}}$ 的特征值分解可写为

$$\breve{\boldsymbol{R}}=\boldsymbol{ULU}^{\mathrm{H}}+\boldsymbol{s}^2\boldsymbol{GG}^{\mathrm{H}} \tag{5.62}$$

修改的 MUSIC 算法通过下式估计非圆信号的角度

$$\hat{\theta}_{\mathrm{nc}}=\max_{\theta}\frac{1}{\det\{\boldsymbol{V}^{\mathrm{H}}(\theta)\boldsymbol{GG}^{\mathrm{H}}\boldsymbol{V}(\theta)\}} \tag{5.63}$$

式中

$$\boldsymbol{V}(\theta)=\begin{bmatrix} \boldsymbol{a}(\theta) & \boldsymbol{0} \\ \boldsymbol{0} & \boldsymbol{a}^{*}(\theta) \end{bmatrix}$$

把 $\boldsymbol{G}$ 划分为 $\boldsymbol{G}=[\boldsymbol{G}_1^{\mathrm{T}}\ \boldsymbol{G}_2^{\mathrm{T}}]^{\mathrm{T}}$，其中，$\boldsymbol{G}_1$ 和 $\boldsymbol{G}_2$ 具有相同的维数。圆信号的角度可通过下式估计，即：

$$\hat{\theta}_{\mathrm{c}}=\max_{\theta}\frac{1}{\boldsymbol{a}^{\mathrm{H}}(\theta)\boldsymbol{G}_1\boldsymbol{G}_1^{\mathrm{H}}\boldsymbol{a}(\theta)} \tag{5.64}$$

5.4　相干信号源的高分辨处理方法

由于传播环境的复杂性，入射信号源会存在相干特性，包括同频干扰和多径传播信号。相干信号源 DOA 估计是阵列信号处理的一个研究热点，在雷达、通信、声纳等领域有着广泛的应用前景。针对相干信号源的 DOA 估计问题，各国学者提出了不少算法，这些算法大致可分为两类：一类是降维类处理算法；另一类是非降维类处理算法。

5.4.1　相干信号源数学模型

信号之间的关系共有三种可能：不相关、相关、相干。对于两个平稳信号 $\boldsymbol{s}_i(t)$ 和 $\boldsymbol{s}_k(t)$，定义它们的相关系数为

$$\rho_{ik}=\frac{E[\boldsymbol{s}_i(t)\boldsymbol{s}_k(t)]}{\sqrt{E[|\boldsymbol{s}_i(t)|^2]E[|\boldsymbol{s}_k(t)|^2]}} \tag{5.65}$$

由 Schwartz 不等式可知，$\rho_{ik}\leqslant 1$，信号之间的相关性定义如下：

$$\begin{cases}\rho_{ik}=0, & s_i(t)\text{与}s_k(t)\text{不相关}\\ 0<|\rho_{ik}|<1, & s_i(t)\text{与}s_k(t)\text{部门相关}\\ |\rho_{ik}|=1, & s_i(t)\text{与}s_k(t)\text{相干}\end{cases} \tag{5.66}$$

由信号之间的相关性定义可知，当信号源完全相干时，相干信号源间只差一个复常数，假设有 N 个相干信号源，即

$$s_k(t)=a_k s_1(t), k=1,2,\cdots,N \tag{5.67}$$

这里 $s_1(t)$ 称为参考源，信号源全相干时的数学模型为

$$r(t)=A\begin{bmatrix}a_1\\a_2\\\vdots\\a_N\end{bmatrix}s(t)+n(t)=A\rho s(t)+n(t) \tag{5.68}$$

式中：ρ 为由一系列复常数组成的 $N\times 1$ 维矢量。

5.4.2 相干信号源空间平滑技术

子空间类算法是基于对信号协方差矩阵和阵列接收数据协方差矩阵的分析和处理的算法。若信号源是不相关源，信号协方差矩阵就是满秩矩阵，对阵列接收数据协方差矩阵进行特征分解便可得到正确的信号子空间和噪声子空间，通过信号子空间和噪声子空间的正交特性便可估计出信号源的波达方向 DOA。但是，当估计存在相干信号的信号源波达方向时，相干信号合并成一个信号，到达阵列的独立信号源数就减少。信号协方差矩阵的秩存在亏损，不再是满秩矩阵，对阵列接收数据协方差矩阵特征分解后得到较大的特征值的个数就少于信号源数，与之对应特征矢量即信号子空间的矢量也就小于信号源数。相应地，估计出的信号源数不再是实际到达阵列的信号源数。

为了解决相干的问题，各国学者提出了不少有效的方法。其中一类是空间平滑技术[6-10]，主要有前向空间平滑算法、前后向空间平滑算法以及各种加权的空间平滑算法。其核心思想就是用子阵之间的移动所产生的依赖于信号波达方向的旋转因子归并到各自信号包络上，导致信号去相关，从而恢复协方差矩阵满秩。下面分别讨论前向空间平滑算法、前后向空间平滑算法及改进的空间平滑算法。

1. 前向空间平滑算法

将 M 个阵元的均匀线阵划分成相互重叠的 P 个子阵列，每个子阵包含的阵元数为 $L>K$ 个，即满足 $M=L+P-1$。信号源数为 K。

如图 5.7 所示，取第一个子阵为参考子阵，那么各子阵的输出矢量分别为

$$\begin{cases} \boldsymbol{r}_1^f = [\boldsymbol{r}_1, \cdots, \boldsymbol{r}_L] \\ \boldsymbol{r}_2^f = [\boldsymbol{r}_2, \cdots, \boldsymbol{r}_{L+1}] \\ \quad \vdots \\ \boldsymbol{r}_p^f = [\boldsymbol{r}_P, \cdots, \boldsymbol{r}_M] \end{cases} \tag{5.69}$$

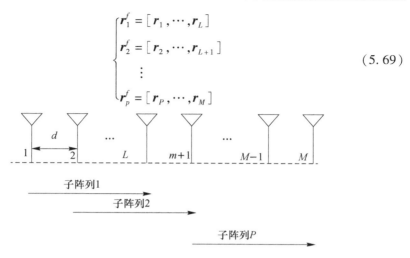

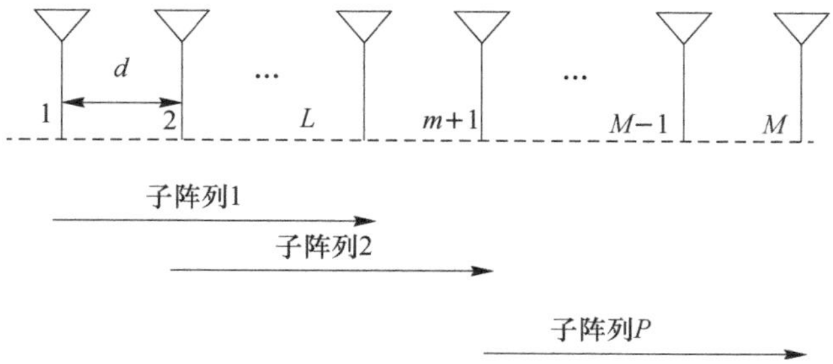

图 5.7　前向空间平滑算法原理

对于第 k 个子阵有

$$\boldsymbol{r}_k^f = [\boldsymbol{r}_k, \cdots, \boldsymbol{r}_{k+L-1}] = \boldsymbol{A}_L(\theta)\boldsymbol{D}^{(k-1)}\boldsymbol{s}_1(t) + \boldsymbol{n}_k(t) \tag{5.70}$$

式中

$$\boldsymbol{D} = \mathrm{diag}(\boldsymbol{v}_1, \boldsymbol{v}_2, \cdots, \boldsymbol{v}_N)$$

$$\boldsymbol{v}_i = \exp(-\mathrm{j}2\pi d\sin(\theta_i)/\lambda), i = 1, 2, \cdots, N \tag{5.71}$$

该数据的协方差矩阵为

$$\begin{aligned} \boldsymbol{R}_k &= \boldsymbol{E}[\boldsymbol{r}_k^f \boldsymbol{r}_k^{f\mathrm{H}}] \\ &= \boldsymbol{A}_L(\theta)\boldsymbol{D}^{(k-1)}\boldsymbol{R}_s(\boldsymbol{A}_L(\theta)\boldsymbol{D}^{(k-1)})^{\mathrm{H}} + \sigma^2\boldsymbol{I}_L \end{aligned} \tag{5.72}$$

$$\begin{cases} \boldsymbol{A}_L(\theta) = [\boldsymbol{a}_L(\theta_1), \boldsymbol{a}_L(\theta_2), \cdots, \boldsymbol{a}_L(\theta_N)] \\ \boldsymbol{a}_L(\theta_k) = [1, \exp(-\mathrm{j}2\pi d\sin(\theta_k)/\lambda), \cdots, \exp(-\mathrm{j}2\pi(L-1)d\sin(\theta_k)/\lambda)]^{\mathrm{T}} \end{cases} \tag{5.73}$$

前向空间平滑技术是通过求各子阵协方差矩阵的均值来实现的,即前向平滑修正的协方差矩阵为

$$\begin{aligned} \boldsymbol{R}^f &= \frac{1}{P}\sum_{k=1}^{P}\boldsymbol{R}_k \\ &= \boldsymbol{A}_L(\theta)\frac{1}{P}\sum_{k=1}^{P}\boldsymbol{D}^{(k-1)}\boldsymbol{R}_s(\boldsymbol{D}^{(k-1)})^{\mathrm{H}}\boldsymbol{A}_L^{\mathrm{H}}(\theta) + \sigma^2\boldsymbol{I}_L \\ &= \boldsymbol{A}_L(\theta)\boldsymbol{R}_s^f\boldsymbol{A}_L^{\mathrm{H}}(\theta) + \sigma^2\boldsymbol{I}_L \end{aligned} \tag{5.74}$$

$$R_s^f = \frac{1}{P}\sum_{k=1}^{P} D^{(k-1)} R_s (D^{(k-1)})^{\mathrm{H}} \tag{5.75}$$

由文献[11]可知当 $N \leqslant P, N < L = M + N - 1$，即满足 $M > 2N - 1$ 时，$\mathrm{rank}(R_s^f) = N$。

证明信号全相干时的情况：

当信号全相干时，$s_k(t) = a_k s_1(t), k = 1,2,\cdots,N$，归一化 $s_1(t)$ 使得 $P_{11} = E[|s_1(t)|^2] = 1$，这样

$$R_s = E[s_1 s_1^{\mathrm{H}}] = \alpha\alpha^{\mathrm{H}}$$

$$\alpha = [\alpha_1, \alpha_2, \cdots, \alpha_N]^{\mathrm{T}} \tag{5.76}$$

式中：α 为相干信号源的衰减矢量。

$$R_s^f = \frac{1}{P}\sum_{k=1}^{P} D^{(k-1)} R_s (D^{(k-1)})^{\mathrm{H}} = \frac{1}{P}[\alpha \quad D\alpha \quad \cdots \quad D^{p-1}\alpha]\begin{bmatrix} (\alpha)^{\mathrm{H}} \\ (D\alpha)^{\mathrm{H}} \\ \vdots \\ (D^{p-1}\alpha)^{\mathrm{H}} \end{bmatrix}$$

$$= \frac{1}{P} C C^{\mathrm{H}} \tag{5.77}$$

式中

$$C = [\alpha \quad D\alpha \quad \cdots \quad D^{p-1}\alpha]$$

$$= \begin{bmatrix} \alpha_1 & & & \\ & \alpha_2 & & \\ & & \ddots & \\ & & & \alpha_K \end{bmatrix}\begin{bmatrix} 1 & v_1 & \cdots & v_1^{P-1} \\ 1 & v_2 & \cdots & v_2^{P-1} \\ \vdots & \vdots & \ddots & \vdots \\ 1 & v_N & \cdots & v_N^{P-1} \end{bmatrix} \triangleq DV \tag{5.78}$$

显然，$\mathrm{rank}(R_s^f) = \mathrm{rank}(C) = \mathrm{rank}(V)$

因为 V 是 $N \times P$ 阶范德蒙德矩阵，所以 $\mathrm{rank}(V) = \min(N,P)$。

当 $N \leqslant P$ 时，$\mathrm{rank}(V) = N$，即 $\mathrm{rank}(R_s^f) = N$。

当 $L = M - P + 1 > N$ 时，$M > 2N - 1$，$\mathrm{rank}(R_s^f) = N$。

所以当 $M > 2N - 1$ 时，前向空间平滑数据协方差 R_s^f 和不相关情况下接收数据协方差有同样的形式。因而可以估计出相干信号源的 DOA。

因此，为估计存在相干源的 DOA，前向平滑算法要求阵元数至少是信号源数的 2 倍。而在估计独立源 DOA 时，要求阵元数仅仅大于信号源数。可见，前向平滑技术阵列的有效孔径的损失较大。

2. 前后向空间平滑算法

前向平滑虽然可以解决相干源的处理,但有效阵元孔径损失太大,为了尽量减少牺牲有效阵元孔径,可采用前后向组合的平滑技术。后向平滑的子阵列输出矢量为

$$\begin{cases} \boldsymbol{r}_1^b = [r_M, \cdots, r_P]^{\mathrm{T}} \\ \boldsymbol{r}_2^b = [r_{M-1}, \cdots, r_{P-1}]^{\mathrm{T}} \\ \quad\vdots \\ \boldsymbol{r}_p^b = [r_L, \cdots, r_1]^{\mathrm{T}} \end{cases} \tag{5.79}$$

与式(5.69)比较可得

$$\boldsymbol{r}_{p-k+1}^b = \boldsymbol{J}\boldsymbol{r}_x^f(t) \tag{5.80}$$

式中:$\boldsymbol{J}$ 为 L 维交换矩阵,且

$$\boldsymbol{J} = \begin{bmatrix} & & & 1 \\ & & 1 & \\ & \iddots & & \\ 1 & & & \end{bmatrix}_{L \times L} \tag{5.81}$$

将式(5.81)代入式(5.80)可得

$$\boldsymbol{r}_{p-k+1}^b = \boldsymbol{J}[\boldsymbol{A}_L\boldsymbol{D}^{(k-1)}\boldsymbol{s}(t)]^* + \boldsymbol{J}\boldsymbol{n}_k^*(t) \tag{5.82}$$

由此,可得后向平滑子矩阵协方差为

$$\begin{aligned} \boldsymbol{R}_{p-k+1}^b &= E[\boldsymbol{r}_{p-k+1}^b(t)\boldsymbol{r}_{p-k+1}^{bH}(t)] \\ &= \boldsymbol{A}_L(\theta)\boldsymbol{D}^{-(p+k-1)}\boldsymbol{R}_s^*\boldsymbol{D}^{(p+k-1)}\boldsymbol{A}_L^{\mathrm{H}}(\theta) + \sigma^2\boldsymbol{I}_L \end{aligned} \tag{5.83}$$

那么后向平滑修正的数据矩阵为

$$\begin{aligned} \boldsymbol{R}^b &= \frac{1}{P}\sum_{k=1}^{P}\boldsymbol{R}_{p+k-1}^b = \boldsymbol{A}_L\boldsymbol{R}_s^b\boldsymbol{A}_L^{\mathrm{H}} + \sigma^2\boldsymbol{I}_L \\ \boldsymbol{R}_s^b &= \frac{1}{P}\sum_{k=1}^{P}\boldsymbol{D}^{(k-1)}\boldsymbol{R}_s^*(\boldsymbol{D}^{(k-1)})^{\mathrm{H}} \end{aligned} \tag{5.84}$$

同样可以证明,当满足 $N \leqslant P$ 时,$\boldsymbol{R}_s^b$是非奇异的。这时只要 $L > N$ 就可以保证 $\boldsymbol{R}^b$满秩,便可通过特征分解求得相应的信号子空间和噪声子空间。同样可以证明当 $M > 2N - 1$ 时,后向空间平滑技术也能在存在不相关和相干源时对其中相关信号源的解相干。

取前向平滑和后向平滑数据协方差矩阵的平均,得到前后向空间平滑的数据矩阵

$$R_{fb} = \frac{R_f + R_b}{2} \tag{5.85}$$

文献[11]证明,估计 N 个存在相干或相关源的 DOA,应用前后向空间平滑技术时要求阵列阵元数至少为 $3N/2$。相对于前向或者后向平滑技术要求阵列阵元数为 $2N$ 的情况,大大改善了阵列的有效孔径,可以估计更多的相干信号源数。事实上,当阵元数一定时(假设为 M),前向或者后向空间平滑可分辨 $M/2$ 个相干信号源,而前后向空间平滑技术可以分辨 $2M/3$ 个相干信号源。

3. 空间平滑差分算法

前向空间平滑、前后向空间平滑算法的阵列孔径损失较大,因而降低了可检测信号源数。国内外学者围绕如何减少阵列孔径损失,增加可检测信号源数的问题进行了大量的研究,文献[12,13]提出的空间平滑差分方法为其中有效的方法之一。首先介绍和分析了文献[12,13]的空间平滑差分方法,这两种方法通过阵列输出数据的重复使用,可以估计更多信号源的 DOA。

假设信号和噪声均为零均值的广义平稳随机过程,且互不相关,各阵元噪声互不相关且功率为 σ^2,则阵列接收数据的协方差矩阵为

$$\boldsymbol{R} = E[\boldsymbol{r}\boldsymbol{r}^{\mathrm{H}}] = \boldsymbol{A}\boldsymbol{R}_s\boldsymbol{A}^{\mathrm{H}} + \sigma_n^2\boldsymbol{I} \tag{5.86}$$

当信号源互不相关时,线阵输出协方差矩阵是 Hermitian、Toeplitz 矩阵,当信号源全相干时,线阵输出相关矩阵仅是 Hermitian 矩阵。当一部分信号源不相关,另一部分信号源相干时,线阵输出的相关矩阵可以写成

$$\boldsymbol{R} = \boldsymbol{A}\boldsymbol{R}_s\boldsymbol{A}^{\mathrm{H}} + \sigma_n^2\boldsymbol{I} = \boldsymbol{R}_T + \boldsymbol{R}_{NT} + \sigma_n^2\boldsymbol{I} \tag{5.87}$$

式中:$\boldsymbol{R}_T$为由不相关信号源所形成的阵列接收数据的相关矩阵;$\boldsymbol{R}_{NT}$为由相干信号源所形成的阵列接收数据的相关矩阵。

对阵列接收矢量进行如下变换:

$$\boldsymbol{y}(t) = \boldsymbol{J}\boldsymbol{r}^*(t) \tag{5.88}$$

式中:$\boldsymbol{J}$ 为 M 阶的反向单位矩阵。那么,$\boldsymbol{y}(t)$的相关矩阵可表示为

$$\boldsymbol{R}_y = E[\boldsymbol{y}(t)\boldsymbol{y}(t)^{\mathrm{H}}] = \boldsymbol{J}\boldsymbol{R}^{\mathrm{T}}\boldsymbol{J} \tag{5.89}$$

对矩阵 $\boldsymbol{R}_y$和 $\boldsymbol{R}$ 进行差分得矩阵

$$\begin{aligned}\boldsymbol{R}_d &= \boldsymbol{R} - \boldsymbol{R}_y \\ &= \boldsymbol{R}_T + \boldsymbol{R}_{NT} + \sigma_n^2\boldsymbol{I} - \boldsymbol{J}(\boldsymbol{R}_T + \boldsymbol{R}_{NT} + \sigma_n^2\boldsymbol{I})^{\mathrm{T}}\boldsymbol{J} \\ &= \boldsymbol{R}_T + \boldsymbol{R}_{NT} + \sigma_n^2\boldsymbol{I} - \boldsymbol{R}_T - \boldsymbol{J}\boldsymbol{R}_{NT}^{\mathrm{T}}\boldsymbol{J} - \sigma_n^2\boldsymbol{I} \\ &= \boldsymbol{R}_{NT} - \boldsymbol{J}\boldsymbol{R}_{NT}^{\mathrm{T}}\boldsymbol{J}\end{aligned} \tag{5.90}$$

式(5.90)表明该差分矩阵中不含有不相关源信号和噪声的信息。接收数

据的相关矩阵 $\boldsymbol{R}$ 运用 MUSIC 算法可以估计不相关源的 DOA。剩下的问题仅是考虑如何利用差分矩阵 $\boldsymbol{R}_d$ 估计相干源的 DOA。

对 $\boldsymbol{R}_d$ 进行计算得

$$\begin{aligned}\boldsymbol{J}(\boldsymbol{R}_d)^{\mathrm{T}}\boldsymbol{J} &= \boldsymbol{J}(\boldsymbol{R}_{NT} - \boldsymbol{J}\boldsymbol{R}_{NT}^{\mathrm{T}}\boldsymbol{J})^{\mathrm{T}}\boldsymbol{J} \\ &= \boldsymbol{J}\boldsymbol{R}_{NT}^{\mathrm{T}}\boldsymbol{J} - \boldsymbol{J}\boldsymbol{J}^{\mathrm{T}}\boldsymbol{R}_{NT}\boldsymbol{J}^{\mathrm{T}}\boldsymbol{J} \\ &= \boldsymbol{J}\boldsymbol{R}_{NT}^{\mathrm{T}}\boldsymbol{J} - \boldsymbol{R}_{NT} \\ &= -\boldsymbol{R}_d \end{aligned} \tag{5.91}$$

可以看出 $\boldsymbol{R}_d$ 是负反对称矩阵即满足

$$\boldsymbol{R}_d(i,j) = -\boldsymbol{R}_d(M-j+1, M-i+1) \tag{5.92}$$

对 $\boldsymbol{R}_d$ 进行空间平滑可得

$$\boldsymbol{R}_{ds} = \frac{1}{P}\sum_{i}^{P}\boldsymbol{R}_d(i:i+L-1, i:i+L-1) \tag{5.93}$$

由文献[12,13]知 $\boldsymbol{R}_{ds}$ 也是负反对称矩阵，负反对称矩阵的特征值是正负成对出现的，如果每组相干信号源数为偶数时，所得矩阵可以将其秩恢复至信号源数 K；而当存在源数为奇数的相干信号源组时，其秩不再能恢复至信号源数 K。要想把矩阵的秩提升到信号源数 K，必须破坏这种矩阵结构。文献[12,13]提出的空间平滑差分方法通过进一步构造矩阵，使得它的秩恢复到信号源数 K，分别是：

方法一：

$$\boldsymbol{R}^{SD} = \boldsymbol{R}_{ds11} + \boldsymbol{R}_{ds22} + (\boldsymbol{R}_{ds12} + \boldsymbol{R}_{ds21})/L^2 \tag{5.94}$$

式中

$$\boldsymbol{R}_{dsij} = \boldsymbol{R}_{ds}[i:i+L-2, j:j+L-2]$$

方法二：

$$\boldsymbol{R}^{SD} = \boldsymbol{R}_{11}^{D} + \boldsymbol{R}_{22}^{D} + \boldsymbol{R}_{12}^{D} + \boldsymbol{R}_{21}^{D} + (\boldsymbol{R}_{11}^{D} \cdot \boldsymbol{R}_{22}^{D})/L^4 \tag{5.95}$$

式中

$$\boldsymbol{R}_{ij}^{D} = \boldsymbol{R}^{D}[i:i+L-2, j:j+L-2], \boldsymbol{R}^{D} = (\boldsymbol{R}_{ds})^2$$

这样对 $\boldsymbol{R}^{SD}$ 通过经典的 MUSIC 算法估计出相干源的 DOA。

5.5　最大似然估计

最大似然估计是建立在最大似然原理基础上的一个统计方法，最大似然原理的直观想法是：一个随机试验如有若干个可能的结果 A，B，C，…，若在仅仅作一次试验中，结果 A 出现，则一般认为试验条件对 A 出现有利，也即 A 出现的概率很大。一般地，事件 A 发生的概率与参数 θ 相关，A 发生的概率记为 $f(\mathrm{A};\theta)$，

则 θ 的估计应该使上述概率达到最大，θ 称为最大似然估计。

用数学的语言可以描述成：已知一组服从某概率模型 $f(\boldsymbol{r}|\theta)$ 的样本集 $(\boldsymbol{r}_1, \boldsymbol{r}_2, \cdots, \boldsymbol{r}_N)$，其中 θ 为参数矢量，使条件概率 $f(\boldsymbol{r}_1, \boldsymbol{r}_2, \cdots, \boldsymbol{r}_N|\theta)$ 最大的参数 θ 的估计称为最大似然估计。

由阵列信号的回波模型，假设采样数据 $\boldsymbol{r}(t)$ 的采样时刻 t 相互独立、$\boldsymbol{A}(\theta)$ 满秩、$\boldsymbol{s}(t)$ 为未知确定型函数且 $\boldsymbol{n}(t)$ 服从零均值方差为 σ^2 的复高斯分布，那么接收数据关于未知参数 θ 的条件联合概率密度函数可以写成

$$f(\boldsymbol{r}_1, \boldsymbol{r}_2, \cdots, \boldsymbol{r}_N|\theta) = \prod_{i=1}^{N} \frac{1}{\sqrt{\pi^M \sigma^{2M}}} \exp\left(-\frac{|\boldsymbol{r}(i) - \boldsymbol{A}(\theta)\boldsymbol{s}(i)|^2}{2\sigma^2}\right) \quad (5.96)$$

式中：N 为快拍数；M 为未知参数 $\theta_1, \theta_2, \cdots, \theta_M$ 的个数；对其求对数，得

$$\begin{aligned}\ln(f(\boldsymbol{r}_1, \boldsymbol{r}_2, \cdots, \boldsymbol{r}_N|\theta)) &= \ln\left(\prod_{i=1}^{N} \frac{1}{\sqrt{\pi^M \sigma^{2M}}} \exp\left(-\frac{|\boldsymbol{r}(i) - \boldsymbol{A}(\theta)\boldsymbol{s}(i)|^2}{2\sigma^2}\right)\right) \\ &= -MN\ln\pi - MN\ln\sigma^2 - \frac{1}{\sigma^2}\sum_{i=1}^{N} |\boldsymbol{r}(i) - \boldsymbol{A}(\theta)\boldsymbol{s}(i)|^2\end{aligned} \quad (5.97)$$

先估计 σ^2，对 σ^2 求偏导并令其等于0，可求出

$$\hat{\sigma}^2 = \frac{1}{MN}\sum_{i=1}^{N} |\boldsymbol{r}(i) - \boldsymbol{A}(\theta)\boldsymbol{s}(i)|^2 \quad (5.98)$$

将估计的结果代入原似然函数，并忽略常数项得

$$\max_{\theta, s}\left\{-MN\ln \frac{1}{MN}\sum_{i=1}^{N} |\boldsymbol{r}(i) - \boldsymbol{A}(\theta)\boldsymbol{s}(i)|^2\right\} \quad (5.99)$$

然后将 θ 固定，得到 $\boldsymbol{S}(t)$ 的最小二乘估计

$$\hat{\boldsymbol{s}}(t) = [\boldsymbol{A}^{\mathrm{H}}(\theta)\boldsymbol{A}(\theta)]^{-1}\boldsymbol{A}^{\mathrm{H}}(\theta)\boldsymbol{r}(t) \quad (5.100)$$

将 $\hat{\boldsymbol{s}}(t)$ 代入到似然函数中，利用式(5.99)，求解 θ。

$$\begin{aligned}&\min_{\theta} \frac{1}{MN}\sum_{i=1}^{N} |\boldsymbol{r}(t) - \boldsymbol{A}(\theta)[\boldsymbol{A}^{\mathrm{H}}(\theta)\boldsymbol{A}(\theta)]^{-1}\boldsymbol{A}^{\mathrm{H}}(\theta)\boldsymbol{r}(t)|^2 \\ &= \min_{\theta} \frac{1}{MN}\sum_{i=1}^{N} |(\boldsymbol{I} - \boldsymbol{P}_A)\boldsymbol{r}(t)|^2 \\ &= \min_{\theta} \frac{1}{MN}\sum_{i=1}^{N} \boldsymbol{r}^{\mathrm{H}}(t)\boldsymbol{P}_A^{\perp}\boldsymbol{r}(t) \\ &= \min_{\theta} \frac{1}{MN}\sum_{i=1}^{N} \mathrm{tr}(\boldsymbol{P}_A^{\perp}\boldsymbol{r}^{\mathrm{H}}(t)\boldsymbol{r}(t))\end{aligned}$$

$$= \min_{\theta} \frac{1}{M} \text{tr}\left(\boldsymbol{P}_A^{\perp} \left(\frac{1}{N} \sum_{i=1}^{N} \boldsymbol{r}^{\text{H}}(t) \boldsymbol{r}(t) \right) \right)$$

$$= \min_{\theta} \frac{1}{M} \text{tr}(\boldsymbol{P}_A^{\perp} \hat{\boldsymbol{R}}) \tag{5.101}$$

式中：$\boldsymbol{P}_A^{\perp} = \boldsymbol{I} - \boldsymbol{P}_A$ 为向噪声子空间的投影矩阵；$\hat{\boldsymbol{R}} = \frac{1}{N} \sum_{i=1}^{N} \boldsymbol{r}^{\text{H}}(t) \boldsymbol{r}(t)$ 为接收信号的自相关矩阵。最大似然估计适用于单次快拍或相干源情况，但是从 DOA 估计精度看，多次快拍、非相干源优于单次快拍、相干源。

对于单个信号源的特殊情况，$\boldsymbol{r}(t_i) = \boldsymbol{a}(\theta)\boldsymbol{s}(t_i) + \boldsymbol{n}(t_i)$

$$\boldsymbol{P}_A = \boldsymbol{A}(\boldsymbol{A}^{\text{H}}\boldsymbol{A})^{-1}\boldsymbol{A}^{\text{H}} = \boldsymbol{a}(\theta)[\boldsymbol{a}^{\text{H}}(\theta)\boldsymbol{a}(\theta)]^{-1}\boldsymbol{a}^{\text{H}}(\theta) = \frac{\boldsymbol{a}(\theta)\boldsymbol{a}^{\text{H}}(\theta)}{\boldsymbol{a}^{\text{H}}(\theta)\boldsymbol{a}(\theta)}$$

$$\text{tr}(\boldsymbol{P}_A \hat{\boldsymbol{R}}) = \text{tr}\left(\frac{\boldsymbol{a}(\theta)\boldsymbol{a}^{\text{H}}(\theta)}{N} \hat{\boldsymbol{R}} \right) = \frac{\boldsymbol{a}^{\text{H}}(\theta) \hat{\boldsymbol{R}} \boldsymbol{a}(\theta)}{N}$$

从而蜕化为普通波束扫描方法。一般情况下有多个信号源时，ML 法涉及多维优化问题，计算量很大。

求解式(5.101)涉及多维非线性函数优化难题。下面介绍交替投影法。

其物理意义是：搜索 M 维信号子空间 φ_N^M 去拟合阵列数据 $\boldsymbol{r}(t)$，使得投影误差最小。几何意义如图 5.8 所示。

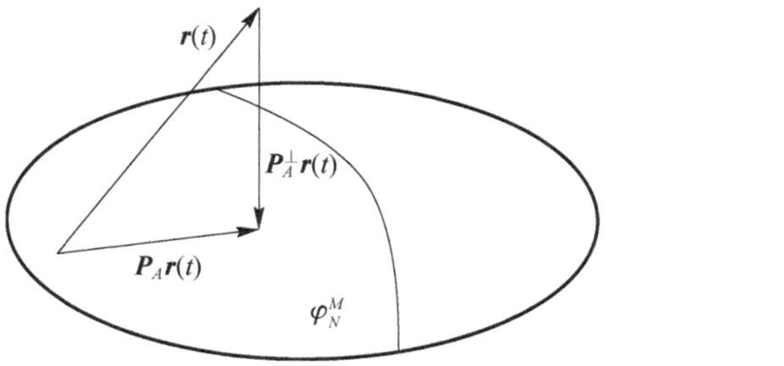

图 5.8　M 维寻优示意图

交替投影法是多维寻优中坐标轮换寻优方法，其中关键的步骤 $\boldsymbol{P}[B \vdots C] = \boldsymbol{P}_B + \boldsymbol{P}_{C_B}$，$\boldsymbol{C}_B = (\boldsymbol{I} - \boldsymbol{P}_B)\boldsymbol{C}$ 相当于将 $\boldsymbol{C}$ 中与 $\boldsymbol{B}$ 相交的部分挖去。

算法的具体操作步骤为：

(1) 第 0 步：设定初始值 $\theta_1^{(0)} \cdots \theta_M^{(0)}$（非线性优化与初始值有关）。

(2) 第 k 步：假定已完成 $\hat{\theta}_1^{(k)} \cdots \hat{\theta}_M^{(k)}$ 的估计。

(3) 第 $k+1$ 步中，再假定已经完成前 $i-1$ 个角度的第 $k+1$ 步估计 $\hat{\theta}_1^{(k+1)} \cdots \hat{\theta}_{i-1}^{(k+1)}$。记为 $\hat{\boldsymbol{\Theta}}_i^{(k+1)} = \{\hat{\theta}_1^{(k+1)}, \cdots, \hat{\theta}_{i-1}^{(k+1)}, \hat{\theta}_{i+1}^k, \cdots, \hat{\theta}_M^k\}$，则第 i 个角度的第 $k+1$ 步估计为

$$\theta_i^{(k+1)} = \max \arg_{\theta_i} \mathrm{tr}[\boldsymbol{P}[\boldsymbol{A}(\hat{\boldsymbol{\Theta}}_i^{(k+1)}) \vdots \boldsymbol{a}(\theta_i)]\hat{\boldsymbol{R}}]$$
$$= \arg \max_{\theta_i} \boldsymbol{b}^{\mathrm{H}}(\theta_i, \hat{\boldsymbol{\Theta}}_i^{(k+1)})\hat{\boldsymbol{R}}\boldsymbol{b}(\theta_i, \hat{\boldsymbol{\Theta}}_i^{(k+1)})$$

式中

$$b(\theta_i, \hat{\boldsymbol{\Theta}}_i^{(k+1)}) = (\boldsymbol{I} - \boldsymbol{P}_{\boldsymbol{A}(\hat{\boldsymbol{\Theta}}_i^{(k+1)})})a(\theta_i)$$

概念上理解为固定 $M-1$ 个变量 $\theta_1, \cdots, \theta_{i-1}, \theta_{i+1}, \cdots, \theta_M$，则 $\boldsymbol{I} - \boldsymbol{P}_{\boldsymbol{A}(\hat{\boldsymbol{\Theta}}_i^{(k+1)})}$ 相当于从阵列数据 $\boldsymbol{r}(t)$ 中滤除这 $M-1$ 个信号源，而仅留下第 i 个信号源，再进行普通波束扫描。

5.6 宽带信号 DOA 高分辨测向方法

5.6.1 宽带信号模型

目前，对于宽带信号没有一个非常严格的定义。业内一般认为不符合窄带信号条件的就可以称为宽带信号。现假定 B 为信号源带宽，f_c 为其载频，脉冲持续时间为 T。窄带信号有如下定义：

(1) $B \ll f_c$，一般取 $B/f_c < 0.1$。

(2) $2v/c \ll 1/(TB)$，v 为信号源相对于阵列的径向运动速度，c 为传播速率。

(3) $(M-1)d/c \ll 1/B$，其中 M 是阵列中的阵元个数，d 是阵元间距。

形式(1) 为最常用的窄带定义方式，就是信号的相对带宽非常小，也就是信号载频远大于其带宽。形式(2)一般用于动目标检测中，当目标位置没有发生明显变化时，可定义为窄带信号，反之为宽带。形式(3)表示当信号带宽的倒数远大于其穿过阵列需要的最大传播时间时，可以确定其为窄带信号。可以看出，不一样的应用环境需要选择更适合的定义形式。在阵列信号处理过程中，大多采用形式(1)和形式(3)来确定窄带信号，不符合的就称为宽带信号。

对于宽带信号[14]，各阵元输出复包络由于时延差不能被忽略，时延的不同导致其相位差与各阵元的具体位置、信号源角度及其频率相关，而窄带信号只需要考虑前两项。因此，已存在的窄带信号 DOA 估计方法不能直接用来处理宽带信号，宽带阵列信号处理要考虑各阵元复包络的延时差。大多数宽带 DOA 估计算法需要先对其进行 DFT 变换，获得其带宽范围内对应于不同频带的窄带分量。

设一个 M 维的等距线阵，P 个信号源的中心频率是 f_c，带宽是 B，则阵元 m 的接收数据可以表示成

$$x_m(t) = \sum_{p=1}^{P} s_p(t - \tau_{mp}) + n_m(t), m = 1,2,\cdots,M \tag{5.102}$$

式中：τ_{mp}为信号源 p 入射到阵元 m 相对于参考阵元的时间延迟。

若将接收时长 T_0均匀划分成 K 个子段，每段时长是 T_d，进而对每段内的接收数据作 J 点 DFT 变换，当 T_d略大于信号与噪声的相关时长时，可以确保处理后的数据不相关，则宽带模型如下所示：

$$\begin{aligned}\boldsymbol{x}(f_j)&=[\boldsymbol{x}_1(f_j),\boldsymbol{x}_2(f_j),\cdots,\boldsymbol{x}_K(f_j)]\\&=\boldsymbol{A}(f_j)\boldsymbol{s}(f_j)+\boldsymbol{n}(f_j)\\&=\boldsymbol{A}(f_j)[\boldsymbol{s}_1(f_j),\boldsymbol{s}_2(f_j),\cdots,\boldsymbol{s}_K(f_j)]+[\boldsymbol{n}_1(f_j),\boldsymbol{n}_2(f_j),\cdots,\boldsymbol{n}_K(f_j)]\end{aligned} \tag{5.103}$$

式中

$$\boldsymbol{x}_k(f_j)=\boldsymbol{A}(f_j)\boldsymbol{s}_k(f_j)+\boldsymbol{n}_k(f_j),j=1,2,\cdots,J \tag{5.104}$$

式中：$\boldsymbol{x}_k(f_j),\boldsymbol{s}_k(f_j),\boldsymbol{n}_k(f_j)(k=1,2,\cdots,K;j=1,2,\cdots,J)$分别为相应频点下阵列接收数据、信号和噪声数据的离散时间傅里叶变换。

式(5.104)中提到的$\boldsymbol{A}(f_j)$是该模型下信号源在对应频点的方向矩阵，即

$$\boldsymbol{A}(f_j)=[\boldsymbol{a}_1(f_j),\boldsymbol{a}_2(f_j),\cdots,\boldsymbol{a}_P(f_j)] \tag{5.105}$$

$$\boldsymbol{a}_p(f_j)=[\mathrm{e}^{-\mathrm{i}2\pi f_j\tau_{1p}}\quad \mathrm{e}^{-\mathrm{i}2\pi f_j\tau_{2p}}\quad \cdots\quad \mathrm{e}^{-\mathrm{i}2\pi f_j\tau_{Mp}}]^{\mathrm{T}} \tag{5.106}$$

式(5.104)中的 J 表示为信号带宽范围内所包含的子频带个数，各子频带对应的中心频率分别是$f_1,f_2,\cdots,f_J$，不同的子带有一个等式与之对应，也可以简单看作是 J 个载频不同的窄带信号。阵列在各子频带接收数据的相关矩阵为

$$\begin{aligned}\boldsymbol{R}_X(f_j)&=\boldsymbol{A}(f_j)E[\boldsymbol{s}(f_j)\boldsymbol{s}^{\mathrm{H}}(f_j)]\boldsymbol{A}^{\mathrm{H}}(f_j)+\sigma_n^2\boldsymbol{R}_n(f_j)\\&=\boldsymbol{A}(f_j)\boldsymbol{R}_s(f_j)\boldsymbol{A}^{\mathrm{H}}(f_j)+\sigma_n^2\boldsymbol{R}_n(f_j)\end{aligned} \tag{5.107}$$

式中：$\boldsymbol{R}_s(f_j)=E[\boldsymbol{s}(f_j)\boldsymbol{s}^{\mathrm{H}}(f_j)]$，$\sigma_n^2\boldsymbol{R}_n(f_j)=E[\boldsymbol{n}(f_j)\boldsymbol{n}^{\mathrm{H}}(f_j)]$分别为频点$f_j$处宽带信号相关矩阵和噪声相关矩阵。

对 $\boldsymbol{R}_X(f_j)$进行特征分解可以得到 M 个按照从大到小顺序排列的特征值 $\lambda_m(f_j)$以及其相应的 M 维特征矢量 $\boldsymbol{e}_m(f_j)$，$m=1,2,\cdots,M$，其中 $M-P$ 个小特征值有如下关系：

$$\lambda_{P+1}(f_j)=\lambda_{P+2}(f_j)=\cdots=\lambda_M(f_j)=\sigma_n^2 \tag{5.108}$$

与这 $M-P$ 个小特征值相对应的特征矢量和方向矩阵 $\boldsymbol{A}(f_j)$之间存在正交性，即

$$\boldsymbol{A}^{\mathrm{H}}(f_j)\boldsymbol{e}_m(f_j)=\boldsymbol{O},\ m=P+1,P+2,\cdots,M \tag{5.109}$$

也可表示为

$$\{\boldsymbol{e}_{P+1}(f_j),\boldsymbol{e}_{P+2}(f_j),\cdots,\boldsymbol{e}_M(f_j)\}\perp\{\boldsymbol{a}_1(f_j),\boldsymbol{a}_2(f_j),\cdots,\boldsymbol{a}_P(f_j)\} \tag{5.110}$$

以上这些性质都是从窄带子空间处理方法中扩展过来的。

5.6.2 ISSM 算法

非相干信号子空间方法(ISSM)[15,16]是最先提出的宽带信号 DOA 估计方法,它的处理理念是对阵列接收到的宽带数据进行 J 点 DFT 变换,得到带宽内 J 个不重叠频带的窄带输出数据 $\boldsymbol{X}_k(f_j)$, $k=1,2,\cdots,K$ 和相应的协方差矩阵

$$\boldsymbol{R}(f_j) = \sum_{k=1}^{K} \boldsymbol{X}_k(f_j)\boldsymbol{X}_k^{\mathrm{H}}(f_j),j = 1,2,\cdots,J \tag{5.111}$$

然后采用窄带子空间方法处理各子频带的窄带数据,即对所有的数据相关矩阵 $\boldsymbol{R}(f_j)$ 进行特征分解(EVD),可以得到 M 个特征值 $\lambda_m(f_j)$, $m=1,2,\cdots,M$ 及其相应的 M 维的特征矢量 $\boldsymbol{e}_m(f_j)$, $m=1,2,\cdots,M$,其中特征值按照降序排列,即满足 $\lambda_1(f_j) \geqslant \lambda_2(f_j) \geqslant \cdots \geqslant \lambda_M(f_j)$。

对于非相干信号,各子带的数据相关矩阵经特征分解后会出现 P 个大的特征值,由其相应的特征矢量构成的矩阵 $\boldsymbol{U}_s(f_j)=[\boldsymbol{e}_1(f_j),\boldsymbol{e}_2(f_j),\cdots,\boldsymbol{e}_P(f_j)]$ 可以张成信号子空间,且满足 $\mathrm{span}\{\boldsymbol{U}_s(f_j)\}=\mathrm{span}\{\boldsymbol{A}(f_j)\}$,而由 $M-P$ 个小的特征值相对应的特征矢量构成的矩阵 $\boldsymbol{U}_n(f_j)=[\boldsymbol{e}_{P+1}(f_j),\boldsymbol{e}_{P+2}(f_j),\cdots,\boldsymbol{e}_M(f_j)]$ 可张成噪声子空间,且各子频带的信号与噪声子空间之间存在正交特性。

宽带 ISSM 方法与窄带子空间方法的处理手段是相类似的,都是利用信号和噪声子空间之间存在的正交特性,即选择与 $\boldsymbol{U}_n(f_j)$ 正交性最好的 P 个方向矢量对应的角度作为波达角。这就需要计算各个频点的正交性,再对所有结果加权平均得到最终结果。

现假设各子带有相同的加权系数,目前常用的加权平均方法有算术平均和几何平均。

算术平均:先利用 MUSIC 方法获得各子频带的空间谱估计值,然后求解其算术平均值,此时非相干信号子空间方法的空间谱估计的求解算式为

$$P_{\mathrm{ISSM1}}(\theta) = \left(\frac{1}{J}\sum_{j=1}^{J} \frac{1}{P_{\mathrm{MUSIC}}(f_j,\theta)}\right)^{-1} \tag{5.112}$$

几何平均:先利用 MUSIC 方法获取各子频带的空间谱估计值,然后求解其几何平均值,此时非相干信号子空间方法的空间谱估计的求解算式为

$$P_{\mathrm{ISSM2}}(\theta) = \left(\prod_{j=1}^{J} \frac{1}{P_{\mathrm{MUSIC}}(f_j,\theta)}\right)^{-\frac{1}{J}} \tag{5.113}$$

式中:$P_{\mathrm{MUSIC}}(f_j,\theta)$ 为第 j 个子带的 MUSIC 谱,即

$$P_{\mathrm{MUSIC}}(f_j,\theta) = \frac{1}{\boldsymbol{a}^{\mathrm{H}}(f_j,\theta)\boldsymbol{U}_n(f_j)\boldsymbol{U}_n^{\mathrm{H}}(f_j)\boldsymbol{a}(f_j,\theta)} \tag{5.114}$$

对于算术平均,要想在角度 θ 有很高的谱峰,必须使得该角度对应的导向矢

量 $\boldsymbol{a}(f_j,\theta)$ 与噪声子空间的所有特征矢量 $\boldsymbol{e}_{P+1}(f_j)$，$\boldsymbol{e}_{P+2}(f_j)$，$\cdots$，$\boldsymbol{e}_M(f_j)$ 都有很好的正交性。而对于几何平均，只需要使得该方向矢量 $\boldsymbol{a}(f_j,\theta)$ 与噪声子空间内的某一个特征矢量 $\boldsymbol{e}_{P+1}(f_j)$，$\boldsymbol{e}_{P+2}(f_j)$，$\cdots$，$\boldsymbol{e}_M(f_j)$ 存在正交性即可。因此可以看出，算术平均的精确度更高而几何平均的分辨力更好。对于单个信号源，算术平均的求解方式更接近最优解。

在阵列视角范围内实行谱峰搜索，可以得到 ISSM 算法的空间谱估计，获得 P 个大的谱峰值，这些峰值对应的角度就是宽带目标信号源的所有来波方向，即宽带信号的波达角估计值 $\hat{\theta}_p$，$p=1,2,\cdots,P$。

下面给出 ISSM 算法的主要步骤：

（1）将采样时间 T_0 均分为 K 段，则每段的时长为 T_0/K。

（2）对每个子段的数据引用 J 点的 DFT 变换，可以获得宽带信号的 J 组频率分量，且每组频率分量的快拍数都是 K。

（3）利用各子频带内的窄带数据求解其数据相关矩阵 $\hat{\boldsymbol{R}}(f_j)$。

（4）对各频带下的数据相关矩阵 $\hat{\boldsymbol{R}}(f_j)$ 进行特征值分解，获得对应子频带的信号及噪声子空间。

（5）引入 MUSIC 等高分辨窄带 DOA 估计方法处理所有子频带数据，得到多组 DOA 估计值。

（6）用算术平均或者几何平均处理所有频带的 DOA 估计结果，获得算法最终的 DOA 估计值。

5.6.3　CSSM 算法

一般情况下，宽带信号源的能量在各个子频带的分布是不一样的，这使得各子频带内窄带分量的 SNR 不相等，信噪比低的子频带会在很大程度上影响最终的估计结果，引起很大偏差，而且单个子带的信噪比无法达到分辨相邻空间信号的信噪比门限。因而一般多利用 SNR 相对较高的子频带对应的窄带数据估计宽带信号 DOA 值，以此来降低小 SNR 成分的影响。为了精确估算出各子带的数据相关矩阵，ISSM 方法要求收集很多采样数据。同时无法估计相干信号源也是 ISSM 算法面临的问题。鉴于此，Wang 等人推出了可以处理相干信号源的相干信号子空间算法（CSSM）[17]。

对于 CSSM 方法，首先要根据不一样的准则构造信号带宽范围内各子频带的聚焦矩阵，进而利用这些变换矩阵将各子频带的窄带数据变换到聚焦频点，再通过频域平滑得到变换后的数据相关矩阵，最后用窄带高分辨 DOA 估计方法处理该窄带数据最终的 DOA 值。根据不同准则求解获得的聚焦矩阵，对 CSSM 方法的具体估计性能会产生很大影响。

CSSM 方法通过频域平滑达到处理相干信号的目的，现通过一个简单的实例来描述 CSSM 算法“解相干”的实质。假设两个相干的宽带信号源 $\boldsymbol{s}_1(t)$ 和 $\boldsymbol{s}_2(t)$，其满足 $s_2(t)=s_1(t-t_0)$，现令 $\boldsymbol{s}(t)=[s_1(t),s_2(t)]^{\mathrm{T}}$，则其自相关矩阵是

$$\boldsymbol{R}_s(\tau)=E[\boldsymbol{s}(t)\boldsymbol{s}^{\mathrm{H}}(t+\tau)]=\begin{bmatrix} R_1(\tau) & R_1(\tau-t_0) \\ R_1(\tau+t_0) & R_1(\tau) \end{bmatrix} \tag{5.115}$$

其中 $R_1(\tau)$ 是 $s_1(t)$ 的自相关函数。引入傅里叶变换处理式(5.107)可以得到

$$\boldsymbol{P}_s(f)=\begin{bmatrix} P_1(f) & P_1(f)\exp(-\mathrm{i}2\pi f t_0) \\ P_1(f)\exp(\mathrm{i}2\pi f t_0) & P_1(f) \end{bmatrix} \tag{5.116}$$

其中 $P_1(f)$ 是 $s_1(t)$ 的功率谱密度函数，它和信号的自相关函数 $R_1(\tau)$ 可以构成一组傅里叶变换。易知 $\boldsymbol{P}_s(f)$ 秩为 1，是奇异矩阵。易知此时信号源数目大于信号子空间的维数，也可以理解为信号“扩散”到了噪声子空间，使得部分相干信号源的方向矢量与噪声子空间之间的正交特性变差甚至消失，这将影响信号源最终的估计结果。所以此时要想得到精确 DOA 估计结果，就必须设法恢复 $\boldsymbol{P}_s(f)$ 的秩。

当 $t_0\neq 0$，即就是 $\boldsymbol{s}_1(t)$ 和 $s_2(t)$ 不完全相等，就可得到

$$\int \boldsymbol{P}_s(f)\,\mathrm{d}f=\boldsymbol{R}_s(0)=\begin{bmatrix} R_1(0) & R_1(t_0) \\ R_1(t_0) & R_1(0) \end{bmatrix} \tag{5.117}$$

实际使用过程中，上述矩阵是非奇异的。现假设对本书中所提到的信号模型，$\int \boldsymbol{P}_s(f)\,\mathrm{d}f$ 也是非奇异的。

同理可得，把信号带宽范围内各子频带的谱密度矩阵相加平均，可得

$$\begin{aligned}\boldsymbol{P}(f)&=\frac{1}{J}\sum_{j=1}^{J}\boldsymbol{P}_s(f_j)\\&=\begin{bmatrix} P_1(f_0) & P_1(f_0)\dfrac{1}{J}\displaystyle\sum_{j=1}^{J}\exp(-i2\pi f_j t_0) \\ P_1(f_0)\dfrac{1}{J}\displaystyle\sum_{j=1}^{J}\exp(i2\pi f_j t_0) & P_1(f_0) \end{bmatrix}\end{aligned} \tag{5.118}$$

其中 f_0 是参考频点，也就是聚焦频点，一般设为信号的中心频点 f_c。易知 $\boldsymbol{P}(f)$ 的秩等于信号源数，可见通过对各子带功率谱密度矩阵进行算术平均可达到解相干的目的，使得对相干信号源的处理成为可能。这种频域平滑的方法并没有使阵列孔径减小，因此其角度分辨率不会受到影响。

CSSM 方法的核心思想就是聚焦变换,需要求解对应于不同子频带的聚焦矩阵,下面介绍 CSSM 方法的具体原理。

引理:设 $\boldsymbol{A}(f_j)$,$j=1,2,\cdots,J$ 是的列满秩矩阵,其秩等于矩阵列数 P,则必存在 $M\times M$ 维的非奇异阵 $\boldsymbol{T}(f_j)$,$j=1,2,\cdots,J$ 满足

$$\boldsymbol{T}(f_j)\boldsymbol{A}(f_j)=\boldsymbol{A}(f_0),\ j=1,2,\cdots,J \tag{5.119}$$

因为 $\boldsymbol{A}(f_j)$ 和 $\boldsymbol{A}(f_0)$ 都是列满秩矩阵,必然存在 $M\times(M-P)$ 维的矩阵 $\boldsymbol{B}(f_j)$ 和 $\boldsymbol{B}(f_0)$,使得 $[\boldsymbol{A}(f_j)\,|\,\boldsymbol{B}(f_j)]$ 和 $[\boldsymbol{A}(f_0)\,|\,\boldsymbol{B}(f_0)]$ 为 $M\times M$ 维的非奇异阵。此时 $\boldsymbol{T}(f_j)$ 可构造为

$$\boldsymbol{T}(f_j)=[\boldsymbol{A}(f_0)\,|\,\boldsymbol{B}(f_0)][\boldsymbol{A}(f_j)\,|\,\boldsymbol{B}(f_j)]^{-1} \tag{5.120}$$

显而易见,式(5.120)并不是 $\boldsymbol{T}(f_j)$ 的唯一构造方法。

经过聚焦矩阵 $\boldsymbol{T}(f_j)$ 处理后的数据矢量定义为

$$\boldsymbol{y}(f_j)=\boldsymbol{T}(f_j)\boldsymbol{x}(f_j)=\boldsymbol{A}(f_0)\boldsymbol{s}(f_j)+\boldsymbol{T}(f_j)\boldsymbol{n}(f_j),\ j=1,2,\cdots,J \tag{5.121}$$

易知,变换后所有子频带的流型阵相等。求解信号源带宽范围内所有子频带的数据相关矩阵的算术平均值,能够实现解相干,同时充分利用了各子频带的信息,这对于提高算法估计精度非常有益。

变换后的各子频带的数据相关矩阵可以表示成

$$\begin{aligned}\boldsymbol{R}_y(f_j)&=E[\boldsymbol{y}(f_j)\boldsymbol{y}^{\mathrm{H}}(f_j)]\\&=\boldsymbol{A}(f_0)\boldsymbol{R}_s(f_j)\boldsymbol{A}^{\mathrm{H}}(f_0)+\sigma_n^2\boldsymbol{T}(f_j)\boldsymbol{R}_n(f_j)\boldsymbol{T}^{\mathrm{H}}(f_j)\end{aligned} \tag{5.122}$$

聚焦后的数据协方差矩阵为

$$\begin{aligned}\boldsymbol{R}_Y&=\frac{1}{J}\sum_{j=1}^{J}\boldsymbol{T}(f_j)\boldsymbol{x}(f_j)\boldsymbol{x}^{\mathrm{H}}(f_j)\boldsymbol{T}^{\mathrm{H}}(f_j)\\&=\boldsymbol{A}(f_0)\left[\frac{1}{J}\sum_{j=1}^{J}\boldsymbol{R}_s(f_j)\right]\boldsymbol{A}^{\mathrm{H}}(f_0)+\sigma_n^2\frac{1}{J}\sum_{j=1}^{J}\boldsymbol{T}(f_j)\boldsymbol{R}_n(f_j)\boldsymbol{T}^{\mathrm{H}}(f_j)\end{aligned} \tag{5.123}$$

其中

$$\boldsymbol{R}_s(f_j)=\frac{1}{K}\sum_{k=1}^{K}\boldsymbol{s}_k(f_j)\boldsymbol{s}_k^{\mathrm{H}}(f_j) \tag{5.124}$$

$$\sigma_n^2\boldsymbol{R}_n(f_j)=\frac{1}{K}\sum_{k=1}^{K}\boldsymbol{n}_k(f_j)\boldsymbol{n}_k^{\mathrm{H}}(f_j) \tag{5.125}$$

令

$$\boldsymbol{R}_S=\frac{1}{J}\sum_{j=1}^{J}\boldsymbol{R}_s(f_j) \tag{5.126}$$

$$\boldsymbol{R}_N = \frac{1}{J}\sum_{j=1}^{J}\boldsymbol{T}(f_j)\boldsymbol{R}_n(f_j)\boldsymbol{T}^{\mathrm{H}}(f_j) \tag{5.127}$$

整理式(5.126)、式(5.127)得

$$\boldsymbol{R}_Y = \boldsymbol{A}(f_0)\boldsymbol{R}_S\boldsymbol{A}^{\mathrm{H}}(f_0) + \sigma_n^2\boldsymbol{R}_N \tag{5.128}$$

对矩阵束($\boldsymbol{R}_Y,\boldsymbol{R}_N$)进行特征分解可以得到 M 个按照降序排列的特征值 λ_m 和相应的 M 维特征矢量 $\boldsymbol{e}_m, m=1,2,\cdots,M$,即

$$\boldsymbol{R}_Y\boldsymbol{e}_m = \lambda_m\boldsymbol{R}_N\boldsymbol{e}_m,\ m=1,2,\cdots,M \tag{5.129}$$

易知 $\boldsymbol{R}_n(f_j), j=1,2,\cdots,J$ 为正定矩阵,且 $\boldsymbol{T}(f_j), j=1,2,\cdots,J$ 是非奇异阵,则可判定 $\boldsymbol{R}_N = \frac{1}{J}\sum_{j=1}^{J}\boldsymbol{T}(f_j)\boldsymbol{R}_n(f_j)\boldsymbol{T}^{\mathrm{H}}(f_j)$ 也是正定的。因为 $\boldsymbol{A}(f_0)$ 是秩等于 P 的列满秩矩阵,$\boldsymbol{R}_S$ 为正定的,那么可以判定 $\boldsymbol{A}(f_0)\boldsymbol{R}_S\boldsymbol{A}^{\mathrm{H}}(f_0)$ 是非负定的,且其秩的大小等于 P。因此,$\boldsymbol{R}_Y$ 是正定矩阵。

将式(5.129)代入式(5.128)可得

$$\begin{aligned}&[\boldsymbol{A}(f_0)\boldsymbol{R}_S\boldsymbol{A}^{\mathrm{H}}(f_0) + \sigma_n^2\boldsymbol{R}_N][\boldsymbol{e}_1,\boldsymbol{e}_2,\cdots,\boldsymbol{e}_M]\\ &= \boldsymbol{R}_N[\boldsymbol{e}_1,\boldsymbol{e}_2,\cdots,\boldsymbol{e}_M]\begin{bmatrix}\lambda_1 & & & \\ & \lambda_2 & & \\ & & \ddots & \\ & & & \lambda_M\end{bmatrix}\end{aligned} \tag{5.130}$$

整理以后有

$$\begin{aligned}&[\boldsymbol{A}(f_0)\boldsymbol{R}_S\boldsymbol{A}^{\mathrm{H}}(f_0)][\boldsymbol{e}_1,\boldsymbol{e}_2,\cdots,\boldsymbol{e}_M]\\ &= \boldsymbol{R}_N[\boldsymbol{e}_1,\boldsymbol{e}_2,\cdots,\boldsymbol{e}_M]\begin{bmatrix}\lambda_1-\sigma_n^2 & & & \\ & \lambda_2-\sigma_n^2 & & \\ & & \ddots & \\ & & & \lambda_M-\sigma_n^2\end{bmatrix}\end{aligned} \tag{5.131}$$

因为 $\boldsymbol{A}(f_0)\boldsymbol{R}_S\boldsymbol{A}^{\mathrm{H}}(f_0)$ 的秩为 P,要使等式两边秩相同,则有 $M-P$ 个小特征值的值等于 σ_n^2,即

$$\lambda_{P+1} = \lambda_{P+2} = \cdots = \lambda_M = \sigma_n^2 \tag{5.132}$$

令 $\boldsymbol{E}_N = [\boldsymbol{e}_{P+1},\quad \boldsymbol{e}_{P+2},\quad \cdots,\quad \boldsymbol{e}_M]$,则有

$$A(f_0)R_SA^{H}(f_0)E_N=R_NE_N\begin{bmatrix}\lambda_{P+1}-\sigma_n^2 & & & \\ & \lambda_{P+2}-\sigma_n^2 & & \\ & & \ddots & \\ & & & \lambda_M-\sigma_n^2\end{bmatrix}=O \tag{5.133}$$

因为$A(f_0)R_S$是$M\times P$维的列满秩阵,所以肯定有一个$P\times M$维的行满秩矩阵D,使得$DA(f_0)R_S=I_P$,进而有$A^{H}(f_0)E_N=O$。此时将E_N看作是相关噪声子空间,再定义矩阵$E_S=[e_1,\ e_2,\ \cdots,\ e_P]$,它是由与$P$个大特征值对应的特征矢量构成,它可以张成相关信号子空间,也可以理解为它的列是张成该子空间的一组基。

5.6.4　聚焦矩阵的几种构造方法

聚焦矩阵的构造方法有很多种, Hung 等人定义了聚焦损失[18]的概念,它是判定聚焦矩阵的一个性能指标,它等于变换后阵列输出的 SNR 与变换前阵列输出的 SNR 之比。假设信号源带宽范围内信号能量均匀排布,也就是说信号源各子频带的 SNR 是相等的,那么变换前的 SNR 等于

$$\mathrm{SNR1}=\frac{\mathrm{tr}\left\{\sum_{j=1}^{J}A(f_j)R_s(f_j)A^{H}(f_j)\right\}}{\mathrm{tr}\left\{\sum_{j=1}^{J}R_n(f_j)\right\}} \tag{5.134}$$

聚焦后的信噪比为

$$\mathrm{SNR2}=\frac{\mathrm{tr}\left\{\sum_{j=1}^{J}T(f_j)A(f_j)R_s(f_j)A^{H}(f_j)T^{H}(f_j)\right\}}{\mathrm{tr}\left\{\sum_{j=1}^{J}T(f_j)R_n(f_j)T^{H}(f_j)\right\}} \tag{5.135}$$

此时聚焦损失为

$$g=\frac{\mathrm{tr}\left\{\sum_{j=1}^{J}T(f_j)A(f_j)R_s(f_j)A^{H}(f_j)T^{H}(f_j)\Big/\sum_{j=1}^{J}\sigma^2(f_j)T(f_j)T^{H}(f_j)\right\}}{\mathrm{tr}\left\{\sum_{j=1}^{J}A(f_j)R_s(f_j)A^{H}(f_j)\Big/\sum_{j=1}^{J}\sigma^2(f_j)\right\}} \tag{5.136}$$

其中$R_n(f_j)=\sigma^2(f_j)I$,表明阵元间的加性噪声不存在相关性。

易知聚焦损失$g\leqslant1$。$g=1$是无损聚焦,它指的是变换前后阵列输出的 SNR

是相等的；反之，$g<1$ 时就称为有损聚焦，指的是变换后阵列输出的 SNR 变低的情况。

假设变换矩阵是酉矩阵，即 $\boldsymbol{T}(f_j)\boldsymbol{T}^{\mathrm{H}}(f_j)=\boldsymbol{I}$，$g$ 可以达到最大值，即为 1。此时，阵列输出的噪声自相关矩阵为

$$\boldsymbol{R}_{\text{noise}}=\sum_{j=1}^{J}\boldsymbol{T}(f_j)\boldsymbol{R}_n(f_j)\boldsymbol{T}^{\mathrm{H}}(f_j)=\sum_{j=1}^{J}\sigma^2(f_j)\boldsymbol{T}(f_j)\boldsymbol{T}^{\mathrm{H}}(f_j)=\sum_{j=1}^{J}\sigma^2(f_j)\boldsymbol{I} \tag{5.137}$$

可见，聚焦矩阵满足酉矩阵条件时，变换前后噪声结构没有变化，所以阵列输出的 SNR 也就不会出现变化。下面分析几种经典聚焦矩阵的求解算法。

1. 实用的 CSSM 聚焦矩阵构造方法

（1）对角聚焦矩阵。当所有宽带信号源的入射角都在 θ_0 周围很小的范围内时，用对角阵形式求解得到的聚焦变换阵[12]如下所示：

$$\boldsymbol{T}(f_j)=\begin{bmatrix} a_1(f_0,\theta_0)/a_1(f_j,\theta_0) & & & \\ & a_2(f_0,\theta_0)/a_2(f_j,\theta_0) & & \\ & & \ddots & \\ & & & a_M(f_0,\theta_0)/a_M(f_j,\theta_0) \end{bmatrix} \tag{5.138}$$

其中 $a_m(f_j,\theta_0)$ 表示的是频点 f_j 处方向矢量 $\boldsymbol{a}(f_j,\theta_0)$ 的第 m 个数值。这种构造方法非常简单，但是其适用范围有限，只有当信号源都集中分布在一个很小的角度范围内时才可使用。

（2）辅助方向矢量约束方法。现假设初步预估角为 $\beta_1,\beta_2,\cdots,\beta_d$，则其对应的流型矩阵为 $M\times d$ 维的 $\boldsymbol{A}_\beta(f_j)$，任意选择 $M-d$ 个角度，这些角度中不能含有预估角中的任意一个，其对应的流型矩阵为 $M\times(M-d)$ 维的 $\boldsymbol{B}(f_j)$，此时各子频带的聚焦矩阵的求解公式如下：

$$\boldsymbol{T}(f_j)=[\boldsymbol{A}_\beta(f_0)\,|\,\boldsymbol{B}(f_0)][\boldsymbol{A}_\beta(f_j)\,|\,\boldsymbol{B}(f_j)]^{-1},\ j=1,2,\cdots,J \tag{5.139}$$

2. RSS 聚焦矩阵

旋转信号子空间算法[18]（Rotational Signal Subspace，RSS）的本质是把各个子频带的信号子空间 $\text{span}\{\boldsymbol{A}(f_j,\boldsymbol{\theta})\}$ 旋转到参考频点下的子空间 $\text{span}\{\boldsymbol{A}(f_0,\boldsymbol{\theta})\}$ 上，并令其在 2－范数下的拟合误差最小。因为 RSS 聚焦矩阵是酉矩阵，所以该变换不会改变噪声的结构。聚焦矩阵 $\boldsymbol{T}(f_j)$ 可通过下式确定：

$$\begin{cases}\min\|\boldsymbol{A}(f_0,\theta)-\boldsymbol{T}(f_j)\boldsymbol{A}(f_j,\boldsymbol{\theta})\|_F^2 \\ \boldsymbol{T}(f_j)\boldsymbol{T}^{\mathrm{H}}(f_j)=\boldsymbol{I}\end{cases}\quad j=1,2,\cdots,J \tag{5.140}$$

式中：f_0为参考频点；$\boldsymbol{\theta}$为聚焦的角度矢量，一般是通过常规波束形成法得到的预估角度，初始信号源数即预估角度的数目在设定的时候一般都比实际信号源数大。

各子带的阵列方向矩阵$\boldsymbol{A}(f_j,\boldsymbol{\theta})$以及参考频点的方向矩阵$\boldsymbol{A}(f_0,\boldsymbol{\theta})$都是根据预估角的集合矢量确定的。求解上述目标函数，得出各子频带聚焦变换矩阵的一种形式：

$$\boldsymbol{T}(f_j)=\boldsymbol{V}(f_j,\boldsymbol{\theta})\boldsymbol{U}^{\mathrm{H}}(f_j,\boldsymbol{\theta}) \tag{5.141}$$

其中$\boldsymbol{U}(f_j,\boldsymbol{\theta})$和$\boldsymbol{V}(f_j,\boldsymbol{\theta})$分别是$\boldsymbol{A}(f_j,\boldsymbol{\theta})\boldsymbol{A}^{\mathrm{H}}(f_0,\boldsymbol{\theta})$的左奇异矢量和右奇异矢量。很显然，$\boldsymbol{T}(f_j)$是个酉矩阵，满足约束条件$\boldsymbol{T}(f_j)\boldsymbol{T}^{\mathrm{H}}(f_j)=\boldsymbol{I}$，因此，RSS 变换的聚焦损失$g=1$，属于无损聚焦。

运用该聚焦矩阵处理相应子频带上的窄带数据，可以得到

$$Y(f_j)=\boldsymbol{T}(f_j)\boldsymbol{X}(f_j)=\boldsymbol{A}(f_0,\boldsymbol{\theta})\boldsymbol{S}(f_j)+\boldsymbol{T}(f_j)\boldsymbol{N}(f_j) \tag{5.142}$$

相应子频带上处理后的数据相关矩阵可以表示为

$$\begin{aligned}\boldsymbol{R}_y(f_j)&=E\{\boldsymbol{Y}(f_j)\boldsymbol{Y}^{\mathrm{H}}(f_j)\}\\&=\boldsymbol{A}(f_0,\boldsymbol{\theta})\boldsymbol{R}_s(f_j)\boldsymbol{A}^{\mathrm{H}}(f_0,\boldsymbol{\theta})+\boldsymbol{T}(f_j)\boldsymbol{R}_n(f_j)\boldsymbol{T}^{\mathrm{H}}(f_j)\\&=\boldsymbol{A}(f_0,\boldsymbol{\theta})\boldsymbol{R}_s(f_j)\boldsymbol{A}^{\mathrm{H}}(f_0,\boldsymbol{\theta})+\sigma_j^2\boldsymbol{I}\end{aligned} \tag{5.143}$$

紧接着求解变换后各子频带上的数据相关矩阵的算术平均值，即实现频域平滑，获得变换后的数据相关矩阵为

$$\begin{aligned}\boldsymbol{R}_Y&=\frac{1}{J}\sum_{j=1}^{J}\boldsymbol{R}_y(f_j)\\&=\boldsymbol{A}(f_0,\boldsymbol{\theta})\left[\frac{1}{J}\sum_{j=1}^{J}\boldsymbol{R}_s(f_j)\right]\boldsymbol{A}^{\mathrm{H}}(f_0,\boldsymbol{\theta})+\frac{1}{J}\sum_{j=1}^{J}\sigma_j^2\boldsymbol{I}\end{aligned} \tag{5.144}$$

最后，对矩阵$\boldsymbol{R}_Y$进行特征分解，并引入窄带高分辨方法（如 MUSIC）求解宽带信号源的 DOA。在进行角度搜索时，MUSIC 算法使用的是参考频点下的搜索矢量$\boldsymbol{a}(f_0,\theta)$，搜索角度$\theta\in[-90°,90°]$。

定义矩阵：

$$\boldsymbol{R}_S=\frac{1}{J}\sum_{j=1}^{J}\boldsymbol{R}_s(f_j) \tag{5.145}$$

由式(5.145)可知，$\boldsymbol{R}_S$表明了对信号各子频带的数据相关矩阵$\boldsymbol{R}_s(f_j)$进行了频域平滑处理。RSS 满足 CSSM 方法的要求，可以用来求解相干信号源的 DOA。

下面给出 RSS 算法的主要步骤：

(1) 利用常规的低分辨算法对信号的来波方向进行估计，得到 DOA 初始估

计集合 $\boldsymbol{\theta}$,同时确定参考频点 f_0(一般情况下取信号的中心频率 f_c)。

(2) 根据 DOA 初始值 $\boldsymbol{\theta}$ 构建所有子频带的阵列流型矩阵 $\boldsymbol{A}(f_j,\boldsymbol{\theta})$,再根据式(5.141)得到所有子频带的聚焦变换阵 $\boldsymbol{T}(f_j)$。

(3) 利用聚焦变换阵 $\boldsymbol{T}(f_j)$ 把对应子频带上的阵列接收数据 $\boldsymbol{X}(f_j)$ 变换到聚焦频点,得到该频点下的阵列输出数据 $\boldsymbol{Y}(f_j)$ 及相关矩阵 $\boldsymbol{R}_y(f_j)$。

(4) 通过频域平滑将变换后的数据相关阵 $\boldsymbol{R}_y(f_j)$ 构建成位于参考频点上的统一阵列相关矩阵 $\boldsymbol{R}_Y$。

(5) 利用 MUSIC 等高分辨窄带谱估计方法得到宽带信号 DOA 的最终估计值。

(6) 可通过对第(2)~(5)步进行迭代提高算法估计性能。

3. TCT 聚焦矩阵

双边相关变换方法[19](Two - sided Correlation Transformation,TCT)是子空间类的无损聚焦酉变换算法。它是将阵列输出的自相关矩阵进行双边变换处理,其 2 - 范数意义下的拟合误差要比 DCSM 等常用 CSSM 算法小很多。TCT 算法的角度分辨门限比 DCSM 等算法要低,即提升高角度分辨率。

RSS 算法处理的是各子频带的阵列流型矩阵,而 TCT 算法针对的是去噪后的阵列相关矩阵。这样做有两个原因:一是用双边变换法处理去噪后的相关矩阵能够减小误差;二是对阵列自相关矩阵进行特征分解是目前很多高分辨算法的处理基础,而变换后的自相关矩阵与真实值越接近,估计结果就会越好。

TCT 方法是通过最小化各子频带与聚焦频点去噪后的数据的拟合误差来构建聚焦矩阵的。假设阵列输出的各子频带去噪后的数据相关矩阵是

$$\begin{aligned}\boldsymbol{P}(f_j) &= \boldsymbol{A}(f_j,\boldsymbol{\theta})\boldsymbol{S}(f_j)\boldsymbol{S}^{\mathrm{H}}(f_j)\boldsymbol{A}^{\mathrm{H}}(f_j,\boldsymbol{\theta}) \\ &= \boldsymbol{A}(f_j,\boldsymbol{\theta})\boldsymbol{R}_s(f_j)\boldsymbol{A}^{\mathrm{H}}(f_j,\boldsymbol{\theta}),\ j=1,2,\cdots,J\end{aligned} \tag{5.146}$$

令 $\boldsymbol{P}(f_0)$ 表示参考频点上的无噪数据相关矩阵,则有

$$\boldsymbol{P}(f_0) = \boldsymbol{A}(f_0,\boldsymbol{\theta})\boldsymbol{S}(f_0)\boldsymbol{S}^{\mathrm{H}}(f_0)\boldsymbol{A}^{\mathrm{H}}(f_0,\boldsymbol{\theta}) \tag{5.147}$$

假设聚焦矩阵为 $\boldsymbol{T}(f_j)$,TCT 变换可如下表示:

$$\boldsymbol{T}(f_j)\boldsymbol{A}(f_j,\boldsymbol{\theta})\boldsymbol{S}(f_j) = \boldsymbol{A}(f_0,\boldsymbol{\theta})\boldsymbol{S}(f_0) \tag{5.148}$$

因为信号的数据矢量 $\boldsymbol{S}(f_j)$ 不能从阵列的采集数据中获得,此处先求解式(5.140)的数据相关矩阵,即

$$\boldsymbol{T}(f_j)\boldsymbol{P}(f_j)\boldsymbol{T}^{\mathrm{H}}(f_j) = \boldsymbol{P}(f_0) \tag{5.149}$$

考虑到实际操作过程中存在的拟合误差,此处将式(5.141)改写为 F - 范数的拟合形式,即

$$\min_{\boldsymbol{T}(f_j)} \| \boldsymbol{P}(f_0) - \boldsymbol{T}(f_j)\boldsymbol{P}(f_j)\boldsymbol{T}^{\mathrm{H}}(f_j) \|_F, j=1,2,\cdots,J \tag{5.150}$$

式(5.150)在 $\boldsymbol{T}(f_j)\boldsymbol{T}^{\mathrm{H}}(f_j)=\boldsymbol{I}$ 的约束下也得到一个解：

$$\boldsymbol{T}(f_j)=\boldsymbol{Q}(f_0,\boldsymbol{\theta})Q^{\mathrm{H}}(f_j,\boldsymbol{\theta}) \tag{5.151}$$

式中：$\boldsymbol{Q}(f_0,\boldsymbol{\theta})$ 和 $\boldsymbol{Q}(f_j,\boldsymbol{\theta})$ 分别为 $\boldsymbol{P}(f_0)$ 和 $\boldsymbol{P}(f_j)$ 的特征矢量，它们是矩阵中各列存在正交性的 M 维方阵。

实际操作过程中，各子频带无噪的信号相关矩阵 $\boldsymbol{R}_s(f_j)$ 的估计值 $\hat{\boldsymbol{R}}_s(f_j)$ 可由如下方式求解得到，即

$$\hat{\boldsymbol{R}}_s(f_j)=[\boldsymbol{A}^{\mathrm{H}}(f_j,\boldsymbol{\theta})\boldsymbol{A}(f_j,\boldsymbol{\theta})]^{-1}\boldsymbol{A}^{\mathrm{H}}(f_j,\boldsymbol{\theta})\hat{P}(f_j)\boldsymbol{A}(f_j,\boldsymbol{\theta})[\boldsymbol{A}^{\mathrm{H}}(f_j,\boldsymbol{\theta})\boldsymbol{A}(f_j,\boldsymbol{\theta})]^{-1} \tag{5.152}$$

$$\hat{\boldsymbol{P}}(f_j)=\hat{\boldsymbol{R}}_X(f_j)-\sigma_j^2\boldsymbol{I}_M \tag{5.153}$$

其中 σ_j^2 是频点 f_j 处的噪声功率，一般取 $\hat{\boldsymbol{R}}_X(f_j)$ 的 $M-P$ 个小特征值的平均，在仿真实验中有时也用最小特征值来赋值。

TCT 算法中的一个主要问题就是聚焦子空间的选择。阵列输出的参考频点上的无噪数据自相关阵 $\boldsymbol{P}(f_0)$ 是角度 $\boldsymbol{\theta}$，参考频点 f_0 及变换后信号自相关阵 $\boldsymbol{R}_s(f_0)$ 三者的函数。角度 $\boldsymbol{\theta}$ 可通过普通波束形成算法进行预估计，但 f_0 和 $\boldsymbol{R}_s(f_0)$ 仍然需要确定，且两者的选择对 TCT 算法非常重要。

易知，TCT 算法的基于 F－范数的子空间拟合误差可表示为

$$\varepsilon=\sum_{j=1}^{J}\| \boldsymbol{P}(f_0)-\boldsymbol{T}(f_j)\boldsymbol{P}(f_j)\boldsymbol{T}^{\mathrm{H}}(f_j)\|_F^2 \tag{5.154}$$

根据上述表示的拟合误差分两步求解 f_0 和 $\boldsymbol{R}_s(f_0)$。

首先第一步要考虑 $\boldsymbol{R}_s(f_0)$ 的计算问题。

理想情况下，各频点的方向矩阵 $\boldsymbol{A}(f_j,\boldsymbol{\theta})$ 经过变换后成为 $\boldsymbol{A}(f_0,\boldsymbol{\theta})$，即就是 $\boldsymbol{T}(f_j)\boldsymbol{A}(f_j,\boldsymbol{\theta})=\boldsymbol{A}(f_0,\boldsymbol{\theta})$，$j=1,2,\cdots,J$。

此时的子空间拟合误差可以改写为

$$\varepsilon=\sum_{j=1}^{J}\|\boldsymbol{A}(f_0,\boldsymbol{\theta})(\boldsymbol{R}_s(f_0)-\boldsymbol{R}_s(f_j))\boldsymbol{A}^{\mathrm{H}}(f_0,\boldsymbol{\theta})\|_F^2 \tag{5.155}$$

由式(5.155)知，参考频点的信号自相关矩阵 $\boldsymbol{R}_s(f_0)$ 可由以下方式求解获得

$$\boldsymbol{R}_s(f_0)=\frac{1}{J}\sum_{j=1}^{J}\boldsymbol{R}_s(f_j) \tag{5.156}$$

按此方法得到 $\boldsymbol{R}_s(f_0)$ 有两个好处：一是这样的频域平滑处理可以对相干信号实现解相干；二是可以使式(5.155)的拟合误差最小。而 $\boldsymbol{R}_s(f_j)$ 可以由式(5.152)求解得到。

实际应用过程中，假若聚焦矩阵 $\boldsymbol{T}(f_j)$ 满足酉阵的条件，则基于该变换阵的方法就不能实现完美聚焦。然而，因为变换后的流型矩阵与参考频点的流型矩阵相差不大，此时能够采用式(5.156)计算参考频点上的流型矩阵。

接下来第二步考虑参考频点 f_0 的选取。因为在 2－范数意义上的子空间拟合误差同样是关于 f_0 的函数，所以选取最佳的参考频点 f_0 可以在很大程度上降低上述差值。易知，可通过最小化拟合误差来确定合适的 f_0，即

$$\begin{cases}\min\limits_{f_0}\min\limits_{\boldsymbol{T}(f_j)} \|\boldsymbol{P}(f_0)-\boldsymbol{T}(f_j)\boldsymbol{P}(f_j)\boldsymbol{T}^{\mathrm{H}}(f_j)\|_F^2 \\ \text{s. t. } \boldsymbol{T}(f_j)\boldsymbol{T}^{\mathrm{H}}(f_j)=\boldsymbol{I}\end{cases} \quad j=1,2,\cdots,J \tag{5.157}$$

固定 $\boldsymbol{P}(f_0)$ 后，就可得到聚焦矩阵 $\boldsymbol{T}(f_j)$，此时的拟合误差为

$$\boldsymbol{\varepsilon} = \sum_{j=1}^{J}\left[\|\boldsymbol{P}(f_0)\|^2+\|\boldsymbol{P}(f_j)\|^2-2\sum_{p=1}^{P}\sigma_p(\boldsymbol{P}(f_0))\sigma_p(\boldsymbol{P}(f_j))\right] \tag{5.158}$$

其中 $\sigma_p(\boldsymbol{P}(f_0))$ 和 $\sigma_p(\boldsymbol{P}(f_j))$ 表示的是 $\boldsymbol{P}(f_0)$ 和 $\boldsymbol{P}(f_j)$ 第 p 个奇异值。去掉与聚焦频点无关的项 $\|\boldsymbol{P}(f_j)\|^2$，式(5.158)中表示的拟合误差可以简化为

$$\begin{aligned}\boldsymbol{\varepsilon} &= \min_{f_0}\sum_{j=1}^{J}\left[\sum_{p=1}^{P}\sigma_p^2(\boldsymbol{P}(f_0))-2\sum_{p=1}^{P}\sigma_p(\boldsymbol{P}(f_0))\sigma_p(\boldsymbol{P}(f_j))\right] \\ &= \min_{f_0}\sum_{p=1}^{P}\left[J\sigma_p^2(\boldsymbol{P}(f_0))-2\sigma_p(\boldsymbol{P}(f_0))\sum_{j=1}^{J}\sigma_p(\boldsymbol{P}(f_j))\right]\end{aligned} \tag{5.159}$$

忽略常数项后，由式(5.159)表示的差值最小的条件是：

$$\sigma_p(\boldsymbol{P}(f_0)) = \frac{1}{J}\sum_{j=1}^{J}\sigma_p(\boldsymbol{P}(f_j)),\ p=1,2,\cdots,P \tag{5.160}$$

实际非理想情况下，最小化上述差值的目标函数可以改写成

$$\min_{f_0}\sum_{p=1}^{P}\left|\sigma_p(\boldsymbol{P}(f_0))-\frac{1}{J}\sum_{j=1}^{J}\sigma_p(\boldsymbol{P}(f_j))\right|^2 \tag{5.161}$$

式(5.161)表示的是一个易于求解的一维求解问题，用单维的频率搜索便可以获得最佳的参考频点 f_0。这种最优聚焦频点搜索方法主要用于宽带信号能量在各子带分布不均匀的情况，一般情况下直接选取中心频点 f_c 即可。

下面给出 TCT 算法的主要步骤：

(1) 引入常规波束形成算法获取信号源波达角的初步解，即得到 DOA 的初始值集合 $\boldsymbol{\theta}$。

(2) 对采集到的阵列输出数据进行 DFT 变换，获得各子频带接收数据 $\boldsymbol{X}(f_j)$ 及相应的自相关矩阵 $\boldsymbol{R}_X(f_j)$。

（3）求解聚焦频点 f_0，按初值 $\boldsymbol{\theta}$ 构造阵列流型矩阵 $\boldsymbol{A}(f_j,\boldsymbol{\theta})$ 和 $\boldsymbol{A}(f_0,\boldsymbol{\theta})$。

（4）求解各子频带的阵列无噪数据自相关阵 $\hat{\boldsymbol{P}}(f_0)$ 和 $\hat{\boldsymbol{P}}(f_j)$。

（5）引入特征分解处理矩阵 $\hat{\boldsymbol{P}}(f_0)$ 和 $\hat{\boldsymbol{P}}(f_j)$，并通过式(5.151)求解所有子频带的聚焦矩阵 $\boldsymbol{T}(f_j)$。

（6）利用聚焦矩阵 $\boldsymbol{T}(f_j)$ 将输出数据的自相关矩阵转换到参考频点上，获得位于参考频点的数据，然后通过频域平滑获得统一的阵列自相关矩阵 $\boldsymbol{R}_Y$。

（7）利用 MUSIC 等高分辨窄带谱估计方法得到最终的宽带 DOA 估计值。

（8）可通过对第(3)~(7)步进行迭代来提高算法估计精度。

4. BS－CSSM 聚焦矩阵

宽带聚焦波束空间(BS－CSSM)算法[14]是将阵列输出地各个频点的数据转换到波束空间进行处理，通过最小化各频点的波束空间与参考频点的波束空间的拟合误差来确定聚焦矩阵 $\boldsymbol{W}_j, j=1,2,\cdots,J$，也可称为波束空间形成阵或者权矩阵。

在频率点 f_j 处，波束方向图可由下式确定：

$$\omega(f_j,\theta)=\boldsymbol{w}_j^{\mathrm{H}}\boldsymbol{a}(f_j,\theta),\ j=1,2,\cdots,J;\ \theta\in\Omega \tag{5.162}$$

式中：$\boldsymbol{w}_j$ 为 $M\times 1$ 的权矢量；Ω 为阵列的视角范围。在不同的频点，除去全零矢量不可能找到两个完全相同的权矢量使其波束方向图一致，此时定义任意两频点的波束方向图匹配误差为

$$\begin{aligned}\varepsilon_{ij}&=\int_{\Omega}\rho(\theta)\left|\omega(f_i,\theta)-\omega(f_j,\theta)\right|^2\mathrm{d}\theta\\&=\int_{\Omega}\rho(\theta)\left|\boldsymbol{w}_i^{\mathrm{H}}\boldsymbol{a}(f_i,\theta)-\boldsymbol{w}_j^{\mathrm{H}}\boldsymbol{a}(f_j,\theta)\right|^2\mathrm{d}\theta\end{aligned} \tag{5.163}$$

其中 $\rho(\theta)$ 是阵列在不同角度的权系数。此时权矢量可通过下式得到

$$\begin{cases}\min\limits_{\boldsymbol{w}_i,\boldsymbol{w}_j}\int_{\Omega}\rho(\theta)\left|\boldsymbol{w}_i^{\mathrm{H}}\boldsymbol{a}(f_i,\theta)-\boldsymbol{w}_j^{\mathrm{H}}\boldsymbol{a}(f_j,\theta)\right|^2\mathrm{d}\theta\\\text{subject to}:\boldsymbol{w}_i\neq 0\neq\boldsymbol{w}_j\end{cases} \tag{5.164}$$

现确定一个参考频点 f_0 及相应的参考权矢量 $\boldsymbol{w}_0$，最小化各频点与参考频点的波束方向图的拟合误差就可得到各频点的权矢量 $\boldsymbol{w}_j$，即

$$\min_{\boldsymbol{w}_j}\int_{\Omega}\rho(\theta)\left|\boldsymbol{w}_0^{\mathrm{H}}\boldsymbol{a}(f_0,\theta)-\boldsymbol{w}_j^{\mathrm{H}}\boldsymbol{a}(f_j,\theta)\right|^2\mathrm{d}\theta,j=1,2,\cdots,J \tag{5.165}$$

注意 f_0 必须位于信号源的带宽中，但不一定非要等于 $f_j, j=1,2,\cdots,J$ 中的一个。求解式(5.165)得

$$\boldsymbol{w}_j=\boldsymbol{U}_j^{-1}\boldsymbol{S}_j\boldsymbol{w}_0,\ j=1,2,\cdots,J \tag{5.166}$$

$$U_j = \int_{\Omega} \rho(\theta) \boldsymbol{a}(f_j,\theta) \boldsymbol{a}^{\mathrm{H}}(f_j,\theta) \mathrm{d}\theta \tag{5.167}$$

$$S_j = \int_{\Omega} \rho(\theta) \boldsymbol{a}(f_j,\theta) \boldsymbol{a}^{\mathrm{H}}(f_0,\theta) \mathrm{d}\theta \tag{5.168}$$

在应用中，为了得到信号源的来波方向，可以利用 $M \times Q(P < Q \leqslant M)$ 维的权矩阵

$$\begin{aligned} \boldsymbol{W}_j &= [\boldsymbol{w}_{j1} \quad \boldsymbol{w}_{j2} \quad \cdots \quad \boldsymbol{w}_{jQ}] \\ &= \boldsymbol{U}_j^{-1} \boldsymbol{S}_j [\boldsymbol{w}_{01} \quad \boldsymbol{w}_{02} \quad \cdots \quad \boldsymbol{w}_{0Q}] \\ &= \boldsymbol{U}_j^{-1} \boldsymbol{S}_j \boldsymbol{W}_0, j = 1,2,\cdots,J \end{aligned} \tag{5.169}$$

将各频点的阵列输出数据转换到波束空间域中，其中 $\boldsymbol{W}_0$ 是位于参考频点 f_0 参考权矩阵。那么变换后得到的波束空间域的信息快拍矢量转化为

$$\begin{aligned} \boldsymbol{x}_B(k,f_j) &= \boldsymbol{W}_j^{\mathrm{H}} \boldsymbol{x}(k,f_j) \\ &= \boldsymbol{B}(f_j) \boldsymbol{s}(k,f_j) + \boldsymbol{n}_B(k,f_j), \ k = 1,2,\cdots,K; j = 1,2,\cdots,J \end{aligned} \tag{5.170}$$

式中 $\boldsymbol{B}(f_j) = \boldsymbol{W}_j^{\mathrm{H}} \boldsymbol{A}(f_j)$ 和 $\boldsymbol{n}_B(k,f_j) = \boldsymbol{W}_j^{\mathrm{H}} \boldsymbol{n}(k,f_j)$ 表示的是波束空间域的方向矩阵和噪声矢量。此时协方差矩阵为

$$\begin{aligned} \boldsymbol{R}_B(f_j) &= \frac{1}{J} \sum_{j=1}^{J} \boldsymbol{X}_B(f_j) \boldsymbol{X}_B^{\mathrm{H}}(f_j) \\ &\approx \boldsymbol{B}(f_0) \boldsymbol{R}_s \boldsymbol{B}^{\mathrm{H}}(f_0) + \boldsymbol{R}_N \end{aligned} \tag{5.171}$$

式中

$$\boldsymbol{R}_s = \frac{1}{J} \sum_{j=1}^{J} \boldsymbol{s}(f_j) \boldsymbol{s}^{\mathrm{H}}(f_j) \tag{5.172}$$

$$\boldsymbol{R}_N = \frac{1}{J} \sum_{j=1}^{J} \boldsymbol{n}_B(f_j) \boldsymbol{n}_B^{\mathrm{H}}(f_j) \tag{5.173}$$

为了得到最优的波束形成，必须确保变换后各频点与参考频点的波束空间拟合误差最小，下面给出 BS - CSSM 算法中求解参考权矩阵的方法。为了确定“最小拟合误差”空间的标准正交基矢量，定义一个 $M \times Q'(Q \leqslant Q' \leqslant M)$ 维的矩阵 $\boldsymbol{E}_W$，且存在关系 $\boldsymbol{E}_W^{\mathrm{H}} \boldsymbol{E}_W = \boldsymbol{I}$。若 $\boldsymbol{E}_W$ 为参考权矩阵，由式(5.165)得总的拟合误差为

$$\begin{aligned} \boldsymbol{E}_f &= \frac{1}{J} \sum_{j=1}^{J} \int_{\Omega} \rho(\theta) \left\| \boldsymbol{E}_W^{\mathrm{H}} \boldsymbol{a}(f_0,\theta) - \boldsymbol{E}_W^{\mathrm{H}} \boldsymbol{S}_j^{\mathrm{H}} \boldsymbol{U}_j^{-1} \boldsymbol{a}(f_j,\theta) \right\|^2 \mathrm{d}\theta \\ &= \operatorname{tr}\{\boldsymbol{E}_W^{\mathrm{H}} \boldsymbol{S}_U \boldsymbol{E}_W\} \end{aligned} \tag{5.174}$$

$$S_U = \frac{1}{J}\sum_{j=1}^{J}(S_0 - S_j^H U_j^{-1} S_j) \tag{5.175}$$

其中 S_0可通过式(5.168)求得。最小化 E_f可得到的最优的参考权矩阵 E_W,它是由 S_U的 Q'个最小特征值 $\lambda_q, q=1,2,\cdots,Q'$对应的特征矢量组成,此时拟合误差 $E_f = E_{\min} = \sum_{q=1}^{Q'}\lambda_q$, Q'个特征矢量可以看作是最小拟合误差空间的一组正交基。假定理想的权矩阵可表示成

$$W_d = [w_{d1} \quad w_{d2} \quad \cdots \quad w_{dQ}] \tag{5.176}$$

则参考权矩阵 W_0的各列可通过 E_W的各个列矢量的线性组合得到,此处只需要使其与理想权矩阵的最小二乘拟合误差最小,即

$$\min_{W_0 = E_W \Psi} \| W_0 - W_d \|_F^2 \tag{5.177}$$

其中 Ψ 是 $Q' \times Q$ 维的转换系数阵,最佳参考权阵等于

$$W_0 = E_W (E_W^H E_W)^{-1} E_W^H W_d \tag{5.178}$$

根据式(5.169)得到各个频点的权矩阵 $W_j, j=1,2,\cdots,J$,并利用它们将阵列接收数据转换到波束空间域进行处理。BS - CSSM 算法是在波束空间域进行聚焦的,聚焦后数据的自相关矩阵的维数明显降低,运算复杂度也明显降低,同时不需要对信号的角度进行预先估计。

下面给出 BS - CSSM 算法的主要步骤:

(1) 选定聚焦频率点 f_0及理想波束形成阵 W_d。

(2) 根据式(5.175)计算矩阵 S_U,再用特征分解处理 S_U获得 E_W。

(3) 根据式(5.178)计算最优的参考权矩阵 W_0。

(4) 根据式(5.169)求解所有频点对应的权矩阵 W_j。

(5) 求解阵列输出数据的 DFT 变换值,获得所有频点的接收数据 $X(f_j)$及相应的自相关阵 $R_X(f_j)$。

(6) 利用权矩阵 W_j将阵列输出的数据变换到波束空间域中,得到位于波束空间域中的协方差矩阵组,再进行频域平滑得到统一的协方差矩阵。

(7) 利用 MUSIC 等高分辨窄带谱估计方法得到最终的宽带 DOA 估计值。

5.7　信号源数的判定

在信号处理领域中,信号源数目估计对信号处理众多方法的研究及应用有着十分重要的作用。现有的许多算法一般都要求信号源数目等于或者小于阵元数目,且认为目标信号数目是已知的,但实际应用中信源号数目往往是未

知的。在处理过程中，一般假定传感器数目与信号源数目相等。因此，信号源数目估计对阵列信号处理技术的发展具有重要意义，也是目前必须予以解决的问题。

超分辨的波达方向(Direction of Arrival，DOA)估计在声纳、雷达和移动通信等领域中具有广泛的应用，其中具有代表性的方法有[20]：最大似然法(Maximum Likelihood，ML)、多重信号分类法(Multiple Signal Classification，MUSIC)、旋转不变子空间参数估计方法(Estimating Signal Parameters via Rotation Invariance Techniques，ESPRIT)、最小范数法(Minimum Norm，MN)等，这些方法都需要预先知道信号源数目。在已知信号源数目的情况下大多数的超分辨DOA估计算法都具有很好的性能(超分辨DOA估计方法对阵列流形精度要求较高，有关阵列误差问题不在本书中讨论)，然而当信号源数目未知时则需要利用接收数据协方差矩阵进行估计，如果估计的信号源数目和真实的信号源数目不等时，DOA估计性能则有较大的损失，因此信号源数目或信号子空间维数估计是各种超分辨处理的首要问题。基于信息论(AIC)准则和最小描述长度(MDL)准则，Wax和Kailath[21]提出了估计信号源个数的统计方法，Q. T. Zhang[22]等人分析了它们的性能，Wax[23]后来利用协方差矩阵的特征值提出了基于MDL准则的相干源信号源数目估计方法。基于AIC准则和MDL准则的方法实际上是在最大化以协方差矩阵特征值为参量的具有特定形式的对数似然函数的基础上加上不同的惩罚函数，H. Wu和J. Ferr[20]对阵元进行子阵划分利用噪声矢量和信号矢量的正交性改变协方差矩阵的特征结构增强性能，而C. Cho等人[24]则利用Bayesian推理(Bayesian Predictive Densities)和子空间分解试图改变罚函数来提高性能。一般地，低信噪比、信号强相关往往导致欠估计(估计的信号源数目小于真实值)，而空间色噪声(为统一起见，本章中空间色噪声特指由于各个阵元上噪声的相关性引起的空间相关噪声或者阵元之间噪声没有相关性但是噪声功率不等导致的非均匀噪声)则会导致过估计(估计的信号源数目大于真实值)。

实际上，传统的信号源数估计方法，无论基于AIC准则还是MDL准则的方法一般只适合于白噪声条件，即要求阵列数据相关矩阵对应的小特征值相等，但实际上这些小特征值并不相等，因而导致估计器的性能下降甚至恶化。对此本章将利用相关矩阵对角加载技术[25]，抑制小特征值的扩散程度，提出了一种基于对角加载的信号源数目估计的改进方法，在适当信噪比、空间色噪声、小块拍数时，该方法可以抑制噪声特征值的扩散程度，从而避免了过估计。

5.7.1 基于信息论准则的信号源数目估计方法

假设具有 M 个阵元的天线阵具有任意的阵列几何结构，$\boldsymbol{P}(\leqslant M-1)$ 个窄带

信号从不同的方向 $\theta_1,\theta_2,\cdots,\theta_P$ 到达阵列，阵列接收信号的复包络表示为

$$\boldsymbol{x}(t_i)=\sum_{p=1}^{P}\boldsymbol{a}(\theta_k)s_p(t_i)+\boldsymbol{n}(t_i)=\boldsymbol{A}(\boldsymbol{\Theta})\boldsymbol{s}(t_i)+\boldsymbol{n}(t_i),i=1,2,\cdots,N \tag{5.179}$$

式中：$\boldsymbol{X}(t_i)\in \boldsymbol{C}^M$ 为接收数据矢量；$\boldsymbol{a}(\theta)$ 为阵列对 θ 方向的响应矢量（导向矢量）；$\boldsymbol{A}(\boldsymbol{\Theta})=[\boldsymbol{a}(\theta_1),\boldsymbol{a}(\theta_2),\cdots,\boldsymbol{a}(\theta_P)]$；$s_p(t_i)$ 为第 p 个信号在第 t_i 时刻的采样值；$\boldsymbol{s}(t_i)=[s_1(t_i),s_2(t_i),\cdots,s_P(t_i)]^{\mathrm{T}}$；$\boldsymbol{n}(t_i)$ 为独立同分布的零均值、协方差矩阵为 $\sigma^2\boldsymbol{I}$ 的高斯噪声矢量；N 为快拍数。$\boldsymbol{X}$ 的协方差矩阵为

$$\boldsymbol{R}=E[\boldsymbol{x}(t)\boldsymbol{x}^{\mathrm{H}}(t)]=\boldsymbol{A}(\boldsymbol{\Theta})\boldsymbol{R}_{ss}\boldsymbol{A}(\boldsymbol{\Theta})+\sigma^2\boldsymbol{I} \tag{5.180}$$

假设 P 个信号不相关或不完全相干，则 $\boldsymbol{R}$ 的特征分解表示为 $\boldsymbol{R}=\sum_{p=0}^{M-1}\mu_p\boldsymbol{u}_p\boldsymbol{u}_p^{\mathrm{H}}=\sum_{p=1}^{P}q_p\boldsymbol{u}_p\boldsymbol{u}_p^{\mathrm{H}}+\sigma^2\boldsymbol{I}$，其中 μ_p 为 $\boldsymbol{R}$ 的第 p 个特征值、特征矢量，将特征值由大到小排列，得到

$$\mu_1\geqslant\mu_2\geqslant\cdots\geqslant\mu_P>\mu_{P+1}=\mu_{P+2}=\cdots=\mu_M=\sigma^2 \tag{5.181}$$

如果 $\boldsymbol{R}$ 精确已知，则可以直接利用 $\boldsymbol{R}$ 的小特征值的重数判定信号源个数。由式(5.181)可知假设白噪声这个条件至关重要。实际应用中，$\boldsymbol{R}$ 只能通过下式估计得到

$$\hat{\boldsymbol{R}}=\frac{1}{N}\sum_{i=1}^{N}\boldsymbol{x}(t_i)\boldsymbol{x}^{\mathrm{H}}(t_i) \tag{5.182}$$

由于快拍数 N 有限和噪声的影响，式(5.181)不再成立，而由下式代替

$$\hat{\mu}_1\geqslant\hat{\mu}_2\geqslant\cdots\geqslant\hat{\mu}_P\geqslant\hat{\mu}_{P+1}\geqslant\hat{\mu}_{P+2}\geqslant\cdots\geqslant\hat{\mu}_M \tag{5.183}$$

在不引起混淆的情况下，数据协方差矩阵的第 p 个估计特征值仍用 μ_p 表示。

假设有 k 个信号源到达天线阵，基于 AIC 准则和 MDL 准则的信号源数估计方法均需最小化如下的对数似然函数(Likelihood Function, LF)[21]

$$\mathrm{LLF}(k)=N(M-k)\log\left(\frac{1}{M-k}\sum_{i=k+1}^{M}\mu_i\Big/\left(\prod_{i=k+1}^{M}\mu_i\right)^{\frac{1}{M-k}}\right) \tag{5.184}$$

记

$$P_{\mathrm{AIC}}(N,M,k)=k(2M-k) \tag{5.185}$$

$$P_{\mathrm{MDL}}(N,M,k)=\frac{1}{2}k(2M-k)\log N \tag{5.186}$$

组合对数似然函数式(5.184)和罚函数可以分别得到基于 AIC 和 MDL 两个准则的信号数目判定方法：

$$k_{\mathrm{AIC}} = \arg\min_{k}\{\mathrm{AIC}(k)\} = \arg\min_{k}\{\mathrm{LLF}(k) + P_{\mathrm{AIC}}(N,M,k)\} \quad (5.187)$$

$$k_{\mathrm{MDL}} = \arg\min_{k}\{\mathrm{MDL}(k)\} = \arg\min_{k}\{\mathrm{LLF}(k) + P_{\mathrm{MDL}}(N,M,k)\} \quad (5.188)$$

由文献[23]可知,k_{MDL}为 P 的强一致估计,即当 $M\to\infty$ 时,a. s. $k_{\mathrm{MDL}} = P$。

文献[24]指出:在快拍数 N 较小时,AIC 准则比 MDL 准则优越;而在 N 较大时,MDL 准则比 AIC 准则优越。C. Cho 利用贝叶斯预测密度(BPD)子空间分解改变罚函数 $P(N,M,k)$提高估计性能,最后得出的罚函数在小 N 值时 $P_{\mathrm{BPD}}(N,M,k)$接近 $P_{\mathrm{AIC}}(N,M,k)$,而在大 N 值时 $P_{\mathrm{BPD}}(N,M,k)$接近 $P_{\mathrm{MDL}}(N,M,k)$。

$$k_{\mathrm{BPD}} = \arg\min_{k}\{\mathrm{BPD}(N,M,k)\} = \arg\min_{k}\{\mathrm{LLF}(k) + P_{\mathrm{BPD}}(N,M,k)\} \quad (5.189)$$

其罚函数形式如下:

$$\begin{aligned} P_{\mathrm{BPD}}(N,M,k) = {} & NM\log\left(1 - \frac{k}{M}\right) - Nk\log(M-k) + \\ & \frac{N}{N-M+1}\left\{\log\frac{\Gamma((M-1)\cdot(M-k))\Gamma(NM)}{\Gamma(N(M-k))\Gamma(M(M-1))} + \right. \\ & \left.\sum_{i=1}^{k-1}\log\frac{\Gamma(M-i-1)}{N-i} + \frac{k}{2}\log\frac{N}{M-1}\right\} \end{aligned}$$

其中 $\Gamma(x) = \int_0^{\infty} t^{x-1}e^{-t}\mathrm{d}t$。结合文献[26],可以有以下结论:

AIC 准则不是一致估计,即在快拍数 N 趋于无穷时,它的错误估计概率非零;而 MDL 准则是一致估计,但是它在小信噪比和小快拍数时比 AIC 准则的错误概率大,反之亦然;BPD 准则由于其罚函数的形式决定了它的性能在不同的信噪比和快拍数时介于 AIC 和 MDL 之间。另外,由文献[23]可知,如上的三个基于信息论准则的有效性在于它们均使用了对数似然函数式(5.184)和白噪声假设。

5.7.2 基于子空间结构的源数目估计方法

基于盖尔圆定理的信号源数目估计算法不直接利用阵列协方差矩阵的特征值,而是利用阵列协方差矩阵的盖尔圆半径来进行信号源数目的估计。但是,阵列协方差矩阵的信号盖尔圆和噪声盖尔圆没有明显的区别,不能够直接用来对信号源数目进行有效的估计。基于盖尔圆定理的信号源数目估计方法首先将阵列协方差矩阵进行一定的变换,这种变换可以使得变换后的协方差矩阵的噪声盖尔圆的半径等于零,而信号盖尔圆的半径明显大于噪声盖尔圆的半径。所以,变换后的阵列协方差矩阵的盖尔圆就分成半径大小不同的两组,半径大的一组是信号盖尔圆,半径小的一组是噪声盖尔圆。首先,可以不加证明地给出如下定理。

盖尔圆定理[27]:假设矩阵 $\boldsymbol{A}$ 是一 $L \times L$ 的实或复矩阵,其元素为 a_{ij},定义 $r_i = \sum_{j=1, j\neq i}^{L} |r_{ij}|$, $i = 1, 2, \cdots, L$。如果以 O_i表示复平面上以 a_{ii}为圆心、以 r_i为半径的圆,并称为盖尔圆。则有盖尔圆定理:所有矩阵 $\boldsymbol{A}$ 的特征值位于其所有盖尔圆的并之中,并且,如果有 k 个盖尔圆与其他盖尔圆相互隔离,则 $\boldsymbol{A}$ 有 k 个特征值位于这 k 盖尔圆的并之中。

由上述盖尔圆定理知,阵列协方差矩阵 $\hat{\boldsymbol{R}}$ 的所有特征值应位于以 $\boldsymbol{r}_i = \sum_{j=1, j\neq i}^{M} |\boldsymbol{r}_{ij}|$ 为半径、以 $c_i = \boldsymbol{r}_{ii}$为圆心的盖尔圆的并之中。因为阵列协方差矩阵 $\hat{\boldsymbol{R}}$ 是厄米特矩阵,所以其对角元素和特征值均为实数。当确定了阵列协方差矩阵 $\hat{\boldsymbol{R}}$ 的盖尔圆圆心和盖尔圆半径之后,就可以在实轴大致确定其特征值的位置。为了利用协方差矩阵的盖尔圆进行信号源数目的估计,需要将阵列协方差矩阵 $\hat{\boldsymbol{R}}$ 做一定的变换,使得变换后矩阵的盖尔圆分成半径大小不同的两组,半径大的一组盖尔圆包含信号特征值,半径小的一组盖尔圆包含噪声特征值。也就是说,必须对阵列协方差矩阵 $\hat{\boldsymbol{R}}$ 进行某种变换,使得变换后的协方差矩阵的噪声盖尔圆尽可能地远离信号盖尔圆,并使噪声盖尔圆的半径尽可能小,这样就可以根据变换后的盖尔圆的大小来估计信号源数目。

阵列协方差矩阵 $\hat{\boldsymbol{R}}$ 的特征分解为

$$\hat{\boldsymbol{R}} = \boldsymbol{U}_d \boldsymbol{D} \boldsymbol{U}_d^{\mathrm{H}} \tag{5.190}$$

式中:$\boldsymbol{U}_d$为由 $\hat{\boldsymbol{R}}$ 的特征矢量构成的 $M \times M$ 维的酉矩阵,即 $\boldsymbol{U}_d = [\boldsymbol{u}_1, \boldsymbol{u}_2, \cdots, \boldsymbol{u}_M]$;$\boldsymbol{D}$ 为 $\hat{\boldsymbol{R}}$ 的特征值构成的对角阵,即 $\boldsymbol{D} = \mathrm{diag}(\lambda_1, \lambda_2, \cdots, \lambda_M)$。

将阵列协方差分块表示为

$$\hat{\boldsymbol{R}} = \begin{pmatrix} r_{11} & r_{12} & \cdots & r_{1M} \\ r_{21} & r_{22} & \cdots & r_{2M} \\ \vdots & \vdots & \ddots & \vdots \\ r_{M1} & r_{M2} & \cdots & r_{MM} \end{pmatrix} = \begin{pmatrix} \boldsymbol{R}_1 & \boldsymbol{r} \\ \boldsymbol{r}^{\mathrm{H}} & r_{MM} \end{pmatrix} \tag{5.191}$$

式中:$\boldsymbol{R}_1$为 $\hat{\boldsymbol{R}}$ 的前 $M-1$ 行和前 $M-1$ 列构成的$(M-1)\times(M-1)$维矩阵;$\boldsymbol{r}$ 为 $\hat{\boldsymbol{R}}$ 的第 M 列的前 $M-1$ 个元素构成的列矢量,即 $\boldsymbol{r} = [r_{1M}, r_{2M}, \cdots, r_{(M-1)M}]^{\mathrm{T}}$。$\boldsymbol{R}_1$ 可以看作是原阵列的前 $M-1$ 个阵元构成的子阵列的协方差矩阵。$\boldsymbol{R}_1$的特征分

解为

$$\boldsymbol{R}_1=\boldsymbol{U}_1\boldsymbol{D}_1\boldsymbol{U}_1^{\mathrm{H}} \tag{5.192}$$

式中：$\boldsymbol{U}_1=[\boldsymbol{u}_1',\boldsymbol{u}_2',\cdots,\boldsymbol{u}_{M-1}']$，是由 $\boldsymbol{R}_1$ 的特征矢量构成的 $(M-1)\times(M-1)$ 维的酉矩阵；$\boldsymbol{D}_1=\mathrm{diag}(\lambda_1',\lambda_2',\cdots,\lambda_{M-1}')$，是由 $\boldsymbol{R}_1$ 的特征值构成的对角阵。矩阵 $\hat{\boldsymbol{R}}$ 和 $\boldsymbol{R}_1$ 的特征值满足以下的关系：

$$\lambda_1\geqslant\lambda_1'\geqslant\lambda_2\geqslant\lambda_2'\geqslant\cdots\geqslant\lambda_{M-1}\geqslant\lambda_{M-1}'\geqslant\lambda_M \tag{5.193}$$

利用 $\boldsymbol{U}_1$ 构造一个重要的酉变换矩阵[28]，即

$$\boldsymbol{U}=\begin{pmatrix}\boldsymbol{U}_1 & \boldsymbol{0}\\ \boldsymbol{0}^{\mathrm{T}} & 1\end{pmatrix} \tag{5.194}$$

利用矩阵 $\boldsymbol{U}$ 对阵列协方差矩阵 $\hat{\boldsymbol{R}}$ 进行变换，用 $\boldsymbol{S}$ 表示变换后的矩阵，则

$$\boldsymbol{S}=\boldsymbol{U}^{\mathrm{H}}\boldsymbol{R}\boldsymbol{U}=\begin{pmatrix}\boldsymbol{U}_1^{\mathrm{H}}\boldsymbol{R}_1\boldsymbol{U}_1 & \boldsymbol{U}_1^{\mathrm{H}}\boldsymbol{r}\\ \boldsymbol{r}^{\mathrm{H}}\boldsymbol{U}_1 & r_{MM}\end{pmatrix}=\begin{pmatrix}\boldsymbol{D}_1 & \boldsymbol{U}_1^{\mathrm{H}}\boldsymbol{r}\\ \boldsymbol{r}^{\mathrm{H}}\boldsymbol{U}_1 & r_{MM}\end{pmatrix}$$

$$=\begin{pmatrix}\lambda_1' & 0 & 0 & \cdots & 0 & \rho_1\\ 0 & \lambda_2' & 0 & \cdots & 0 & \rho_2\\ 0 & 0 & \lambda_3' & \cdots & 0 & \rho_3\\ \vdots & \vdots & \vdots & \ddots & \vdots & \vdots\\ 0 & 0 & 0 & \cdots & \lambda_{M-1}' & \rho_{M-1}\\ \rho_1^* & \rho_2^* & \rho_3^* & \cdots & \rho_{M-1}^* & r_{MM}\end{pmatrix} \tag{5.195}$$

式中：$\rho_i=\boldsymbol{u}_i'^{\mathrm{H}}\boldsymbol{A}_1(\Theta)\hat{\boldsymbol{R}}_s\boldsymbol{b}_M^{\mathrm{H}}(\Theta)$，$i=1,2,\cdots,M-1$，$\boldsymbol{A}_1(\Theta)$ 为前 $M-1$ 个阵元构成的子阵对 P 个信号的阵列相应矩阵，$\boldsymbol{b}_M(\Theta)$ 为 $\boldsymbol{A}(\Theta)$ 的最后一行，$\hat{\boldsymbol{R}}_s=\dfrac{1}{N}\sum_{n=1}^{N}\boldsymbol{s}(t_n)\boldsymbol{s}^{\mathrm{H}}(t_n)$。

从 $\boldsymbol{S}$ 的结构可以看出它的前 $M-1$ 个盖尔圆 $(O_1,O_2,\cdots,O_{M-1})$ 的半径为

$$r_i=|\rho_i|=|\boldsymbol{u}_i'^{\mathrm{H}}\boldsymbol{A}_1(\Theta)\hat{\boldsymbol{R}}_s\boldsymbol{b}_M^{\mathrm{H}}(\Theta)|=|\boldsymbol{u}_i'^{\mathrm{H}}\boldsymbol{c}|,\ i=1,2,\cdots,M-1 \tag{5.196}$$

因为 $\boldsymbol{u}_i'$，$i=P+1,P+2,\cdots,M-1$ 是协方差矩阵 $\boldsymbol{R}_1$ 的噪声特征矢量，与 $\boldsymbol{A}_1(\Theta)$ 的列矢量是正交的，所以 $\rho_i=0$，$i=P+1,P+2,\cdots,M-1$，而 $\boldsymbol{u}_i'$，$i=1,2,\cdots,P$，是协方差矩阵 $\boldsymbol{R}_1$ 的信号特征矢量，与 $\boldsymbol{A}_1(\Theta)$ 的列矢量非正交，并且假设

$\boldsymbol{R}_s$满秩,因此$\rho_i, i=1,2,\cdots,q$不等于零。因此,变换后的矩阵$\boldsymbol{S}$的形式进一步简化为

$$\boldsymbol{S}=\begin{pmatrix} \lambda_1' & 0 & & & \cdots & 0 & \rho_1 \\ 0 & \cdots & \lambda_q' & & \cdots & 0 & \cdots \\ 0 & & \cdots & \sigma^2 & \cdots & 0 & \rho_q \\ 0 & & \cdots & & \cdots & \sigma^2 & 0 \\ \rho_1^* & \cdots & \rho_q^* & 0 & \cdots & 0 & c_{MM} \end{pmatrix} \tag{5.197}$$

$\boldsymbol{S}$的前$M-1$个盖尔圆O_i的圆心和半径分别为$c_i=\lambda'_i$和$r_i=|\rho_i|, i=1,2,\cdots,M-1$。这些盖尔圆可以分成两组:半径为零的盖尔圆和半径不为零的盖尔圆。其中,半径为零的盖尔圆$O_i, i=P+1,P+2,\cdots,M-1$,被认为是噪声盖尔圆,半径不为零的盖尔圆$O_i, i=1,2,\cdots,P$,被认为是信号盖尔圆。得到了$\boldsymbol{S}$的盖尔圆之后,就可以通过计算半径不为零的盖尔圆的个数,来估计信号源的数目。

经过上述变换,阵列协方差矩阵的盖尔圆分成半径明显不同的两组。利用盖尔圆半径估计信号源数目的盖尔圆准则函数为[28]

$$\mathrm{GDE}(k)=r_k-\frac{D(N)}{M-1}\sum_{i=1}^{M-1}r_i, k=1,2,\cdots,M-2 \tag{5.198}$$

式中:N为快拍数;$D(N)$是一个介于0和1之间N的递减函数。假设$\mathrm{GDE}(\hat{k})$是$\mathrm{GDE}(k)$中的第一个负值,则信号源数目估计值$\hat{P}=\hat{k}-1$。

从盖尔圆准则的表达式可以看出,准则值$\mathrm{GDE}(k)$是第k个盖尔圆半径r_k减去某个门限值的差值,该门限值是所有$M-1$个盖尔圆半径的平均值再乘以一个调整因子$D(N)$。

5.7.3 辅助变量法

辅助变量法的目的是在空间色噪声条件下,从有限次快拍数据$\boldsymbol{x}(t)$中估计P。在介绍辅助变量算法前先对信号模型作如下假设。

假设 1 阵列方向矩阵$\boldsymbol{A}(\boldsymbol{\Theta})$列满秩等于$P$,阵列流形$\boldsymbol{a}(\theta)$未知。

假设 2[29] $s_1(t), s_2(t),\cdots,s_P(t)$不完全相干,即$\boldsymbol{R}_s=E[\boldsymbol{s}\boldsymbol{s}^{\mathrm{H}}]$满秩,其秩等于$P$;$\boldsymbol{s}_k$具有充分长的时间相关特性,即存在已知的$K,L$满足$K\geqslant L\geqslant 1$使得$[\boldsymbol{Q}_L^s,\boldsymbol{Q}_{L+1}^s,\cdots,\boldsymbol{Q}_K^s]$行满秩,其中

$$\boldsymbol{Q}_l^s=E[\boldsymbol{s}(t)\boldsymbol{s}^{\mathrm{H}}(t-l)] \tag{5.199}$$

假设 3[29] 噪声$\boldsymbol{n}(t)$的时间相关长度小于信号$\boldsymbol{s}(t)$的时间相关长度,即$\forall l\geqslant L$,则有

$$\boldsymbol{Q}_l^n=E[\boldsymbol{n}(t)\boldsymbol{n}^{\mathrm{H}}(t-l)]=\boldsymbol{O} \tag{5.200}$$

假设1保证了阵列信号处理中解的唯一性，是一个通常都能满足的一般性假设。当噪声的空间相关特性未知时，假设2和假设3强调了信号和噪声的时间相关特性。传统的信号检测方法只要求噪声在空间上不相关，对噪声的时间相关性没有要求。在空间相关噪声情况下，这两个假设揭露了信号和噪声的可分离特性：当存在一定的时延滞后时，信号仍然相关，但噪声不再具有相关性。在实际应用中，如果接收机的带宽很宽，此时噪声功率谱近似为一条直线，它在时间上近似不相关，而信号在时间上具有相关性，可令 $L=1$，假设2、假设3均能满足；如果为了使接收机与信号带宽相匹配从而最大化信噪比，此时信号和噪声在时间上都是相关的，但是由于信号的带宽有限（通常为窄带信号），假设2、假设3仍然满足。

当阵列接收噪声的空间相关性未知时，可以使用由假设2、假设3揭示的信号和噪声的时间相关特性信息构造数据的自协方差矩阵，然后判断它们的有效秩，从而得到 P 的估计。

定义如下的两个辅助变量[30]：

$\boldsymbol{z}(t)=[\boldsymbol{x}^{\mathrm{T}}(t-L),\boldsymbol{x}^{\mathrm{T}}(t-L-1),\cdots,\boldsymbol{x}^{\mathrm{T}}(t-K)]^{\mathrm{T}}\in C^{M(K-L+1)}$ 和 $\boldsymbol{\phi}(t)$ = 阵列输出 $\boldsymbol{x}(t)$ 的一个 $\hat{P}$ 维子矢量（为了记法方便，不妨令 $\boldsymbol{\phi}(t)=[x_1(t),x_2(t),x_{\hat{P}}(t)]^{\mathrm{T}}$）。求 $\boldsymbol{z}(t)$ 和 $\phi(t)$ 的互相关：

$$\begin{aligned}\boldsymbol{R}_{z\varphi}(\hat{P})&=E\{\boldsymbol{z}(t)\boldsymbol{\phi}^{\mathrm{H}}(t)\}\\&=E\{[(\boldsymbol{A}(\boldsymbol{\Theta})\boldsymbol{s}(t-L))^{\mathrm{T}},\cdots,(\boldsymbol{A}(\boldsymbol{\Theta})\boldsymbol{s}(t-K))^{\mathrm{T}}]^{\mathrm{T}}\boldsymbol{s}^{\mathrm{H}}(t)\boldsymbol{A}_{1:\hat{P},:}^{\mathrm{H}}(\boldsymbol{\Theta})\}\\&=\mathrm{diag}(\boldsymbol{A}(\boldsymbol{\Theta}),\cdots,\boldsymbol{A}(\boldsymbol{\Theta}))([\boldsymbol{Q}_L^s,\boldsymbol{Q}_{L+1}^s,\cdots,\boldsymbol{Q}_K^s]^{\mathrm{H}})\boldsymbol{A}_{1:\hat{P},:}^{\mathrm{H}}(\boldsymbol{\Theta})\end{aligned}\tag{5.201}$$

式中：$\boldsymbol{A}_{1:\hat{P},:}(\boldsymbol{\Theta})$ 为 $\boldsymbol{A}(\boldsymbol{\Theta})$ 的前 $\hat{P}$ 行，由假设2可知，当 $\hat{P}\leqslant P$ 时，$\mathrm{rank}(\boldsymbol{R}_{z\phi}(\hat{P}))=\hat{P}$，当 $\hat{P}>P$ 时，$\mathrm{rank}(\boldsymbol{R}_{z\varphi}(\hat{P}))=P<\hat{P}$。

文献[30]采用假设检验方法，令 $\hat{P}$ 从1到 M 逐渐增加，通过计算有限次快拍情况下 $\hat{\boldsymbol{R}}_{z\phi}^{\mathrm{H}}(\hat{P})\hat{\boldsymbol{R}}_{z\phi}(\hat{P})$ 的最小特征值分别估计 $\hat{\boldsymbol{R}}_{z\phi}(\hat{P})$ 的有效秩。如果当 $\hat{P}=P'$ 时，$\hat{\boldsymbol{R}}_{z\phi}^{\mathrm{H}}\hat{\boldsymbol{R}}_{z\phi}$ 的最小特征值"充分小"时，则 P 的估计 $\hat{P}=P'-1$；否则，令 $\hat{P}=P'+1$，直至 $\hat{\boldsymbol{R}}_{z\phi}^{\mathrm{H}}(\hat{P})\hat{\boldsymbol{R}}_{z\phi}(\hat{P})$ 的最小特征值"充分小"。该方法需要计算若干次相关矩阵及其特征分解，具有非常高的复杂度。确定一个量为"充分小"也非易事，而且要求噪声严格服从高斯分布，否则会导致其中的参数难以确定。该方法具体步骤在此不再详述，参见文献[30]。

5.7.4 基于子空间结构的源数目估计

从5.6.4节中可以看出，如果 P 较大，$\hat{P}$ 从1变化到 $P+1$ 时辅助变量检测

法需要 $P+1$ 次 $\hat{\boldsymbol{R}}_{z\phi}$ 的重复计算，本节提出一种基于酉变换的检测新方法。该方法只需一次相关矩阵计算和特征分解，利用了信号子空间与噪声子空间的正交性，具有低复杂度、适用于非高斯噪声等优点。

由于到达阵列的信号源数目小于阵元数，因此只构造一个相关矩阵，然后判断它的秩即可得到 P 的估计。

令 $\boldsymbol{\phi}(t)=\boldsymbol{x}(t)$，则

$$\begin{aligned}\boldsymbol{R}_{z\phi}&=E\{\boldsymbol{z}(t)\boldsymbol{\phi}^{\mathrm{H}}(t)\}\\&=\mathrm{diag}(\boldsymbol{A}(\Theta),\cdots,\boldsymbol{A}(\Theta))[\boldsymbol{Q}_L^{sT},\boldsymbol{Q}_{L+1}^{sT},\cdots,\boldsymbol{Q}_K^{sT}]^{\mathrm{H}}\boldsymbol{A}^{\mathrm{H}}(\Theta)\end{aligned}\tag{5.202}$$

的秩为 P，即 $\lambda_i(\boldsymbol{R}_{z\phi})=0,i=P+1,P+2,\cdots,M(L-L+1)$，其中 $\lambda_i(\boldsymbol{R}_{z\phi})$ 为 $\boldsymbol{R}_{z\phi}$ 的按降序排列的非负奇异值。下面通过构造酉变换矩阵，利用信号子空间与噪声子空间的正交性构造适当的估计准则。由式(5.202)可知

$$\begin{aligned}\boldsymbol{R}&=\boldsymbol{R}_{z\phi}^{\mathrm{H}}\boldsymbol{R}_{z\phi}\\&=\boldsymbol{A}(\Theta)[\boldsymbol{Q}_L^{s},\boldsymbol{Q}_{L+1}^{s},\cdots,\boldsymbol{Q}_K^{s}]\mathrm{diag}(\boldsymbol{A}^{\mathrm{H}}(\Theta),\boldsymbol{A}^{\mathrm{H}}(\Theta),\cdots,\boldsymbol{A}^{\mathrm{H}}(\Theta))\\&\quad.\ \mathrm{diag}(\boldsymbol{A}(\Theta),\boldsymbol{A}(\Theta),\cdots,\boldsymbol{A}(\Theta))[\boldsymbol{Q}_L^{s},\boldsymbol{Q}_{L+1}^{s},\cdots,\boldsymbol{Q}_K^{s}]^{\mathrm{H}}\boldsymbol{A}^{\mathrm{H}}(\Theta)\\&=\boldsymbol{A}(\Theta)\tilde{\boldsymbol{R}}_s\boldsymbol{A}^{\mathrm{H}}(\Theta)\end{aligned}\tag{5.203}$$

$$\begin{aligned}\tilde{\boldsymbol{R}}_s=&[\boldsymbol{Q}_L^{s},\cdots,\boldsymbol{Q}_K^{s}]\mathrm{diag}(\boldsymbol{A}^{\mathrm{H}}(\Theta),\cdots,\boldsymbol{A}^{\mathrm{H}}(\Theta))\mathrm{diag}(\boldsymbol{A}(\Theta),\cdots,\\&\boldsymbol{A}(\Theta))[\boldsymbol{Q}_L^{s},\cdots,\boldsymbol{Q}_K^{s}]^{\mathrm{H}}\end{aligned}$$

由于 $\boldsymbol{A}(\Theta)$ 和 $[\hat{\boldsymbol{Q}}_L^{s\mathrm{T}},\cdots,\hat{\boldsymbol{Q}}_K^{s\mathrm{T}}]^{\mathrm{T}}$ 均列满秩，因而 $\tilde{\boldsymbol{R}}_s$ 满秩，即 $\mathrm{rank}(\tilde{\boldsymbol{R}}_s)=P$。注意此时 $\tilde{\boldsymbol{R}}_s$ 包含有信号 $\boldsymbol{s}(t)$ 的四阶矩，不是真实的信号协方差矩阵，但它具有与 $\boldsymbol{R}_s=E[\boldsymbol{s}(t)\boldsymbol{s}^{\mathrm{H}}(t)]$ 类似的秩属性和作用，这里我们称为信号的伪协方差阵，称 $\boldsymbol{R}$ 为数据的伪协方差阵。

类似于盖尔圆判定法，对 $\boldsymbol{R}=\boldsymbol{R}_{z\phi}^{\mathrm{H}}\boldsymbol{R}_{z\phi}$ 进行分块，$\boldsymbol{R}=\begin{pmatrix}\boldsymbol{R}_0 & \bar{\boldsymbol{r}}^{\mathrm{H}}\\ \bar{\boldsymbol{r}} & \bar{r}_{MM}\end{pmatrix}$，则 $\boldsymbol{R}_0=\boldsymbol{A}_1(\Theta)\tilde{\boldsymbol{R}}_s\boldsymbol{A}^{\mathrm{H}}(\Theta)$，$\bar{\boldsymbol{r}}=\boldsymbol{A}_1(\Theta)\tilde{\boldsymbol{R}}_s\boldsymbol{b}_M^{\mathrm{H}}(\Theta)$。$\boldsymbol{R}$ 的前 $M-1$ 行 $M-1$ 列子阵 $\boldsymbol{R}_0$ 的特征值分解为

$$\boldsymbol{R}_0=\overline{\boldsymbol{U}}_1\boldsymbol{\Sigma}\overline{\boldsymbol{U}}_1^{\mathrm{H}}\tag{5.204}$$

这里 $\boldsymbol{\Sigma}=\mathrm{diag}(\bar{\lambda}_1,\cdots,\bar{\lambda}_{M-1})$，$\bar{\lambda}_1\geqslant\bar{\lambda}_2\geqslant\cdots\geqslant\bar{\lambda}_p>\bar{\lambda}_{p+1}=\cdots=\bar{\lambda}_{M-1}=0$ 为 $\boldsymbol{R}_0$ 的按降序排列的特征值；$\overline{\boldsymbol{U}}_1=[\bar{\boldsymbol{u}}_1,\cdots,\bar{\boldsymbol{u}}_{M-1}]$ 为相应的特征矢量，$\overline{\boldsymbol{U}}_s=[\bar{\boldsymbol{u}}_1,\cdots,\bar{\boldsymbol{u}}_p]$ 与 $\boldsymbol{A}_1(\Theta)$ 张成相同的子空间，即信号子空间；$\overline{\boldsymbol{U}}_n=[\bar{\boldsymbol{u}}_{P+1},\cdots,\bar{\boldsymbol{u}}_{M-1}]$ 张成噪声

子空间。构造酉变换矩阵：

$$\overline{\boldsymbol{U}}=\begin{pmatrix}\overline{\boldsymbol{U}}_1 & \boldsymbol{0}\\ \boldsymbol{0}^{\mathrm{T}} & 1\end{pmatrix} \tag{5.205}$$

则变换后的数据伪协方差矩阵：

$$\overline{\boldsymbol{U}}=\begin{pmatrix}\overline{\boldsymbol{U}}_1 & \boldsymbol{0}\\ \boldsymbol{0}^{\mathrm{T}} & 1\end{pmatrix}\overline{\boldsymbol{U}}^{\mathrm{H}}\boldsymbol{R}\overline{\boldsymbol{U}}=\begin{pmatrix}\overline{\boldsymbol{U}}_1^{\mathrm{H}}\boldsymbol{R}_0\overline{\boldsymbol{U}}_1 & \overline{\boldsymbol{U}}_1^{\mathrm{H}}\bar{\boldsymbol{r}}\\ \bar{\boldsymbol{r}}^{\mathrm{H}}\overline{\boldsymbol{U}}_1 & \bar{r}_{MM}\end{pmatrix}=\begin{pmatrix}\bar{\lambda}_1 & \cdots & \bar{\rho}_1\\ \vdots & \ddots & \vdots\\ \bar{\rho}_1^{*} & \cdots & \boldsymbol{r}_{MM}\end{pmatrix} \tag{5.206}$$

根据 $\bar{\boldsymbol{r}}$ 的定义可知

$$\bar{\rho}_i=\overline{\boldsymbol{U}}_i^{\mathrm{H}}\bar{\boldsymbol{r}}=\overline{\boldsymbol{U}}_i^{\mathrm{H}}\boldsymbol{A}_1(\boldsymbol{\Theta})\widetilde{\boldsymbol{R}}_s\boldsymbol{b}_M^{\mathrm{H}}(\boldsymbol{\Theta}),i=1,2,\cdots,M-1 \tag{5.207}$$

由于 $\bar{\boldsymbol{r}}\in\overline{\boldsymbol{U}}_s$，当 $i=1,2,\cdots,P$ 时，$|\bar{\rho}|\neq 0$；当 $i=P+1,\cdots,M\cdots1$ 时，$|\bar{\rho}_i|=0$。此时，有

$$\overline{\boldsymbol{U}}^{\mathrm{H}}\boldsymbol{R}\overline{\boldsymbol{U}}=\begin{pmatrix}\bar{\lambda}_1 & 0 & 0 & 0 & \cdots & 0 & \bar{\rho}_1\\ 0 & \cdots & \bar{\lambda}_P & 0 & \cdots & 0 & \cdots\\ 0 & 0 & \cdots & \bar{\lambda}_{P+1} & \cdots & 0 & \bar{\rho}_P\\ 0 & 0 & \cdots & 0 & \cdots & \bar{\lambda}_{M-1} & 0\\ \bar{\rho}_1 & \cdots & \bar{\rho}_P & 0 & \cdots & 0 & \bar{r}_{MM}\end{pmatrix} \tag{5.208}$$

因此，信号源数目 P 等于式(5.208)右端矩阵中非零 $\bar{\rho}_i$ 的个数。

通常 $\boldsymbol{R}_{z\phi}$ 无法得到，只能用有限次快拍数据平均得到，即

$$\boldsymbol{R}_{z\phi}=\frac{1}{N-K_t}\sum_{t=K+1}^{N}z(t)\boldsymbol{\phi}^{\mathrm{H}}(t) \tag{5.209}$$

N 的有限使得假设 3 不能严格满足，破坏了信号子空间与噪声子空间的正交性，因而 $|\bar{\rho}_i|,i=P+1,\cdots,M-1$ 总是为较小的非零数，给 P 的估计带来困难。下面首先分析 $|\bar{\rho}_i|,i=P+1,\cdots,M-1$ 的模值趋近于无穷小的阶数，进一步给出估计 P 的启发式准则。

由文献[41]可知

$$\delta\boldsymbol{R}_{z\phi}=\boldsymbol{R}_{z\phi}-\overline{\boldsymbol{R}}_{z\phi}=o\left(\sqrt{\frac{\log\log(N-K)}{N-K}}\right),\ \text{a. s.} \tag{5.210}$$

式中：a. s. 表示几乎一致以概率 1 取等；$o(\cdot)$ 表示同阶（等价）无穷小。因而

$$\begin{aligned}\delta\boldsymbol{R}&=\boldsymbol{R}-\overline{\boldsymbol{R}}=\boldsymbol{R}_{z\phi}^{\mathrm{H}}\boldsymbol{R}_{z\phi}-\overline{\boldsymbol{R}}_{z\phi}^{\mathrm{H}}\overline{\boldsymbol{R}}_{z\phi}\\&=\overline{\boldsymbol{R}}_{z\phi}^{\mathrm{H}}(\boldsymbol{R}_{z\phi}-\overline{\boldsymbol{R}}_{z\phi})+(\boldsymbol{R}_{z\phi}^{\mathrm{H}}-\overline{\boldsymbol{R}}_{z\phi}^{\mathrm{H}})\overline{\boldsymbol{R}}_{z\phi}\\&=o\left(\sqrt{\frac{\operatorname{loglog}(N-K)}{N-K}}\right),\ \text{a. s.}\end{aligned}\tag{5.211}$$

由 $\delta\boldsymbol{R}_{z\phi}$ 引起的扰动 $\overline{\boldsymbol{R}}_{z\phi}$ 的噪声子空间具有如下性质[31,32]：

$$\delta\boldsymbol{U}_n=-\boldsymbol{U}_s\operatorname{diag}(\lambda_1^{-1},\cdots,\lambda_P^{-1})\overline{\boldsymbol{U}}_s\delta R\overline{\boldsymbol{U}}_n^{\mathrm{H}}=o\left(\sqrt{\frac{\operatorname{loglog}(N-K)}{N-K}}\right),\ \text{a. s.}\tag{5.212}$$

所以,存在 $\alpha_i>0, i=P+1,\cdots,M-1$,使得

$$|\bar{\rho}_i|=\alpha_i\sqrt{\frac{\operatorname{loglog}(N-K)}{N-K}}\tag{5.213}$$

对 $|\bar{\rho}_i|$ 从大到小排序,定义

$$H(k)=|\bar{\rho}_k|-\gamma\sqrt{\frac{\operatorname{loglog}(N-K)}{N-K}}\sum_{i=1}^{M-1}|\bar{\rho}_i|\tag{5.214}$$

这里 $1\leqslant k\leqslant M-1$,$\gamma$ 为一个可调参数,式(5.214)为单调递减函数。估计信号源数 P 的启发式准则为:令 k 从 1 到 $M-1$ 逐步增加,如果当 $k=P'$ 时,$H(k)$ 最先取得非正数值,则 $\hat{P}=P'-1$。其解释为:当 $|\rho_k|$ 首先小于某特定门限时,则 $\hat{P}=k-1$,且该门限可以根据快拍数的变化自动调整。

在实际应用中,由于信号的时间相关长度很长,可以通过设计有限冲击响应(FIR)时域滤波器提高信噪比,分别对每条通道进行时域处理并不会影响每个通道信号之间的相对相位信息。如果 FIR 滤波器带宽大于信号带宽便不会损失信号能量,因而可以提高检测和参数估计性能。

5.7.5 对角加载对基于信息论准则估计方法的性能改善

相关矩阵对角加载技术首先用于自适应波束形成技术中,以提高波束保形等方面的稳健性[25],其物理意义相当于向阵列注入白噪声。对于式(5.182),在空间白噪声和快拍数 N 趋于无穷大的条件下,$\hat{\boldsymbol{R}}$ 的小特征值趋于相等,但是当 N 较小和噪声的真实协方差矩阵不等于对角阵时,式(5.182)中 $\hat{\boldsymbol{R}}$ 的 $M-P$ 个小特征值将很分散,表现为色噪声特性,利用式(5.184)~式(5.186)可能导致信号源数目的过估计。为了克服上述因素的影响,对估计协方差矩阵 $\hat{\boldsymbol{R}}$ 进行对角加载,即用 $\hat{\boldsymbol{R}}+\lambda\boldsymbol{I}(\lambda>0)$ 代替 $\hat{\boldsymbol{R}}$,其作用是:在小特征值很分散时,加载量 $\lambda\boldsymbol{I}$ 的作用主要是平滑噪声特征值,相当于“白化”非理想空间白噪声,而对信号特征

值影响较小,从而避免过估计。

记 $\tilde{\boldsymbol{R}}=\hat{\boldsymbol{R}}+\lambda\boldsymbol{I}$,其特征值记为 l_i,则加载量 $\lambda\boldsymbol{I}$ 只影响 $\hat{\boldsymbol{R}}$ 特征值而不影响其特征矢量,且有关系式 $l_i=\mu_i+\lambda$ 成立。将对角加载协方差矩阵的特征值 l_i 应用于不同的准则,可以得到不同的估计方法:

$$k_{\text{IAIC}}=\arg\min_k\{\text{AIC}(k)\}=\arg\min_k\{\text{ILLF}(k)+P_{\text{AIC}}(N,M,k)\} \tag{5.215}$$

$$k_{\text{IMDL}}=\arg\min_k\{\text{MDL}(k)\}=\arg\min_k\{\text{ILLF}(k)+P_{\text{MDL}}(N,M,k)\} \tag{5.216}$$

$$k_{\text{IBPD}}=\arg\min_k\{\text{BPD}(N,M,k)\}=\arg\min_k\{\text{ILLF}(k)+P_{\text{BPD}}(N,M,k)\} \tag{5.217}$$

其中式(5.192)中的 μ_i 用 $l_i=\mu_i+\lambda$ 代替,即

$$\text{ILLF}(k)=N(M-k)\log\left(\frac{1}{M-k}\sum_{i=k=1}^{M}l_i\Big/\left(\prod_{i=k=1}^{M}l_i\right)^{\frac{1}{M-k}}\right)$$

5.7.6 性能分析

下面以基于 MDL 准则的方法为例,讨论基于对角加载的估计器(5.215)~(5.217)的性质。

定理 1 估计器(5.216)为 P 的强一致估计,即:当 $N\to\infty$ 时,a. s. $k_{\text{IMDL}}=P$。

证明: 为了证明当 $N\to\infty$ 时,$k_{\text{IMDL}}=P$ 几乎一致成立,仅需证明当 $N\to\infty$ 时,下式几乎一致成立:

$$\underset{\substack{k=0,1,\cdots,P-1\\ k\neq P}}{\text{IMDL}(k)}>\text{IMDL}(P) \tag{5.218}$$

由文献[41]知,下式几乎一致成立:

$$\frac{1}{N}\sum_{i=1}^{N}\boldsymbol{n}(t_i)\boldsymbol{n}^{\text{H}}(t_i)-\sigma^2\boldsymbol{I}=o\left(\sqrt{\frac{\log\log N}{N}}\right) \tag{5.219}$$

式中:$o(x)$ 表示 x 的等价无穷小,即 $o(x)/x$ 为一常数。当 $N\to\infty$ 时,几乎一致有 $\mu_{P+1}=\mu_{P+2}=\cdots=\mu_M$,$l_{P+1}=l_{P+2}=\cdots=l_M$,所以 ILLF$(P)=0$。

(1) 对于 $k<P$,$l_{k+1},l_{k+2},\cdots,l_M$ 不全相等,所以 $l_{k+1},l_{k+2},\cdots,l_M$ 的代数平均大于几何平均,即 $\frac{1}{M-k}\sum_{i=k+1}^{M}(\mu_i+\lambda)>\left[\prod_{i=k+1}^{M}(\mu_i+\lambda)\right]^{\frac{1}{M-k}}$,因此

$$\text{ILLF}(k)=N(M-k)\log\left(\frac{1}{M-k}\sum_{i=k+1}^{M}(\mu_i+\lambda)\Big/\left[\prod_{i=k+1}^{M}(\mu_i+\lambda)\right]^{\frac{1}{M-k}}\right)>0$$

$$\text{a. s.}\quad \text{as}\quad N\to\infty$$

$$\mathrm{IMDL}(k)-\mathrm{IMDL}(P)=\mathrm{ILLL}(k)-\mathrm{ILLF}(P)+\frac{\log N}{2}(k-P)(2M-k-P-1)$$
$$>0 \quad \text{a. s.} \quad \text{as} \quad N\to\infty \tag{5.220}$$

成立。

（2）对于 $k>P$，由泰勒展开式

$$\log(\sigma^2+x)=\log(\sigma^2)+(x-\sigma^2)-\frac{1}{2}(x-\sigma^2)^2+o(x-\sigma^2)^2$$

$$\begin{aligned}\mathrm{ILLF}(k)&=N(M-k)\log\left(\sigma^2+\lambda+\frac{1}{M-k}\sum_{i=k=1}^{M}(\mu_i-\sigma^2)\right)-\\&\quad N\sum_{i=k+1}^{M}\log(\sigma^2+\lambda+(\mu_i-\sigma^2))\\&=\frac{N}{2}o\left(\sum_{i=k+1}^{M}(\mu_i\sigma^2)^2\right)-\frac{N}{2(M-k)}o\left(\left(\sum_{i=k+1}^{M}(\mu_i-\sigma^2)\right)^2\right)\\&=0 \quad \text{a. s.} \quad \text{as} \quad N\to\infty\end{aligned} \tag{5.221}$$

由式(5.221)可知

$$\mu_i-\sigma^2=o\left(\sqrt{\frac{\log\log N}{N}}\right) \quad \text{a. s.} \quad \text{as } N\to\infty \tag{5.222}$$

因此有

$$\mathrm{IMDL}(k)-\mathrm{IMDL}(P)=\frac{\log N}{2}(k-P)(2M-k-P-1)>0 \quad \text{a. s.} \quad \text{as } N\to\infty \tag{5.223}$$

结合式(5.221)、式(5.223)，则式(5.218)成立，定理 1 得证。

同样可以利用类似的方法讨论估计器式(5.215)、式(5.217)的性质，从上述的讨论可以看出，对角加载并不影响这三个估计器式(5.215)～式(5.217)的渐近性能。而下面的定理 2 却给出了在有限次快拍时对角加载对信号源数估计的影响。

定理 2 对于任意有限的 $\lambda>0$，则 $\mathrm{ILLF}(k)\leqslant\mathrm{LLF}(k)$，且 $k_{\mathrm{IMDL}}\leqslant k_{\mathrm{MDL}}$。

证明：

$$\mathrm{LLF}(k)-\mathrm{ILLF}(k)=\log\left(\frac{\sum_{i=k+1}^{M}\mu_i\cdot\left[\sum_{i=k+1}^{M}(\mu_i+\lambda)\right]^{\frac{1}{M-k}}}{\left[\prod_{i=k+1}^{M}\mu_i\right]^{\frac{1}{M-k}}\cdot\sum_{i=k+1}^{M}(\mu_i+\lambda)}\right)$$

$$\overset{\left(\lambda_i=\frac{\mu_i}{\lambda}\right)}{=\!=\!=}\log\left(\frac{1}{1+\dfrac{M-k}{\sum_{i=k+1}^{M}\lambda_i}}\left(\prod_{i=k+1}^{M}\left(1+\frac{1}{\lambda_i}\right)\right)^{\frac{1}{M-k}}\right) \tag{5.224}$$

$$\geqslant \log\left(\frac{1}{1+\left(\prod_{i=k+1}^{M}\frac{1}{\lambda_i}\right)^{\frac{1}{M-k}}}\cdot\left(\sum_{i=k+1}^{M}\left(1+\frac{1}{\lambda_i}\right)\right)^{\frac{1}{M-k}}\right)$$

$$=\log\left(\frac{1}{\left(\prod_{i=k+1}^{M}\frac{1}{\lambda_i+1}\right)^{\frac{1}{M-k}}+\left(\sum_{i=k+1}^{M}\frac{\lambda_i}{\lambda_i+1}\right)^{\frac{1}{M-k}}}\right)$$

$$\geqslant \log\left(\frac{M-k}{\sum_{i=k+1}^{M}\frac{\lambda_i}{\lambda_i+1}+\sum_{i=k+1}^{M}\frac{1}{\lambda_i+1}}\right)=0 \tag{5.225}$$

另外，由于 i 增加时，λ_i 减小；$\frac{1}{M-k}\sum_{i=k+1}^{M}\lambda_i$ 减小；$\left(\prod_{i=k+1}^{M}\lambda_i\right)^{\frac{1}{M-k}}$ 减小；$\frac{1}{\lambda_i}$ 增加；$\frac{1}{M-k}\sum_{i=k+1}^{M}\frac{1}{\lambda_i}$ 增加；$\left(\prod_{i=k+1}^{M}\frac{1}{\lambda_i}\right)^{\frac{1}{M-k}}$ 增加。将上面变化关系代入式(5.224)，可以得到：对任意的 $0\leqslant k_1\leqslant k_2\leqslant M-1$，有

$$\mathrm{LLF}(k_1)-\mathrm{ILLF}(k_1)<\mathrm{ILLF}(k_2)-\mathrm{LLF}(k_2) \tag{5.226}$$

所以

$$k_{\mathrm{IMDL}}\leqslant k_{\mathrm{MDL}} \tag{5.227}$$

定理得证。

以上讨论了基于对角加载的改进算法的一致性和对角加载对信号源数估计性能的影响，从定理的证明中可以看出：当加载量为零时，对三个准则都没有影响；当加载量趋于正无穷大时，则估计结果为零个信号源。类似于稳健的波束形成算法中的对角加载技术，加载量的确定对信号源数目的估计性能具有重要的作用，求出最优的加载量非常困难，只能通过大量的实验给出粗略的经验值，而且基于不同的准则得到的近似最优值也不同。另外，当加载量为负值（$-\mu_P<\lambda<0$），即伪噪声功率为负时，对角加载只有数学意义，没有合理的物理解释（负加载量问题本书在此不予讨论）。

以 8 阵元半波长间隔等距线阵为例，自由空间中有三个远场独立信号到达阵列，入射角分别为(10°, 60°, 65°)，信号功率分别为 10dB、20dB、5dB；每个阵元噪声功率不全相等：(1.12, 1, 1.05, 1.2, 1.06, 1.15, 0.8, 0.9)。分别采用由式(5.187) ~式(5.189)和式(5.215) ~式(5.217)所描述的准则进行估计，加载量 $\lambda=2$，通过 200 次蒙特·卡罗实验，得到对于快拍数 M 的错误检测概率曲线如图 5.9 所示。从图中可以看出，各个通道的噪声功率存在很小的差别都将导致标准的 AIC、MDL、BPD 准则完全失效，然而采用本节提出的对角加载技

术再结合这三个准则则可以收到较好的效果。

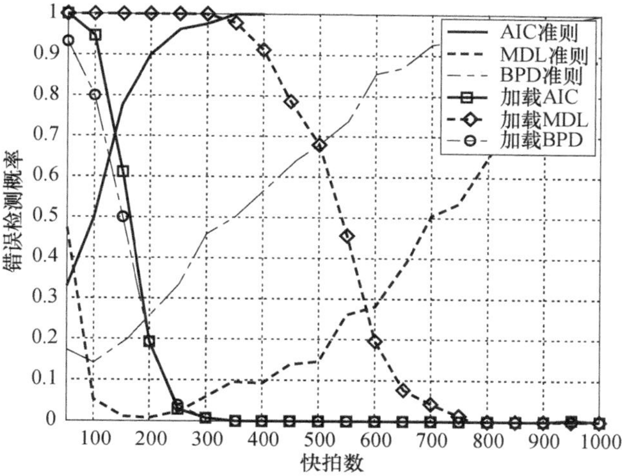

图 5.9　在阵元噪声功率不等时采用六种准则的检测结果

5.8　信号源数目估计的线性插值法

5.7 节中讨论的基于对角加载的改进方法只是适用于噪声特征值分散不太严重的背景噪声，如果每个阵元上的噪声强相关或者每个阵元噪声功率扩散较为严重，则基于对角加载的估计方法性能趋于恶化甚至失效，本节从另外一个角度分析噪声特征值的扩散，利用线性插值的方法提出一种新颖的信号源数目估计方法。

5.8.1　非相关源情况

首先假设噪声 $\boldsymbol{n}(t_i)$ 为与信号不相关的零均值 Gaussian 随机过程，且 $E[\boldsymbol{n}(t_i)\boldsymbol{n}^{\mathrm{H}}(t_i)]=\delta(i-k)\boldsymbol{Q}$，其中 $\boldsymbol{Q}$ 或者其估计 $\hat{\boldsymbol{Q}}$ 不等于 $\sigma^2\boldsymbol{I}_M$，即这里假设噪声可以为 Gaussian 色噪声。

一般情况下，$\boldsymbol{Q}$ 或 $\hat{\boldsymbol{Q}}$ 的特征值从大到小排序后往往近似分布在一条直线周围或者可以用一条直线拟合，下面从一个具体实例说明线性插值法的原理。对于色噪声模型[33]：$[\boldsymbol{Q}]_{ik}=\gamma^{|i-k|}\exp(\mathrm{j}\varphi(i-k))$，$i,k=1,2,\cdots,M;1\geqslant\gamma\geqslant0$，为相邻两个阵元上噪声的相关程度，$\varphi$ 控制噪声功率谱密度峰值位置。对 $\boldsymbol{Q}$ 进行特征分解，其从大到小排序后的特征值记为 λ_i，取 $\gamma=0.4$，$\varphi=\pi$，$M=10$，$\boldsymbol{Q}$ 的特征值分布如图 5.10 所示，而且它们可以用一条近似直线 $\hat{\lambda}_k=ak+c$ 拟合，这里 a,c

为未知待求的常数,此时存在拟合误差 $\varepsilon = \sum_{k=1}^{10}(\hat{\lambda}_k - \lambda_k)^2 = 0.3945$。假定存在一个 0dB 的信号到达阵列时,对所有 10 个特征值的拟合误差为 $\varepsilon(0) = 82.0648$,而后 9 个特征值的误差为 $\varepsilon(1) = 0.2787$ 依次可以得到 $\varepsilon(2)$,$\varepsilon(3)$,…,$\varepsilon(9)$,(这里 $\varepsilon(k)$ 表示一条直线对从第 $k+1$ 到第 10 个特征值的拟合误差),而且 $\varepsilon(k)$ 单调递减。

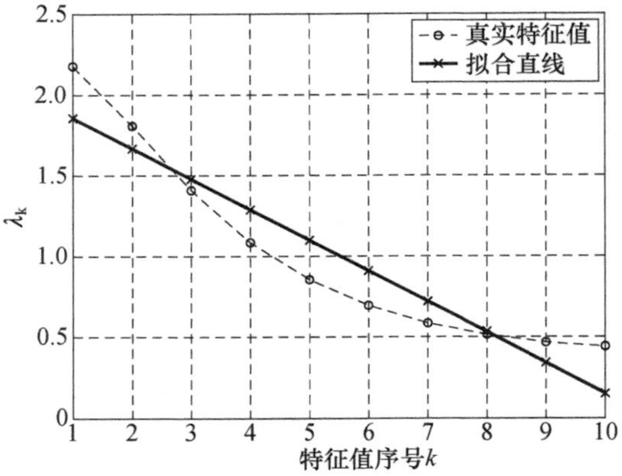

图 5.10 $\boldsymbol{Q}$ 的特征值分布及直线拟合

对于任意的色噪声模型,假定存在 P 个信号到达阵列,可以利用直线分别拟合阵列数据的协方差矩阵的后 $k(k = M, M-1, \cdots, 1)$ 个特征值得到误差 $\varepsilon(0)$,$\varepsilon(1)$,…,$\varepsilon(M-1)$。如果信噪比足够大,$\varepsilon(0)$,…,$\varepsilon(P)$ 两两之间的差别比 $\varepsilon(P+1)$,…,$\varepsilon(M)$ 之间的差别明显得多,且 $\varepsilon(k)$ 单调递减,但是它在区间 $[P+1, M]$ 上的变化较平缓。因此,如果可以得到 $\varepsilon(k)$ 变化从快到慢的这一转折点即可得到 P 的估计。这里的 $\varepsilon(k)$ 同式(5.188)中的第一项 $N(M-k)\log(\alpha(k)/\beta(k))$ 性质类似,利用 AIC、MDL 等方法的思想,可以构造如下的代价函数:

$$L(k) = \varepsilon(k) + P(k) \tag{5.228}$$

式中:$\varepsilon(k) = \boldsymbol{\Psi}^{\mathrm{T}}(\boldsymbol{I}_M - \boldsymbol{B}(\boldsymbol{B}^{\mathrm{H}}\boldsymbol{B}^{-1})\boldsymbol{B}^{\mathrm{H}})\boldsymbol{\Psi}$,$\boldsymbol{\Psi} = [\lambda_{k+1}, \cdots, \lambda_M]^{\mathrm{T}}$,$\boldsymbol{B} = [(1:M-k)^{\mathrm{T}}, \boldsymbol{1}_{M-k}]$,在这里 $P(k)$ 为罚函数:$P(k) = \delta \cdot k \cdot (2M-k+1)$,$\delta$ 为可调参数。因此,P 的估计为

$$\hat{P}\arg\min_k L(k) \tag{5.229}$$

由于基于信息论准则的信号源数估计算法均使用了式(5.188)中的对数似然函数,这些准则均要求在快拍数趋于无穷时的噪声特征值完全相等,然而色噪声恰恰彻底破坏了这一前提性假设,所以导致了这些算法的失败。而基于线性插值的信号源数估计准则式(5.229)中 $L(k)$ 的第一项,克服了快拍数趋于无穷时要求噪声特征值完全相等这一限制性约束,同时又保留了传统方法的优点,即

代价函数为两项之和，第一项单调递减，而罚函数单调递增，因此算法式(5.229)可以适用于色噪声环境。

5.8.2 相关或相干源情况

当到达阵列的 P 个信号中存在两个或者两个以上的相关或相干源时，$\boldsymbol{A}(\boldsymbol{\Theta})\boldsymbol{R}_{ss}\boldsymbol{A}^{\mathrm{H}}(\boldsymbol{\Theta})$ 的秩小于 P，对式(5.180)作特征分解将会损失大特征值的数目。通过最大似然法或其他方法得到 $\boldsymbol{\Theta}_k$ 的粗略估计 $\boldsymbol{\Theta}_k=[\theta_1,\theta_2,\cdots,\theta_K]^{\mathrm{T}}$，构造相应的信号子空间的正交补空间：

$$\boldsymbol{P}_{A(\hat{\Theta}_k)}^{\perp}=\boldsymbol{I}_{M-1}-\boldsymbol{A}(\hat{\boldsymbol{\Theta}}_k)(\boldsymbol{A}^{\mathrm{H}}(\hat{\boldsymbol{\Theta}}_k)\boldsymbol{A}(\hat{\boldsymbol{\Theta}}_k))^{-1}\boldsymbol{A}^{\mathrm{H}}(\hat{\boldsymbol{\Theta}}_k) \tag{5.230}$$

用正交投影矩阵 $\boldsymbol{P}_{A(\hat{\Theta}_k)}^{\perp}$ 滤除 $\hat{\boldsymbol{R}}$ 中信号分量，得到

$$\boldsymbol{R}_n^{(k)}=\boldsymbol{P}_{A(\hat{\Theta}_k)}^{\perp}\hat{\boldsymbol{R}}\boldsymbol{P}_{A(\hat{\Theta}_k)}^{\perp} \tag{5.231}$$

对 $\boldsymbol{R}_n^{(k)}$ 作特征分解，得到 $M-k$ 个非零特征值 $\lambda_1^{(k)}\geqslant\lambda_2^{(k)}\geqslant\cdots\geqslant\lambda_{M-k}^{(k)}$，得到 $\varepsilon(k)=\boldsymbol{\Psi}^{\mathrm{T}}(\boldsymbol{I}_M-\boldsymbol{B}(\boldsymbol{B}^{\mathrm{H}}\boldsymbol{B}^{-1})\boldsymbol{B}^{\mathrm{H}})\boldsymbol{\Psi}$，$\boldsymbol{\Psi}=[\lambda_1^{(k)},\cdots,\lambda_{M-K}^{(k)}]^{\mathrm{T}}$，$\boldsymbol{B}=[(1:M-k)^{\mathrm{T}},\boldsymbol{1}_{M-k}]$，此时 P 的估计仍然由式(5.229)得到。

当假设的 $k<P$ 时，$\boldsymbol{R}_n^k$ 中仍然含有信号分量，此时 $\varepsilon(k)$ 的值很大，罚函数值较小，$\varepsilon(k)$ 起主要作用；当 $k=P$ 时，$\boldsymbol{R}_n^k$ 中为纯噪声分量；当 $k>P$ 时，不论 $\hat{\boldsymbol{\Theta}}_k$ 中是否包含真实的 $\boldsymbol{\Theta}=[\theta_1,\theta_2,\cdots,\theta_P]^{\mathrm{T}}$，罚函数起主要作用，因此本方法用于检测相干源是合理的。

注：①准则式(5.229)中参数 δ 需事先选定，该参数与噪声特性有关，噪声功率越大或者噪声特征值越分散，则噪声特征值的拟合误差越大，罚函数中的 δ 的取值应该较小。②在 $\varepsilon(k)$ 的表达式中，矩阵 $\boldsymbol{I}_M-\boldsymbol{B}(\boldsymbol{B}^{\mathrm{H}}\boldsymbol{B}^{-1})\boldsymbol{B}^{\mathrm{H}}$ 的计算与特征值无关，可以预先计算。同基于信息论准则的方法相比，本书方法具有较低的计算复杂度。

5.8.3 估计步骤

现将本节所提的基于线性插值的信号源数目估计方法的步骤总结如下。

步骤 1：通过采样快拍数据利用式(5.182)估计协方差矩阵 $\hat{\boldsymbol{R}}$，设定参数 δ，令 $k=0$。

步骤 2：判断是否存在相干信号，如是，转步骤 3；如否，转步骤 4。

步骤 3：假设存在 k 个信号，利用交替投影等算法估计这 k 个信号的 DOA，$\hat{\boldsymbol{\Theta}}_k=[\theta_1,\theta_2,\cdots,\theta_k]^{\mathrm{T}}$，构造投影矩阵 $\boldsymbol{P}_{A(\hat{\Theta}_k)}^{\perp}$，计算 $\boldsymbol{R}_n^{(k)}=\boldsymbol{P}_{A(\hat{\Theta}_k)}^{\perp}\hat{\boldsymbol{R}}\boldsymbol{P}_{A(\hat{\Theta}_k)}^{\perp}$。然后对 $\boldsymbol{R}_n^{(k)}$ 进行特征分解得到 $M-k$ 个非零特征值 $\lambda_1^{(k)}\geqslant\lambda_2^{(k)}\geqslant\cdots\geqslant\lambda_{M-k}^{(k)}$。

步骤4:对 $\hat{\boldsymbol{R}}$ 进行特征分解,$\hat{\boldsymbol{R}}=\boldsymbol{U}_1\boldsymbol{\Sigma}\boldsymbol{U}_1^{\mathrm{H}}$,其中 $\boldsymbol{\Sigma}=\mathrm{diag}[\lambda_1,\lambda_2,\cdots,\lambda_M]$。记

$$\lambda_1^{(k)}=\lambda_{k+1},\lambda_2^{(k)}=\lambda_{k+2},\cdots,\lambda_{M-k}^{(k)}=\lambda_M。$$

步骤5:令 $\boldsymbol{\Psi}=[\lambda_1^{(k)},\lambda_2^{(k)},\cdots,\lambda_{M-K}^{(k)}]^{\mathrm{T}}$,$\boldsymbol{B}=[(1:M-k)^{\mathrm{T}},\boldsymbol{1}_{M-k}]$,计算$\varepsilon(k)=\boldsymbol{\Psi}^{\mathrm{T}}(\boldsymbol{I}_M-\boldsymbol{B}(\boldsymbol{B}^{\mathrm{H}}\boldsymbol{B}^{-1})\boldsymbol{B}^{\mathrm{H}}\boldsymbol{\Psi}$ 以及 $P(k)=\delta\cdot k\cdot(2M-k+)$。令 $k=k+1$,重复步骤3、4,得到 $\varepsilon(0),\varepsilon(1),\cdots,\varepsilon(M-1)$ 和 $P(0),P(1),\cdots,P(M-1)$。

步骤6:计算最终的估计结果 $\hat{P}\arg\min\limits_k\{\varepsilon(k)+P(k)\}$。

5.8.4 平滑秩序列法

前面所述的信号源估计算法,只能对信号源总数作出估计,它不能对信号源的类别进行细致的分类,即不知相关源的相关结构。例如,估计总源数是 K,其中相关源有几组,每组有多少个相关源数?为了较详细地对信号相关结构进行估计,可采用平滑秩序列法。

我们知道,阵列对信号的分辨能力与阵元数 N,信号的相关性及处理算法有关。对于独立信号的分辨能力,阵元数 N 应大于独立信号源数,即

$$N\geqslant K+1$$

对于用前向(或后向)空间平滑法,应满足:

$$N\geqslant K+J_1$$

式中:K 为总源数;J_1 为相关源数目,相关源组中的信号与其他信号相互独立,或非完全相关。对于双向平滑算法为

$$N\geqslant K+\frac{1}{2}J_1$$

我们的目的就是要知道总源数,也要知道信号源的相关结构。下面讨论源相关结构检测的方法——平滑秩序列法。

设 R_0 是 $N\times N$ 维矩阵,k 是正整数,定义一个$(N-k)\times N$ 矩阵 $\boldsymbol{I}_{N-k,j}$它为

$$\boldsymbol{I}_{N-k,j}=[\boldsymbol{0},\cdots,\boldsymbol{0},\boldsymbol{I}_{N-k},\boldsymbol{0},\cdots,\boldsymbol{0}]$$

它的前 j 列和后 $k-j$ 列为 $\boldsymbol{0}$ 矢量,$\boldsymbol{I}_{N-k}$为$(N-k)\times(N-k)$单位矩阵。将 $\boldsymbol{R}_0$ 分成交叉重叠矩阵序列$\{\boldsymbol{R}_0^{(r)}\}_{r=0}^{N-1}$,而后用平滑表示,即

$$\begin{cases}\boldsymbol{R}_0^1=\dfrac{1}{2}\displaystyle\sum_{i=0}^{1}\boldsymbol{I}_{N-1,i}\boldsymbol{R}_0I_{N-1,i}^{\mathrm{T}}\\ \boldsymbol{R}_0^k=\dfrac{1}{k+1}\displaystyle\sum_{i=1}^{k}\boldsymbol{I}_{N-k,i}\boldsymbol{R}_0I_{N-k,i}^{\mathrm{T}}\\ \boldsymbol{R}_0^{N-1}=\dfrac{1}{N}\displaystyle\sum_{i=1}^{N-1}\boldsymbol{I}_{1,i}\boldsymbol{R}_0I_{1,i}^{\mathrm{T}}\end{cases}$$

上式中的交叉重叠矩阵序列实质上是前向空间平滑矩阵。假设信号源由 L 组相关源的群组成，分别表示为 $g_i, i=1,2,\cdots,L$，如 $i=1$，则表明该群是单个独立信号；若 $i=3$，则说明该群有三个相干源，L 是最大的相关源数；若 $g_2=3$，则说明有三个相关群，每群有两个相干源，则相关群的数目为

$$Q = \sum_{i=1}^{L} g_i \tag{5.232}$$

总的信号源数为

$$K = \sum_{q=1}^{Q} f_q \tag{5.233}$$

式中：f_q 表示第 q 组相关群的信号源数。

如果从有限次快拍的数据中获得数据协方差矩阵，此时

$$\hat{\boldsymbol{R}}^{(k)} = \hat{\boldsymbol{R}}_0^{(k)} + \sigma^2 \boldsymbol{I} \tag{5.234}$$

而 $\hat{\boldsymbol{R}}^{(k)}$ 的信号子空间维数就是 $\hat{\boldsymbol{R}}_9^{(k)}$ 的秩，故平滑秩序列为

$$\dim\{\hat{\boldsymbol{R}}_0^{(k)}\} = \begin{cases} \sum_{i=1}^{L} g_i & k = 0 \\ \min\left[M-k, \sum_{i=1}^{k} i g_i + (k+1)\sum_{i=k+1}^{L} g_i\right] & 0 \leqslant k \leqslant M-1 \end{cases} \tag{5.235}$$

同时，根据 MDL 准则可得

$$\dim\{\hat{\boldsymbol{R}}_0^{(k)}\} = \min_{k=0,1,\cdots,M-1} \mathrm{MDL}(k) \tag{5.236}$$

根据式(5.235)和式(5.236)可以求得信号源的相关结构及信号源数。显然，上述的平滑秩算法很容易推广到双向平滑秩算法，这时平滑秩序列只需作如下修正：

$$\dim\{\hat{\boldsymbol{R}}_0^{(k)}\} = \begin{cases} \sum_{i=1}^{L} g_i & k = 0 \\ \min\left[M-\dfrac{k}{2}, \sum_{i=1}^{k} i g_i + (k+1)\sum_{i=k+1}^{L} g_i\right] & k \geqslant 1 \end{cases} \tag{5.237}$$

经上述分析，我们对平滑秩算法作一总结，算法流程如下：

(1) $k=0$。

(2) 利用式(5.237)求 $\hat{\boldsymbol{R}}_0^{(k)}$ 的维数。

(3) $k=k+1$。

(4) 判断结束条件，是执行步骤(5)，否则转到步骤(2)。

(5) 根据得到的平滑秩序列判断源数及结构。

对于算法再作几点说明：

（1）算法中当 $k=0$,其实就是求原协方差矩阵维数。随着 k 的增加也就是对原协方差矩阵求 k 次前向或后向平滑后,再对修正的协方差矩阵求维数。

（2）如果上述算法改为双向平滑,即每次 k 对协方差矩阵进行双向平滑,再求修正矩阵的维数,则得到的就是双向平滑秩矩阵。

（3）信号源数及相关结果均是根据平滑秩序列来判断的,一般情况下 $k=0$ 时的矩阵维数为独立组数,平滑秩中最大的数即信号源数。

通过上面的分析,可以清楚地看出平滑秩算法是基于解相干基础的信号源数估计方法,所以其他的解相干处理算法同样也可以实现信号源数的估计问题,如矩阵分解方法等。不过,矩阵分解算法估计信号源数的处理过程与上述的平滑秩算法基本相同,即都是对不同维数的解相干矩阵估计信号源数并组成一个序列。不同之处在于解相干的过程,平滑秩是采用平滑之后的矩阵解相干,而矩阵分解方法是采用矩阵重构的方法解相干。

这类基于解相干基础的信号源估计方法,与信息论方法相比有如下优点：

当信噪比较大、快拍数较大时,平滑秩序列法比 AIC 及 HQ 算法的性能要好；

当入射信号包括几个相干源群时,平滑秩算法不但可以估计信号源总数,而且还可估计出信号源结构,信息论方法只能估计信号源数,无法对结果进行估计。

参考文献

[1] Gao F－F, Nallanathan A, Wang Y. Improved MUSIC under coexistence of both circular and noncircular sources[J]. IEEE Trans. Signal Process, 2008, 56(7): 3033－3038.

[2] Abeida H, Delmas J P. Music－like estimation of direction of arrival for noncircular sources [J]. IEEE Trans. Signal Process, 2006, 54(7): 2678－2690.

[3] Esa Ollila. On the circularity of a complex random variable[J]. IEEE Signal Process. Lett, 2008, 15: 841－844.

[4] Picinbono B. On circularity[J]. IEEE Trans. Signal Process, 1994, 42(12): 3473－3482.

[5] 刘剑. 非圆信号波达方向估计算法研究[D]. 长沙:国防科学技术大学, 2007.

[6] Shan T J, Wax M. Adaptive beamforming for coherent signals and interference [J]. IEEETrans. on ASSP, 1985,33(3): 527－536.

[7] Shan T J, Wax M. On spatial smoothing for direction－of－arrival estimation of coherent signals. [J]. IEEE Trans. 1985. 33(4): 806－811.

[8] PillaiS U, Kwon B H. Forward/backward spatial smoothing techniques for coherent signalsidentification [J]. IEEE Tranon ASSP, 1989, 37(1): 8－14.

[9] Pillai S U, Kwon B H. Performance analysis of MUSIC－type high resolution estimators fordi-

rection finding in correlated and coherent scenes [J]. IEEE Tran on ASSP, 1989, 37 (8): 1176 - 1189.
[10] Rao B D, Hari K V S. Effect of spatial smoothing on the performance of MUSIC and theminimum - norm method [J]. IEEE Proc. PT - F, 1 990, 137(6): 449 - 458.
[11] Pillai S U. Array signal processing [M]. Springer Verlag, World Publishing Corp, 1989.
[12] 叶中付. 空间平滑差分法[J]. 通信学报, 1997, 18(9): 1 - 7.
[13] Qi C Y, Wang Y L, Zhang Y S, et a1. Spatial Difference Smoothing for DOA Estimation of-Coherent Signals [J]. IEEE Signal Processing Letter, 2005, 12(11): 800 - 802.
[14] 王永良,等. 空间谱估计理论与算法[M]. 北京:清华大学出版社,2004.
[15] Wax M, Shan T J, Kailath T. Spatio - temporal spectral analysis by eigenstructure methods [J]. IEEE Transactions on Acoustics, Speech and Signal Processing, 1984, 32(4): 817 - 827.
[16] Allam M, Moghaddamjoo A. Two - dimensional DFT projection for wideband direction of arrival estimation[J]. IEEE Transactions on Signal Processing, 1995, 43(7): 1728 - 1732.
[17] Wang H, Kaveh M. Coherent signal - subspace processing for the detection and estimation of angles of arrival of multiple wide - band sources [J]. IEEE Transactions on Acoustics, Speech and Signal Processing, 1985, 33(4): 823 - 831.
[18] Hung H, Kaveh M. Focusing matrices for coherent signal - subspace processing[J]. IEEE Transactions on Acoustics, Speech and Signal Processing, 1988, 36(8): 1272 - 1281.
[19] Valaee S, Kabal P. Wideband array processing using a two - sided correlation transformation [J]. IEEE Transactions on Signal Processing, 1995, 43(1): 160 - 172.
[20] Wu H T, Yang J F. Source number estimations using transformed Gerschgorin Radii [J]. IEEE Transactions on Signal Processing, 1995, 43(6), 1325 - 1333.
[21] Wax M, Kailath T. Detection of Signals by Information Theoretic Criteria[J]. IEEE Transactions on Acoustic, Speech, and Signal Processing, 1985, 33(2), 387 - 392.
[22] Zhang Q T Wong K M, Yip P C. Statistical analysis of the performance information theoretic criteria: criteria in the detection of the number of signals in array processing [J]. IEEE Transactions on Acoustic, Speech, and Signal Processing, 1989, 37(10), 1557 - 1567.
[23] Wax M, Ziskind I. Detection of the number of coherent signals by the MDL principle[J]. IEEE Transactions on Acoustic, Speech, and Signal Processing, 1989, 37 (8), 1190 - 1196.
[24] Cho C M, Djurie P M. Detection and estimation of DOA' s signals via Bayesian predictive densities[J]. IEEE Transactions on Signal Processing, 1994, 42(11), 3051 - 3060.
[25] 保铮,廖桂生,吴仁彪,等. 相控阵机载雷达杂波抑制的时空二维自适应滤波[J]. 电子学报, 1993, 21(9), 1 - 7.
[26] 王永良, 陈辉, 彭应宁. 空间谱估计理论与算法[M]. 北京:清华大学出版社, 2004.
[27] 程云鹏. 矩阵论. [M]. 西安:西北工业大学出版社, 1989.
[28] Wu H T, Yang J F. Source number estimations using transformed Gerschgorin Radii [J].

IEEE Transactions on Signal Processing, 1995, 43(6), 1325 - 1333.

[29] Viberg M, Stoica P, Ottersten B. Array processing in Correlatednoise - fields using instrumental variable and subspace fitting[J]. IEEE Transactions on Signal Processing, 1995, 43(5), 1187 - 1199.

[30] Stoica P, Cedervall M. Detection tests for array processing inunknown correlated noise fields [J]. IEEE Transactions on Signal Processing, 1997, 45(9), 2351 - 2362.

[31] Z Y Xu. On the second - oder statistics of the weighted sample covariance matrix[J]. IEEE Transactions on Signal Processing, 2003, 51(2), 527 - 534.

[32] Friedlander B, Weiss A. On the second - order statistics of the eigenvectors of sample covariance matrices[J]. IEEE Transactions on Signal Processing, 1998, 46(11), 3136 - 3139.

[33] Pesavento M, Gershman B. Maximum - Likelihood Direction - of Arrival Estimation in the Presence of Unknown Nouniform Noise[J]. IEEE Transactions on Signal Processing, 2001, 49(7),1310 - 1324.

第 6 章 稳健数字波束形成技术

作为信号处理的一个重要分支,阵列信号处理广泛应用在雷达、声纳、地震监测、通信、测控、导航与生物医学工程等多个军事和民用领域[1-4]。

长期以来,在阵列信号处理中人们习惯于假设信号或噪声服从高斯分布。这样仅用二阶统计量或基于二阶统计量的功率谱分析便可以提取信息,进行各种处理。近年来,高分辨阵列处理技术对模型扰动的灵敏性分析已成为阵列信号处理的研究热点之一。Friedlander 讨论了建模误差对 MUSIC 算法的影响[5],文献[6]则分析了阵元有误差时加权子空间拟合法的 DOA 估计的方差和偏差性能。随着信息科学的迅猛发展,将高阶统计量应用于阵列信号处理已经取得了很大的发展。应用高阶累量的一个最主要的原因是高斯信号的高阶累量为零,因此在未知协方差阵的高斯色噪声背景下,应用高阶累量可以抑制高斯色噪声,改善信号 DOA 的估计性能。文献[7,8]利用高阶累量给出了阵列有效口径扩展的算法。它是用实际阵元的高阶累量形成虚拟阵元,从而获得有效口径扩展。

6.1 系统误差对阵列信号处理的影响与校正技术

6.1.1 系统误差

阵元位置、互耦、幅相特性、通道频响等均可归结为幅相误差。幅相误差随时间是缓变的,因此在短处理时间内可以认为是常数。理想情况下的阵列信号模型为

$$\boldsymbol{x}(t) = \boldsymbol{A}(\theta)\boldsymbol{s}(t) + \boldsymbol{n}(t) = \sum_{i=1}^{P} \boldsymbol{s}_i(t)\boldsymbol{a}(\theta_i) + \boldsymbol{n}(t) \tag{6.1}$$

但是,空域误差使得阵列流形 $\boldsymbol{a}(\theta)$ 有变化,那么真实的阵列流形与理论上的阵列流形则存在如下的关系 $\boldsymbol{a}_{实}(\theta) = \boldsymbol{\Gamma}\boldsymbol{a}_{理}(\theta)$,$\boldsymbol{\Gamma} = \mathrm{diag}(\eta_1, \eta_2, \cdots, \eta_N)$, η_i 为复数。于是,在有空域误差情况下的阵列信号模型可以写成

$$\boldsymbol{x}(t)=\boldsymbol{\Gamma A}(\theta)\boldsymbol{s}(t)+\boldsymbol{n}(t) \tag{6.2}$$

而在阵元间有互耦情况时，用互耦矩阵 $\boldsymbol{Z}$ 表示，$\boldsymbol{Z}$ 一般不是对角阵，那么互耦时的阵列信号模型可以写成

$$\boldsymbol{x}(t)=\boldsymbol{ZA}(\theta)\boldsymbol{s}(t)+\boldsymbol{n}(t) \tag{6.3}$$

6.1.2 幅相误差对阵列信号的影响

对波束形成而言，阵列的幅相误差会导致方向图主瓣指向发生偏移，同时会使旁瓣电平升高，从而致使超低旁瓣电平天线实现困难。这种情况下可以使用自适应波束形成方法，“自适应”对系统本身的误差具备调节能力，但是在方向图主瓣有指向误差时可能引起目标信号相消。

对高分辨处理而言，以 MUSIC 算法为例，MUSIC 算法通过对接收数据的自相关矩阵进行特征分解，将信号空间分为信号子空间和噪声子空间，但是由于阵列误差未知，只能用理论阵列流形计算谱函数，因此会导致 DOA 估计与分辨性能下降甚至恶化。

6.1.3 系统误差的校正技术

系统误差的校正技术包括基于离线测试技术的误差校正和基于回波数据的在线误差校正。而基于回波数据的误差校正又可以分为 DOA、误差参数联合寻优和子空间处理方法（对于单信号源相关矩阵仅有一个大特征值，其特征矢量就是真实的阵列流形）。

6.2 基于高阶统计量阵列高分辨处理

6.2.1 高阶统计量的定义与性质

对于概率密度为 $f(x)$ 的随机变量 x，其第一特征函数为

$$\varphi(w)=E[\mathrm{e}^{\mathrm{j}wx}]=\int_{-\infty}^{\infty}f(x)\mathrm{e}^{\mathrm{j}wx}\mathrm{d}x \tag{6.4}$$

随机变量 x 的 k 阶（原点）矩为

$$m_k=E[x^k]=(-\mathrm{j})^k\frac{d^k\varphi(w)}{dw^k}\bigg|_{w=0} \tag{6.5}$$

第一特征函数是概率密度函数 $f(x)$ 的傅里叶反变换，其对数为第二特征函数，记作：

$$\psi(w)=\ln\varphi(w) \tag{6.6}$$

与 k 阶矩的定义类似，定义随机变量 x 的 k 阶累量为

$$c_k = (-\mathrm{j})^k \frac{d^k \psi(w)}{dw^k}\bigg|_{w=0} \tag{6.7}$$

将随机变量 x 的上述讨论推广到随机矢量 $(x_1, x_2, \cdots, x_n)$，其联合的 $r = \sum_{i=1}^{n} k_i$ 阶矩定义为

$$m_{k_1,\cdots,k_n} = E[x_1^{k_1} x_2^{k_2} \cdots x_n^{k_n}] = (-\mathrm{j})^r \frac{\partial^r \varphi(w_1, w_2, \cdots, w_n)}{\partial w_1^{k_1} \partial w_2^{k_2} \cdots \partial w_n^{k_n}}\bigg| w_1 = w_2 = \cdots = w_n = 0 \tag{6.8}$$

式中：$\varphi(w_1, w_2, \cdots, w_n)$ 为随机矢量的第一特征函数。

阶联合累量定义为

$$c_{k_1,\cdots,k_n} = (-\mathrm{j})^r \frac{\partial^r \psi(w_1, w_2, \cdots, w_n)}{\partial w_1^{k_1} \partial w_2^{k_2} \cdots \partial w_n^{k_n}}\bigg| w_1 = w_2 = \cdots = w_n = 0 \tag{6.9}$$

式中：$\psi(w_1, w_2, \cdots, w_n)$ 为随机矢量的第二特征函数。

矩与累积量的性质如下：

(1) 零均值情况：

$$\mathrm{cum}[x_1, x_2, x_3] = E[x_1 x_2 x_3] = \mathrm{mom}[x_1, x_2, x_3]$$

$$\begin{aligned}\mathrm{cum}[x_1, x_2, x_3, x_4] = & E[x_1 x_2 x_3 x_4] - E[x_1 x_2]E[x_3 x_4] \\ & - E[x_1 x_3]E[x_2 x_4] - E[x_1 x_4]E[x_2 x_3]\end{aligned}$$

(2) $\mathrm{mom}[a_1 x_1, a_2 x_2, \cdots, a_n x_n] = a_1 a_2 \cdots a_n \mathrm{mom}[x_1, x_2, \cdots, x_n]$

$\mathrm{cum}[a_1 x_1, a_2 x_2, \cdots, a_n x_n] = a_1 a_2 \cdots a_n \mathrm{cum}[x_1, x_2, \cdots, x_n]$

(3) 矩阵累量对自变量对称，即与顺序无关。

(4) 若随机变量 $(x_1, x_2, \cdots, x_n)$ 可以划分成任意两个或多个统计独立的组，则它们的 n 阶 $(n \geqslant 2)$ 累量等于0，但一般对矩不成立。

(5) 若随机变量 $(x_1, x_2, \cdots, x_n)$ 与 $(y_1, y_2, \cdots, y_n)$ 统计独立，则

$$\mathrm{cum}[x_1 + y_1, x_2 + y_2, \cdots, x_n + y_n] = \mathrm{cum}[x_1, x_2, \cdots, x_n] + \mathrm{cum}[y_1, y_2, \cdots, y_n]$$

(6) 若随机变量 $(x_1, x_2, \cdots, x_n)$ 是联合高斯的，则阶数 $r \geqslant 2$ 的高阶累量等于0。

6.2.2 基于高阶累量的MUSIC算法对阵元误差的稳健性

基于高阶累积量扩展阵列的根本点，即在于用高阶累积量代替传统算法中的二阶统计量（协方差或者相关矩阵）。定义矢量

$$\boldsymbol{z}(t) = \boldsymbol{x}(t) \otimes \boldsymbol{x}(t) = (\boldsymbol{AS}(t)) \otimes (\boldsymbol{AS}(t)) \tag{6.10}$$

由此求扩展信号 $z(t)$ 的协方差矩阵，为便于表述，暂时略去噪声项，则其四阶累量为

$$\begin{aligned}C=&E\{(\boldsymbol{x}(t)\otimes\boldsymbol{x}^*(t))(\boldsymbol{x}(t)\otimes\boldsymbol{x}^*(t))^{\mathrm{H}}\}\\&-E\{\boldsymbol{x}(t)\otimes\boldsymbol{x}^*(t)\}E\{(\boldsymbol{x}(t)\otimes\boldsymbol{x}^*(t))^{\mathrm{H}}\}\\&-E\{\boldsymbol{x}(t)\boldsymbol{x}^{\mathrm{H}}(t)\}\otimes E\{(\boldsymbol{x}(t)\otimes\boldsymbol{x}^{\mathrm{H}}(t))^*\}\end{aligned}\quad(6.11)$$

经化简后得

$$\boldsymbol{C}=(\boldsymbol{A}\otimes\boldsymbol{A})\boldsymbol{C}_s(\boldsymbol{A}\otimes\boldsymbol{A})^{\mathrm{H}}\quad(6.12)$$

式中：$\boldsymbol{C}_s$ 为信号 $\boldsymbol{s}(t)$ 的四阶累量矩阵。记

$$\boldsymbol{y}(t)=\boldsymbol{x}(t)+\boldsymbol{n}(t)=\boldsymbol{A}s(t)+\boldsymbol{n}(t)\quad(6.13)$$

根据累量的性质，即相互独立的随机过程的和之累量等于它们各自累量之和，以及高斯信号的四阶累量为零，可得

$$\boldsymbol{C}_Y=\boldsymbol{C}\quad(6.14)$$

用 $\boldsymbol{C}_Y$ 代替 MUSIC 算法中空间协方差矩阵便可得四阶统计量 MUSIC（FOC－MUSIC）算法[9]。

上述 FOC－MUSIC 算法能够分辨 $P=\min(N^2-1,2N-2)$ 个独立信号源，这等效于阵列有效口径扩展。

应该指出，上述 FOC－MUSIC 算法能够分辨超过阵元数个独立信号源是有条件的，也就是说，阵列有效口径的扩展上要求信号源不相关，且快拍数据足够多，因为即使理论上统计独立的信号在有限样本情况下也会出现部分相关，这时阵列超自由度分辨信号源的性能会下降。

令矩阵 $\boldsymbol{U}$ 表示对作特征分解所得的最小的 (N^2-P^2) 个（信号源间相关）或 (N^2-P) 个（信号源间独立）特征值所对应的特征矢量组成的矩阵。本书的 FOC－MUSIC 算法是通过求下式的极小值以得到第 i 个信号的 DOA 估计量 $\hat{\theta}_i$。

$$\hat{\theta}_i=\arg\min_{\theta}\|[\boldsymbol{a}(\theta)\otimes\boldsymbol{a}(\theta)]^{\mathrm{H}}\boldsymbol{U}\|^2\quad(6.15)$$

FOC－MUSIC 算法的稳健性分析：

理想模型中假设阵元的特性完全已知或相同，但在实际中，由于存在多种随机因素，这是不可能精确知道。例如，阵列周围环境变化产生的扰动，非理想信道的扰动，阵元频响特性不一致等非理想因素。通常受扰动的第 n 个阵元的响应总可以表示为第 n 个阵元的理想响应与某一加性误差项之和，即

$$\hat{\boldsymbol{a}}(\theta_n)=\boldsymbol{a}(\theta_n)+\boldsymbol{a}_\Delta(\theta_n)\quad(6.16)$$

式中：$\boldsymbol{a}_\Delta(\theta_n)$ 为加性扰动误差，可以用下面的形式表示：

$$a_\Delta(\theta_n)=\boldsymbol{\Gamma}\boldsymbol{a}(\theta_n)\quad(6.17)$$

式中：$\boldsymbol{\Gamma}=\mathrm{diag}(\gamma_1(\theta_n),\gamma_2(\theta_n),\cdots,\gamma_{\mathrm{N}}(\theta_n))$。

以下对算法的 DOA 估计误差分析中,仅考虑阵元误差的影响,而不考虑有限快拍数对估计性能的限制。考虑一间隔为半波长的 6 元等距线阵,两个等功率的相互独立的信号分别来自 20°、28°。只考虑阵元的增益和相位误差,误差的方差均在 0% ~15% 之间变化。在四阶累量精确已知情况,图 6.1 分别给出 FOC - MUSIC 算法的蒙特卡罗实验值,以及基于协方差矩阵 MUSIC 法的 DOA 估计误差的方差的实验值(其预测值可利用文献[6]给出的方差公式来计算,本书省略)。图中标以"＊"的曲线表示基于协方差矩阵的 MUSIC 法的实验值,而标以"+""-"的曲线分别表示 FOC - MUSIC 法的实验值和公式预测值。分析图 6.1 可知:FOC - MUSIC 法的估计误差的方差小于基于协方差矩阵的 MUSIC 算法,即 FOC - MUSIC 算法对阵元误差扰动具有较高的稳健性。我们直观想象,高阶累量处理可获得有效孔径扩展,因而其分辨性能可提高,对阵元误差的稳健性也会改善。

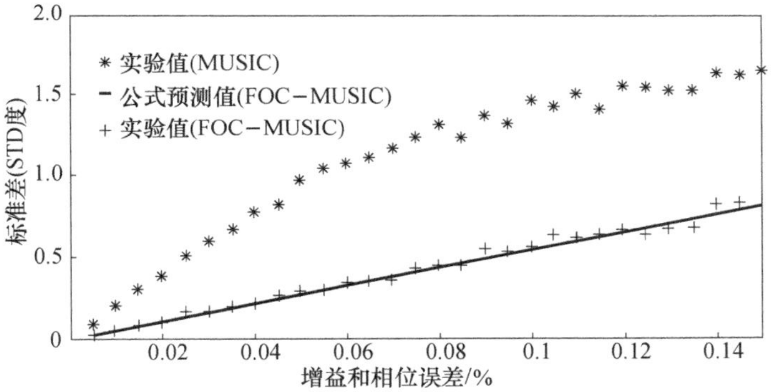

图 6.1　存在阵列误差时的估计标准差

6.2.3　基于高阶累量的 ESPRIT 方法

$$C_4^{11} = \mathrm{Cum}\left\{\begin{bmatrix} \boldsymbol{x}_1\boldsymbol{x}_1^*\boldsymbol{x}_1 \\ \boldsymbol{x}_2\boldsymbol{x}_2^*\boldsymbol{x}_2 \\ \vdots \\ \boldsymbol{x}_{N-1}\boldsymbol{x}_{N-1}^*\boldsymbol{x}_{N-1} \end{bmatrix} \begin{bmatrix} \boldsymbol{x}_1^* & \boldsymbol{x}_2^* & \cdots & \boldsymbol{x}_{N-1}^* \end{bmatrix}\right\} = \boldsymbol{A\Gamma A}^{\mathrm{H}} \tag{6.18}$$

$$C_4^{12} = \mathrm{Cum}\left\{\begin{bmatrix} \boldsymbol{x}_1\boldsymbol{x}_1^*\boldsymbol{x}_1 \\ \boldsymbol{x}_2\boldsymbol{x}_2^*\boldsymbol{x}_2 \\ \vdots \\ \boldsymbol{x}_{N-1}\boldsymbol{x}_{N-1}^*\boldsymbol{x}_{N-1} \end{bmatrix} \begin{bmatrix} \boldsymbol{x}_2^* & \boldsymbol{x}_3^* & \cdots & \boldsymbol{x}_N^* \end{bmatrix}\right\} = \boldsymbol{A\Gamma D}^{\mathrm{H}}\boldsymbol{A}^{\mathrm{H}} \tag{6.19}$$

此方法适用于等距线阵,其中:

$$\underline{\boldsymbol{D}}=\begin{bmatrix} e^{j\frac{2\pi d}{\lambda}\sin\theta_1} & & \boldsymbol{O} \\ & \ddots & \\ \boldsymbol{O} & & e^{j\frac{2\pi d}{\lambda}\sin\theta_P} \end{bmatrix} \tag{6.20}$$

其中,P 是信源数目。

6.3 基于循环平稳性的阵列信号处理

在通信、遥测、雷达和声纳系统中,一些人工信号是一类特殊的非平稳信号,它们的非平稳性表现为周期平稳性。以雷达为例,若天线指向不变,则地杂波的回波等于照射区域散射体所有子回波的总和,虽然有随机起伏,但回波信号是平稳的。若天线转动,由于地物变化和地形起伏的随机性,回波是非平稳的。如果天线以均匀转速扫描,每经过一个扫描周期后天线又指向原处,则回波信号的非平稳性与天线的扫描周期同步,也具有周期性。通信信号常用待传输信号对周期性信号的某个参数进行调制,如对正弦载波进行调幅、调频和调相,以及对周期性信号进行脉幅、脉宽和脉位调制,都会产生具有周期平稳性的信号,信号的编码和多路转换也具有周期平稳性质。通常把统计特性呈周期或者多周期平稳变化的信号统称为循环平稳信号[11-13]。根据所呈现的周期性的统计数字特征,循环平稳信号还可以进一步分为一阶、二阶和高阶循环平稳。

循环平稳信号既然是一种特殊的非平稳信号,则对它的分析和处理既不同于平稳信号,又不同于一般的非平稳信号,基于信号循环平稳的处理方法主要是利用了信号统计量的周期变化特性。关于信号循环平稳特性的阵列信号处理,如 DOA 估计、波束形成以及循环平稳在移动通信中的应用研究(如盲信道辨识、干扰抑制以及 OFDM 系统中的频偏估计等),从 20 世纪起便引起了诸多学者的兴趣。几乎所有已有的研究成果都是利用了不同信号的循环频率不同进而实现有选择的信号分离。但是,它们大都以期望信号的循环频率精确已知为前提,然而在实际应用场合,假定的信号循环频率总是和真实的循环频率存在一定的差别,在这种情况下,通常的处理算法不论是在 DOA 估计还是在波束形成性能上都会有较大的性能损失,因此存在循环频率失配时稳健的循环平稳处理值得我们关注。

6.3.1 循环平稳信号的数学模型

1. 一阶循环平稳

定义 1 如果一个随机过程 $s(t)$ 的均值 $M_s(t)$ 是时间 t 的以 T_0 为周期的周期

函数，则称 $s(t)$ 是一阶循环平稳过程，或者均值循环平稳过程[11, 12]。

对于任意的一阶循环平稳过程来说，因为 $M_s(t)$ 是周期函数，所以它可以展开为傅里叶级数：

$$
\begin{aligned}
M_s(t) &= \lim_{N\to\infty}\frac{1}{2N+1}\sum_{n=-N}^{N}s(t+nT_0)\\
&= \sum_{\alpha=-\infty}^{\infty}M_s^{\alpha}\mathrm{e}^{\mathrm{j}2\pi\alpha t}
\end{aligned}
\tag{6.21}
$$

式中：α 称为 $s(t)$ 的一阶循环频率。

$$
\begin{aligned}
M_s^{\alpha} &= \frac{1}{T_0}\int_{-T_0/2}^{T_0/2}M_s(t)\mathrm{e}^{-\mathrm{j}2\pi\alpha t}\mathrm{d}t\\
&= \lim_{N\to\infty}\frac{1}{(2N+1)T_0}\sum_{n=-\infty}^{\infty}\int_{-T_0/2}^{T_0/2}s(t+nT_0)\mathrm{e}^{-\mathrm{j}2\pi\alpha t}\mathrm{d}t\\
&= \lim_{T\to\infty}\frac{1}{T}\int_{-T/2}^{T/2}s(t)\mathrm{e}^{-\mathrm{j}2\pi\alpha t}\mathrm{d}t\\
&\overset{\mathrm{def}}{=} \langle S(t)\mathrm{e}^{-\mathrm{j}2\pi\alpha t}\rangle_{\infty}
\end{aligned}
\tag{6.22}
$$

其中：M_s^{α} 称为 $s(t)$ 的循环均值。

2. 二阶循环平稳

定义 2 对于一个随机过程 $s(t)$，如果存在实数 τ 使得 $s(t-\tau)s^*(t)$ 的统计特性具有周期为 T_0 的周期性，则称 $s(t)$ 是二阶循环平稳过程[11,12]。记 $R_{ss}(t,\tau)=E[s(t-\tau)s^*(t)]$，则 $R_{ss}(t,\tau)$ 可以用傅里叶级数表示：

$$
\begin{aligned}
R_{ss}(t,\tau) &= \lim_{N\to\infty}\frac{1}{2N+1}\sum_{n=-N}^{N}s(t+nT_0-\tau)s^*(t+nT_0)\\
&= \sum_{\alpha=-\infty}^{\infty}R_{ss}^{\alpha}(\tau)\mathrm{e}^{\mathrm{j}2\pi\alpha t}
\end{aligned}
\tag{6.23}
$$

式中：α 称为 $s(t)$ 的二阶循环频率。

$$
\begin{aligned}
R_{ss}^{\alpha}(\tau) &= \frac{1}{T_0}\int_{-T_0/2}^{T_0/2}R_s(t,\tau)\mathrm{e}^{-\mathrm{j}2\pi\alpha t}\mathrm{d}t\\
&= \lim_{T\to\infty}\frac{1}{T}\int_{-T/2}^{-T/2}s(t-\tau)s^*(t)\mathrm{e}^{-\mathrm{j}2\pi\alpha t}\mathrm{d}t\\
&\overset{\mathrm{def}}{=} \langle s(t-\tau)s^*(t)\mathrm{e}^{-\mathrm{j}2\pi\alpha t}\rangle_{\infty}
\end{aligned}
\tag{6.24}
$$

其中，$R_{SS}^{\alpha}(\tau)$ 称为 $s(t)$ 的循环自相关函数，它与 τ 有关，表示了信号 $s(t)$ 在频率

α 处的循环自相关强度。循环自相关函数有时也可以用对称形式表示：

$$R_{ss}^{\alpha}(\tau) = \langle s(t-\tau/2)s^{*}(t+\tau/2)\mathrm{e}^{-\mathrm{j}2\pi\alpha t}\rangle_{\infty} \tag{6.25}$$

在实际应用中，也经常遇到循环互相关、循环共轭自相关和循环共轭互相关函数，它们的定义与式(6.25)类似，分别为

$$R_{sg}^{\alpha}(\tau) = \langle s(t-\tau/2)g^{*}(t+\tau/2)\mathrm{e}^{-\mathrm{j}2\pi\alpha t}\rangle_{\infty}$$

$$R_{ss^{*}}^{\alpha}(\tau) = \langle s(t-\tau/2)s(t+\tau/2)\mathrm{e}^{-\mathrm{j}2\pi\alpha t}\rangle_{\infty}$$

$$R_{sg^{*}}^{\alpha}(\tau) = \langle s(t-\tau/2)g(t+\tau/2)\mathrm{e}^{-\mathrm{j}2\pi\alpha t}\rangle_{\infty}$$

统称它们为循环相关函数。

循环相关因子定义如下：

$$\rho_{xy}^{\alpha}(\tau) \triangleq \frac{R_{xy}^{\alpha}(\tau)}{\sqrt{R_{xx}^{0}(0)}\sqrt{R_{yy}^{0}(0)}}$$

由于信号的无限观测时间不可利用，信号的循环相关函数通常用它的估计值代替，即

$$\begin{aligned}\hat{R}_{ss}^{\alpha}(\tau) &= \frac{1}{T}\int_{-T/2}^{-T/2} s(t-\tau/2)s^{*}(t+\tau/2)\mathrm{e}^{-\mathrm{j}2\pi\alpha t}\mathrm{d}t \\ &\triangleq [s(t-\tau/2)s^{*}(t+\tau/2)\mathrm{e}^{-\mathrm{j}2\pi\alpha t}]_{T}\end{aligned} \tag{6.26}$$

最后，对于离散循环平稳信号同样有类似的定义和符号表示，在此不再赘述，在以后遇到时，直接给出其相应形式。

6.3.2 DOA 估计的循环 MUSIC 算法

假设 P 个远场窄带信号到达 M 个阵元构成的天线阵列，它们的来波方向分别为 $\theta_1,\theta_2,\cdots,\theta_P$。另外，假设以 α 为循环频率的 K_α 个信号为期望信号，而且 $K_\alpha<P, K_\alpha<M$，剩余的 $P-K_\alpha$ 个信号和噪声不以 α 为循环频率，感兴趣的期望信号与噪声不相关。则阵列接收数据可以表示为

$$\begin{aligned}\boldsymbol{x}(t) &= \sum_{k=1}^{P}\boldsymbol{a}(\theta_k)\boldsymbol{s}_k(t) + \boldsymbol{n}(t) \\ &= \sum_{k=1}^{K_\alpha}\boldsymbol{a}(\theta_k)\boldsymbol{s}_k(t) + \sum_{k=K_\alpha+1}^{P}\boldsymbol{a}(\theta_k)s_k(t) + \boldsymbol{n}(t) \\ &= \boldsymbol{A}(\boldsymbol{\Theta})\boldsymbol{s}(t) + \mathbf{in}(t)\end{aligned} \tag{6.27}$$

这里 $\boldsymbol{a}(\theta_k)$ 为角度指向 θ_k 的第 k 个信号的导向矢量，$\boldsymbol{A}(\boldsymbol{\Theta})=[\boldsymbol{a}(\theta_1),\boldsymbol{a}(\theta_2),\cdots,\boldsymbol{a}(\theta_{K_\alpha})]$ 表示由 K_α 个以 α 为循环频率的期望信号的导向矢量构成的方向矩阵，$\boldsymbol{s}(t)=[s_1(t),s_1(t),\cdots,s_{K_\alpha}(t)]^{\mathrm{T}}$ 表示相应信号的复包络。矢量 $\mathbf{in}(t)$ =

$\sum_{k=K_\alpha+1}^{P}\boldsymbol{a}(\theta_k)s_k(t)+\boldsymbol{n}(t)$ 包含了干扰信号和零均值、方差为 $\sigma^2\boldsymbol{I}$ 的背景噪声。

为了介绍 Cyclic - MUSIC 算法并分析它的性能和改进，首先对基本 MUSIC 算法作一简单介绍。MUSIC 方法和 ESPRIT 方法是最早的超分辨 DOA 估计方法，它们同属特征结构的子空间方法。子空间方法建立在这样一个基本观察之上：若阵元个数大于信号源个数，则阵列数据的信号分量一定位于一个低秩的信号子空间内，噪声分量位于噪声子空间内，信号子空间与噪声子空间正交，并且信号、噪声子空间可以使用数值稳定的奇异值分解得到。由于信号的方向矩阵张成的子空间和信号子空间相同，因此将导向矢量向噪声子空间作投影，投影值为零的导向矢量对应的角度即为估计的 DOA。循环 MUSIC 算法的原理和步骤与基本 MUSIC 算法类似，简要介绍如下。

首先对于时延 τ 和精确已知的循环频率 α，计算接收信号 $\boldsymbol{x}(t)$ 的 $M\times M$ 维循环自相关函数：

$$\begin{aligned}\boldsymbol{R}_{\mathrm{xx}}(\alpha,\tau)&=\langle\boldsymbol{x}(t-\tau/2)\boldsymbol{x}^{\mathrm{H}}(t+\tau/2)\mathrm{e}^{-\mathrm{j}2\pi\alpha t}\rangle_{\infty}\\&=\boldsymbol{A}(\boldsymbol{\Theta})\boldsymbol{R}_{\mathrm{ss}}(\alpha,\tau)\boldsymbol{A}^{\mathrm{H}}(\boldsymbol{\Theta})+\boldsymbol{R}_{\mathrm{inin}}(\alpha,\tau)\end{aligned}\tag{6.28}$$

或者循环共轭自相关函数：

$$\begin{aligned}\boldsymbol{R}_{\mathrm{xx}^*}(\alpha,\tau)&=\langle\boldsymbol{x}(t-\tau/2)\boldsymbol{x}^{\mathrm{T}}(t+\tau/2)\mathrm{e}^{-\mathrm{j}2\pi\alpha t}]_{\infty}\\&=\boldsymbol{A}(\boldsymbol{\Theta})\boldsymbol{R}_{\mathrm{ss}^*}(\alpha,\tau)\boldsymbol{A}^{\mathrm{T}}(\boldsymbol{\Theta})+\boldsymbol{R}_{\mathrm{inin}^*}(\alpha,\tau)\end{aligned}\tag{6.29}$$

由于 $\boldsymbol{R}_{\mathrm{xx}}(\alpha,\tau)$ 以及 $\boldsymbol{R}_{\mathrm{xx}^*}(\alpha,\tau)$ 为非厄米特矩阵，对循环自相关函数式(6.28)或者循环共轭自相关函数式(6.29)进行奇异值分解，得到

$$\boldsymbol{R}_{\mathrm{xx}}(\alpha,\tau)=\boldsymbol{U}_{\mathrm{s}}\boldsymbol{\Sigma}_{\mathrm{s}}V_{\mathrm{s}}^{\mathrm{H}}+\boldsymbol{U}_{\mathrm{n}}\boldsymbol{\Sigma}_{\mathrm{n}}V_{\mathrm{n}}^{\mathrm{H}}\tag{6.30}$$

$$\boldsymbol{R}_{\mathrm{xx}^*}(\alpha,\tau)=\boldsymbol{U}_{\mathrm{s}}\boldsymbol{\Sigma}_{\mathrm{s}}V_{\mathrm{s}}^{\mathrm{H}}+\boldsymbol{U}_{\mathrm{n}}\boldsymbol{\Sigma}_{\mathrm{n}}V_{\mathrm{n}}^{\mathrm{H}}\tag{6.31}$$

式中：$\boldsymbol{U}_{\mathrm{s}}\in C^{M\times P}$ 张成了信号子空间，且存在可逆的 $\boldsymbol{T}$ 使得 $\boldsymbol{A}(\boldsymbol{\Theta})=\boldsymbol{U}_{\mathrm{s}}\boldsymbol{T}$，$\boldsymbol{U}_{\mathrm{n}}\in C^{M\times(M-P)}$ 张成了噪声子空间，并且 $\boldsymbol{U}_{\mathrm{S}}^{\mathrm{H}}\boldsymbol{U}_{\mathrm{n}}=\boldsymbol{O}$。

计算循环 MUSIC 谱[11, 14]

$$P(\theta)=\frac{1}{\boldsymbol{a}^{\mathrm{H}}(\theta)\boldsymbol{U}_{\mathrm{n}}\boldsymbol{U}_{\mathrm{n}}^{\mathrm{H}}\boldsymbol{a}(\theta)}\tag{6.32}$$

循环 MUSIC 谱的 K_α 个峰值对应 $\hat{\theta}_1,\hat{\theta}_2,\cdots,\hat{\theta}_{K_\alpha}$，即为 K_α 个角度 $\theta_1,\theta_2,\cdots,\theta_{K_\alpha}$ 的估计。

文献[11]分析了循环 MUSIC 算法的性能，本书直接给出以下的有关结果。

定理1 当 $P<M$ 个信号全部以 α 为循环频率的循环平稳信号时，在大快拍数的情况下，循环 MUSIC 算法的估计误差是一个零均值的联合高斯分布，即

$$E[\hat{\theta}_i-\theta_i]=0\tag{6.33}$$

$$E((\hat{\theta}_i-\theta_i)^2)=\frac{1}{2N\rho_{s_is_i}^{\alpha}(\tau)\mathrm{SNR}_i h(\theta_i)}\left(1+\frac{(\boldsymbol{A}^{\mathrm{H}}(\boldsymbol{\Theta})\boldsymbol{A}(\boldsymbol{\Theta}))_{ii}^{-1}}{\mathrm{SNR}_i}\right) \tag{6.34}$$

式中：N 为阵列的输出快拍数目；$\rho_{s_is_i}^{\alpha}(\tau)$ 为循环相关因子；$\mathrm{SNR}_i=\sigma_{s_i}^2/\sigma_n^2$ 为第 i 个信号的信噪比；$h(\theta)=\boldsymbol{d}^{\mathrm{H}}(\theta)\boldsymbol{U}_{\mathbf{n}}\boldsymbol{U}_{\mathbf{n}}^{\mathrm{H}}\boldsymbol{d}(\theta)$，$\boldsymbol{d}(\theta)=\mathrm{d}\boldsymbol{a}(\theta)/\mathrm{d}\theta$。

定理2 如果信号中 K_α 个信号 $s_1(t),\cdots,s_{K_\alpha}(t)$ 相互独立，且都具有循环频率 α，而干扰由空间白噪声 $\boldsymbol{n}(t)$ 和没有循环频率的信号 $\boldsymbol{q}(t)$ 组成，则信号的 DOA 估计偏差为

$$E[\hat{\theta}_i-\theta_i]=\frac{\mathrm{Re}\left\{\sum\limits_{\beta\neq\alpha}[\boldsymbol{R}_{\mathbf{ss}}^{\alpha\mathrm{H}}(\tau)^{-1}\boldsymbol{A}^{+}\boldsymbol{B}\boldsymbol{R}_{\mathbf{qq}}^{\alpha}(\tau)\boldsymbol{B}^{\mathrm{H}}\boldsymbol{P}_{\mathbf{A}}^{\perp}\boldsymbol{D}]_{ii}z_N(\alpha-\beta,\tau)\right\}}{h(\theta_i)} \tag{6.35}$$

$$\begin{aligned}E((\hat{\theta}_i-\theta_i)^2)&=\frac{1}{2Nh(\theta_i)}[\boldsymbol{D}^{\mathrm{H}}\boldsymbol{P}_{\mathbf{A}}^{\perp}[\boldsymbol{I}+\boldsymbol{B}\boldsymbol{R}_{\mathbf{qq}}(0)\boldsymbol{B}^{\mathrm{H}}/\sigma^2]\boldsymbol{P}_{\mathbf{A}}^{\perp}\boldsymbol{D}]_{ii}\\&\quad\times\left[\frac{1+(\boldsymbol{A}^{\mathrm{H}}\boldsymbol{A})_{ii}^{-1}/\mathrm{SNR}_i}{|\rho_{s_is_i}^{\alpha}(\tau)|^2\mathrm{SNR}_i}+\sigma^2\mathrm{ISR}_i^{\alpha}\right]\end{aligned} \tag{6.36}$$

式中：$\boldsymbol{B}=[\boldsymbol{a}(\theta_{K_\alpha+1}),\cdots,\boldsymbol{a}(\theta_P)]$ 表示干扰信号的方向矩阵；$\boldsymbol{A}^{+}=(\boldsymbol{A}^{\mathrm{H}}(\boldsymbol{\Theta})\boldsymbol{A}(\boldsymbol{\Theta}))^{-1}\boldsymbol{A}^{\mathrm{H}}(\boldsymbol{\Theta})$ 为 $\boldsymbol{A}(\boldsymbol{\Theta})$ 的伪逆，$\boldsymbol{D}=[\boldsymbol{d}(\theta_1),\boldsymbol{d}(\theta_2),\cdots,\boldsymbol{d}(\theta_{K_\alpha})]$，$z_N(f,\tau)\triangleq 1/N\sum_{n=0}^{N-1-\tau}\mathrm{e}^{-\mathrm{j}2\pi fn}$，$\mathrm{ISR}_i^{\alpha}=[\boldsymbol{R}_{\mathbf{ss}}^{\alpha\mathrm{H}}(\tau)^{-1}\boldsymbol{A}^{+}\boldsymbol{B}\boldsymbol{R}_{\mathbf{qq}}(0)\boldsymbol{B}\boldsymbol{A}^{+\mathrm{H}}\boldsymbol{R}_{\mathbf{ss}}^{\alpha}(\tau)^{-1}]_{ii}$。

由式(6.35)和式(6.36)可以看出，无论信号和干扰的角度离的有多近，循环 MUSIC 算法的 MSE 均是有界的。也就是说，循环 MUSIC 算法的 MSE 的下界是由具有相同循环频率的信号之间的最小角度间隔决定，与干扰方向无关。

6.3.3 存在循环平稳误差时的循环 MUSIC 算法的性能及其改进

1. 循环频率误差对循环 MUSIC 算法的影响

在本节中，我们假设循环 MUSIC 算法使用了通过有限次采样估计得到的循环共轭自相关矩阵 $\hat{\boldsymbol{R}}_{\mathbf{xx}^*}(\alpha,\tau)$。为了讨论循环频率误差对循环 MUSIC 算法的影响，计算[15, 16]

$$\begin{aligned}\hat{\boldsymbol{R}}_{\mathbf{xx}^*}(f,\tau)&=\frac{1}{T}\int_{-T/2}^{T/2}x(t-\tau/2)\boldsymbol{x}^{\mathrm{T}}(t+\tau/2)\mathrm{e}^{-\mathrm{j}2\pi ft}\mathrm{d}t\\&=\frac{1}{T}\int_{-\infty}^{\infty}\boldsymbol{x}(t-\tau/2)\boldsymbol{x}^{\mathrm{T}}(t+\tau/2)\mathrm{Rect}\left(\frac{t}{T}\right)\mathrm{e}^{-\mathrm{j}2\pi ft}\mathrm{d}t\end{aligned} \tag{6.37}$$

其中

$$\mathrm{Rect}(t)=\begin{cases}1, & 当 -\dfrac{T}{2}<t<\dfrac{T}{2}时\\ 0, & 其他\end{cases}$$

使用傅里叶变换的性质,可以得到

$$\begin{aligned}\hat{\boldsymbol{R}}_{\mathbf{xx}^*}(f,\tau) &= \int_{-\infty}^{\infty}\mathrm{Rect}\left(\frac{t}{T}\right)\mathrm{e}^{-\mathrm{j}2\pi ft}\mathrm{d}t\\ &\quad * \frac{1}{T}\int_{-\infty}^{\infty}x(t-\tau/2)x^{\mathrm{T}}(t+\tau/2)\mathrm{e}^{-\mathrm{j}2\pi ft}\mathrm{d}t\\ &= \mathrm{sinc}(fT) * \boldsymbol{R}_{\mathbf{xx}^*}(f,\tau)\end{aligned} \tag{6.38}$$

式中:$\mathrm{sinc}(x)=\sin(\pi x)/\pi x$,符号“ * ”表示卷积。

因为循环信号的循环谱在频率域是离散的,第 k 个信号 $s_k(t)$ 的循环共轭自相关函数可以表示成

$$R_{s_k s_k^*}(f,\tau) = \sum_n d_{n,k}(\tau)\delta(f-\alpha_{n,k}) \tag{6.39}$$

式中:$\alpha_{n,k}$为第 k 个期望信号的第 n 个循环频率;$d_{n,k}(\tau)$为第 k 个期望信号在第 n 个循环频率 $\alpha_{n,k}$处的循环相关强度;$\delta(\cdot)$表示狄利克莱函数。以下为了分析方便,忽略噪声 $\boldsymbol{n}(t)$的影响,利用式(6.39),可以将 $\boldsymbol{R}_{\mathbf{xx}^*}(f,\tau)$写成

$$\begin{aligned}\boldsymbol{R}_{\mathbf{xx}^*}(f,\tau) &= \sum_{k=1}^{K_\alpha}\sum_n d_{n,k}(\tau)\delta(f-\alpha_{n,k})\boldsymbol{a}(\theta_k)\boldsymbol{a}^{\mathrm{T}}(\theta_k) + \\ &\quad \sum_{k=K_\alpha+1}^{P}\sum_n d_{n,k}(\tau)\delta(f-\alpha_{n,k})\boldsymbol{a}(\theta_k)\boldsymbol{a}^{\mathrm{T}}(\theta_k)\\ &= \sum_{k=1}^{K_\alpha}\sum_{n=1} d_{1,k}(\tau)\delta(f-\alpha_{1,k})\boldsymbol{a}(\theta_k)\boldsymbol{a}^{\mathrm{T}}(\theta_k) + \\ &\quad \sum_{k=1}^{K_\alpha}\sum_{n\neq 1} d_{n,k}(\tau)\delta(f-\alpha_{n,k})\boldsymbol{a}(\theta_k)\boldsymbol{a}^{\mathrm{T}}(\theta_k) + \\ &\quad \sum_{k=K_\alpha+1}^{P}\sum_n d_{n,k}(\tau)\delta(f-\alpha_{n,k})\boldsymbol{a}(\theta_k)\boldsymbol{a}^{\mathrm{T}}(\theta_k)\end{aligned} \tag{6.40}$$

将式(6.40)代入到式(6.38),得到

$$\begin{aligned}\hat{\boldsymbol{R}}_{\mathbf{xx}^*}(f,\tau) &\approx \sum_{k=1}^{K_\alpha} d_{1,k}(\tau)\mathrm{sinc}((f-\alpha_{1,k})T)\boldsymbol{a}(\theta_k)\boldsymbol{a}^{\mathrm{T}}(\theta_k) + \\ &\quad \sum_{k=1}^{K_\alpha}\sum_{n\neq 1} d_{n,k}(\tau)\mathrm{sinc}((f-\alpha_{n,k})T)\boldsymbol{a}(\theta_k)\boldsymbol{a}^{\mathrm{T}}(\theta_k) +\end{aligned}$$

$$\sum_{k=K_\alpha+1}^{P}\sum_{n} d_{n,k}(\tau)\delta(f-\alpha_{n,k})\boldsymbol{a}(\theta_k)\boldsymbol{a}^{\mathrm{T}}(\theta_k) \tag{6.41}$$

如果期望信号的真实循环频率为 $\alpha=\alpha_{1,1}=\alpha_{1,2}=\cdots=\alpha_{1,K_\alpha}$，然而假定的循环频率为 $\hat{\alpha}$ 不等于真实值 α，即存在循环频率误差 $\Delta\alpha=\hat{\alpha}-\alpha\neq 0$。将 $\hat{\alpha}$ 代入式(6.41)，得

$$\begin{aligned}\hat{\boldsymbol{R}}_{\mathbf{xx}^*}(\hat{\alpha},\tau) &= d_{1,1}(\tau)\operatorname{sinc}(\Delta\alpha T)\boldsymbol{a}(\theta_1)\boldsymbol{a}^{\mathrm{T}}(\theta_1)+\\ &\quad\sum_{n\neq 1} d_{n,1}(\tau)\operatorname{sinc}(\Delta\alpha_{n,1}T)\boldsymbol{a}(\theta_1)\boldsymbol{a}^{\mathrm{T}}(\theta_1)+\\ &\quad\sum_{k\neq 1}\sum_{n} d_{n,k}(\tau)\operatorname{sinc}(\Delta\alpha_{n,k}T)\boldsymbol{a}(\theta_k)\boldsymbol{a}^{\mathrm{T}}(\theta_k)\end{aligned} \tag{6.42}$$

式中：$\Delta\alpha_{n,k}=\hat{\alpha}-\alpha_{n,k}$。以下假设 $\hat{\alpha}$ 和 $\alpha_{n,k}(k=K_\alpha+1,\cdots,P)$ 充分分离，由于 fT 较大时 $\operatorname{sinc}(fT)$ 的值充分小，因而当 $\Delta\alpha=0$ 时噪声和干扰的循环共轭相关强度可以忽略，从而可以实现基于信号循环平稳的信号筛选。另外，如果 $\Delta\alpha\neq 0$，根据式(6.42)，循环共轭自相关函数中期望信号将以 sinc 函数的方式出项能量泄漏，因而必须考虑式(6.37)中的矩形窗的影响。更进一步，当 $\Delta\alpha T=\pm 1,\pm 2,\cdots$ 时，$\operatorname{sinc}(\Delta\alpha T)$ 出现零点，此时对应了最坏的 DOA 估计性能。下一节将提出两种改进方法提高循环 MUSIC 算法对循环频率误差 $\Delta\alpha$ 的稳健性。

2. 改进方法

实际上，由式(6.38)和式(6.42)可以看出，循环共轭自相关函数中期望信号能量由 函数和循环共轭自相关函数的卷积得到。如果精确已知期望信号循环频率，即 $\hat{\alpha}=\alpha$，$\Delta\alpha=0$ 位于 sinc 函数的峰值上刚好使得信号能量最强，DOA 估计性能最好。如果出现循环频率误差时，$\Delta\alpha\neq 0$ 将可能位于 sinc 函数的旁瓣或者零点上，即使落在其主瓣区内，也会有信号能量损失。

在实际应用中，我们总是期望知道信号循环频率的粗略值或者大致范围。这时，如果将接收数据的循环共轭自相关函数在包含真实循环频率 α 的一个较小的区间$[\alpha_0,\alpha_1]$内做平均，必将在一定程度上减小循环频率误差的影响。此时修正的循环共轭自相关可以记为[19]

$$\overline{\boldsymbol{R}}_{\mathbf{xx}^*}(\alpha_0,\alpha_1,\tau) = \frac{1}{\alpha_1-\alpha_0}\int_{\alpha_0}^{\alpha_1}\hat{\boldsymbol{R}}_{\mathbf{xx}^*}(\alpha,\tau)\,\mathrm{d}\alpha \tag{6.43}$$

式中：α_0、α_1 分别为真实循环频率 α 的上、下界。

根据式(6.37)，式(6.43)可以化简为

$$\begin{aligned}\overline{\boldsymbol{R}}_{\mathbf{xx}^*}(\alpha_0,\alpha_1,\tau) &= \frac{1}{(\alpha_1-\alpha_0)T}\int_{\alpha_0}^{\alpha_1}\int_{-T/2}^{T/2}\boldsymbol{x}(t-\tau/2)\boldsymbol{x}^{\mathrm{T}}(t+\tau/2)\mathrm{e}^{-\mathrm{j}2\pi\alpha t}\mathrm{d}\alpha\\ &= \frac{1}{\alpha_1-\alpha_0}(\hat{\boldsymbol{R}}(\alpha_1,\tau)-\hat{\boldsymbol{R}}(\alpha_0,\tau))\end{aligned} \tag{6.44}$$

这里

$$\hat{\boldsymbol{R}}(\alpha_0,\tau) = \frac{\mathrm{j}}{2\pi T}\int_{-T/2}^{T/2}\frac{1}{t}\boldsymbol{x}(t-\tau/2)\boldsymbol{x}^{\mathrm{T}}(t+\tau/2)\mathrm{e}^{-\mathrm{j}2\pi\alpha_0 t}\mathrm{d}t \tag{6.45}$$

$$\hat{\boldsymbol{R}}(\alpha_1,\tau) = \frac{\mathrm{j}}{2\pi T}\int_{-T/2}^{T/2}\frac{1}{t}\boldsymbol{x}(t-\tau/2)\boldsymbol{x}^{\mathrm{T}}(t+\tau/2)\mathrm{e}^{-\mathrm{j}2\pi\alpha_1 t}\mathrm{d}t \tag{6.46}$$

修正的信号 MUSIC 算法的剩余步骤为：对 $\overline{\boldsymbol{R}}_{\mathbf{xx}^*}(\alpha_0,\alpha_1,\tau)$ 作奇异值分解，得到信号、噪声子空间，计算循环 MUSIC 谱和谱峰搜索。

从式(6.42)～式(6.46)可以看出新的循环共轭自相关函数可以近似地看成是原始循环共轭自相关函数的加窗处理。很明显，$\overline{\boldsymbol{R}}_{\mathbf{xx}^*}(\alpha_0,\alpha_1,\tau)$ 中包含了所有循环共轭自相关在区间 $[\alpha_0,\alpha_1]$ 内的所有频率分量，而且包含真实循环频率 α 的区间 $[\alpha_0,\alpha_1]$ 越小，估计值 $\overline{\boldsymbol{R}}_{\mathbf{xx}^*}(\alpha_0,\alpha_1,\tau)$ 越接近真实的 $\overline{\boldsymbol{R}}_{\mathbf{xx}^*}(\alpha_{1,1},\tau)$，利用它得到的 DOA 估计性能越好。在极限条件下，有

$$\lim_{\substack{\alpha_1\to\alpha^+\\ \alpha_0\to\alpha^-}}\overline{\boldsymbol{R}}_{\mathbf{xx}^*}(\alpha_0,\alpha_1,\tau) = \hat{\boldsymbol{R}}_{\mathbf{xx}^*}(\alpha_{1,1},\tau) \tag{6.47}$$

尽管采用式(6.42)构造的循环共轭自相关矩阵在一定程度上减少了期望信号的能量泄漏改善了 DOA 估计的性能，为了从 sinc 函数和信号能量泄漏这两个更为直观的观点出发，下面提出一种直接利用时间域加窗的方法来提高 DOA 估计性能。因为隐含在式(6.37)中的矩形窗的主瓣为 $-1<fT<1$，而且 fT 越大，能量泄漏越严重。当 $|\Delta\alpha|>1/T$ 时，具有循环频率 α 的期望信号将被抑制，如果在计算循环共轭自相关矩阵时对数据进行加窗处理，而且该窗函数具有较宽的主瓣，则可以提高循环共轭自相关矩阵计算的稳健性，减少有用信号的能量泄漏。相应的基于窗函数的循环共轭自相关按下式计算：

$$\begin{aligned}\breve{\boldsymbol{R}}_{\mathbf{xx}^*}(\alpha,\tau) &= \langle w(t)\boldsymbol{x}(t-\tau/2)x^{\mathrm{T}}(t+\tau/2)\mathrm{e}^{-\mathrm{j}2\pi\alpha t}\rangle_T\\ &= \frac{1}{T}\int_{-T/2}^{T/2}w(t)\boldsymbol{x}(t-\tau/2)\boldsymbol{x}^{\mathrm{T}}(t+\tau/2)\mathrm{e}^{-\mathrm{j}2\pi\alpha t}\mathrm{d}t\end{aligned} \tag{6.48}$$

式中：$w(t)$ 为已知的窗函数。为了提高算法对信号频率误差的稳健性，希望窗函数的主瓣尽可能的宽，同时又不至于牺牲算法的信号选择性。在本章后面的例子里，使用具有 $-70\mathrm{dB}$ 副瓣的 Chebyshev 窗和 Blackman 窗验证算法的性能改善。

另外，为了统一起见，式(6.44)也可以采用下式化简得到与式(6.46)类似的窗函数形式：

$$\begin{aligned}\overline{\boldsymbol{R}}_{\mathbf{xx}^*}(\alpha_0,\alpha_1,\tau) &= \frac{1}{\alpha_1-\alpha_0}(\hat{\boldsymbol{R}}(\alpha_1,\tau)-\hat{\boldsymbol{R}}(\alpha_0,\tau))\\ &= \frac{1}{T}\int_{-T/2}^{T/2}w(t)\boldsymbol{x}(t-\tau/2)\boldsymbol{x}^{\mathrm{T}}(t+\tau/2)\mathrm{e}^{-\mathrm{j}2\pi\alpha t}\mathrm{d}t\end{aligned} \tag{6.49}$$

式(6.49)中的 $w(t)$ 定义为

$$w(t)=\frac{\mathrm{j}}{2\pi(\alpha_1-\alpha_0)}\frac{1}{t}\left(\mathrm{e}^{-\mathrm{j}2\pi(\alpha_1-\alpha)t}-\mathrm{e}^{-\mathrm{j}2\pi(\alpha_0-\alpha)t}\right) \tag{6.50}$$

记式(6.48)或者式(6.49)中 $w(t)$ 的频率响应为 $F(f)$,则式(6.41)可以表示为

$$\begin{aligned}\hat{\boldsymbol{R}}_{\mathbf{xx}^*}(\hat{\alpha},\tau) &= F(\hat{\alpha}T)*\boldsymbol{R}_{\mathbf{xx}^*}(\hat{\alpha},\tau)\\ &=\hat{\boldsymbol{R}}_{\mathbf{xx}^*}(\alpha,\tau)F(\Delta\alpha T)\end{aligned} \tag{6.51}$$

为了说明本节中两种方法对循环频率误差的稳健性,假设循环频率误差 $\Delta\alpha=0.01$,观测时间 $T=100$,图 6.2 画出了不同窗函数的四条频率响应曲线。第一条是矩形窗,第二、三条分别为 -70dB 副瓣的 Chebyshev 窗和 Blackman 窗,第四条为式(6.49)中隐含的窗函数式(6.50)。从该图中也可以看出 $\Delta\alpha T=1$ 位于 sinc 函数的第一个零点(-30dB),因而必将导致后续 DOA 估计的失效;然而采用了两种修正的循环共轭相关计算方法,期望信号的能量衰减仅为 4dB 左右。这个例子直接说明了两种改进方法是有效的。

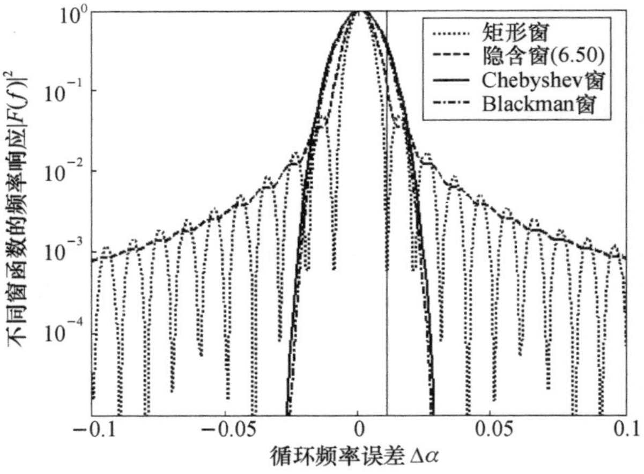

图 6.2 不同窗函数的频率响应

6.3.4 稳健的循环自适应波束形成

1. Capon 波束形成

波束形成是指对空域信号加权合并以提高期望方向接收信号的信噪比,同时抑制来自其他方向的干扰信号,Capon 波束形成就是其中最为著名的一种,该方法约束期望信号的响应为常数,最小化输出信号总功率。假设接收阵列由 M 个阵元的等距线阵构成,来自 P 个不同方向的远场信号到达阵列,期望信号的角度指向 θ_0。

$$\boldsymbol{x}(t_i) = \sum_{p=1}^{P} \boldsymbol{a}(\theta_k) s_p(t_i) + \boldsymbol{n}(t_i) = \boldsymbol{A}(\Theta)\boldsymbol{s}(t_i) + \boldsymbol{n}(t_i),\ i = 1,2,\cdots,N \tag{6.52}$$

Capon 波束形成器通过求解如下的约束优化问题得到

$$\begin{cases} \min\limits_{\boldsymbol{w}} & \boldsymbol{w}^{\mathrm{H}}\boldsymbol{R}\boldsymbol{w} \\ \mathrm{s.\,t.} & \boldsymbol{w}^{\mathrm{H}}\boldsymbol{a}(\theta_0) = 1 \end{cases} \tag{6.53}$$

式中：$\boldsymbol{a}(\theta_0)$为 θ_0 方向的导向矢量；$\boldsymbol{R} = E[\boldsymbol{x}^{\mathrm{H}}\boldsymbol{x}]$为接收数据协方差矩阵。Capon 波束形成器也称为最小方差无畸变响应(MVDR)波束形成器，它试图使包含噪声以及来自其他方向的干扰信号功率的输出总功率最小，但又能保持在期望方向上的信号功率恒定。因此，它可以看作是一个尖锐的空间带通滤波器。式(6.53)中的最优权矢量可以利用拉格朗日乘子法求解，其结果为

$$\boldsymbol{w}_{\mathrm{CAP}} = \frac{\boldsymbol{R}^{-1}\boldsymbol{a}(\theta_0)}{\boldsymbol{a}^{\mathrm{H}}(\theta_0)\boldsymbol{R}^{-1}\boldsymbol{a}(\theta_0)} \tag{6.54}$$

利用权矢量 $\boldsymbol{w}_{\mathrm{CAP}}$ 对 $\boldsymbol{x}(t)$ 加权合并，得到阵列输出为 $y(t_i) = \dfrac{\boldsymbol{a}^{\mathrm{H}}(\theta_0)\boldsymbol{R}^{-1}\boldsymbol{x}(t_i)}{\boldsymbol{a}^{\mathrm{H}}(\theta_0)\boldsymbol{R}^{-1}\boldsymbol{a}(\theta_0)}$。干扰和噪声被抑制后，输出 $y(t_i)$的功率估计为

$$\sigma_0^2 = \frac{1}{\boldsymbol{a}^{\mathrm{H}}(\theta_0)\boldsymbol{R}^{-1}\boldsymbol{a}(\theta_0)} \tag{6.55}$$

波束方向图是衡量一个波束形成器性能好坏的一个重要指标。为了说明 Capon 波束形成的原理，现给出一个波束方向图例子，假设三个信号到达一个由 20 个阵元组成的等距线阵，信号方向为 $-15°$、$0°$和 $10°$，角度指向 $0°$的信号为期望信号，其信噪比为 0dB，两个干扰信号的信噪比分别为 10dB、20dB。图 6.3 给出了两种波束形成器的功率方向图，从图中可以看出：两种波束形成器均可以在期望信号方向形成主瓣，但是普通波束形成器(阵列权值为期望方向的导向矢量)不能在两个干扰方向上形成零点，而 Capon 法在控制主瓣的同时将干扰方向陷零。这一现象可以这样解释：式(6.53)中的等式约束控制了方向图的主瓣，为了最小化总的信号输出功率必将充分抑制来自其他方向的干扰信号，从而在干扰方向形成陷零。

2. 循环自适应波束形成

循环自适应波束形成(CAB)算法基于循环平稳信号的循环自相关或者循环互相关函数，提取出具有已知循环平稳频率的期望信号的盲波束形成，它无须精确已知阵列流形和期望信号的波达方向。CAB 算法的代价函数是[18]

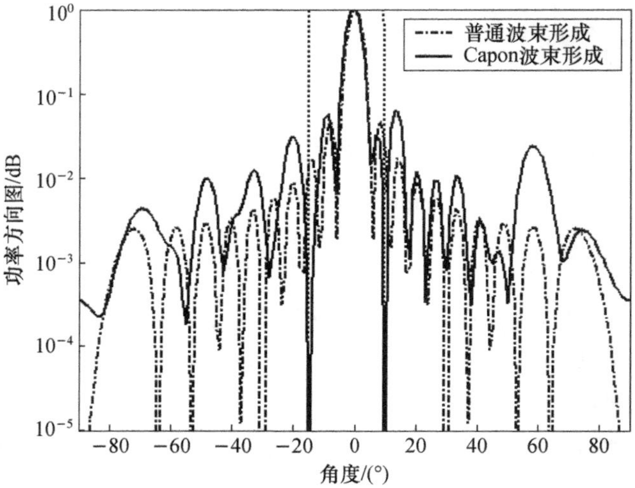

图 6.3　两种波束形成器的功率方向图

$$
\begin{cases}
\max\limits_{\mathbf{w},\mathbf{c}} \left| \int_0^T \boldsymbol{w}^{\mathrm{H}} \boldsymbol{x}(t-\tau/2) \boldsymbol{u}^{\mathrm{T}}(t+\tau/2) \boldsymbol{c} \mathrm{d}t \right|^2 \\
= \max\limits_{\mathbf{w},\mathbf{c}} \left| \boldsymbol{w}^{\mathrm{H}} \hat{\boldsymbol{R}}_{\mathbf{xu}^*} \boldsymbol{c} \right|^2 \\
= \max\limits_{\mathbf{w},\mathbf{c}} \boldsymbol{w}^{\mathrm{H}} \hat{\boldsymbol{R}}_{\mathbf{xu}^*} \boldsymbol{c} \boldsymbol{c}^{\mathrm{H}} \hat{\boldsymbol{R}}_{\mathbf{xu}^*}^{\mathrm{H}} \boldsymbol{w} \\
\text{s. t.} \quad \boldsymbol{w}^{\mathrm{H}} \boldsymbol{w} = \boldsymbol{c}^{\mathrm{H}} \boldsymbol{c} = 1
\end{cases}
\tag{6.56}
$$

式中：$\hat{\boldsymbol{R}}_{\mathbf{xu}^*}$为$\hat{\boldsymbol{R}}_{\mathbf{xu}^*}=E[\boldsymbol{x}(t-\tau/2)\boldsymbol{u}^{\mathrm{T}}(t+\tau/2)]$的估计，$\boldsymbol{u}(t)=\boldsymbol{x}(t)\mathrm{e}^{-\mathrm{j}2\pi\alpha t}$；$\boldsymbol{c}$为任意的控制矢量。上述优化问题的物理含义是：在期望信号波达方向未知时，根据其已知的循环平稳特性，将$\boldsymbol{c}^{\mathrm{H}}\boldsymbol{u}^*(t+\tau/2)$看作阵列输出的期望信号，调节波束形成器权值使得阵列输出$\boldsymbol{w}^{\mathrm{H}}\boldsymbol{x}(t-\tau/2)$与期望信号$\boldsymbol{c}^{\mathrm{H}}\boldsymbol{u}^*(t+\tau/2)$之间的最小均方误差达到最小。由于该算法利用期望信号谱之间的相关或者相干特性，CAB 也可以看作是一种谱自相干恢复算法。

使用拉格朗日乘子法，经过简单的数学推导，可以得到如下方程[17]：

$$
\begin{cases}
\hat{\boldsymbol{R}}_{\mathbf{xu}^*} \boldsymbol{c} \boldsymbol{c}^{\mathrm{H}} \hat{\boldsymbol{R}}_{\mathbf{xu}^*}^{\mathrm{H}} \boldsymbol{w} = \mu \boldsymbol{w} \\
\hat{\boldsymbol{R}}_{\mathbf{xu}^*}^{\mathrm{H}} \boldsymbol{w} \boldsymbol{w}^{\mathrm{H}} \hat{\boldsymbol{R}}_{\mathbf{xu}^*} \boldsymbol{c} = \mu' \boldsymbol{c}
\end{cases}
\tag{6.57}
$$

进一步得到 CAB 的解：

$$
\boldsymbol{w}^{\mathrm{H}} \hat{\boldsymbol{R}}_{\mathbf{xu}^*} \boldsymbol{c} = \xi_{\max} \tag{6.58}
$$

即$\boldsymbol{w}_{\mathrm{CAB}}$和$\boldsymbol{c}$分别等于$\hat{\boldsymbol{R}}_{\mathbf{xu}^*}$的最大奇异值对应左、右奇异矢量。实际上非零控制矢量$\boldsymbol{c}$的取值对 CAB 没有影响。

定理3 假设期望信号与干扰在取定的循环频率处不相关，即对期望信号 $s_0(t)$ 的循环频率 α，对于任意 $i\neq0$ 时有 $R_{s_0s_i}(\alpha,\tau)=0$，那么权矢量 $\boldsymbol{w}_{\text{CAB}}$ 是导向矢量 $\boldsymbol{a}(\theta_0)$ 的一致估计，即当 $t\rightarrow\infty$ 时，存在任意的常数 $\lambda\neq0$ 使得

$$\boldsymbol{w}_{\text{CAB}}=\lambda\boldsymbol{a}(\theta_0)$$

文献[17]在 CAB 的基础上又提出了约束 CAB(C－CAB)算法和稳健的 CAB(R－CAB)算法，而且给出了它们的自适应迭代实现。它们的权矢量分别为

$$\begin{cases}\boldsymbol{w}_{\text{RCAB}}=\hat{\boldsymbol{R}}^{-1}\boldsymbol{w}_{\text{CAB}}\\ \boldsymbol{w}_{\text{RCAB}}=(\hat{\boldsymbol{R}}+\gamma\boldsymbol{I})^{-1}\boldsymbol{w}_{\text{CAB}}\end{cases}\tag{6.59}$$

式中：$\hat{\boldsymbol{R}}$ 为数据的采样协方差矩阵；γ 为一正数加载量。

CAB 算法的收敛速度很快而且复杂度很低，但是没有考虑干扰和噪声的影响，存在强干扰时性能有所下降；C－CAB 算法抗干扰能力较强，但是收敛速度较慢，存在循环频率误差时会出项信号相消现象；R－CAB 算法收敛速度慢，抗干扰性能有所下降，但对小快拍数条件和循环频率误差具有一定的稳健性。

3. 稳健的循环自适应波束形成

前面介绍的 CAB 算法及其变形方法在期望信号假定的循环频率有微小误差的情况下，波束形成的性能会急剧地下降，类似于循环频率误差对循环 MUSIC 算法性能的影响。存在循环频率失配时，基于 CAB 算法的波束形成器的性能衰减也具有 sinc 函数的形状，即使使用 C－CAB 和 R－CAB 也不能增加太多的稳健性。当然，采用 6.3.3 节改进的循环相关计算可以提高输出信干噪比，但是我们发现性能改善并不明显。为此，本节基于传统的循环自适应波束形成算法提出了一种新的有效的稳健算法来抑制循环频率误差对波束形成器的影响。

定理3 表明，当没有误差的时候，权矢量 $\boldsymbol{w}_{\text{CAB}}$ 是 $\boldsymbol{a}(\theta_0)$ 的一致估计，但是，当存在循环频率误差的时候，$\boldsymbol{w}_{\text{CAB}}$ 并不能收敛到期望信号的导向矢量。所以，为了提高波束形成对循环频率误差的稳健性，假设没有与期望信号 DOA 很靠近的其他干扰信号，利用式(6.58)得到 $\boldsymbol{a}(\theta_0)$ 的粗略估计 $\bar{\boldsymbol{a}}=\boldsymbol{w}_{\text{CAB}}$，为了克服循环频率误差对 $\bar{\boldsymbol{a}}$ 的影响，将该估计值 $\bar{\boldsymbol{a}}$ 向信号或者噪声子空间作投影，从而可以得到较为精确的导向矢量估计值。具体来说[21]，对数据协方差矩阵进行特征分解得到噪声子空间 $\boldsymbol{U}_n$，然后求解如下约束优化问题的解 $\hat{\boldsymbol{a}}$：

$$\begin{cases}\min\limits_{\boldsymbol{a}}\quad \boldsymbol{a}^{\text{H}}\boldsymbol{U}_n\boldsymbol{U}_n^{\text{H}}\boldsymbol{a}\\ \text{s.t.}\quad \|\boldsymbol{a}-\bar{\boldsymbol{a}}\|^2\leqslant\varepsilon\\ \|\boldsymbol{a}\|^2=M\end{cases}\tag{6.60}$$

ε 为一个给定的小的正常数。再一次应用拉格朗日乘子法：

$$L(\boldsymbol{a},\lambda,\mu)=\boldsymbol{a}^{\text{H}}\boldsymbol{U}_n\boldsymbol{U}_n^{\text{H}}\boldsymbol{a}+\mu(2M-\varepsilon-\bar{\boldsymbol{a}}^{\text{H}}\boldsymbol{a}-\boldsymbol{a}^{\text{H}}\bar{\boldsymbol{a}})+\lambda(\boldsymbol{a}^{\text{H}}\boldsymbol{a}-M)\tag{6.61}$$

式(6.61)对 $\boldsymbol{a}$ 求偏导数,得到 $\boldsymbol{a}$ 的估计值:

$$\hat{\boldsymbol{a}}=\mu(\boldsymbol{U}_n\boldsymbol{U}_n^{\mathrm{H}}+\lambda\boldsymbol{I})^{-1}\bar{\boldsymbol{a}} \tag{6.62}$$

再对式(6.61)中拉格朗日乘子 λ 和 μ 求偏导数,得到

$$\mu=\frac{2M-\varepsilon}{2\,\bar{\boldsymbol{a}}^{\mathrm{H}}(\boldsymbol{U}_n\boldsymbol{U}_n^{\mathrm{H}}+\lambda\boldsymbol{I})^{-1}\bar{\boldsymbol{a}}} \tag{6.63}$$

$$\frac{\bar{\boldsymbol{a}}^{\mathrm{H}}(\boldsymbol{U}_n\boldsymbol{U}_n^{\mathrm{H}}+\lambda\boldsymbol{I})^{-2}\bar{\boldsymbol{a}}}{[\bar{\boldsymbol{a}}^{\mathrm{H}}(\boldsymbol{U}_n\boldsymbol{U}_n^{\mathrm{H}}+\lambda\boldsymbol{I})^{-1}\bar{\boldsymbol{a}}]^2}=\frac{M}{\left(M-\frac{\varepsilon}{2}\right)^2} \tag{6.64}$$

从式(6.64)即可以解出 λ。

在利用不精确的循环频率估计的粗略结果 $\bar{\boldsymbol{a}}$ 的基础上,通过如上优化问题得到较为精确的导向矢量估计值 $\hat{\boldsymbol{a}}$,最后使用 Capon 法求出波束形成器权值。图 6.4 示意了优化问题式(6.60)的几何解释。

现将本节所提方法的实现步骤总结如下:

步骤 1:计算 $\hat{\boldsymbol{R}}_{\mathrm{xu}^*}$ 并对其进行奇异值分解,它的最大的奇异值对应的左奇异矢量给出导向矢量 $\boldsymbol{a}(\theta_0)$ 的粗略估计 $\bar{\boldsymbol{a}}$;

步骤 2:计算阵列输出相关矩阵,对其进行特征分解得到噪声子空间 $\boldsymbol{U}_n$,在 $\boldsymbol{a}(\theta_0)$ 的粗略估计 $\bar{\boldsymbol{a}}$ 的基础上,根据式(6.62)~式(6.64)得到更为精确的估计 $\hat{\boldsymbol{a}}$;

步骤 3:使用 $\hat{\boldsymbol{a}}$ 和 $\hat{\boldsymbol{R}}$ 得到最终的波束形成器权矢量 $\boldsymbol{w}_R=\hat{\boldsymbol{R}}^{-1}\hat{\boldsymbol{a}}$。

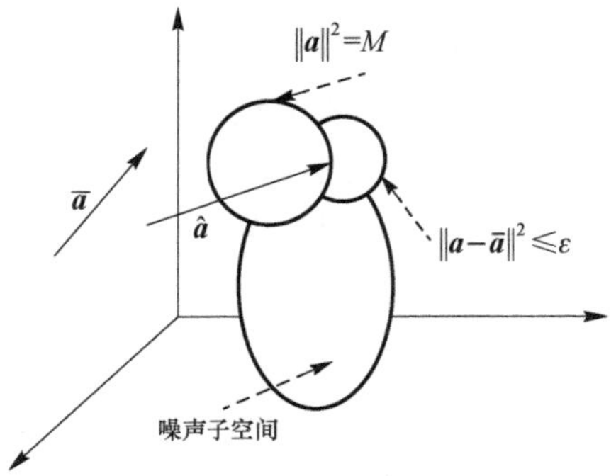

图 6.4　优化问题式(6.60)的几何示意图

6.4　基于对角加载的稳健数字波束形成技术

在实际的阵列雷达系统中,阵列误差、天线互耦、近场环境等情况不可避免,

导致实际的导向矢量和理想的导向矢量之间存在一定的误差，从而使得波束形成性能下降。为了获得较好的性能，国内外学者们提出了许多稳健的波束形成方法，如协方差矩阵锥化方法[21]、基于导数约束方法[22,23]、传统对角加载方法[24]、凸优化方法[25]、贝叶斯估计方法[26]和基于不确定集合的方法[27]。这些方法大部分可以等效为对角加载类方法。对于空时二维加载技术，人们也研究了一些统一加载[33]以及变加载方法[28,29]。

6.4.1 对角加载技术

由于非均匀的检测环境将会造成协方差矩阵估计误差，进而造成自适应干扰抑制性能下降。所以，自适应算法产生的方向图将会在主瓣方向失真，而且具有较高的旁瓣，而失真的波束形状和高旁瓣对于杂波的抑制是不能接受的，因此，需要避免旁瓣目标的检测和不精确的目标参数估计。

对角加载，即给样本协方差矩阵的对角线元素增加一常数，长期以来作为空间滤波器用来改善在有用信号空间特征失配和空间协方差矩阵失配存在时的稳健性[37]，而且对角加载也是在小干扰源存在时用于降低自适应性能的一种方法。当阵元间距为半波长时，对协方差矩阵增加一对角矩阵可以认为是在计算天线的权矢量时，给矩阵增加了从所有可能方向到达的许多小的虚警干扰[40]。

然而，加载因子的选择仍然是一个至关重要的问题，而且至今无理论上的解存在。实际上，选择加载因子可以在全自适应波束形成器（无加载）和传统的非自适应波束形成器（无限大加载）之间进行权衡。因此，对角加载的性能将会根据加载因子的选择而变化，并根据主要的目的来选择最优的加载因子。常用的经验方法是选择加载因子为背景噪声的5～10dB（文献[41]的第6章）。文献[42]指出，选择加载因子的意义是固定白噪声增益（WNG），这是由于对角加载相应地约束WNG。这种物理意义上的解释是将WNG看作用于控制波束形成器的自由度。F. Vincent和O. Besson曾经考虑利用对角加载来补偿随机导向矢量误差并解决了最优加载因子的选择[43]。

本书考虑将对角加载应用于克服波束形成的协方差矩阵失配（统计失配），即在实际的协方差矩阵和其估计值之间存在误差时，通过对角加载改善波束形成的稳健性。对于对角加载，关键是选择加载电平，本书给出了具体的选择方法。本书对对角加载对检测概率和输出信噪比的性能影响也进行了深入的分析，即对角加载可以提高检测概率和输出信噪比。最后的仿真分析也验证了理论分析的正确性，即对角加载可以改善波束形成的检测性能。而且，有效的对角加载可以改善低速目标的检测性能，增加主瓣的信号功率，同时压低旁瓣功率和杂波、噪声功率，尤其在理想协方差矩阵和其估计值之间存在统计失配时，具有良好的检测性能。

对于最小方差无畸变响应(MVDR),加权矢量可以按照如下方法计算:

$$\boldsymbol{w}=\frac{\boldsymbol{R}_u^{-1}\boldsymbol{s}}{\boldsymbol{s}^{\mathrm{H}}\boldsymbol{R}_u^{-1}\boldsymbol{s}} \tag{6.65}$$

式中:$\boldsymbol{R}_u$ 为样本协方差矩阵;s 为导向矢量。如果 $\boldsymbol{R}_u$ 或 $\boldsymbol{s}$ 存在误差(即失配)时将会引起 STAP 的性能下降。例如,真实的协方差矩阵 $\boldsymbol{R}_u$ 只有在仿真中才是已知的。这样在实际中,通常利用样本矩阵求逆(SMI)算法实现。对于 SMI 算法,利用 $\boldsymbol{R}_u$ 的最大似然估计 $\hat{\boldsymbol{R}}_u$ 代替,而且样本并不满足协方差矩阵估计的条件。对于小样本支持情况,如样本数量小于协方差矩阵维数的 2 倍时,将会在 $\boldsymbol{R}_u$ 和 $\hat{\boldsymbol{R}}_u$ 之间存在严重的统计失配,而且 SMI 滤波器的性能将会比最优 MVDR 滤波器下降许多,因此如何减少各种失配带来的性能损失是进行实际应用的关键。对角加载(DL)可以用于缓解这些损失。

考虑 MVDR - SMI,对角加载可以按照如下方法应用,并通过求解下面的约束最小化问题来实现:

$$\boldsymbol{w}^{(DL)}=\underset{\boldsymbol{w}^{\mathrm{H}}\boldsymbol{s}=1}{\operatorname{argmin}}\{\boldsymbol{w}^{\mathrm{H}}(\hat{\boldsymbol{R}}_u+\sigma_L^2\boldsymbol{I})\boldsymbol{w}\}=\underset{\boldsymbol{w}^{\mathrm{H}}\boldsymbol{s}=1}{\operatorname{argmin}}\{\boldsymbol{w}^{\mathrm{H}}\tilde{\boldsymbol{R}}_u\boldsymbol{w}\} \tag{6.66}$$

该最优化问题也可以利用拉格朗日乘数方法进行求解,而且有

$$\boldsymbol{w}^{(DL)}=\frac{\tilde{\boldsymbol{R}}_u^{-1}s}{\boldsymbol{s}^{\mathrm{H}}\tilde{\boldsymbol{R}}_u^{-1}\boldsymbol{s}} \tag{6.67}$$

其中

$$\tilde{\boldsymbol{R}}_u=\hat{\boldsymbol{R}}_u+\sigma_L^2\boldsymbol{I} \tag{6.68}$$

表示加载协方差矩阵,I 为单位矩阵,而 σ_L^2 为加载因子(或称为加载电平),用于加载量的控制。

6.4.2 对角加载的性能改善

1. 对角加载对检测概率的影响

为了分析对角加载对检测概率的影响,应该首先得到恒虚警率(CFAR)检测。因此,上面的波束形成器输出应该具有归一化的输出噪声,也就是检验统计量输出的噪声方差等于 1。最后,相对于输出噪声功率进行归一化,可得如下的最优群不变检验。

$$\bar{y}=\frac{\|\boldsymbol{w}^{\mathrm{H}}\boldsymbol{x}\|^2}{\boldsymbol{s}^{\mathrm{H}}\hat{\boldsymbol{R}}_u^{-1}\boldsymbol{s}}=\frac{\|(\hat{\boldsymbol{R}}_u^{-1}\boldsymbol{s})^{\mathrm{H}}\boldsymbol{x}\|^2}{\boldsymbol{s}^{\mathrm{H}}\hat{\boldsymbol{R}}_u^{-1}\boldsymbol{s}}=\frac{\|\boldsymbol{s}^{\mathrm{H}}\hat{\boldsymbol{R}}_u^{-1}\boldsymbol{x}\|^2}{\boldsymbol{s}^{\mathrm{H}}\hat{\boldsymbol{R}}_u^{-1}\boldsymbol{s}} \tag{6.69}$$

现在令

$$\bar{\boldsymbol{s}} = \frac{\hat{\boldsymbol{R}}_u^{-1/2}\boldsymbol{s}}{\sqrt{(\hat{\boldsymbol{R}}_u^{-1/2}\boldsymbol{s})^{\mathrm{H}}\hat{\boldsymbol{R}}_u^{-1/2}\boldsymbol{s}}} \tag{6.70}$$

$$\bar{\boldsymbol{x}} = \hat{\boldsymbol{R}}_u^{-1/2}\boldsymbol{x} \tag{6.71}$$

将上面的转换式代入式(6.69)中，检验量 $\bar{y}$ 将变成

$$\bar{y} = \|\bar{\boldsymbol{s}}^{\mathrm{H}}\bar{\boldsymbol{x}}\|^2 = \bar{\boldsymbol{x}}^{\mathrm{H}}\bar{\boldsymbol{s}}\bar{\boldsymbol{s}}^{\mathrm{H}}\bar{\boldsymbol{x}} \tag{6.72}$$

这样，检验量等于白化的观察数据 $\bar{\boldsymbol{x}}$ 在单位白化的导向矢量 $\bar{\boldsymbol{s}}$ 上的投影的测量。在式(6.72)中，$\bar{\boldsymbol{x}}$ 服从正态分布 $N_N(\hat{\boldsymbol{R}}_u^{-1/2}\boldsymbol{s},\boldsymbol{I}_N)$，而 $\bar{\boldsymbol{s}}\bar{\boldsymbol{s}}^{\mathrm{H}}$ 为秩 1 的投影矩阵。因此，检验量 $\bar{y}$ 服从非中心卡平方分布 $\chi_N^2(\rho_N)$，其中非中心参数 ρ_N 为检测器的广义输出信噪比，而且由下式给出：

$$\rho_N = (\hat{\boldsymbol{R}}_u^{-1/2}\boldsymbol{s})^{\mathrm{H}}(\bar{\boldsymbol{s}}\bar{\boldsymbol{s}}^{\mathrm{H}})(\hat{\boldsymbol{R}}_u^{-1/2}\boldsymbol{s}) = \boldsymbol{s}^{\mathrm{H}}\hat{\boldsymbol{R}}_u^{-1}\boldsymbol{s} \tag{6.73}$$

因此，在假设 $\boldsymbol{H}_1$ 下，检验量 $\bar{y}$ 的条件概率密度函数(PDF)为

$$p(\bar{y}|\boldsymbol{H}_1) = \mathrm{e}^{-\bar{y}-\rho_N}I_0(2\sqrt{\rho_N\bar{y}})U(\bar{y}) \tag{6.74}$$

式中：$I_0(\cdot)$ 为第一类零阶修正贝塞尔函数；$U(\cdot)$ 表示单位阶跃函数。如果令式(6.74)中的 ρ_N 等于零，则可得在 $\boldsymbol{H}_0$ 假设下，检验量 $\bar{y}$ 的条件概率密度函数(PDF)为

$$p(\bar{y}|\boldsymbol{H}_0) = \mathrm{e}^{-\bar{y}}U(\bar{y}) \tag{6.75}$$

对于已知导向矢量和协方差矩阵的条件下，虚警概率可以表示为 P_{FA_N}，检测概率可以表示为 P_{D_N}，而且分别由下式给出：

$$P_{FA_N} = P_y\{\bar{y} > T_N|\boldsymbol{H}_0\} = \int_{T_N}^{\infty}p(\bar{y}|\boldsymbol{H}_0)\mathrm{d}\bar{y} = \int_{T_N}^{\infty}\mathrm{e}^{-\bar{y}}\mathrm{d}\bar{y} = \mathrm{e}^{-T_N} \tag{6.76}$$

$$P_{D_N} = P_y\{\bar{y} > T_N|\boldsymbol{H}_1\} = \int_{T_N}^{\infty}p(\bar{y}|\boldsymbol{H}_1)\mathrm{d}\bar{y} = \int_{T_N}^{\infty}\mathrm{e}^{-\bar{y}-\rho_N}\boldsymbol{I}_0(2\sqrt{\rho_N\bar{y}})\mathrm{d}\bar{y} \tag{6.77}$$

其中门限 T_N 为对于给定虚警概率的检测门限，并由下式给出：

$$T_N = -\ln(P_{FA_N}) \tag{6.78}$$

从上面的分析可知，对角加载不影响 STAP 的虚警概率，但影响检测概率。

2. 对角加载对信噪比的影响

为了分析对角加载对波束形成器输出信噪比的影响，应该首先得到输出信号中的有用信号和无用噪声。为了分析方便，应用复加权输出，即 $y = \boldsymbol{w}^{\mathrm{H}}\boldsymbol{x}$。

利用样本协方差矩阵的特征分解结果，波束形成输出可以表示为

$$
\begin{aligned}
y &= \boldsymbol{w}^{\mathrm{H}}\boldsymbol{x} = (\hat{\boldsymbol{R}}_u^{-1}\boldsymbol{s})^{\mathrm{H}}\boldsymbol{x} = \boldsymbol{s}^{\mathrm{H}}\hat{\boldsymbol{R}}_u^{-1}\boldsymbol{x} \\
&= \boldsymbol{s}^{\mathrm{H}}\left(\sum_{i=1}^{N}\frac{\boldsymbol{v}_i\boldsymbol{v}_i^{\mathrm{H}}}{\lambda_i}\right)\boldsymbol{x} = \sum_{i=1}^{N}\frac{\boldsymbol{s}^{\mathrm{H}}\boldsymbol{v}_i\boldsymbol{v}_i^{\mathrm{H}}\boldsymbol{x}}{\lambda_i} = \sum_{i=1}^{N}\frac{(\boldsymbol{s}^{\mathrm{H}}\boldsymbol{v}_i)(\boldsymbol{v}_i^{\mathrm{H}}\boldsymbol{x})}{\lambda_i} \\
&= \frac{(\boldsymbol{s}^{\mathrm{H}}\boldsymbol{v}_1)(\boldsymbol{v}_1^{\mathrm{H}}\boldsymbol{x})}{\lambda_1} + \frac{(\boldsymbol{s}^{\mathrm{H}}\boldsymbol{v}_2)(\boldsymbol{v}_2^{\mathrm{H}}\boldsymbol{x})}{\lambda_2} + \cdots + \frac{(\boldsymbol{s}^{\mathrm{H}}\boldsymbol{v}_N)(\boldsymbol{v}_N^{\mathrm{H}}\boldsymbol{x})}{\lambda_N}
\end{aligned}
\tag{6.79}
$$

式中：$\boldsymbol{v}_i^{\mathrm{H}}\boldsymbol{x}$ 表示 $\boldsymbol{x}$ 和 $\boldsymbol{v}_i$ 的内积，$i=1,2,\cdots,N$，即 $\boldsymbol{x}$ 在 $\boldsymbol{v}_i$ 上的投影；$\boldsymbol{s}^{\mathrm{H}}\boldsymbol{v}_i$ 表示 $\boldsymbol{s}$ 和 $\boldsymbol{v}_i$ 的内积，$i=1,2,\cdots,N$，即 $\boldsymbol{v}_i$ 在 $\boldsymbol{s}$ 上的投影。由于 $\lambda_1 \geqslant \lambda_2 \geqslant \cdots \geqslant \lambda_N > 0$，假设 $\lambda_1\cdots\lambda_k$ 为信号子空间所对应的特征值，即 $\boldsymbol{v}_1,\boldsymbol{v}_2,\cdots,\boldsymbol{v}_k$ 张成信号子空间，则 $\boldsymbol{s}$ 在 $\boldsymbol{v}_1,\boldsymbol{v}_2,\cdots,\boldsymbol{v}_k$ 上的投影为有用信号部分，而其余部分为干扰和噪声的输出部分。为了分析方便且不失一般性，假设对应于最大特征值 λ_1 的特征矢量 $\boldsymbol{v}_1$ 表示信号子空间，故 $y_1 \triangleq (\boldsymbol{s}^{\mathrm{H}}\boldsymbol{v}_1)(\boldsymbol{v}_1^{\mathrm{H}}\boldsymbol{x})$ 表示输出的有用信号分量，而其他分量 $y_2 \triangleq (\boldsymbol{s}^{\mathrm{H}}\boldsymbol{v}_2)(\boldsymbol{v}_2^{\mathrm{H}}\boldsymbol{x}),\cdots,y_N \triangleq (\boldsymbol{s}^{\mathrm{H}}\boldsymbol{v}_N)(\boldsymbol{v}_N^{\mathrm{H}}\boldsymbol{x})$ 表示无用信号部分，即输出噪声。因此，为了分析方便，仿照 4.2.5 节，定义输出的信噪比由下式表示

$$
\mathrm{SNR}_{\mathrm{out}} = \frac{y_1/\lambda_1}{y_2/\lambda_2 + \cdots + y_N/\lambda_N} \tag{6.80}
$$

同理，基于对角加载的输出 SNR 为

$$
\mathrm{SNR}_{\mathrm{out}}^{DL} = \frac{y_1/(\lambda_1+\sigma_L^2)}{y_2/(\lambda_2+\sigma_L^2) + \cdots + y_N/(\lambda_N+\sigma_L^2)} \tag{6.81}
$$

由于加载电平 $\sigma_L^2 \ll \lambda_1$，因此，对角加载对较大的特征值（或有用信号输出部分）影响较小，而对较小的特征值（或无用信号输出部分）影响比较大。故输出的有用信号将基本不受对角加载的影响，但是，干扰和背景噪声，即无用信号将明显地受到对角加载的影响，而且被极大地减小了。因此，对角加载可以改善输出的 SNR。

因此，信噪比分析结果和前面的检测概率分析结果是一致的，而且也可以通过后面的仿真结果进行说明和验证。

3. 仿真分析

为了更直观地理解传统波束形成器对系统误差的敏感性，以及基于对角加载的稳健波束形成方法对该问题处理的性能。本节给出了几个仿真实例来进行说明。考虑由 $N=10$ 个全向阵元组成的均匀线性阵，阵元间距为信号半波长。噪声功率为 0dB 的空间高斯白噪声，干扰信号分别来自 $-20°$和 $30°$，样本协方差矩阵由 $K=100$ 次快拍数据估计。

仿真 1：考察系统误差对传统波束形成器的影响。假设的期望信号 DOA 为 5°，实际为 7°，即存在 2°的偏差。作为比较，我们也考察用理想的导向矢量和协方差矩阵得到的最优 MVDR 权值。图 6.5(a) 为 SNR = 25dB，INR = 30dB 时，理

想情况下的波束形成器和存在误差情况下的波束形成器波束响应图。可以看到,尽管对干扰进行了抑制,存在误差时 MVDR 波束形成器的波束响应有很高的旁瓣,更主要的是,其在实际期望信号位置形成了“零陷”,错把期望信号当作干扰而加以抑制。图 6.5(b)为波束形成器 SINR 随 SNR 变化图。可以看到,SNR 越高,存在误差的波束形成器的性能损失就越大。

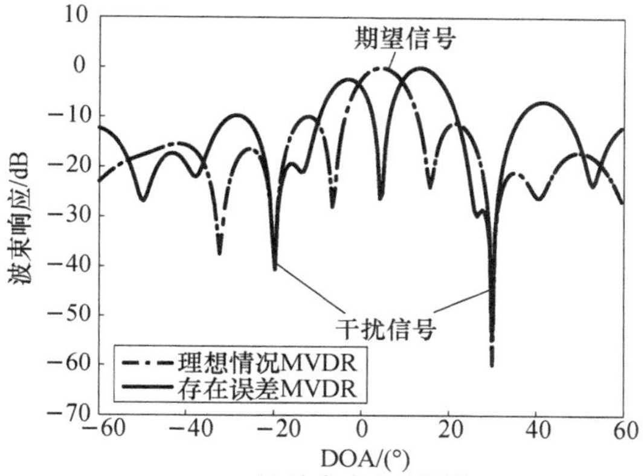

(a) 波束响应对比图

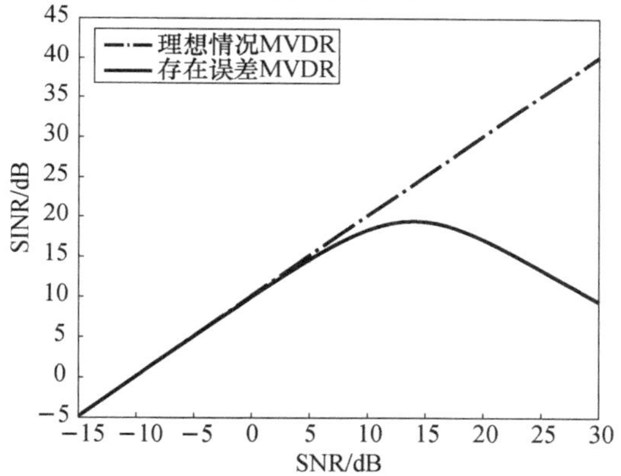

(b) SINR随SNR变化图

图 6.5　存在误差时的波束形成器与理想情形的性能对比图(见彩图)

仿真 2:本仿真实验难证基于对角加载的稳健波束形成器的性能,同时对比 3.2.3 节介绍的基于 LCMV 准则的波束形成方法。各波束形成器的参数设置如下:

(1) LCMV 法,在 3°,5°,7°三处设置等式方向性约束。

(2) 对角加载法,加载量为 3。

各算法的 SINR 随 SNR 变化图如图 6.6 所示。我们看到,所有稳健波束形成方法都对误差存在时的 MVDR 性能有所提升。但是 LCMV 算法始终与理想情况最佳值有一定距离,这是因为 LCMV 拓宽了主瓣,因而引入了更多噪声成分。另外,由于其使用了等式约束消耗了过多系统自由度,使得对干扰和噪声的抑制能力不足。对角加载法相比 LCMV 法更接近理想值,但在高 SNR 时性能有所下降,这是因为其固定的对角加载量无法随着 SNR 的提高而变化。

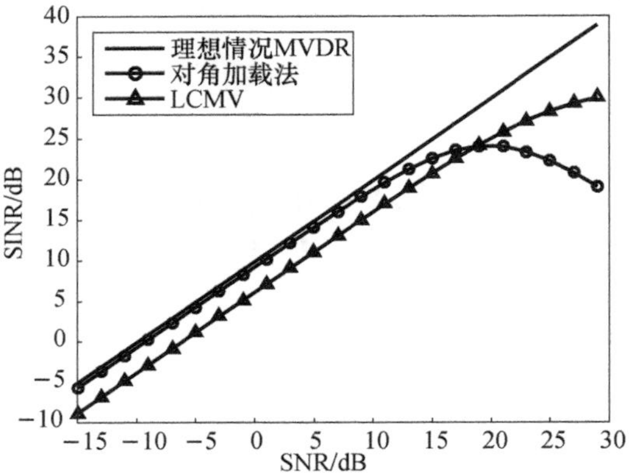

图 6.6　对角加载稳健波束形成方法 SINR 与 SNR 性能比较(见彩图)

参考文献

[1] 张贤达,保铮.通信信号处理[M].北京:国防工业出版社,2000.

[2] Manolakis D G,lngle V K,Kogon S M.统计与自适应信号处理[M].周正,顾仲梅,译.北京:电子工业出版社,2003.

[3] 刘刚,吕新华,攸阳.阵列信号处理中基于 MUSIC 算法的空间谱估计[J].微计算机信息,2006,(12):302 - 303.

[4] 冯亚俊.基于 MUSIC 算法的 DOA 估计[J].信息科学,2007 (10):1606 - 1609.

[5] Friedlander B. A sensitivity analysis of the MUSIC algorithm[J]. IEEE Transactions on Acoustics Speech & Signal Processing, 1990, 38(10):1740 - 1751.

[6] Hamza R, Buckley K. An analysis of weighted eigenspace methods in the presence of sensor errors[J]. IEEE Transactions on Signal Processing, 1995, 43(5):1140 - 1150.

[7] Dogan M C, Mendel J M. Applications of cumulants to array processing. I. Aperture extension and array calibration [J]. Signal Processing IEEE Transactions on, 1995, 43 (5): 1200 - 1216.

[8] Dogan M C, Mendel J M. Applications of cumulants to array processing. II. Non - Gaussian noise suppression[J]. IEEE Transactions on Signal Processing, 1995, 43(7):1663 - 1676.

[9] 廖桂生,保铮,王波.基于四阶累量的 MUSIC 算法对阵元误差的稳健性分析[J].通信学报,1997(8):33 - 38.

[10] 王永良，陈辉，彭应宁．空间谱估计理论与算法[M]. 北京：清华大学出版社，2004.

[11] 张贤达，保铮．通信信号处理[M]. 北京:国防工业出版社，2000.

[12] 张贤达,保铮．非平稳信号分析与处理[M]. 北京：国防工业出版社，1998.

[13] Schell S V, Calabretta R A, Gardner W A, et al. Cyclic MUSIC algorithms for signal – selective direction estimation[C]. International Conference on Acoustics, Speech, and Signal Processing. IEEE, 2002.

[14] Lee J H, Lee Y T, Shih W H. Efficient robust adaptive beamforming for cyclostationary signals[J]. IEEE Transactions on Signal Processing, 2000, 48(7), 1893 – 1901.

[15] Lee J H, Lee Y T. Robust adaptive array beamforming for cyclostationary signals under cycle frequency error[J]. IEEE Transactions on Antennas & Propagation, 1999, 47(2): 233 – 241.

[16] Wu Q, Wong K M. Blind adaptive beamforming for cyclostationary signals[J]. IEEE Transactions on Signal Processing, 1996, 44(11):2757 – 2767.

[17] Capon J. High – resolution frequency – wavenumber spectrum analysis[J]. Proceedings of the IEEE, 1969, 57(8):1048 – 1418.

[18] Zhang J, Liao G, Wang J. Robust direction finding for cyclostationary signals with cycle frequency error[J]. Signal Processing, 2005, 85(12):2386 – 2393.

[19] Li J, Stoica P, Wang Z. Doubly Constrained Robust Capon Beamforming[J]. IEEE Transactions on Signal Processing, 2004, 52(9): 2407 – 2423.

[20] Liu H, Liao G, Jie Z. A robust adaptive Capon beamforming[J]. Systems Engineering & Electronics, 2005, 86(10):2820 – 2826.

[21] M Zatman. Comments on theory and applications of covariance matrix tapers for robust adaptive beamforming[J]. IEEE Transactions on Signal Processing, 2000, 48(2): 1796 – 1800.

[22] Meng H E, Cantoni A. Derivative constraints for broad – band element space antenna array processors[J]. IEEE Transactions on Acoustics Speech & Signal Processing, 1983, 31(6): 1378 – 1393.

[23] Buckley K M, Griffiths L J. An adaptive generalized sidelobe canceller with derivative constraints[J]. Antennas & Propagation IEEE Transactions on, 1986, 34(3):311 – 319.

[24] Carlson B D. Covariance matrix estimation errors and diagonal loading in adaptive arrays[J]. IEEE Transactions on Aerospace Electronic Systems, 1988, 24(4):397 – 401.

[25] Shahbazpanahi S, Gershman A B, Luo Z Q, et al. Robust adaptive beamforming for general – rank signal models[J]. IEEE Transactions on Signal Processing, 2003, 51(9): 2257 – 2269.

[26] Bell K L, Ephraim Y, Van Trees H L. A Bayesian approach to robust adaptive beamforming [J]. IEEE Transactions on Signal Processing, 2000, 48(2):386 – 398.

[27] El – Keyi A, Kirubarajan T, Gershman A B. Robust adaptive beamforming based on the Kalman filter[J]. IEEE Transactions on Signal Processing, 2005, 53(8):3032 – 3041.
[28] 吴仁彪. 机载相控阵雷达时空二维自适应滤波的理论与实现[D]. 西安:西安电子科技大学, 1993.
[29] 王永良. 新一代机载预警雷达的空时二维自适应信号处理[D]. 西安:西安电子科技大学, 1994.
[30] Kim Y L, Pillai S U, Guerci J R. Optimal loading factor for minimal sample support space – time adaptive radar[C]. IEEE International Conference on Acoustics, Speech and Signal Processing. IEEE Xplore, 1998.
[31] Gerlach K, Picciolo M L. Airborne/spacebased radar STAP using a structured covariance matrix[J]. IEEE Transactions on Aerospace & Electronic Systems, 2003, 39(1):269 – 281.
[32] Stoica P, Li J, Zhu X, et al. On Using a priori Knowledge in Space – Time Adaptive Processing[J]. IEEE Transactions on Signal Processing, 2008, 56(6):2598 – 2602.
[33] Bergin J S, Teixeira C M, Techau P M, et al. Improved clutter mitigation performance using knowledge – aided space – time adaptive processing[J]. IEEE Transactions on Aerospace & Electronic Systems, 2006, 42(3):997 – 1009.
[34] He H X, Kraut S. Colored loading for robust adaptive beamforming with low sample support [C]. Eighth International Symposium on Signal Processing and ITS Applications. IEEE Xplore, 2005:395 – 398.
[35] Li X M, Feng D Z, Liu H W, et al. Spatial – temporal separable filter for adaptive clutter suppression in airborne radar[J]. Electronics Letters, 2008, 44(5):380 – 381.
[36] 李晓明. 机载相控阵雷达降维 STAP 方法及其应用[D]. 西安:西安电子科技大学, 2008.
[37] Feng D Z, Zheng W X, Cichocki A. Matrix – Group Algorithm via Improved Whitening Process for Extracting Statistically Independent Sources From Array Signals[J]. IEEE Transactions on Signal Processing, 2007, 55(3):962 – 977.
[38] Vorobyov S A, Gershman A B, Luo Z Q. Robust adaptive beamforming using worst – case performance optimization: a solution to the signal mismatch problem[J]. Signal Processing IEEE Transactions on, 2003, 51(2):313 – 324.
[39] Mestre X, Lagunas M A. Finite sample size effect on minimum variance beamformers: optimum diagonal loading factor for large arrays[J]. IEEE Transactions on Signal Processing, 2006, 54(1):69 – 82.
[40] Carlson B D. Covariance matrix estimation errors and diagonal loading in adaptive arrays[J]. IEEE Transactions on Aerospace Electronic Systems, 1988, 24(4):397 – 401.
[41] H L Van Trees. Optimum array processing [M]. New York:John Wiley, 2002.

[42] Kogon S M. Eigenvectors, diagonal loading and white noise gain constraints for robust adaptive beamforming[C]. Signals, Systems and Computers, 2003. Conference Record of the Thirty - Seventh Asilomar Conference on. IEEE Xplore, 2003.

[43] Vincent F, Besson O. Steering vector errors and diagonal loading[J]. Radar Sonar & Navigation Iee Proceedings, 2004, 151(6):337 - 343.

第 7 章 机载雷达空时自适应处理

机载雷达站得高看得远，避免了地基雷达存在的遮挡问题，且机动灵活，具有地基雷达无法比拟的优势。但是由于机载雷达平台的运动，其下视工作不仅面临强的地物杂波，而且杂波相对雷达运动，其多普勒谱严重展宽，此时传统地基雷达仅时域杂波抑制的方法不再有效。因此，同时利用多普勒与波达方向(DOA)信息的空时自适应处理(STAP)应运而生。

7.1 机载雷达空时杂波谱

空时自适应处理是同时利用多普勒与波达方向信息来区分运动目标与静止的杂波的，雷达脉冲序列(时间采样)用于提取多普勒信息，相控阵天线(空间采样)用于提取波达方向信息，因此需要研究机载雷达空时杂波谱，空时杂波谱与空时采样有关，其中空间采样与阵列天线布阵有关。

7.1.1 天线模型

机载相控阵一般为 $M \times N$ 的平面阵[1]，此处讨论 $M \times N$ 的矩形正侧面阵，且行和列间距 d 均为半波长。发射时以全孔径发射，接收时将天线按列先进行微波合成，得到一行由 N 个等效阵元组成的线阵，空域采样在 N 个等效阵元上进行。设载机水平飞行，速度为 V，雷达波长 λ，θ, φ, ψ 分别为散射体相对于阵列的方位角、俯仰角、空间锥角，如图 7.1 所示。

假设天线主瓣指向为 θ_0, φ_0，阵列采用可分离加权，列子阵和行子阵的加权系数分别为 $I_m, I_n (m = 1, 2, \cdots, M; n = 1, 2, \cdots, N)$，由图 7.1 可得：
列子阵发射方向图为

$$f(\varphi) = \sum_{m=1}^{M} I_m \exp\left\{ j\frac{2\pi d}{\lambda}(m-1)(\sin\varphi - \sin\varphi_0) \right\} \tag{7.1}$$

行子阵发射方向图为

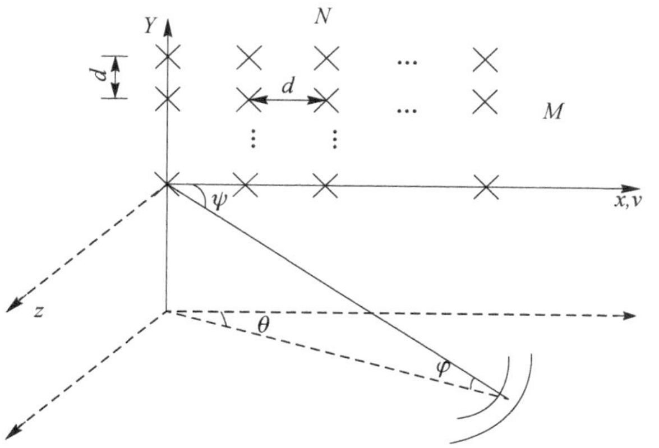

图 7.1　$M \times N$ 矩形正侧面阵几何关系

$$
\begin{aligned}
f(\psi) &= \sum_{n=1}^{N} I_n \exp\left\{ \mathrm{j} \frac{2\pi d}{\lambda}(n-1)(\cos\theta\cos\varphi - \cos\theta_0\cos\varphi_0) \right\} \\
&= \sum_{n=1}^{N} I_n \exp\left\{ \mathrm{j} \frac{2\pi d}{\lambda}(n-1)(\cos\psi - \cos\psi_0) \right\}
\end{aligned}
\tag{7.2}
$$

整个阵面总的发射方向图为

$$
\begin{aligned}
F(\psi,\varphi) = \sum_{n=1}^{N} \sum_{m=1}^{M} I_m I_n \exp\Big\{ \mathrm{j} \frac{2\pi d}{\lambda}[& (n-1)(\cos\psi - \cos\psi_0) \\
& + (m-1)(\sin\varphi - \sin\varphi_0)] \Big\}
\end{aligned}
\tag{7.3}
$$

发射天线空间二维方向图如图 7.2 所示，其中 $M = N = 16$，波束指向为 $\theta_0 = 90°$，$\varphi_0 = 0°$。

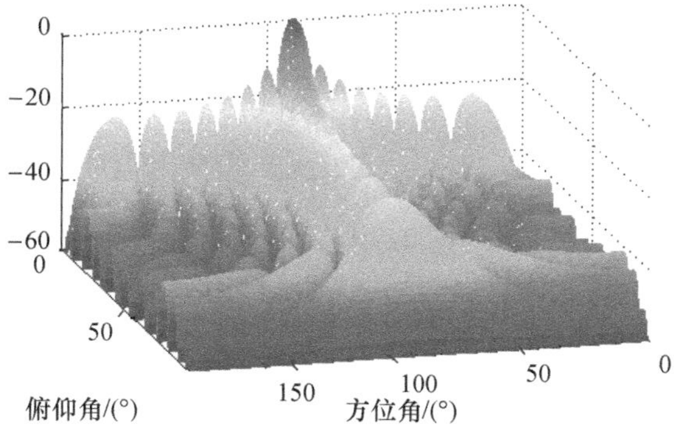

图 7.2　天线发射方向图(见彩图)

一般在接收时，假设接收天线先按列进行合成，形成一行由 N 个等效阵元组成的等距线阵，空域采样在各个等效阵元上进行，因为等效阵元是由列子阵合成得到的，因此具有方向性，其方向图即为相应列子阵的接收方向图：

$$g_n(\varphi) = f(\varphi) = \sum_{m=1}^{M} I_m \exp\left\{\mathrm{j}\frac{2\pi d}{\lambda}(m-1)(\sin\varphi - \sin\varphi_0)\right\}, n = 1,2,\cdots,N \tag{7.4}$$

在不存在阵元误差的理想情况下，各个等效阵元是一样的，具有相同的接收方向图，即 $g_1(\varphi) = g_2(\varphi) = \cdots = g_N(\varphi)$。

图 7.3 是存在偏航情况下的运动平台阵列天线的地面动目标检测示意图，x 轴与相位中心排布方向平行，z 轴垂直于地面向上。图中 ψ_v 表示目标与平台速度方向的空间锥角，ψ_a 表示目标与天线方向的空间锥角，θ_d 为偏航角，R_0 表示目标到平台的最近斜距。设平台高度为 H，地面点到发射通道的斜距为 R，x_0 表示目标的方位坐标，θ,φ 分别表示目标散射点的方位角和俯仰角，平台速度为 V，目标速度在 x、y、z 轴的分量分别为 v_x、v_y、v_z，目标的径向速度为 v_r，系统阵元个数为 N，脉冲数为 K。

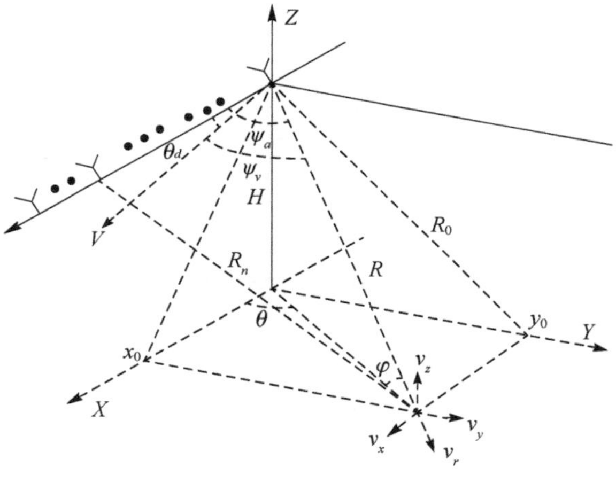

图 7.3　运动平台阵列天线地面动目标检测示意图

设地面动目标初始位置为$(x_0,y_0,0)$，当存在偏航角 θ_d 时（仅在 xy 平面内偏航），在 t 时刻目标位置为$(x_0 - v_x t, y_0 - v_y t, v_z t)$，这里以靠近坐标中心的速度方向为正。第 n 个接收通道的坐标初始位置为$(d_n,0,H)$，在 t 时刻该通道位置为$(d_n + Vt\cos\theta_d, Vt\sin\theta_d, H)$，则斜距 $R_n(t)$ 可以表示为

$$R_n(t) = \sqrt{(x_0 - v_x t - d_n - Vt\cos\theta_d)^2 + (y_0 - v_y t - Vt\sin\theta_d)^2 + (v_z t - H)^2} \tag{7.5}$$

对式(7.5)进行泰勒展开,忽略三次及三次以上的高次项可得

$$R_n(t)=R+\frac{d_n^2}{2R}-\frac{x_0d_n}{R}-\frac{y_0(v_yt+Vt\sin\theta_d)}{R}-\frac{x_0(v_xt+Vt\cos\theta_d)}{R}-\frac{Hv_zt}{R}$$
$$+\frac{(v_y+V\sin\theta_d)^2+(v_x+V\cos\theta_d)^2}{2R}t^2+\frac{v_z^2t^2}{2R}+\frac{d_n(v_x+V\cos\theta_d)t}{R} \tag{7.6}$$

补偿掉常数项 R 和$\frac{d_n^2}{2R}$,同时对$\frac{d_n(v_x+V\cos\theta_d)t}{R}$近似补偿(一般认为目标速度远小于平台运动速度,补偿时可以忽略),短时处理时可忽略时间的二次项部分,则经过补偿与近似处理后的距离方程为

$$\tilde{R}_n(t)\approx-\frac{y_0(v_yt+Vt\sin\theta_d)}{R}-\frac{x_0(v_xt+Vt\cos\theta_d)}{R}-\frac{x_0d_n}{R}-\frac{Hv_zt}{R} \tag{7.7}$$

由图 7.3 中的几何关系可得

$$v_r=\frac{y_0}{R}v_y+\frac{x_0}{R}v_x+\frac{H}{R}v_z \tag{7.8}$$

$$V\cdot\cos\psi_v=\frac{y_0}{R}V\sin\theta_d+\frac{x_0}{R}V\cos\theta_d \tag{7.9}$$

$$\frac{x_0}{R}=\cos\psi_a \tag{7.10}$$

将式(7.8)~式(7.10)代入式(7.7)得到

$$\begin{aligned}\tilde{R}_n(t)&\approx-v_rt-Vt\cdot\cos\psi_v-d_n\cos\psi_a\\&=-v_rt-Vt\cdot\cos(\theta+\theta_d)\cos\varphi-d_n\cos\theta\cos\varphi\end{aligned} \tag{7.11}$$

7.1.2　空时杂波谱

对于接收信号的模型,假设发射信号为窄带信号,其中心频率为 ω_0,发射信号可表示为

$$u(t)=Ae^{j\omega_0t} \tag{7.12}$$

第 n 个通道的接收信号可表示为

$$u_r(t)=\sigma Ae^{j\omega_0(t-t_d)} \tag{7.13}$$

式中:σ 为目标的反射系数(未考虑方向图的影响);t_d 为从信号发射到第 n 个通道接收到回波信号的延时,可表示为下式。其中 t 是从雷达发射第一个脉冲开始计时的,因此发射第 K 个脉冲时 $t=(k-1)T$

$$t_d=\frac{R_T(t)+R_r(t)}{c}=\frac{V_rt-Vt\cos\psi_v+V_rt-Vt\cos\psi_v-d_n\cos\psi_a}{c}$$

$$= \frac{2V_r t - 2Vt\cos\psi_v - d_n\cos\psi_a}{c} \tag{7.14}$$

式(7.14)可分成两部分,空间部分$\frac{d_n\cos\psi_a}{c}$和时间部分$\frac{2Vt\cos\psi_v - 2V_r t}{c}$。设$T = \frac{1}{f_r}$为发射脉冲间隔,由此可得:

空域角频率:

$$\omega_s = \frac{2\pi d}{\lambda}\cos\psi_a = \frac{2\pi d}{\lambda}\cos\theta\cos\varphi \tag{7.15}$$

时域角频率:

$$\omega_t = \frac{4\pi V\cos\psi_v}{\lambda f_r} - \frac{4\pi V_r}{\lambda f_r} = \frac{4\pi V\cos(\theta + \theta_d)\cos\varphi}{\lambda f_r} - \frac{4\pi V_r}{\lambda f_r} \tag{7.16}$$

若不存在偏航角且为静止目标时:

$$\omega_t = \frac{4\pi V\cos\theta\cos\varphi}{\lambda f_r}$$

空域导向矢量:

$$\boldsymbol{s}_s(\omega_s) = [1, \mathrm{e}^{\mathrm{j}\omega_s}, \cdots, \mathrm{e}^{\mathrm{j}(N-1)\omega_s}]^{\mathrm{T}} \tag{7.17}$$

时域导向矢量:

$$\boldsymbol{s}_t(\omega_t) = [1, \mathrm{e}^{\mathrm{j}\omega_t}, \cdots, \mathrm{e}^{\mathrm{j}(K-1)\omega_t}]^{\mathrm{T}} \tag{7.18}$$

空时导向矢量:

$$\begin{aligned} \boldsymbol{s} &= \boldsymbol{s}_t(\omega_t) \otimes \boldsymbol{s}_s(\omega_s) \\ &= [1, \cdots, \mathrm{e}^{\mathrm{j}(N-1)\omega_s}, \mathrm{e}^{\mathrm{j}\omega_t}, \cdots, \mathrm{e}^{\mathrm{j}(N-1)\omega_s}\mathrm{e}^{\mathrm{j}\omega_t}, \cdots, \mathrm{e}^{\mathrm{j}(K-1)\omega_t}, \cdots, \mathrm{e}^{\mathrm{j}(N-1)\omega_s}\mathrm{e}^{\mathrm{j}(K-1)\omega_t}] \end{aligned} \tag{7.19}$$

式中:$\otimes$为 Kronecker 积;K 为发射脉冲数。

杂波的数学模型:设 $M \times N$ 的面阵,经列向合成后,在 N 个等效阵元上进行空域采样,设一个相干处理间隔内(CPI)的脉冲数为 K,针对第 l 个距离门,$x(n,k)$,$n = 1,2,\cdots,N$,$k = 1,2,\cdots,K$ 表示第 n 个等效阵元在第 k 个脉冲采样的采样数据,因此所有等效阵元在一个相干处理间隔内的采样数据可用 $NK \times 1$ 维的矢量表示为

$$\boldsymbol{x} = [\boldsymbol{x}_s^{\mathrm{T}}(1), \boldsymbol{x}_s^{\mathrm{T}}(2), \cdots, \boldsymbol{x}_s^{\mathrm{T}}(K)]^{\mathrm{T}} \tag{7.20}$$

式中:$\boldsymbol{x}_s(k) = [x(1,k), x(2,k), \cdots, x(N,k)]^{\mathrm{T}}$,$k = 1,2,\cdots,K$,为第 k 个脉冲采样的阵列数据。

接收信号一般由目标信号 $\boldsymbol{s}_0$、杂波信号 $\boldsymbol{c}$ 和噪声信号 $\boldsymbol{n}$ 组成,即

$$\boldsymbol{x} = \boldsymbol{s}_0 + \boldsymbol{c} + \boldsymbol{n} \tag{7.21}$$

按照式(7.20)的定义：

$$\boldsymbol{s}_0 = [s_0(1,1),\cdots,s_0(N,1),\cdots,s_0(1,K),\cdots,s_0(N,K)]^{\mathrm{T}}$$

$$\boldsymbol{c} = [c(1,1),\cdots,c(N,1),\cdots,c(1,K),\cdots,c(N,K)]^{\mathrm{T}}$$

$$\boldsymbol{n} = [n(1,1),\cdots,n(N,1),\cdots,n(1,K),\cdots,n(N,K)]^{\mathrm{T}} \tag{7.22}$$

假设噪声为零均值高斯白噪声，方差为 σ^2，则杂波与噪声的协方差矩阵为

$$\boldsymbol{R} = E\{(\boldsymbol{c}+\boldsymbol{n})(\boldsymbol{c}+\boldsymbol{n})^{\mathrm{H}}\} = \boldsymbol{R}_c + \sigma^2\boldsymbol{I} \tag{7.23}$$

式中：$\boldsymbol{R}_c$ 为杂波相关矩阵；$\boldsymbol{I}$ 为 NK 维的单位阵。

在实际应用中，杂波协方差矩阵的计算是用待检测距离单元两侧的 L 个距离门上的数据估计得到的，在均匀杂波背景下，选取的 L 个训练样本满足 IID 条件，此时可根据最大似然估计得到杂波协方差矩阵的无偏估计：

$$\hat{\boldsymbol{R}} = \frac{1}{L}\sum_{l=1}^{L}\boldsymbol{x}_l\boldsymbol{x}_l^{\mathrm{H}}$$

对于传统的地基脉冲雷达利用回波信号的多普勒频率信息，即对雷达回波脉冲序列（即时域采样信号）进行多普勒频率滤波处理，便可将运动目标从静止的地物杂波背景中分离出来。但是，将雷达搬到高空运动平台上后，静止的地物杂波相对于雷达也是运动的，一般情况下的机载雷达天线阵面与杂波关系如图7.4所示。

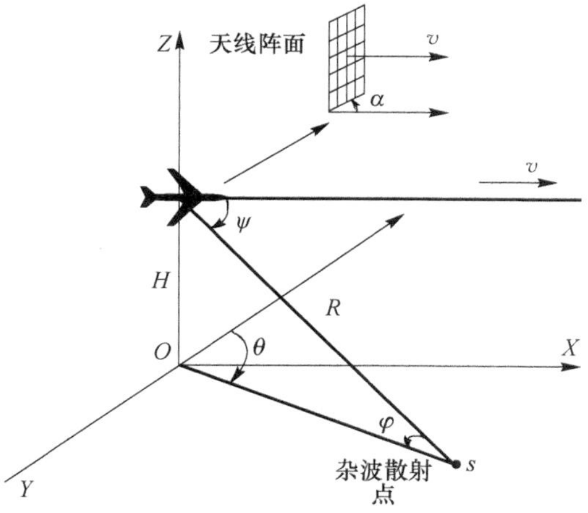

图7.4　天线阵面与杂波关系图

在图7.4中，载机的速度 V 平行于地平面，雷达发射波长为 λ，天线阵面与载机速度矢量之间的夹角为 α，杂波散射点相对于天线阵面的俯仰角与方位角分别为 φ 和 θ，ψ 是对应的空间锥角，通常有 $\cos\psi = \cos\theta\cos\varphi$。该杂波散射点的

多普勒频率为

$$f_d=\frac{2V}{\lambda}\cos(\theta+\alpha)\cos\varphi=f_{dm}(\cos\psi\cos\alpha-\sin\alpha\sqrt{\cos^2\varphi-\cos^2\psi}) \quad (7.24)$$

式中：f_{dm}为最大多普勒频率，可以表示为$f_{dm}=2V/\lambda$。将式(7.24)改写成

$$\cos\psi\cos\alpha-\frac{f_d}{f_{dm}}=\sin\alpha\sqrt{\cos^2\varphi-\cos^2\psi} \quad (7.25)$$

两边平方后，得

$$\left(\cos\psi\cos\alpha-\frac{f_d}{f_{dm}}\right)^2=\sin^2\alpha(\cos^2\varphi-\cos^2\psi) \quad (7.26)$$

将式(7.26)改写成

$$\left(\frac{f_d}{f_{dm}}\right)^2-2\frac{f_d}{f_{dm}}\cos\psi\cos\alpha+(\cos\psi\cos\alpha)^2=\sin^2\alpha\cos^2\varphi-\sin^2\alpha\cos^2\psi \quad (7.27)$$

$$\left(\frac{f_d}{f_{dm}}\right)^2-2\frac{f_d}{f_{dm}}\cos\psi\cos\alpha+\cos^2\psi=\sin^2\alpha\cos^2\varphi \quad (7.28)$$

令f_r表示脉冲重复频率，则式(7.28)可以变换为

$$\left(\frac{f_r}{f_{dm}}\right)^2\left(\frac{2f_d}{f_r}\right)^2+\cos^2\psi-\cos\alpha\frac{f_r}{f_{dm}}\frac{2f_d}{f_r}\cos\psi=\cos^2\varphi\sin^2\alpha \quad (7.29)$$

对于α的取值，通常做如下的规定：

$\alpha=0$时为正侧视阵；

$\alpha=\frac{\pi}{2}$时为前视阵；

$0<\alpha<\pi$时为斜视阵。

对于空时二维处理而言，控制时域滤波的权相当于改变其多普勒(f_d)响应特性，而控制空域等效线阵的权相当于改变其锥角余弦($\cos\psi$)的波束响应。因此，从空时二维滤波的角度来研究雷达二维杂波谱，取$2f_d/f_r$和$\cos\psi$作为横纵坐标是合适的。对于一般情况，式(7.29)在($2f_d/f_r\sim\cos\psi$)坐标里为一斜椭圆方程。椭圆的大小与俯仰角φ的余弦有关，图7.5中均画出了α为几种不同值的杂波多普勒方位分布曲线，雷达载机高度为6km。

实际上，当斜距较大时，φ的值较小，$\cos\varphi$接近于1，如图7.5所示。

所以式(7.29)的椭圆在远距离的情况下基本不会发生变化。此外，图7.5(b)和7.5(c)的椭圆杂波谱对应于某一个$\cos\varphi$有两个多普勒频率，这是由于天线正负两面多普勒频率不同造成的。如果阵面后板有良好反射特性，且近场影响很小而使后向辐射可以忽略不计，则实际杂波谱只存在于椭圆中的一半。

在$\varphi=0$(正侧视阵)的特殊情形，式(7.29)将变成一直线方程，二维杂波谱

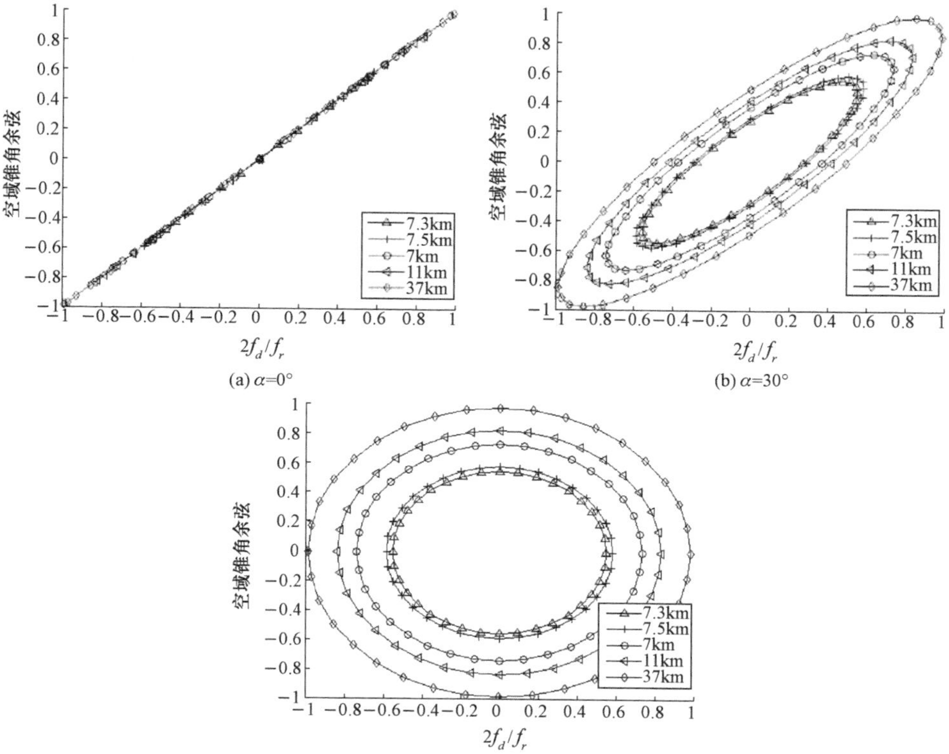

(a) $\alpha=0°$　(b) $\alpha=30°$　(c) $\alpha=90°$

图 7.5　空时二维地杂波谱分布图

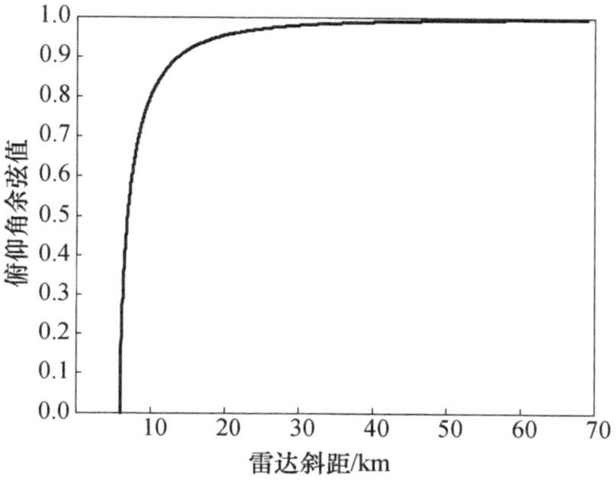

图 7.6　机载雷达俯仰角随斜距变化图

是一条斜率为 $f_r/2f_{dM}$ 的直线，如图 7.5(a)所示，且与俯仰角 φ 无关。这是最适宜于作二维滤波的理想情形，只要沿图 7.5(a)的杂波谱线形成深凹口的二维滤波权，它将适用于所有不同斜距（不同俯仰角）的杂波。

通常情况下对于机载雷达，第 l 距离门对应的斜距为

$$R_l = \frac{c}{2f_s} l, l \in \left[1, \frac{f_s}{f_r}\right] \tag{7.30}$$

式中：f_s 为距离采样频率。考虑到地球半径 R_e 的影响，则第 l 距离门对应的俯仰角为

$$\varphi_l = \arcsin\left(\frac{H}{R_l} + \frac{(R_l^2 - H^2)}{2R_l(R_e + H)}\right) \tag{7.31}$$

若接收阵列为均匀线阵，则第 n 根天线在第 k 个积累脉冲下接收的杂波数据 C_{nk} 可以表示为

$$C_{nk} = \frac{g_{nl}(\varphi_l)}{R_l^2} \int_0^{\pi} F(\theta, \varphi_l) \exp(\mathrm{j}(n-1)\omega_s(\theta, \varphi_l) + \mathrm{j}(k-1)\omega_t(\theta, \varphi_l)) \mathrm{d}\theta \tag{7.32}$$

$$g_{nl}(\varphi_l) = \sum_{m=1}^{M} I_m \exp\left[\mathrm{j}\frac{2\pi d}{\lambda}(m-1)(\sin\varphi_l - \sin\varphi_0)\right] \tag{7.33}$$

$$F(\theta, \varphi_l) = \sum_{n=1}^{N}\sum_{m=1}^{M} I_n I_m \exp\left\{\mathrm{j}\frac{2\pi d}{\lambda}[(n-1)(\cos\psi_l - \cos\psi_0) + (m-1)(\sin\varphi_l - \sin\varphi_0)]\right\} \tag{7.34}$$

式中

$$\omega_s(\theta, \varphi_l) = \frac{2\pi d}{\lambda}\cos\theta\cos\varphi_l$$

$$\omega_t(\theta, \varphi_l) = \frac{4\pi V}{\lambda f_r}\cos(\theta + \alpha)\cos\varphi_l$$

l 为对应的目标距离门，接收前经过列子阵合成，$g_{nl}(\varphi_l)$ 为第 n 根天线的接收方向图，$F(\theta, \varphi_l)$ 是发射方向图。d 为天线间距，λ 为发射波长，V 为载机速度，θ 为方位角，α 为阵面与载机航向夹角，φ_l 为第 l 个距离单元的俯仰角。画出三组不同阵面与载机航向夹角对应的杂波空时两维谱如图 7.7 所示。

从图 7.7 中可以发现当阵面与载机飞行方向夹角 $\alpha \neq 0°$ 的杂波谱与 $\alpha = 0°$ 的情况差异很大，即对于非正侧视阵的杂波分布要比正侧视阵复杂。传统的杂波协方差矩阵估计方法在这种情况下不能获得对于待检测距离门准确的估计。对于机载非正侧视阵雷达，需要对其杂波的这种非均匀特性进行一定的处理，减少其杂波谱的距离扩展性。对于非正侧视雷达，通常认为在载机高度 6 倍以内斜距的杂波具有距离扩展性[2]。因此，这种杂波谱的距离扩展主要是针对近程

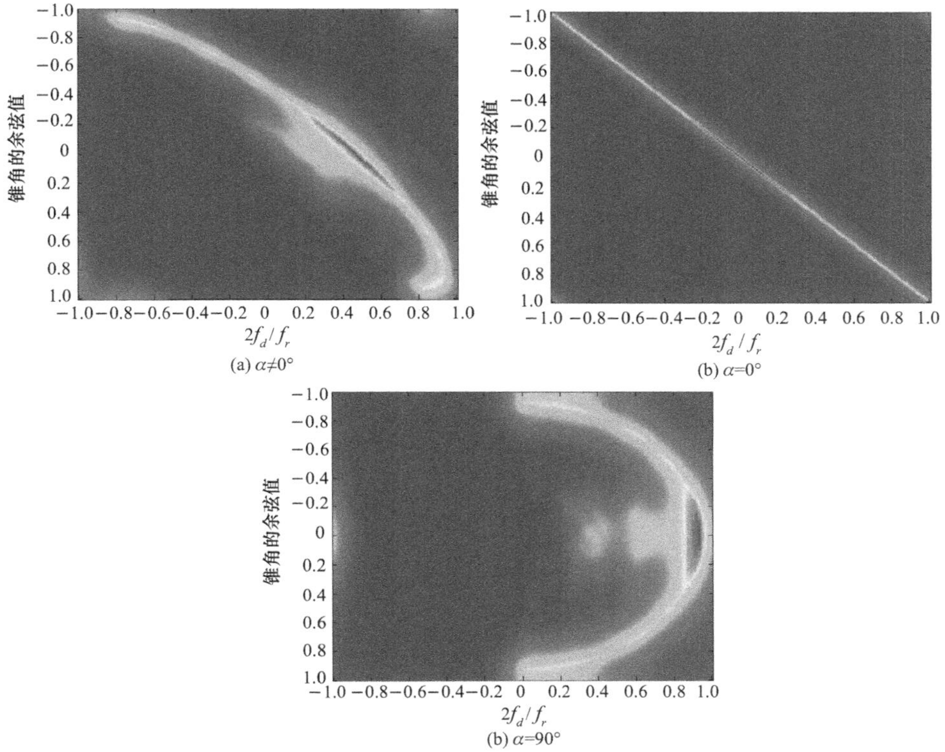

图 7.7　杂波空时两维谱(见彩图)

杂波而言的。

通常情况下机载多普勒雷达的脉冲重复频率有高、中、低之分。高、中脉冲重复频率的情况下会带来距离模糊。当存在距离模糊时,不同模糊距离门的回波同时到达雷达接收端,它们之间距离相差 R_u 的整数倍,R_u 为雷达最大不模糊距离。对于机载雷达,则

$$R_u = \frac{c}{2f_r} \tag{7.35}$$

式中:f_r 为脉冲重复频率。距离模糊的情况可以用图 7.8 表示。

图 7.8 中若最大检测距离为 $R_{\max}$,则模糊的距离门数目为

$$G = \begin{cases} \mathrm{int}\left(\dfrac{R_{\max}}{R_u}\right) + 1, R_u \geqslant H \\ \mathrm{int}\left(\dfrac{R_{\max}}{R_u}\right), R_u < H \end{cases} \tag{7.36}$$

式中:int 表示向零方向取整。若对于第 l 距离门,各个模糊距离门对应的雷达

接收斜距为

$$R_{(l,m)}=\frac{c}{2f_s}l+\frac{c}{2f_r}(m-1)l\in\left[1,\frac{f_s}{f_r}\right],\ m\in[1,G] \tag{7.37}$$

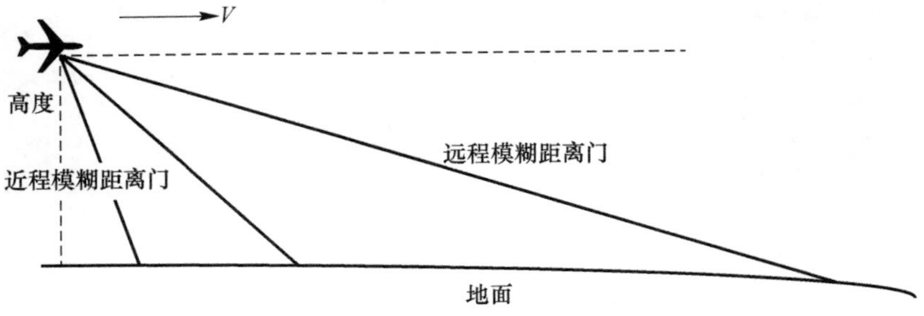

图 7.8　机载雷达距离模糊示意图

存在距离模糊情况下的第 n 根天线在第 k 个积累脉冲下接收的数据 C'_{nk} 的表达式为

$$C'_{nk}=\sum_{p=1}^{G}\frac{g_{nl}(\varphi_{(l,m)})}{R^2_{(l,m)}}\int_0^{\pi}F(\theta,\varphi_{(l,m)})\exp(\mathrm{j}(n-1)\omega_s(\theta,\varphi_{(l,m)})$$
$$+\mathrm{j}(k-1)\omega_t(\theta,\varphi_{(l,m)}))\mathrm{d}\theta \tag{7.38}$$

以 $\alpha=90°$为例来分别画出存在距离模糊与无距离模糊时的杂波功率谱如图 7.9 所示。

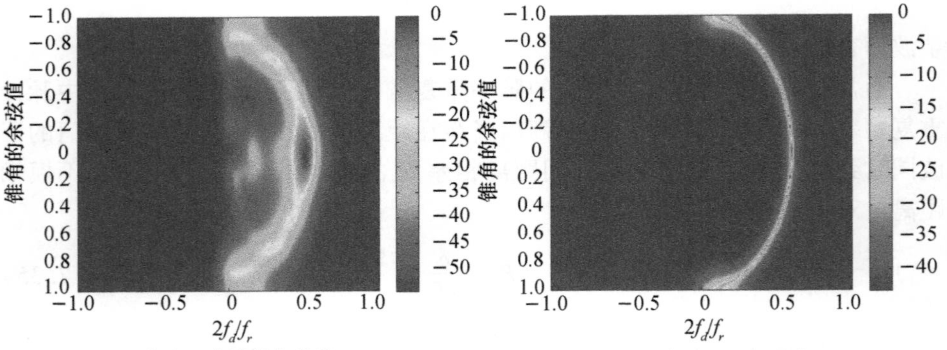

(a) 存在距离模糊杂波谱　　(b) 无距离模糊的杂波谱

图 7.9　存在距离模糊的杂波功率谱(见彩图)

图 7.9 中近程的距离模糊杂波影响是很明显的,使得杂波谱在方位多普勒平面上不再重合。而传统的机载非正侧视阵雷达杂波补偿方法在减小近程杂波的距离依赖性同时,反而会导致远程的距离平稳杂波出现新的距离空变性。因此,当存在距离模糊时,对近程杂波的抑制是解决非正侧视阵雷达存在距离模糊

下非均匀杂波抑制的关键。

7.2　最优空时自适应处理及其降维方法

7.2.1　空时最优自适应处理

空时二维自适应信号处理的思想是 Brennan 首先提出并用于机载雷达中，其实质是将一维空域滤波技术推广到时间与空间二维域中，提出了自适应雷达阵理论，并在高斯杂波背景加确知信号的模型下，根据似然比检测理论导出了一种空时二维联合自适应处理结构，即“最优处理器”[3]，空时二维自适应处理原理如图 7.10 所示。

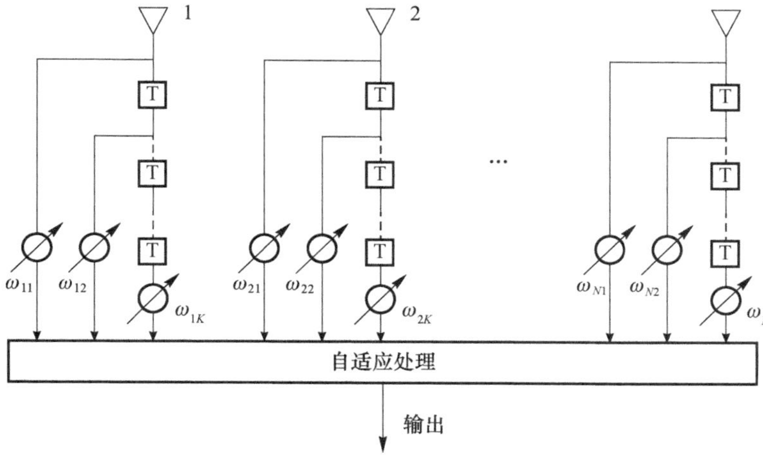

图 7.10　空时二维自适应处理原理图

全维空时自适应处理可以描述为如下的数学优化问题：

$$\begin{cases}\min & \boldsymbol{w}^{\mathrm{H}}\boldsymbol{R}\boldsymbol{w}\\ \mathrm{s.\,t.} & \boldsymbol{w}^{\mathrm{H}}\boldsymbol{s}=1\end{cases} \tag{7.39}$$

由式(7.39)可得空时二维最优处理器的权矢量为

$$\boldsymbol{w}_{\mathrm{opt}}=\mu\boldsymbol{R}_x^{-1}\boldsymbol{s} \tag{7.40}$$

式中：$\boldsymbol{R}_x$ 为回波数据的协方差矩阵，满足 $\boldsymbol{R}_x = E[\boldsymbol{x}\boldsymbol{x}^{\mathrm{H}}] \approx \frac{1}{L}\sum_{l=1}^{L}\boldsymbol{x}_l\boldsymbol{x}_l^{\mathrm{H}}$；$L$ 为满足 IID 条件的相邻距离单元数据；$\mu=\frac{1}{\boldsymbol{s}^{\mathrm{H}}\boldsymbol{R}_x^{-1}\boldsymbol{s}}$。

空域导向矢量：　　$\boldsymbol{S}_s(\omega_s)=[1\ \mathrm{e}^{\mathrm{j}\omega_s},\cdots,\mathrm{e}^{\mathrm{j},(N-1)\omega_s}]^{\mathrm{T}}$

时域导向矢量： $S_t(\omega_t)=[1\ \mathrm{e}^{\mathrm{j}\omega_t},\cdots,\mathrm{e}^{\mathrm{j}(K-1)\omega_t}]^{\mathrm{T}}$

空时导向矢量：

$$\begin{aligned}\boldsymbol{S}&=\boldsymbol{S}_t(\omega_t)\otimes\boldsymbol{S}_s(\omega_s)\\&=[1,\cdots,\mathrm{e}^{\mathrm{j}(N-1)\omega_s},\mathrm{e}^{\mathrm{j}\omega_t},\cdots,\mathrm{e}^{\mathrm{j}(N-1)\omega_s}\mathrm{e}^{\mathrm{j}\omega_t},\cdots,\mathrm{e}^{\mathrm{j}(K-1)\omega_t},\cdots,\mathrm{e}^{\mathrm{j}(N-1)\omega_s}\mathrm{e}^{\mathrm{j}(K-1)\omega_t}]\end{aligned}$$

式中：$\otimes$为 Kronecker 积；K 为发射脉冲数。

因此最优处理器形成的自适应方向图为

$$p=\boldsymbol{W}_{\mathrm{opt}}^{\mathrm{H}}\boldsymbol{S} \tag{7.41}$$

仿真条件：$M=N=8$，$K=12$，CNR $=40$dB，天线指向方位角和俯仰角分别为 $\theta_0=90°$，$\varphi_0=33.4°$，载机高度 $H=6000$m，雷达波长 $\lambda=0.32$m，阵元间距 $d=0.5\lambda$，脉冲重复频率 $f_r=1600$Hz，载机速度 $V=120$m/s，目标径向速度 $V_r=40$m/s。计算最优权矢量，可得到自适应二维方向图，如图 7.11 所示。从图中可以看出，理想条件下自适应方向图在杂波分布的地方形成凹口，可以有效地将杂波滤除。

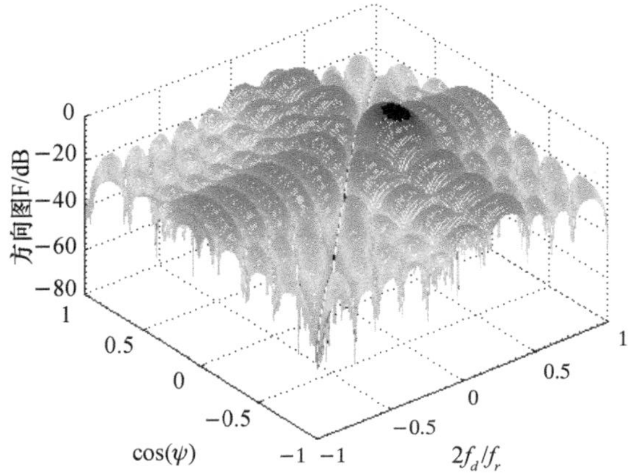

图 7.11　最优处理器的自适应二维方向图（见彩图）

空时二维最优处理虽然性能优越，但在实际应用中存在着许多困难。一是由于运算量太大，对 $NK\times NK$ 维的杂波协方差矩阵求逆，其运算量为 $O[(NK)^3]$，运算量太大导致实现实时处理是极其困难的；二是由于要准确估计杂波协方差矩阵，大系统对采样协方差矩阵的采样样本数要求很高，一般难以满足，因而高维系统的最优处理是不现实的。所以，降低系统处理维数的准最优处理方法成为空时自适应处理的核心内容。

7.2.2　辅助通道法及降维的辅助通道法

根据杂波分布的特点，Klemm 借助多辅助天线旁瓣相消器的概念，提出了辅助通道法(ACR),之后根据杂波谱的分布特征,又提出了基于辅助通道的降维 STAP 技术,使处理器运算量大大降低[4]。本节首先介绍了基于辅助通道的 STAP 处理,由于研究降维 STAP 处理是很重要的,对此,人们相继提出了各种 STAP 降维方法,本节只研究基于辅助通道的降维 STAP 处理方法。

ACR 法可以在二维空间形成包含杂波源全部信息的多个辅助通道,并用这些辅助通道的输出来对消搜索通道中的相关杂波分量。由于特征值通常不多于 $L=N+K$ 个,因此辅助通道为 L 个。辅助通道法原理框图如 7.12 所示。

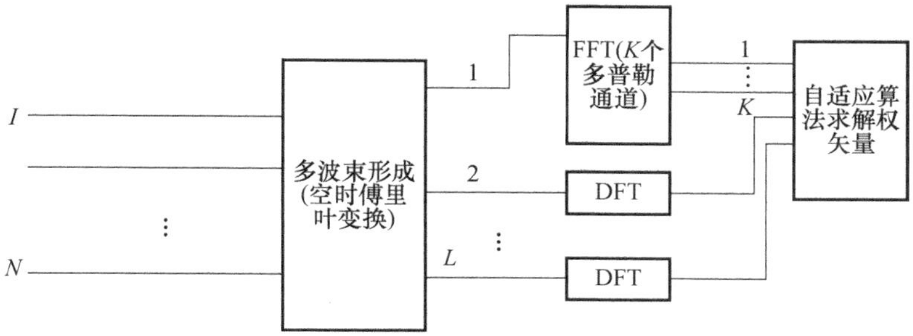

图 7.12　辅助通道法原理框图

图 7.12 中,N 个接收通道信号形成 L 个空间波束,其中一个作为搜索波束,该波束后接一个多普勒滤波器组(FFT),形成 K 个搜索通道。在 $L-1$ 个辅助波束后各接一个多普勒滤波器,使辅助通道与杂波相匹配,再计算每个搜索通道与所有辅助通道的 $L\times L$ 阶相关矩阵 $\boldsymbol{R}_s$。

ACR 法相当于系统采用了一次线性变换 $\boldsymbol{T}$,$\boldsymbol{T}$ 是由搜索通道和辅助通道构成的 $NK\times L$ 维矩阵。设 $\boldsymbol{X},\boldsymbol{S},\boldsymbol{C},\boldsymbol{n}$ 分别为接收数据矢量,信号数据矢量,杂波数据矢量,噪声数据矢量,则变换后的各数据矢量为

$$\boldsymbol{x}_T=\boldsymbol{T}^{\mathrm{H}}\boldsymbol{x},\boldsymbol{s}_T=\boldsymbol{T}^{\mathrm{H}}\boldsymbol{s},\boldsymbol{c}_T=\boldsymbol{T}^{\mathrm{H}}\boldsymbol{c},\boldsymbol{n}_T=\boldsymbol{T}^{\mathrm{H}}\boldsymbol{n}$$

变换后的杂波协方差矩阵为

$$\boldsymbol{R}_T=\boldsymbol{T}^{\mathrm{H}}\boldsymbol{R}_S\boldsymbol{T}$$

设空时二维导向矢量为 $\boldsymbol{b}(\psi,f_d)$,经变换后的导向矢量为

$$\boldsymbol{b}_T(\psi,f_d)=\boldsymbol{T}^{\mathrm{H}}\boldsymbol{b}(\psi,f_d)$$

加到辅助通道的自适应权为

$$\boldsymbol{W}(\psi,f_d)=\boldsymbol{R}^{-1}\boldsymbol{b}_T(\psi,f_d)$$

假设雷达天线为均匀线阵结构(也可以是面阵经微波合成的等效线阵结构),阵元数目为 N,在一个相干处理间隔(CPI)内的脉冲数目为 K,因此接收到的数据 $\boldsymbol{X}$ 为一 $N\times K$ 维的矩阵,其元素 $x_{n,k}$ 表示第 n 个阵元在第 k 个脉冲下的回

波，因而矩阵 $\boldsymbol{X}$ 表示为

$$\boldsymbol{X}=\begin{bmatrix} x_{1,1} & x_{1,2} & \cdots & x_{1,K} \\ x_{2,1} & x_{2,2} & \cdots & x_{2,K} \\ \vdots & \vdots & \ddots & \vdots \\ x_{N,1} & x_{N,2} & \cdots & x_{N,K} \end{bmatrix} \tag{7.42}$$

同样，目标信号 $\boldsymbol{S}$ 也为一 $N\times K$ 维的矩阵，它由空域导向矢量和时域导向矢量所构成，其中两个矢量分别为

$$\boldsymbol{s}_S(\psi_{S0})=[1,\exp(\mathrm{j}\varphi_S(\psi_{S0})),\cdots,\exp(\mathrm{j}(N-1)\varphi_S(\psi_{S0}))]^{\mathrm{T}} \tag{7.43}$$

式中：$\varphi_S(\psi_{S0})=2\pi d\cos\psi_{S0}/\lambda$，$d$ 为阵元间距，λ 为波长。

$$\boldsymbol{S}_T(f_{d0})=[1,\exp(\mathrm{j}\varphi_T(f_{d0})),\cdots,\exp(\mathrm{j}(K-1)\varphi_T(f_{d0}))]^{\mathrm{T}} \tag{7.44}$$

式中：$\varphi_T(f_{d0})=2\pi f_{d0}/f_r$ 为脉冲间多普勒频移，f_r 为脉冲重复频率。因此，目标信号 $\boldsymbol{S}$ 为

$$\boldsymbol{s}=\boldsymbol{s}_S(\psi_{S0})\boldsymbol{s}_T^{\mathrm{T}}(f_{d0}) \tag{7.45}$$

基于辅助通道的降维 STAP 处理结构如图 7.13 所示，图中 $\boldsymbol{w}_q$ 为主通道的静态权矢量，它形成指向目标的检测通道，因此 $\boldsymbol{w}_q$ 表示为

$$\boldsymbol{w}_q=\boldsymbol{s}_S^q(\psi_{S0})\otimes\boldsymbol{s}_T^q(f_{d0}) \tag{7.46}$$

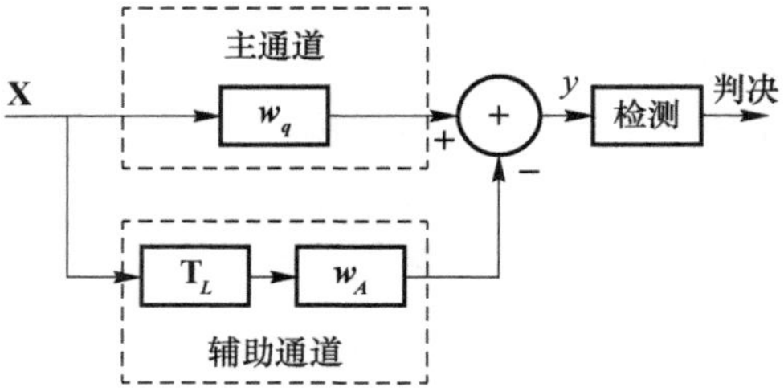

图 7.13　基于辅助通道的降维 STAP 处理器

空域静态权矢量 $\boldsymbol{s}_S^q(\psi_{S0})$ 和时域静态权矢量 $\boldsymbol{s}_T^q(f_{d0})$ 分别为

$$\boldsymbol{s}_S^q(\psi_{S0})=[w_1,w_2\exp(\mathrm{j}\varphi_S(\psi_{S0})),\cdots,w_N\exp(\mathrm{j}(N-1)\varphi_S(\psi_{S0}))]^{\mathrm{T}} \tag{7.47}$$

$$\boldsymbol{s}_T^q(f_{d0})=[h_1,h_2\exp(\mathrm{j}\varphi_T(f_{d0})),\cdots,h_K\exp(\mathrm{j}(K-1)\varphi_T(f_{d0}))]^{\mathrm{T}} \tag{7.48}$$

式中：$w_1,w_2,\cdots,w_N$ 和 $h_1,h_2,\cdots,h_K$ 分别为空域和时域为降低旁瓣而采用的加权矢量（如 Chebwin 权）。将接收数据 $\boldsymbol{X}$ 按如下方式排列成一 $NK\times 1$ 维的矢量，用 $\boldsymbol{x}$ 表示，

$$\boldsymbol{x}=\mathrm{Vec}(\boldsymbol{x}) \tag{7.49}$$

式中:Vec(·)表示对一个矩阵作如下操作:将矩阵的第二列放在第一列的下面,第三列放在第二列的下面,依此类推将矩阵变换为一列矢量,因此主通道输出为

$$x_q = \boldsymbol{w}_q^{\mathrm{H}} \boldsymbol{x} \tag{7.50}$$

图中 $\boldsymbol{T}_L$ 为形成辅助通道的变换矩阵,至于矩阵 $\boldsymbol{T}_L$ 的构造将在后面详细分析;$\boldsymbol{w}_A$ 为辅助通道的自适应权矢量,若变换矩阵 $\boldsymbol{T}_L$ 为$(N-1)(K-1)\times L$ 维,则数据矢量 $\boldsymbol{x}$ 经矩阵 $\boldsymbol{T}_L$ 变换后为

$$\boldsymbol{x}_L = \boldsymbol{T}_L^{\mathrm{H}} \boldsymbol{x} \tag{7.51}$$

这里要求矩阵 $\boldsymbol{T}_L$ 具有阻塞目标信号($\boldsymbol{T}_L^{\mathrm{H}}\boldsymbol{S}=0$)和降维($L<NK$)的双重作用,所以辅助通道的输出为

$$x_A = (\boldsymbol{T}_L \boldsymbol{w}_A)^{\mathrm{H}} \boldsymbol{x} \tag{7.52}$$

因此,辅助通道的自适应权矢量 $\boldsymbol{W}_A$ 可以由如下最小二乘(LS)问题的解确定:

$$\min_{\boldsymbol{w}_A} \| \boldsymbol{w}_q^{\mathrm{H}} \boldsymbol{x} - (\boldsymbol{T}_L \boldsymbol{w}_A)^{\mathrm{H}} \boldsymbol{x} \|^2 \tag{7.53}$$

由式(7.53)可得

$$\boldsymbol{w}_A = ((\boldsymbol{x}^{\mathrm{H}}\boldsymbol{T}_L)^{\mathrm{H}}\boldsymbol{x}^{\mathrm{H}}\boldsymbol{T}_L)^{-1}(\boldsymbol{x}^{\mathrm{H}}\boldsymbol{T}_L)^{\mathrm{H}}\boldsymbol{x}^{\mathrm{H}}\boldsymbol{w}_q \tag{7.54}$$

若定义如下三个矩阵:

$$\boldsymbol{R}_x = E[\boldsymbol{x}\boldsymbol{x}^{\mathrm{H}}] \tag{7.55a}$$

$$\boldsymbol{R}_L = \boldsymbol{T}_L^{\mathrm{H}} \boldsymbol{R}_x \boldsymbol{T}_L \tag{7.55b}$$

$$\boldsymbol{u}_L = E[\boldsymbol{x}_L x_q^*] \tag{7.55c}$$

式中:$\boldsymbol{R}_x$ 为接收数据 $\boldsymbol{x}$ 的协方差矩阵;$\boldsymbol{U}_L$ 为主辅通道之间的互相关矢量,因此有

$$\boldsymbol{w}_A = \boldsymbol{R}_L^{-1} \boldsymbol{u}_L \tag{7.56}$$

注意:对于不同的多普勒检测通道 f_{d0} 是不同的。

由于形成辅助通道的变换矩阵 $\boldsymbol{T}_L$ 直接影响着 STAP 处理器的运算量和处理性能,因此如何选择合适的辅助通道来构造矩阵 $\boldsymbol{T}_L$ 是辅助通道法的关键所在。不同的辅助通道形成方式可用不同的变换矩阵 $\boldsymbol{T}_L$ 来表示,如果不考虑杂波谱在波束和多普勒空间中的分布情况,而将空时二维数据矢量完整地变换到整个波束 - 多普勒空间,即直接进行二维 DFT 变换,其性能与 Brennan 的最优处理器相同,然而运算量却没有得到任何降低,即仍然需要对 $NK\times NK$ 维的矩阵求逆,这种满秩变换的矩阵可表示为

$$
\boldsymbol{T}_L = \begin{bmatrix} [\boldsymbol{s}_S(\psi_{S1}) \otimes \boldsymbol{s}_T(f_{d1})]^{\mathrm{T}} \\ \vdots \\ [\boldsymbol{s}_S(\psi_{S1}) \otimes \boldsymbol{s}_T(f_{dK})]^{\mathrm{T}} \\ \vdots \\ [\boldsymbol{s}_S(\psi_{SN}) \otimes \boldsymbol{s}_T(f_{d1})]^{\mathrm{T}} \\ \vdots \\ [\boldsymbol{s}_S(\psi_{SN}) \otimes \boldsymbol{s}_T(f_{dK})]^{\mathrm{T}} \end{bmatrix}^{\mathrm{T}} \tag{7.57}
$$

式中 $\boldsymbol{s}_S(\psi_{Sn})$ 和 $\boldsymbol{s}_T(f_{dk})$ 的定义分别同式(7.43)和式(7.44)。由于辅助通道的主瓣杂波只是用来逼近主通道的旁瓣杂波,因此变换矩阵 $\boldsymbol{T}_L$ 的输出只要保留波束—多普勒空间的杂波分量即可。对于正侧视相控阵空中早期预警(AEW)雷达系统,杂波谱在波束—多普勒空间中仅沿斜带分布。Klemm 对空时杂波协方差矩阵的特征谱进行了深入研究,表明在无阵列幅相误差的理想情况下至多有 $N+K-1$ 个杂波特征值,因此沿杂波斜带均匀选取 $N+K-1$ 个指向杂波区的空时二维波束就可以构成杂波子空间的一组近似完备基矢量[4]。Klemm 的辅助通道法对于目标检测点是用傅里叶变换形成主通道,而对于通过主通道旁瓣输出的杂波,则用如图 7.14(a)所示覆盖杂波斜带的 $N+K-1$ 个二维波束构成的辅助通道去自适应逼近主通道的杂波进而相消,这时矩阵为

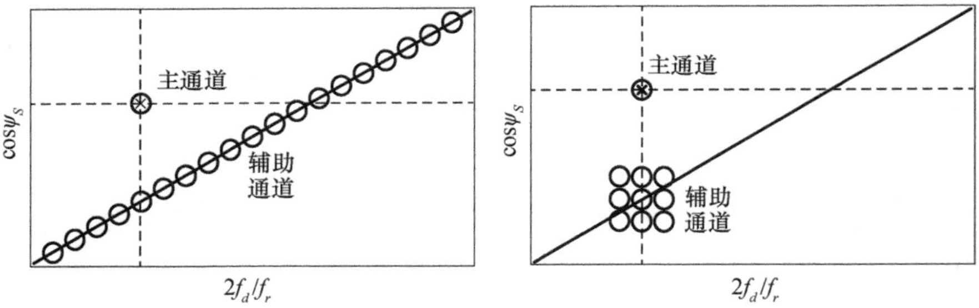

(a) Klemm方法　　(b) 简化方法

图 7.14　Klemm 和简化方法的辅助通道选取

$$
\boldsymbol{T}_L = \begin{bmatrix} [\boldsymbol{s}_S(\psi_{S1}) \otimes \boldsymbol{s}_T(f_{d1})]^{\mathrm{T}} \\ [\boldsymbol{s}_S(\psi_{S2}) \otimes \boldsymbol{s}_T(f_{d2})]^{\mathrm{T}} \\ \vdots \\ [\boldsymbol{s}_S(\psi_{SL}) \otimes \boldsymbol{s}_T(f_{dL})]^{\mathrm{T}} \end{bmatrix}^{\mathrm{T}} \tag{7.58}
$$

与 Brennan 的最优处理器相比,Klemm 的辅助通道法虽然运算量大大降低,但是对于实际雷达系统中的 N,K,要想对 $(N+K-1)\times(N+K-1)$ 维的矩阵求

逆仍然是难以实时实现。

为了寻求性能良好而运算量又低的简化方法，必须从雷达杂波实际分布特征分析入手。文献[5,6]对多普勒滤波后各通道输出杂波特征做了更进一步的研究，提出了一种更为简化的辅助通道法。与 Klemm 着眼于对消全空时二维域杂波不同，文献[5,6]的简化方法考虑到脉冲多普勒（PD）雷达用高带外衰减的窄带多普勒滤波器组检测动目标时，影响动目标检测性能的主要是多普勒滤波器带内杂波，因而着眼于带内杂波用辅助通道进行对消而不考虑带外杂波，其具体选择方式按如图 7.14（b）所示位置选取 9 个二维辅助波束，因此对应的变换矩阵则为

$$
\boldsymbol{T}_L = \begin{bmatrix}
[\boldsymbol{s}_S(\psi_{S(k+1)}) \otimes \boldsymbol{s}_T(f_{d(k-1)})]^{\mathrm{T}} \\
[\boldsymbol{s}_S(\psi_{S(k+1)}) \otimes \boldsymbol{s}_T(f_{dk})]^{\mathrm{T}} \\
[\boldsymbol{s}_S(\psi_{S(k+1)}) \otimes \boldsymbol{s}_T(f_{d(k+1)})]^{\mathrm{T}} \\
[\boldsymbol{s}_S(\psi_{Sk}) \otimes \boldsymbol{s}_T(f_{d(k-1)})]^{\mathrm{T}} \\
[\boldsymbol{s}_S(\psi_{Sk}) \otimes \boldsymbol{s}_T(f_{dk})]^{\mathrm{T}} \\
[\boldsymbol{s}_S(\psi_{Sk}) \otimes \boldsymbol{s}_T(f_{d(k+1)})]^{\mathrm{T}} \\
[\boldsymbol{s}_S(\psi_{S(k-1)}) \otimes \boldsymbol{s}_T(f_{d(k-1)})]^{\mathrm{T}} \\
[\boldsymbol{s}_S(\psi_{S(k-1)}) \otimes \boldsymbol{s}_T(f_{dk})]^{\mathrm{T}} \\
[\boldsymbol{s}_S(\psi_{S(k-1)}) \otimes \boldsymbol{s}_T(f_{d(k+1)})]^{\mathrm{T}}
\end{bmatrix}^{\mathrm{T}} \tag{7.59}
$$

7.2.3　变结构自适应选通道数的辅助通道降维方法

由前面的分析可知，Klemm 和简化的辅助通道法都是根据正侧视阵雷达杂波在波束－多普勒空间的分布特点来选取辅助通道，Klemm 方法是在整个波束－多普勒空间中沿杂波斜带均匀选取，而简化方法则是在待检测多普勒通道及其邻近两侧通道沿杂波斜带选取，两者都利用了杂波的先验知识，属于固定结构的降维方法，比较适合于正侧视阵雷达。对于斜视和前视阵雷达，两种方法的性能都会变差，甚至恶化。考虑到实际处理中需要用满足独立同分布的足够距离单元才能较精确估计杂波协方差矩阵，工程实现时一般对若干距离单元分段处理。对于每一个待处理距离段，由段内所有距离单元估计的协方差矩阵计算的自适应权，只对该段内各距离单元进行处理。因此，如果首先将待处理距离段内各距离单元的空时二维数据完整地变换到波束－多普勒域，然后统计平均该段内杂波能量在波束－多普勒空间的分布特征，最后根据杂波能量的统计分布特征自适应选取辅助通道（将对应杂波能量较大的二维波束作为辅助通道）来

构造变换矩阵。这样一来,所选辅助通道就可以实时地反映杂波的分布特征,进而由其得到的自适应权比固定结构的辅助通道方法更能有效抑制段内各检测单元的杂波。根据该思路可以得到如下两种实现方案。

方案一:与 Klemm 方法[4]类似,着眼于对消全空时二维域杂波,根据杂波能量的统计平均分布特性在整个波束-多普勒平面选取辅助通道,至于所选辅助通道的数目,无阵元误差时与 Klemm 方法一样可取 $N+K-1$ 个,有阵元误差时为了提高处理性能可以根据门限自适应确定,也可以根据经验适当增加即可。因此,该方案的处理性能和运算量介于 Klemm 方法和 Brennan 最优方法之间。假设各距离单元接收的空时数据 $\boldsymbol{X}$ 经过二维 DFT 变换后的波束-多普勒数据为 $\boldsymbol{Y}$,则该方案辅助通道的选取准则为

$$\underset{\substack{(\cos\psi_S,2f_d/f_r)\\(\cos\psi_S\neq\cos\psi_{S0},2f_d/f_r\neq 2f_{d0}/f_r)}}{\operatorname{argmax}} \overline{(\boldsymbol{Y}\circ\boldsymbol{Y}^*)} \tag{7.60}$$

式中:符号 $\circ$ 表示两矢量(或矩阵)的对应元素相乘;$*$ 表示共轭计算;$\overline{(\cdot)}$ 表示统计平均,其中,约束条件($\cos\psi_{S0}\neq\cos\psi_S,2f_d/f_r\neq 2f_{d0}/f_r$)是为了避免目标相消。

方案二:与文献[5,6]的简化方法类似,着眼于对消当前多普勒滤波器的带内杂波而不考虑带外杂波,根据杂波能量的统计平均分布特性在待检测多普勒通道和左右两侧相邻通道选取辅助通道,至于所选辅助通道数目,无阵元误差时与简化方法一样取 9 个左右,有阵元误差时可以根据门限自适应确定或根据实际经验适当增加以提高处理器性能。因此,该方案的处理性能和运算量介于简化方法和 3DT-SAP 方法[7,10]之间(该方法在下一节具体介绍)。同理,该方案辅助通道的选取准则为

$$\underset{\substack{(\cos\psi_S,2f_d/f_r)\\(\cos\psi_S\neq\cos\psi_{S0},2f_d/f_r\neq 2f_{d0}/f_r)}}{\operatorname{argmax}} \left(\overline{(\boldsymbol{Y}_{k-1}\circ\boldsymbol{Y}_{k-1}^*)},\overline{(\boldsymbol{Y}_{k}\circ\boldsymbol{Y}_{k}^*)},\overline{(\boldsymbol{Y}_{k+1}\circ\boldsymbol{Y}_{k+1}^*)}\right) \tag{7.61}$$

式中:k, $k-1$, $k+1$ 分别表示待检测通道、左侧相邻通道和右侧相邻通道。

构成变换矩阵的辅助通道的位置和数目应分别与杂波的分布特征和自由度有关,而 Klemm 和简化的辅助通道法属于固定结构的降维技术,对于前者,辅助通道的位置和数目都是固定的,对于后者,辅助通道的位置是固定的,数目可以增加,但是由于位置固定,即使增加辅助通道数目,也不一定能够改善处理性能,因为增加的辅助通道不一定是杂波所在的通道。在理想情况下,经时域超低旁瓣多普勒滤波和空域波束预加权处理后,杂波在整个波束-多普勒空间的自由度为 $N+K-1$[4],在多普勒检测通道中的自由度为 4~6[5],当存在阵元误差时,杂波大特征值数随着阵元误差的增加而增多,因为阵元误差引起杂波随机分量沿空域方向扩散,从而使杂波自由度增大。因此,在没有误差的理想情况下,两种方法均可达到准最佳性能,其中 Klemm 法性能优于简化方法,这是由于没有误差的影响时,Klemm 法的辅助通道比简化方法更能精确地近似杂波子空间的

一组完备基。在有误差的实际情况下，两种方法性能均有所降低，其中 Klemm 方法下降更多些，这是由于有误差的影响时，杂波在整个波束－多普勒空间的自由度（所有多普勒通道的杂波自由度之和）比在具体某一个多普勒检测通道中的自由度增加得多些，因此现有两种方法的误差鲁棒性各不相同，后者好于前者。本节方法的两种方案可以根据杂波能量按门限从位置和数目两个角度同时自适应地选取辅助通道，在相同门限下，没有误差时选取的辅助通道数小于有误差时选取的辅助通道数，因此该方法的误差鲁棒性好，当然其代价是增加处理器运算量。若不按门限选取，两种方案的辅助通道数目分别与 Klemm 和简化方法的相同，误差鲁棒性也同样优于 Klemm 法和简化法，但不如按门限自适应选取时改善明显。其实本节方法的优点并不只在于提高误差鲁棒性，还在于该方法并不需要预先知道杂波的分布特征，因而可以用于斜视阵和前视阵雷达系统。实际上，本节方法给出的是辅助通道降维 STAP 方法的辅助通道选取的统一准则，而 Klemm 方法和简化方法只是本节方法用于正侧视阵时的特例，Klemm 方法和简化方法都是利用了正侧视阵 AEW 雷达的杂波谱为斜带分布这一先验知识，因而它们都属于固定结构的辅助通道法。

实验一：本实验主要研究 Klemm 方法和本节方案一处理正侧视相控阵 AEW 雷达数据时的性能。实验系统采用 16 列 ×4 行的面阵，雷达工作波长为 0.23m，载机速度为 130m/s，载机高度为 6000m，重复频率为 2260Hz，脉冲积累数为 24，主波束指向方向为偏离阵面法向 90°，输入杂噪比为 60dB。发射为等加权，接收俯仰加权 20dB，其中，目标检测通道方位加权 40dB，多普勒加权 70dB，辅助通道为方位和多普勒都不加权（下同）。图 7.15 和图 7.16 分别给出了两种方法在没有阵元误差和存在阵元误差（阵元幅相误差为 5%，并且为一次样本误差情况）两种情况下的处理结果，另外还给出了本节方案一辅助通道的分布（图中圆圈表示辅助通道）。由图可见，即使本节方法的辅助通道数目与 Klemm 方法一样，其性能也好于 Klemm 方法。若适当增加辅助通道数目，性能改善更是非常明显。因此，辅助通道能否自适应准确跟踪杂波的真实分布特性直接影响着处理器性能。

实验二：本实验主要研究简化方法和本节方案二分别处理正侧视相控阵 AEW 雷达数据时的性能。实验系统的参数同实验一。图 7.17 和图 7.18 分别给出了两种方法在没有阵元误差和存在阵元误差两种情况下的处理结果。与实验一的结果类似，由于本节方法的辅助通道输出更能够准确反映杂波的真实分布，因此处理性能比简化方法好。另外，由图 7.14 ~ 图 7.18 可以明显看出，没有阵元误差时，简化方法的性能明显不如 Klemm 方法好，而出现阵元误差时情况却刚好相反，简化方法好于 Klemm 方法，并且几乎没有多大性能损失。因此，这与前面的理论分析一致，简化方法对误差的鲁棒性要比 Klemm 方法好。

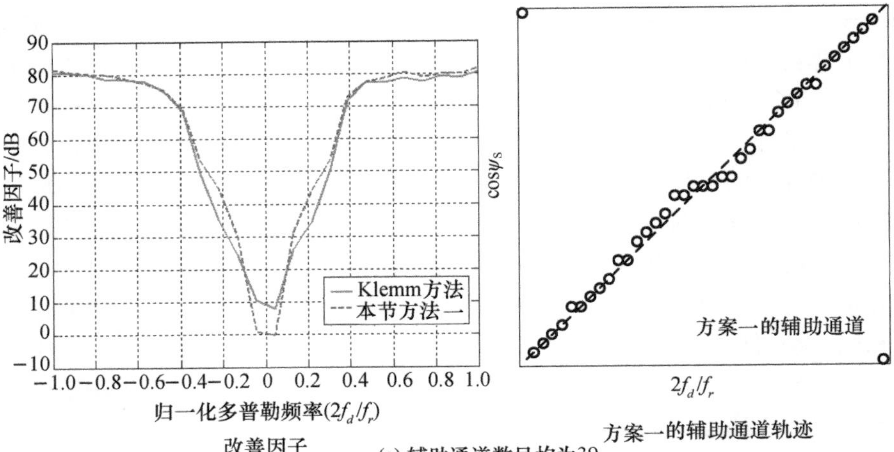

(a) 辅助通道数目均为39

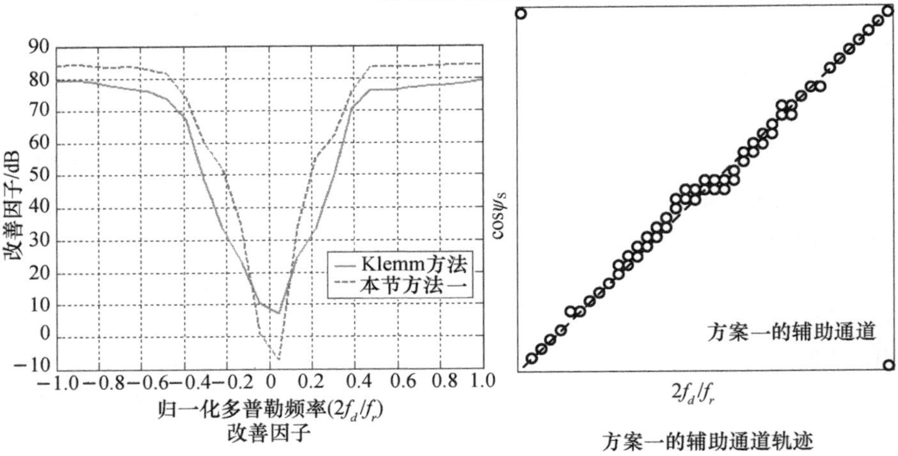

(b) 辅助通道数目分别为39和59

图 7.15　Klemm 和本节方案一没有误差时的性能比较

实验三：本实验主要验证本节方法处理前视相控阵机载雷达数据的有效性，前视阵雷达的杂波分布特性最为复杂。实验系统采用 16 列 ×16 行的面阵，雷达工作波长为 0.23m，载机速度为 130m/s，载机高度为 6000m，重复频率为 2260Hz，脉冲积累数为 24，主波束指向方向为偏离阵面法向 15°，输入杂噪比为 60dB。发射为等加权，接收俯仰加权 20dB，其中，目标检测通道方位加权 40dB，多普勒加权 70dB，辅助通道为方位和多普勒都不加权。对于前视阵机载雷达，由于杂波谱的分布特性在近程距离单元随距离而剧烈变化，此时，需要作距离补偿以消除杂波谱的这种距离相关性，距离补偿将在本节后面章节详细研究，在此不作讨论。因此本实验主要处理当杂波谱分布特性收敛时的远程距离单元。图

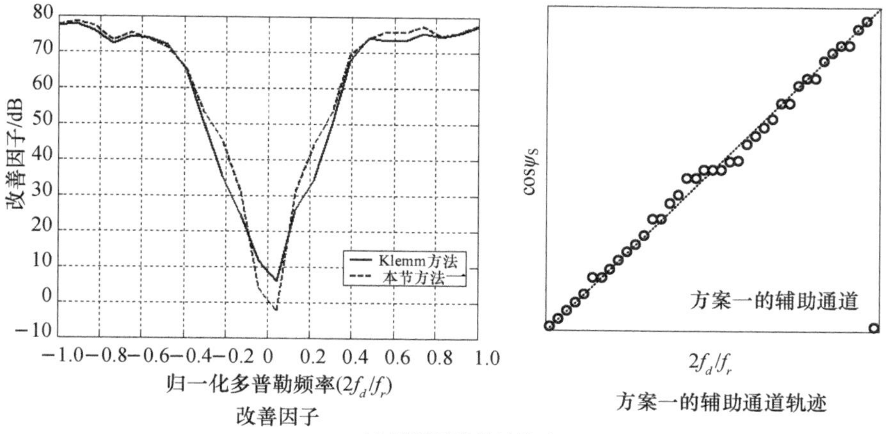

(a) 辅助通道数目均为39

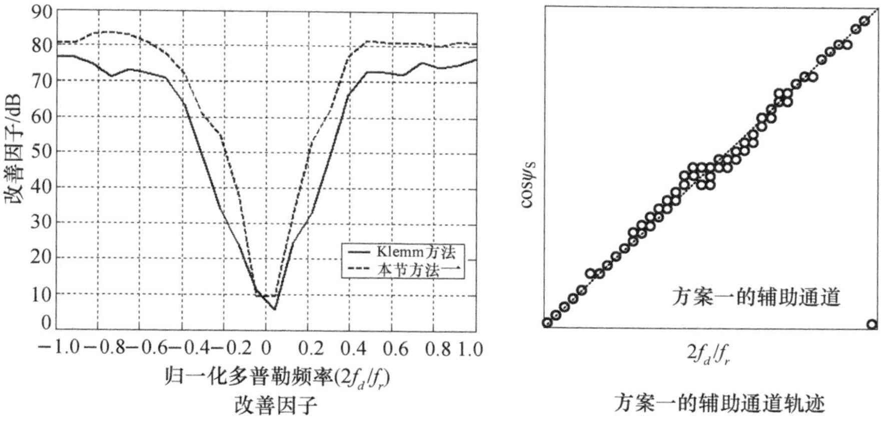

(b) 辅助通道数目分别为39和59

图 7.16　Klemm 和本节方案一误差为 5% 时的性能比较

7. 19 给出了两种方案在没有误差和误差为 5% 时两种情况下的处理结果，其中，两种方案的辅助通道数目在无误差时分别为 48 和 12，在有误差时分别为 72 和 18。图 7. 19 的处理结果验证了本节提出的两种方案对非正侧视相控阵机载雷达是有效的。

7. 2. 4　高带外衰减多普勒滤波后降维空时自适应处理方法[5]

空时自适应处理中，阵列天线实现空域采样，不可避免地存在各种误差而难以实现超低副瓣天线，从副瓣进入的地物杂波会严重影响弱目标检测。但是，现有发射机频率稳定度足以保证脉冲序列（时域采样）实现超低旁瓣（ −70dB 以下）多普勒滤波，因此我们的核心思想是先对每个空域通道进行高带外衰减的

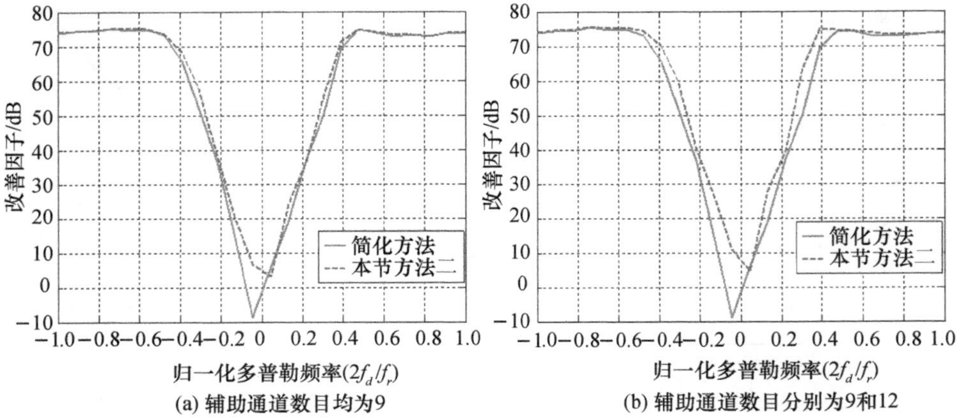

图 7.17　简化方法和本节方案二没有误差时的性能比较

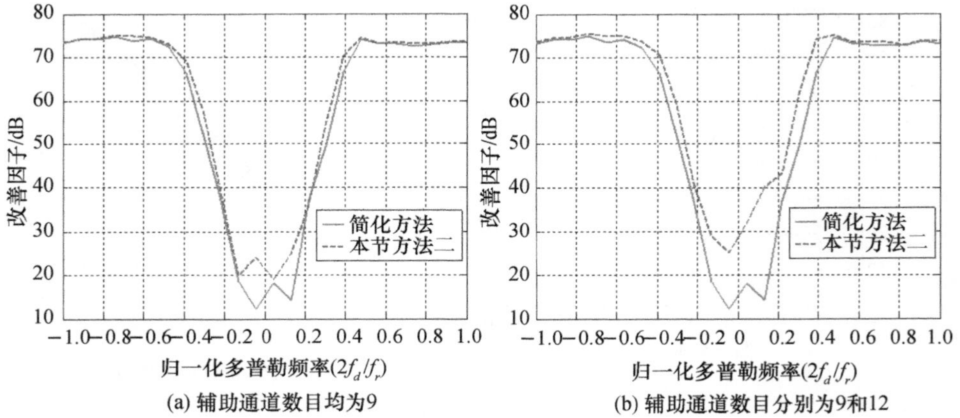

图 7.18　简化方法和本节方案二误差为 5% 时的性能比较

多普勒滤波，将空时全分布的杂波进行局域化处理，接着再对其中若干个相邻多普勒通道输出信号作空时自适应处理，从而将局域杂波更有效地滤掉。如果仅仅是待检测的多普勒通道参与处理，则称这种方法为 1DT；如果除了待检测通道外，还用其左右相邻 $m-1$ 个多普勒通道的输出一起作空时联合域的自适应滤波，则称这种方法为 mDT。

下面以 3DT 为例，对其基本原理进行介绍，图 7.20 为其原理图。

经过时域处理后，假设待检测通道为第 $k(k=1,2,\cdots,K)$ 个多普勒通道，其输出的数据 $\tilde{\boldsymbol{x}}(k)$ 可写为

$$\tilde{\boldsymbol{x}}(k)=[x(1,k),x(2,k),\cdots,x(N,k)]^{\mathrm{T}} \tag{7.62}$$

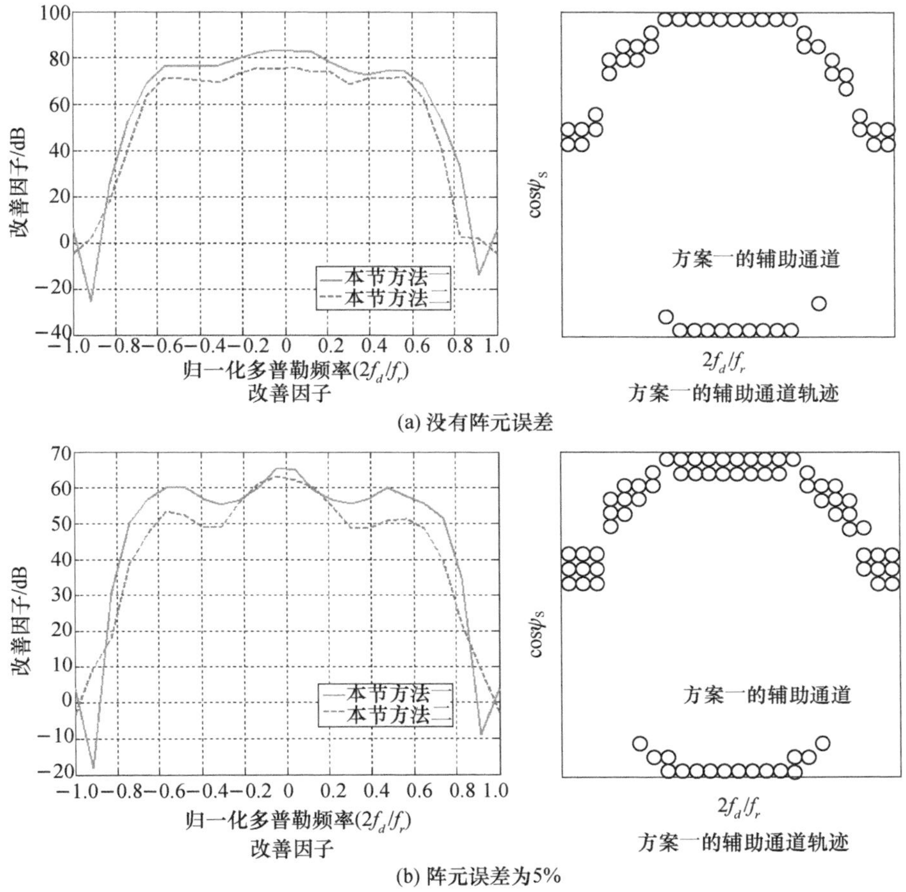

图 7.19 本节方法用于前视阵机载雷达时的性能

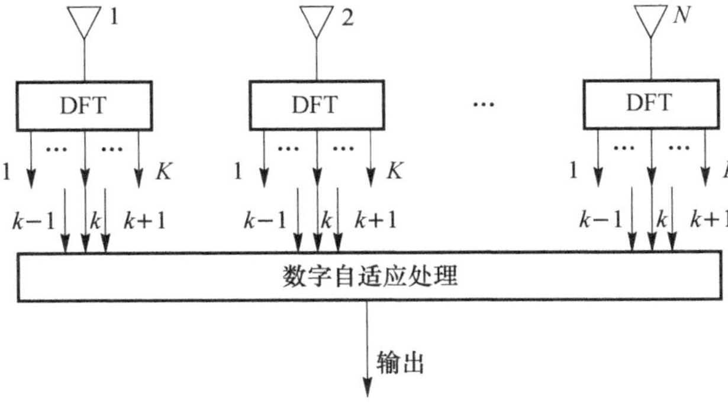

图 7.20 3DT 方法原理图

再取第 $k-1$ 和第 $k+1$ 通道的数据与之构成新的空时数据矢量：

$$\boldsymbol{b}_k=[\tilde{\boldsymbol{x}}^{\mathrm{T}}(k-1)\quad \tilde{\boldsymbol{x}}^{\mathrm{T}}(k)\quad \tilde{\boldsymbol{x}}^{\mathrm{T}}(k+1)]^{\mathrm{T}} \tag{7.63}$$

于是，二次杂波协方差矩阵可以表示为

$$\boldsymbol{R}_k=E[\boldsymbol{b}_k\boldsymbol{b}_k^{\mathrm{H}}] \tag{7.64}$$

3DT 方法对应的空时导向矢量为

$$\boldsymbol{s}_{3\mathrm{dt}}=\boldsymbol{g}\otimes\boldsymbol{s}_s(\psi_0) \tag{7.65}$$

式中：$\boldsymbol{g}=(g_1,1,g_2)^{\mathrm{T}}$，$g_p=\dfrac{\boldsymbol{w}_{tp}^{\mathrm{H}}\boldsymbol{s}_t(f_{dk})}{\boldsymbol{w}_{tk}^{\mathrm{H}}\boldsymbol{s}_t(f_{dk})}(p=1,2)$，$\boldsymbol{w}_{tk}$ 为第 k 个多普勒通道所加的时域权矢量。

根据线性约束最小方差准则，可得自适应权为

$$\boldsymbol{w}_{sk}=\frac{\boldsymbol{R}_k^{-1}\boldsymbol{s}_{3\mathrm{dt}}}{\boldsymbol{s}_{3\mathrm{dt}}^{\mathrm{H}}\boldsymbol{R}_k^{-1}\boldsymbol{s}_{3\mathrm{dt}}} \tag{7.66}$$

处理器的改善因子为

$$\mathrm{IF}=(\boldsymbol{s}_{3dt}^{\mathrm{H}}\boldsymbol{R}_k^{-1}\boldsymbol{s}_{3dt})(\mathrm{CNR}_i+1)\sigma_{ni}^2 \tag{7.67}$$

式中：CNR_i 为输入杂噪比；σ_{ni}^2 为输入的噪声功率。

研究表明，1DT 法在副瓣杂波区性能接近最佳，但在主杂波区与常规空时级联处理器相比改善不明显。3DT 法在主杂波区和副瓣杂波区均能获得相当好的性能，如果使用四通道或更多的通道进行处理，可以进一步改善系统的性能，但同时增加了运算负担和实现复杂度。

无误差、无速度模糊时 mDT 性能如图 7.21 所示。

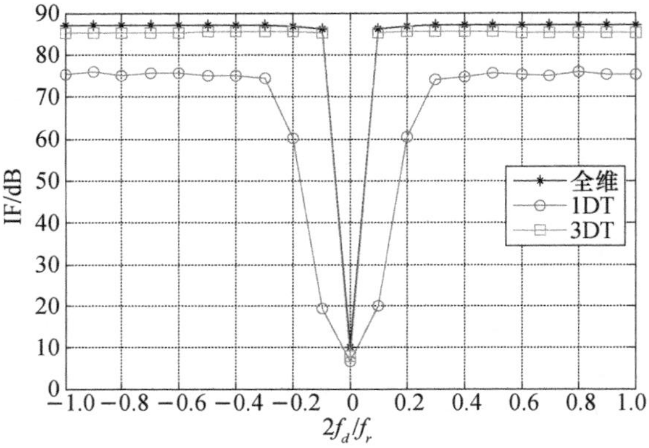

图 7.21　无误差、无速度模糊时 mDT 性能（见彩图）

7.2.5 先滑窗滤波再空时自适应处理方法

Brennan 提出的先时域滑窗后时空联合的处理方法（F $A）是先通过时域滑窗处理，致使相对一个多普勒通道的杂波自由度大为减小，可用较少的时域自由度和较多的空域自由度进行时空联合处理，F $A 方法[11]原理图如图 7.22 所示。

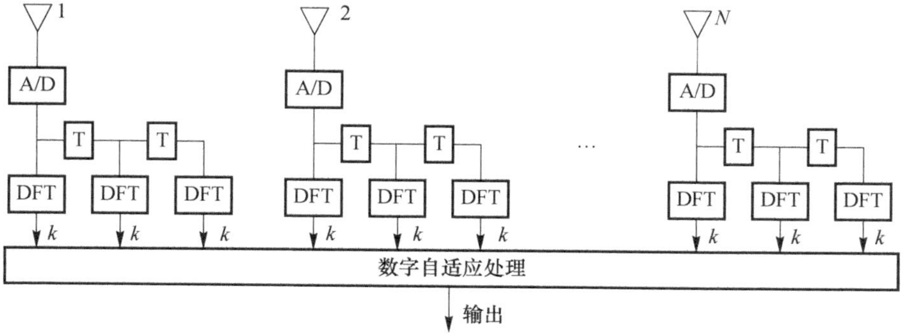

图 7.22　F $A 方法原理图

图 7.22 中，N 为空间通道数，脉冲数为 $K+2$，对每个空间通道的接收数据进行三次时域滑窗处理，分别获得第 $1\sim K$、$2\sim K+1$、$3\sim K+2$ 个脉冲组成的三组数据，然后分别对每个空间通道的三组数据进行 K 点的 DFT，最后针对同一多普勒通道，将 N 个空间通道的三组数据进行联合即可。设 $\boldsymbol{x}_1,\boldsymbol{x}_2,\boldsymbol{x}_3$ 分别表示三路不滑动、滑 1 个脉冲与滑 2 个脉冲之后的 $NK\times 1$ 维数据矢量，则经 DFT 处理后的三组 DFT 结果 $\boldsymbol{y}_1,\boldsymbol{y}_2,\boldsymbol{y}_3$ 分别为

$$\begin{cases}\boldsymbol{y}_1=(\boldsymbol{w}_{tk}\otimes\boldsymbol{I}_N)^{\mathrm{H}}\boldsymbol{x}_1\\ \boldsymbol{y}_2=(\boldsymbol{w}_{tk}\otimes\boldsymbol{I}_N)^{\mathrm{H}}\boldsymbol{x}_2\\ \boldsymbol{y}_3=(\boldsymbol{w}_{tk}\otimes\boldsymbol{I}_N)^{\mathrm{H}}\boldsymbol{x}_3\end{cases}\tag{7.68}$$

$\boldsymbol{w}_{tk}(K\times 1)$ 为第 k 个多普勒通道所加的时域权，$\boldsymbol{I}_N$ 为 $N\times N$ 的单位阵。

$\boldsymbol{y}_1,\boldsymbol{y}_2,\boldsymbol{y}_3$ 均为 N 维列矢量，由 $\boldsymbol{y}_1,\boldsymbol{y}_2,\boldsymbol{y}_3$ 构成新的数据矢量为

$$\boldsymbol{b}=[\boldsymbol{y}_1^{\mathrm{T}}\quad \boldsymbol{y}_2^{\mathrm{T}}\quad \boldsymbol{y}_3^{\mathrm{T}}]^{\mathrm{T}}\tag{7.69}$$

矢量 $\boldsymbol{b}$ 的维数是 $3N$，此时相关矩阵为

$$\boldsymbol{R}_B=E[\boldsymbol{b}\boldsymbol{b}^{\mathrm{H}}]\tag{7.70}$$

F $A 算法对应的空时导向矢量为

$$\boldsymbol{s}_{fa}=\boldsymbol{g}\otimes\boldsymbol{s}_s(\psi_0)\tag{7.71}$$

其中 $\boldsymbol{g}=(1,g_1,g_2)^{\mathrm{T}}$，$g_p=\dfrac{\boldsymbol{w}_{tk}^{\mathrm{H}}\boldsymbol{s}_t(f_{dk})\mathrm{e}^{-\mathrm{j}2\pi f_{dk}\cdot p}}{\boldsymbol{w}_{tk}^{\mathrm{H}}\boldsymbol{s}_t(f_{dk})}=\mathrm{e}^{-\mathrm{j}2\pi f_{dk}\cdot p}\ (p=1,2)$，$\boldsymbol{s}_s(\psi_0)$ 为空域

导向矢量:

$$s_s(\psi_0)=[1,e^{j\cos\psi_0},\cdots,e^{j(N-1)\cos\psi_0}]^T \tag{7.72}$$

式中:ψ_0为空间锥角,$f_{dk}=\frac{prf}{K}\cdot k\cdot\frac{1}{prf}=\frac{k}{K}$为时域归一化频率。

根据 LCMV 准则,可得自适应权:

$$\boldsymbol{w}_{fa}=\frac{\boldsymbol{R}_B^{-1}\boldsymbol{s}_{fa}}{\boldsymbol{s}_{fa}^H\boldsymbol{R}_B^{-1}\boldsymbol{s}_{fa}} \tag{7.73}$$

处理器的改善因子为

$$IF=(\boldsymbol{s}_{fa}^H\boldsymbol{R}_B^{-1}\boldsymbol{s}_{fa})(\mathrm{CNR}_i+1)\sigma_{ni}^2 \tag{7.74}$$

式中:CNR_i为输入杂噪比;σ_{ni}^2为输入的噪声功率。

下面利用仿真数据对 mDT 和 F $A 方法进行验证,仿真实验参数如表 7.1 所列。

表 7.1 降维 STAP 方法仿真实验参数

参数	参数值	参数	参数值
阵元数(方位、距离)	16×8	载机速度/(m/s)	150
脉冲数	32	载机高度/km	8
波长/m	0.246	杂噪比/dB	40
阵元间距/m	0.123	重频/Hz	2440
偏航角度/(°)	0	目标速度/(m/s)	60

根据上述参数,目标对应的归一化多普勒频率为$f_d/f_r=0.2$。下面以目标所在多普勒通道为例,分别给出 1DT、3DT 及 F $A 处理时对应的局部空时二维频响图,如图 7.23 所示。

从图 7.23 可以看出,当目标远离主杂波时,1DT 具有较好的杂波抑制能力,这是因为经过时域窄带多普勒滤波后,杂波局限在较窄的多普勒频带内,杂波自由度明显降低,此时再利用全部阵元做自适应处理,便可获得较好的杂波抑制性能,但是当目标靠近主杂波区时,1DT 的杂波抑制性能下降,上述 1DT 处理对应的二维频响图在靠近主杂波区时杂波抑制凹口展宽且凹口变浅,凹口并未沿杂波脊分布。与 1DT 相比,3DT 性能得到明显提升,杂波抑制凹口沿杂波脊呈斜线分布,这使得 3DT 算法不仅在旁瓣区有较好的杂波抑制性能,其在主瓣区仍有接近最优的杂波抑制能力。3DT 与 1DT 相比性能有明显改善,主要是因为 3DT 处理的时域自由度为 3,通过适当增加时域自由度使得处理器在时域具有自适应调整能力,然后联合空间全部阵元进行处理,能形成二维杂波抑制凹口。从 F $A 对应的局部空时二维频响图可以看出,F $A 无论是在靠近还是在远离主杂波区均能获得较好的杂波抑制性能,与 3DT 相似,均能形成二维窄凹口,这是因为 F $A 方法同样利用了较少的时域自由度参与时空联合自适应处理。

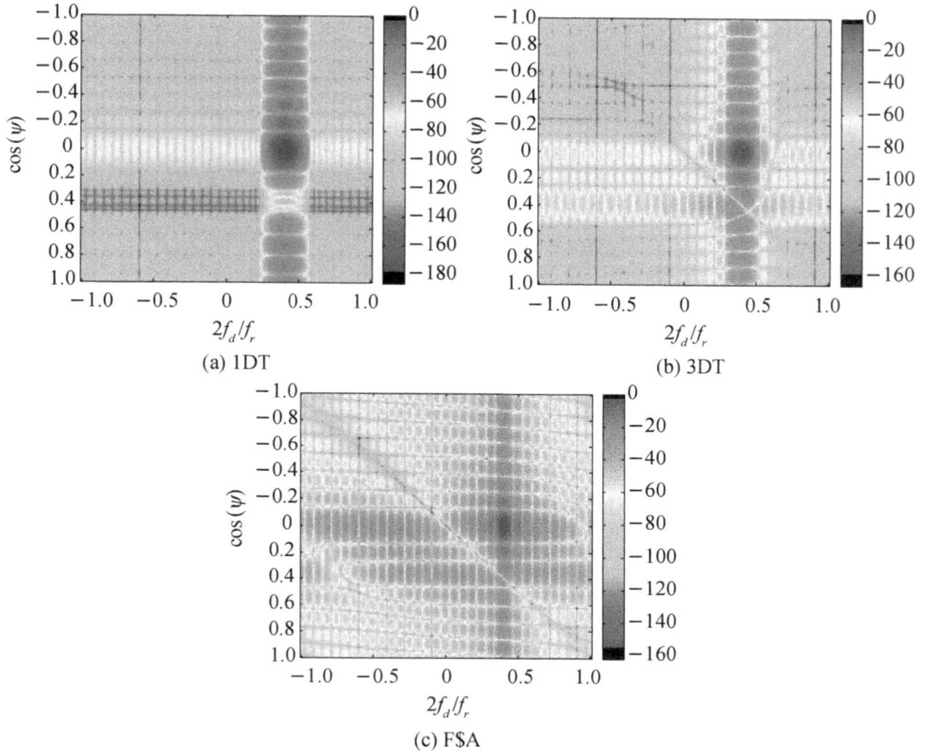

图 7.23　不同处理方法对应的局部空时二维频响图（1DT、3DT、F $A）（见彩图）

下面给出不同处理方法对应的改善因子曲线（图 7.24），并与最优处理进行对比，从该图可以清晰地看出，在远离主杂波区时，1DT、3DT、F $A 均具有较强的杂波抑制能力，但当目标靠近主杂波区时，1DT 性能明显下降，而 F $A、3DT 均可以获得接近最优的杂波抑制性能，但其运算量与最优处理相比均得到大幅降低，对样本数的需求也大幅降低。

理论上使用四通道或者更多通道进行处理，可以获得更好的性能，但辅助通道的增加同时也增大了计算量和实现的复杂度。实际上，三通道时域多普勒滤波可以做到误差很小，因此时域没必要使用较多的自由度。

7.2.6　先空时自适应后多普勒滤波方法

Brennan 提出的先空时自适应处理后时域滤波处理方法[8]（记为 A $F），原理图如图 7.25 所示，先使用 M 个脉冲作联合域的最优处理，再对各个输出进行多普勒处理，在这种情况下，一般选择较小的 M，一般取 $M=2$。将 K 个脉冲分

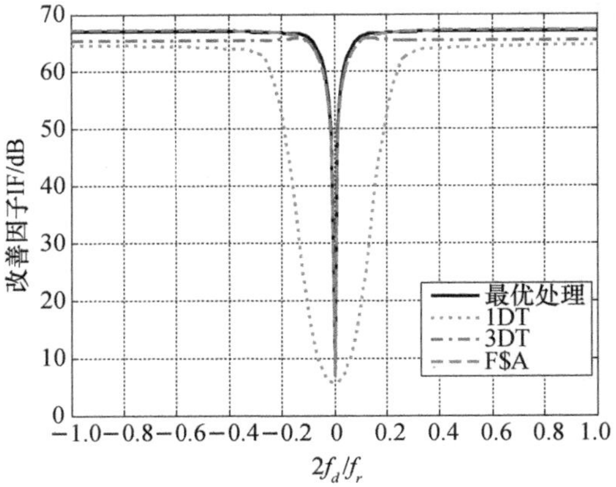

图 7.24 改善因子曲线对比

为相互重叠的等间隔的 $K-q+1$ 组，其中每组包含 q 个脉冲，如图 7.26 所示。短脉冲处理[12]选择的 q 值与 N 的乘积应大于子组的杂波自由度，以有效地消除杂波，同时应使 q 值尽量小，以降低滤波器阶数。

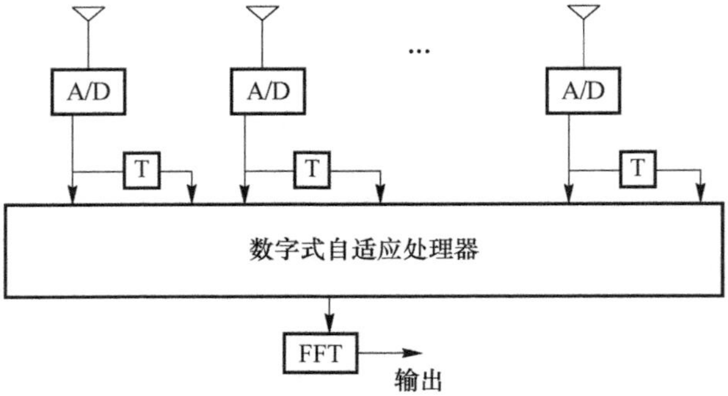

图 7.25 先空时自适应处理后时域滤波处理方法原理图

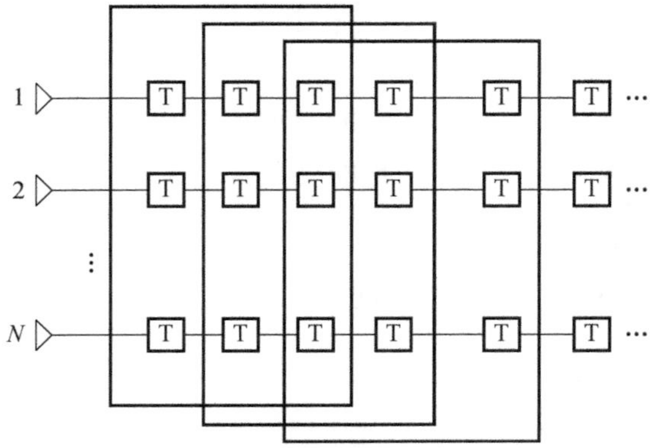

图 7.26 短脉冲处理原理示意图

每一子组的二维数据场为

$$\boldsymbol{y}_i = [x_i^{\mathrm{T}}(t), x_{i+1}^{\mathrm{T}}(t), \cdots, x_{i+q-1}^{\mathrm{T}}(t)] \tag{7.75}$$

对每一组 q 个脉冲的最优处理器的加权系数为

$$\boldsymbol{w}_i = \boldsymbol{R}_i^{-1}\boldsymbol{s}(\psi, f_d) \tag{7.76}$$

式中：$\boldsymbol{R}_i = E(\boldsymbol{y}_i\boldsymbol{y}_i^{\mathrm{H}})$是 $Nq \times Nq$ 的协方差矩阵；$\boldsymbol{s}(\psi, f_d)$为 $Nq \times 1$ 的导向矢量。

上述分析对其他脉冲的加权矢量也适用。将该权沿时间轴滑动，得到 $K-q-1$个输出，这些输出只包含目标信号和噪声。为进一步降低噪声，可以做相干处理，其结果为

$$z_{\mathrm{out}}(f_d) = \sum_{i=1}^{K-q+1} \mathrm{e}^{\mathrm{j}(i-1)\pi f_d}\boldsymbol{w}_i^{\mathrm{H}}\boldsymbol{y}_i \tag{7.77}$$

7.2.7　局域联合处理方法

局域联合处理方法（JDL）由 H. Wang 和 L. Cai 提出[13]，并结合广义似然比检测（GLR）构成了 JDL 空时二维处理。JDL 法的主要思想是：首先将空时二维数据 X 经二维离散傅里叶变换，变换到角度－多普勒域，然后再选择感兴趣的局域，并根据某个准则自适应处理。图 7.27 为 JDL 方法的结构框图，其原理示意图如图 7.28 所示。

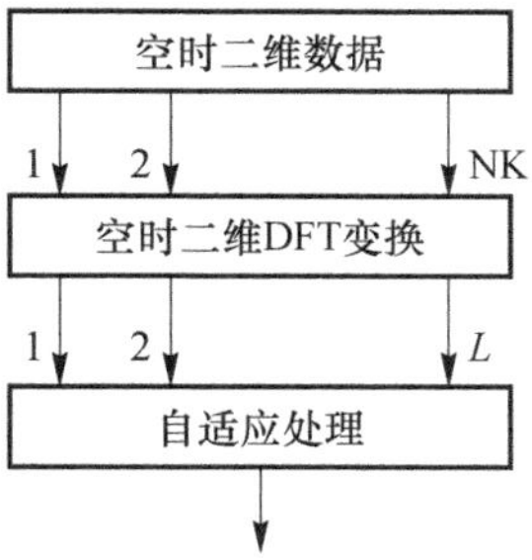

图 7.27　JDL 方法的结构框图

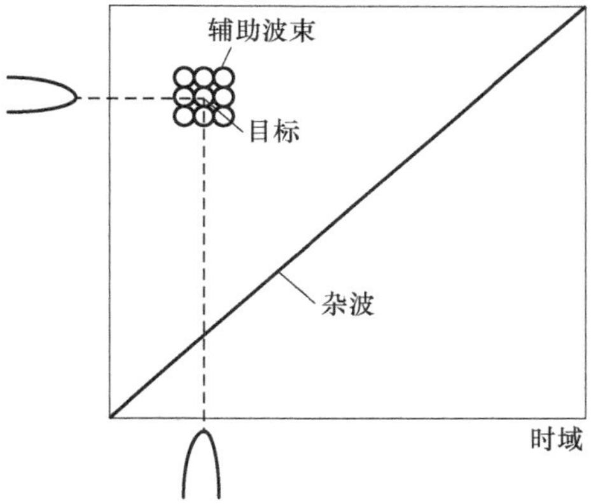

图 7.28　JDL 原理示意图

$\boldsymbol{w}_{si}$和 $\boldsymbol{w}_{ti}$分别表示第 i 个波束与第 j 个多普勒通道的权矢量，其中

$$\boldsymbol{w}_{si} = \boldsymbol{w}_q \circ \boldsymbol{s}_s(\psi_i) \tag{7.78}$$

$$\boldsymbol{w}_{si} = \boldsymbol{h}_q \circ \boldsymbol{s}_t(f_{dj}) \tag{7.79}$$

式中：$\boldsymbol{w}_q$，$\boldsymbol{h}_q$分别为空域和时域静态权矢量。

空时二维接收数据 DFT 变换后，输出的某个角度－多普勒单元 $\boldsymbol{y}(i,j)$可表示为

$$\boldsymbol{y}(i,j)=(\boldsymbol{w}_{si}\otimes\boldsymbol{w}_{st})^{\mathrm{H}}\boldsymbol{x} \tag{7.80}$$

故经变换后的二维数据协方差矩阵为

$$\boldsymbol{R}_Y=E[\boldsymbol{y}(i,j)y^{\mathrm{H}}(i,j)]=(\boldsymbol{w}_{si}\otimes\boldsymbol{w}_{st})^{\mathrm{H}}\boldsymbol{R}_X(\boldsymbol{w}_{si}\otimes\boldsymbol{w}_{st}) \tag{7.81}$$

根据最小功率输出准则进行自适应处理，其中主波束指向为 ψ_t，第 j 个多普勒通道的二维最优权矢量为

$$\boldsymbol{w}_{\mathrm{opt}}=\mu\boldsymbol{R}_Y^{-1}\boldsymbol{s} \tag{7.82}$$

式中：μ 为常数；$\boldsymbol{S}$ 为二维导向矢量

$$\boldsymbol{S}=\begin{bmatrix} W_{si}\otimes W_{st} \\ W_{si}\otimes W_{s(t-1)} \\ W_{si}\otimes W_{s(t+1)} \\ \vdots \\ W_{sL}\otimes W_{st} \\ W_{sL}\otimes W_{s(t-1)} \\ W_{sL}\otimes W_{s(t+1)} \end{bmatrix}$$

这种方法的关键在于选择局域的大小，文献[14]给出了针对理想情况的 3 ×3 或 3 ×4 的局域大小。在非理想情况下，局域的大小要视具体情况而定。由于空域随机误差的影响，应多取几个单元以增加空域自由度，而时域精度较高，可少选几个单元。时域单元的增加能增强抑制杂波的能力，但并不对空域误差直接起作用。性能的提高体现在间接作用上，由于大量的杂波通过时域来完成抑制，抑制完成之后，相当于减少了空域维的杂波自由度，使空域维能“空出”一定的系统自由度去补偿误差。

7.3 非均匀杂波空时自适应处理

STAP 方法在本质上属于统计算法范畴，自适应权值计算涉及协方差矩阵估计，雷达通常用接收的各距离单元数据来估计协方差矩阵。前面指出，用于协方差矩阵估计的样本要求独立同分布，因此，估计待检测单元背景二阶统计信息(即相关矩阵)的训练样本满足独立同分布条件。由于训练样本的非均匀性(不满足独立同分布条件)导致传统 STAP 方法杂波抑制和运动目标检测性能显著下降，因此对各种非均匀现象的研究始终贯穿在统计 STAP 的发展过程之中。目前主要研究的非均匀现象包括杂波功率非均匀、目标信号干扰以及距离引起的非均匀等。7.3.1 节与 7.3.2 节中针对功率非均匀杂波设计非均匀检测器(NHD)；7.3.3 节与 7.3.4 节是直接利用感兴趣距离单元的数据构造协方差矩阵进行处理，为直接数据域方法(DDD)；7.3.5 节与 7.3.6 节中针对非正侧模式

下距离引起的非均匀杂波进行补偿。

7.3.1　基于对角加载的稳健广义内积算法

用于 STAP 的非均匀检测（NHD）技术已经被广泛地进行了研究。广义内积（GIP）是一种常用 NHD 技术[15,16]，并用于某些特定场景进行离群点的检测，然而 GIP 通常在强离群点存在时的性能将急剧恶化，而且当多于一个离群点存在时，容易受到屏蔽效应的影响，这在文献[17,18]中进行了详细的研究和统计分析。为了改善 GIP 的性能并增强它的稳健性，本节利用对角加载来提高 GIP 的 NHD 检测能力，提出了对角加载广义内积算法（DL－GIP），该算法相对于检测多个离群点的其他算法具有较强的稳健性。性能分析与计算机仿真结果表明在失配和有限样本条件下 DL－GIP 具有较高的检测概率和稳健的多个离群点检测能力，而且检测性能优于本节所提到的其他非均匀检测（NHD）方法。

1. 广义内积 NHD

对于零均值的空时快拍数据，GIP 等于 Mahalanobis 距离的平方。GIP 检验的统计量 $\mathrm{GIP}_{\mathrm{CUT}}$为检测单元（CUT）所对应的快拍数据 $\boldsymbol{x}_{\mathrm{CUT}}$的复广义内积，即

$$\mathrm{GIP}_{\mathrm{CUT}}=\boldsymbol{x}_{\mathrm{CUT}}^{\mathrm{H}}\hat{\boldsymbol{R}}_x^{-1}\boldsymbol{x}_{\mathrm{CUT}} \tag{7.83}$$

式中：$(\cdot)^{\mathrm{H}}$ 为共轭转置；$\hat{\boldsymbol{R}}_x$为阵列接收数据的协方差矩阵估计值，并由下式给出，即

$$\hat{\boldsymbol{R}}_x=\frac{1}{K}\sum_{k=1}^{K}\boldsymbol{x}_k\boldsymbol{x}_k^{\mathrm{H}} \tag{7.84}$$

式中：K 为总的阵列空时快拍数据数量；$\boldsymbol{x}_k$为第 k 个 $N\times 1$ 维的空时快拍矢量，N 为空时自由度。

由于 $\hat{\boldsymbol{R}}_x$为半正定矩阵，故 $\hat{\boldsymbol{R}}_x^{-1}$也为半正定矩阵，因此最后的输出值 $\mathrm{GIP}_{\mathrm{CUT}}$一定为一标量。为了检测离群点，将得到的 GIP 检验统计量与一给定门限比较，即

$$\mathrm{GIP}_{\mathrm{CUT}}>\text{threshold} \tag{7.85}$$

如果某一空时快拍的 GIP 检验统计量超过了该门限，则表明检测到该离群点。这样该离群点将会在后续的样本矩阵求逆（SMI）STAP 处理中利用加权训练数据的方法予以剔除。

对于零均值的 i. i. d. 高斯数据，GIP 统计量为具有 N 个自由度的卡平方（χ^2）随机变量[19]。假设接收数据为准确的零均值 i. i. d 高斯数据，则比较门限可以通过给定的虚警概率进行计算。在此条件下，GIP 检验为恒虚警率 NHD 检测算法。

2. 对角加载广义内积 NHD

对角加载是一种常用的波束形成技术，并具有多种优点。对于有些不能确

定的问题(如样本数量小于自由度时),对角加载可以使得波束形成问题得以解决,因为此时的样本协方差矩阵 $\hat{\boldsymbol{R}}_x$ 将是不可逆的。而且众所周知,对角加载可以增加波束形成器的稳健性。对角加载提供了克服到达角失配的稳健性,以及阵元位置、增益和相位扰动的稳健性,还可以克服由于有限样本支持所引起的协方差矩阵失配(统计失配)[20]。对角加载还可以作为一种降维方法,它可以屏蔽掉与小特征值对应的特征矢量的影响,进而降低了自适应自由度的数量。

对角加载应用于 GIP NHD 的形式如下:

$$\text{GIP}_{\text{CUT}} = \boldsymbol{x}_{\text{CUT}}^{\text{H}} \tilde{\boldsymbol{R}}_x^{-1} \boldsymbol{x}_{\text{CUT}} \tag{7.86}$$

式中

$$\tilde{\boldsymbol{R}}_x = \hat{\boldsymbol{R}}_x + \sigma_L^2 \boldsymbol{I} \tag{7.87}$$

式中:$\hat{\boldsymbol{R}}_x$ 为前面所定义的样本协方差矩阵;$\boldsymbol{I}$ 为单位矩阵;σ_L^2 控制着加载量。因此,除了确定加载电平之外,对角加载广义内积(DL - GIP)的实现类似于 GIP。

3. 加载电平的确定

对角加载电平是通过加载噪声比(LNR)来度量的,且 LNR 的定义如下所示:

$$\text{LNR} = \sigma_L^2 / \sigma_n^2 \tag{7.88}$$

式中:σ_L^2 为加载电平(每阵元);σ_n^2 为每个阵元级的热噪声功率。

最优的加载电平是随着给定场景中干扰数量的变化而变化的。如果 LNR 取值比较低,则 DL - GIP 的性能与没有加载时的情形相似。但是,如果加载电平较高,则性能和非自适应时的情形相同(即秩为 1)。这是由于加载屏蔽掉了所有自适应自由度。因此,最优的加载电平将高于背景噪声平均功率值 σ_n^2,但是低于离群点的功率值。一种在信号处理中的经验选择方法是选择加载电平高于背景噪声的 5 ~ 10dB,即

$$10\log\sigma_L^2 = 10\log\sigma_n^2 + \eta \tag{7.89}$$

式中:η 为用户定义的门限电平,并用相对于背景噪声的 dB 形式进行表示。即该式隐含着 $\eta = \text{LNR}$。显然,这种方法要求合理地估计可以利用的背景噪声平均功率。

为了估计背景噪声电平 σ_n^2,令

$$\hat{\boldsymbol{R}}_x = \boldsymbol{V} \cdot \boldsymbol{\Lambda} \cdot \boldsymbol{V}^{\text{H}} = \sum_{i=1}^{N} \lambda_i \boldsymbol{v}_i \boldsymbol{v}_i^{\text{H}} \tag{7.90}$$

为数据协方差矩阵 $\hat{\boldsymbol{R}}_x$ 的特征分解,其中 λ_i 为其特征值,$\boldsymbol{v}_i$ 为相应的特征矢量,$\boldsymbol{\Lambda}$ 和 $\boldsymbol{V}$ 分别为相应的特征值和特征矢量矩阵,并假设特征值和特征矢量按照下述的降序形式排列,即

$$\lambda_1 \geqslant \lambda_2 \geqslant \cdots \geqslant \lambda_N \tag{7.91}$$

将按照降序排列的特征值模的平方用对数坐标画出，由于曲线的形状类似于字母“L”，因此称该曲线为 L－曲线，并用明确的膝点来表示噪声和其他信号的特征值分界点。对于膝点左边较大的特征值模平方表示离群点或杂波功率，而膝点右边较小的特征值模平方表示噪声功率。因此，选择 L－曲线相对应的膝点作为加载电平是一种合理的选择，因为它表示了在太小和太大情况下的一种折中。通过大量的蒙特・卡罗实验以及定量性能分析发现，L－曲线提供了获得理想检测性能时的最优加载电平参数的估计方法。

对于理想场景，L－曲线的膝点可以通过人眼很容易获得，然而实际应用中需要一种自动的方法实现膝点的选择。从微积分知识可知，膝点是曲线的最大曲率点，而曲线的曲率是指曲线的切线矢量相对于弧长的变化速率。由于 L－曲线的横坐标为特征值序号，故膝点可以按照如下步骤计算：①计算相邻特征值模平方取对数的差值，得到相邻特征值取对数后的变化量；②计算第一步得到的相邻变化量之间的差值，得到相邻特征值取对数后的变化率，即 L－曲线的曲率；③求曲率最大的点，即得所求的膝点。

4. 性能分析

众所周知，如果 $\boldsymbol{x}$ 服从复正态分布 $N_N(\boldsymbol{m}_x,\boldsymbol{I}_N)$，且 $\boldsymbol{B}$ 是秩为 k 的 $N\times N$ 维投影矩阵，则 $\boldsymbol{x}^{\mathrm{H}}\boldsymbol{B}\boldsymbol{x}$ 服从非中心的卡平方分布 $\chi_k^2(\delta)$，其中 $\delta=\boldsymbol{m}_x^{\mathrm{H}}\boldsymbol{B}\boldsymbol{m}_x$。

由于 GIP 和 DL－GIP 检验量具有相似的形式，并由 $Q=\boldsymbol{x}^{\mathrm{H}}\boldsymbol{R}^{-1}\boldsymbol{x}=\bar{\boldsymbol{x}}^{\mathrm{H}}\bar{\boldsymbol{x}}=\bar{\boldsymbol{x}}^{\mathrm{H}}\boldsymbol{I}_N\bar{\boldsymbol{x}}$ 给出，其中 $\bar{\boldsymbol{x}}=\boldsymbol{R}^{-1/2}\boldsymbol{x}$ 服从复正态分布 $N_N(\boldsymbol{R}^{-1/2}\boldsymbol{m}_x,\boldsymbol{I}_N)$，而 $\boldsymbol{I}_N$ 是秩为 N 的投影矩阵。所以，检验量 Q 等于 $\chi_N^2(\rho_N)$，其中参数 ρ_N 由下式给出：

$$\rho_N=(\boldsymbol{R}^{-1/2}\boldsymbol{m}_x)^{\mathrm{H}}\boldsymbol{I}_N(\boldsymbol{R}^{-1/2}\boldsymbol{m}_x)=\boldsymbol{m}_x^{\mathrm{H}}\boldsymbol{R}^{-1}\boldsymbol{m}_x \tag{7.92}$$

因此，在 $\boldsymbol{H}_1$ 假设下，检验量 Q 的条件概率密度函数（PDF）由下式给出：

$$p(Q|\boldsymbol{H}_1)=\mathrm{e}^{-Q-\rho_N}I_0(2\sqrt{\rho_N Q})U(Q) \tag{7.93}$$

式中：$I_0(\cdot)$为第一阶修正贝塞尔函数，$U(\cdot)$表示单位阶跃函数。如果令式(7.92)中的 ρ_N 等于零，可得在 $\boldsymbol{H}_0$ 假设下，检验量 Q 的条件概率密度函数（PDF）为

$$p(Q|\boldsymbol{H}_0)=\mathrm{e}^{-Q}U(Q) \tag{7.94}$$

当均值和协方差矩阵已知时，虚警概率可以用 P_{FA_N} 表示，而检测概率可以用 P_{D_N} 表示，而且分别由下面的两式给出：

$$P_{FA_N}=P_Q\{Q>T_N|\boldsymbol{H}_0\}=\int_{T_N}^{\infty}p(Q|\boldsymbol{H}_0)\mathrm{d}Q\int_{T_N}^{\infty}\mathrm{e}^{-Q}\mathrm{d}Q=\mathrm{e}^{-T_N} \tag{7.95}$$

$$P_{D_N}=P_Q\{Q>T_N|\boldsymbol{H}_1\}=\int_{T_N}^{\infty}p(Q|\boldsymbol{H}_1)\mathrm{d}Q\int_{T_N}^{\infty}\mathrm{e}^{-Q-\rho_N}I_0(2\sqrt{\rho_N Q})\mathrm{d}Q \tag{7.96}$$

其中门限 T_N 对应于某一给定的虚警概率，而且由下式给出

$$T_N = -\ln(P_{FA_N}) \tag{7.97}$$

从上面的分析可知，对角加载不影响虚警概率，但是影响检测概率。

利用样本协方差矩阵的特征分解（EVD）结果可得

$$\hat{\boldsymbol{R}}_x^{-1} = \sum_{i=1}^{N} \frac{\boldsymbol{v}_i \boldsymbol{v}_i^{\mathrm{H}}}{\lambda_i} \tag{7.98}$$

因此，非中心参数 ρ_N 可以表示为

$$\begin{aligned}\rho_N &= \boldsymbol{m}_x^{\mathrm{H}} \hat{\boldsymbol{R}}^{-1} \boldsymbol{m}_x = \boldsymbol{m}_x^{\mathrm{H}} \left(\sum_{i=1}^{N} \frac{\boldsymbol{v}_i \boldsymbol{v}_i^{\mathrm{H}}}{\lambda_i} \right) \boldsymbol{m}_x = \sum_{i=1}^{N} \frac{\boldsymbol{m}_x^{\mathrm{H}} \boldsymbol{v}_i \boldsymbol{v}_i^{\mathrm{H}} \boldsymbol{m}_x}{\lambda_i} \\ &= \sum_{i=1}^{N} \frac{(\boldsymbol{v}_i^{\mathrm{H}} \boldsymbol{m}_x)^{\mathrm{H}} (\boldsymbol{v}_i^{\mathrm{H}} \boldsymbol{m}_x)}{\lambda_i} = \sum_{i=1}^{N} \frac{\| \boldsymbol{v}_i^{\mathrm{H}} \boldsymbol{m}_x \|^2}{\lambda_i}\end{aligned} \tag{7.99}$$

当应用对角加载时，非中心参数 ρ_N^{DL} 可以由下式给出：

$$\rho_N^{DL} = \sum_{i=1}^{N} \frac{\| \boldsymbol{v}_i^{\mathrm{H}} \boldsymbol{m}_x \|^2}{\lambda_i + \sigma_L^2} \tag{7.100}$$

由于 $\lambda_i \geq 0, i = 1, 2, \cdots, N$，而且 $\sigma_L^2 > 0$，因此非中心参数 $\rho_N^{DL} < \rho_N$。对于非中心卡平方分布，若非中心参数减小，则概率密度曲线的峰点升高，而且向左移动。因此，对角加载时的 $p(Q|\boldsymbol{H}_1)$ 将会比没有应用对角加载时的更窄更高，而且更加接近左边的纵轴。所以，相应的累积分布函数（CDF）在对角加载时将比没有对角加载时更高，尤其在检验区域的中部，改善效果非常明显。因此，利用对角加载可以提高检测概率，而且也可以通过下面的仿真结果进行说明和验证。

本节对 GIP 和 DL－GIP 的检测概率进行了仿真分析，图 7.29 和图 7.30 分别对应于后续仿真分析中仿真场景 2 中的数据。图 7.29 给出了 GIP 在 $\boldsymbol{H}_1$ 和 $\boldsymbol{H}_0$ 假设下的概率密度函数（PDF）和累积分布函数（CDF），图 7.30 给出了 DL－GIP 在 $\boldsymbol{H}_1$ 和 $\boldsymbol{H}_0$ 假设下的概率密度函数（PDF）和累积分布函数（CDF）。

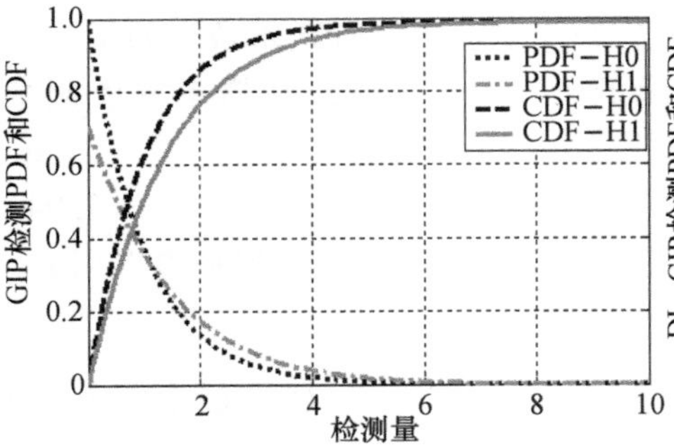

图 7.29　GIP 在 $\boldsymbol{H}_1$ 和 $\boldsymbol{H}_0$ 假设下的概率密度函数（PDF）和累积分布函数（CDF）

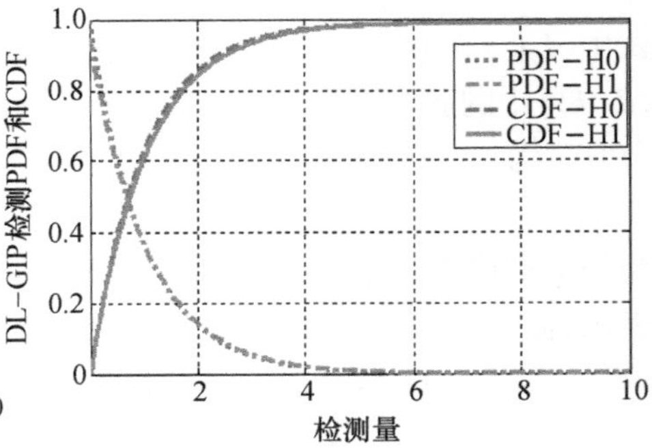

图 7.30　DL－GIP 在 $\boldsymbol{H}_1$ 和 $\boldsymbol{H}_0$ 假设下的概率密度函数（PDF）和累积分布函数（CDF）

比较图 7.29 和图 7.30 可知，在 $\boldsymbol{H}_0$ 假设下两种算法的 PDF 曲线是相同的，但是在 $\boldsymbol{H}_1$ 假设下图 7.29 中的 PDF 曲线明显高于图 7.30 中的 PDF 曲线。因此，当虚警概率给定时，即检测门限确定时，相对于 GIP，DL - GIP 具有更高的检测概率。

5. 仿真分析

为了验证理论分析的正确性和所提出算法的检测性能，进行了如下的仿真分析。仿真过程中的参数设置为：天线阵为 8 个阵元的理想均匀线阵，子阵间距 $d = 0.1\text{m}$，载机高度 $Ha = 8\text{km}$，载机速度 $Va = 100\text{m/s}$，波长 $\lambda = 0.2\text{m}$，重频 $fr = 1.4\text{kHz}$，相干处理脉冲数 $K = 64$。本节进行了两个非均匀场景的仿真分析，分别对所提出的 DL - GIP 与 GIP 和 N 维复投影统计算法（PS）的检测结果进行了比较[21]。

在第一种场景中，杂波与噪声的相对功率为 40dB，其中有两个目标类型的离群点注入在杂波和噪声的阵列快拍中，而目标相对于噪声的相对功率如表 7.2 所列。

表 7.2　场景一中目标相对于噪声的相对功率

目标序号	距离单元	与噪声的相对功率
1	80	30dB
2	140	25dB

在第二种场景中，杂波与噪声的相对功率为 40dB，其中有五个目标类型的离群点注入在杂波和噪声的阵列快拍中，而目标相对于噪声的相对功率如表 7.3 所列。

表 7.3　场景二中目标相对于噪声的相对功率

目标序号	距离单元	与噪声的相对功率
1	20	30dB
2	40	25dB
3	80	30dB
4	100	25dB
5	160	30dB

三种算法（DL - GIP，GIP，PS）各自的检测结果分别如图 7.31 ~ 图 7.36 所示。

通过对三种 NHD 算法的检测结果进行比较和分析可以看出，所提出的 DL - GIP 和 GIP 能够正确和可靠地检测出多个离群点，但是 PS 不能检测。通过对 DL - GIP 和 GIP 的检测结果进行比较可知，DL - GIP 相对于 GIP 具有更加优良的检测性能。从仿真结果中可以清楚地看出，图 7.31 中的检测结果背景噪声

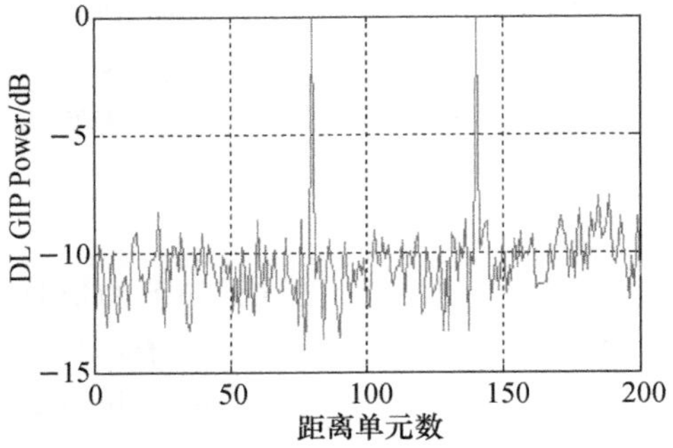

图 7.31　DL－GIP 检测结果（两个离群点分别注入在第 80 和 140 距离单元）

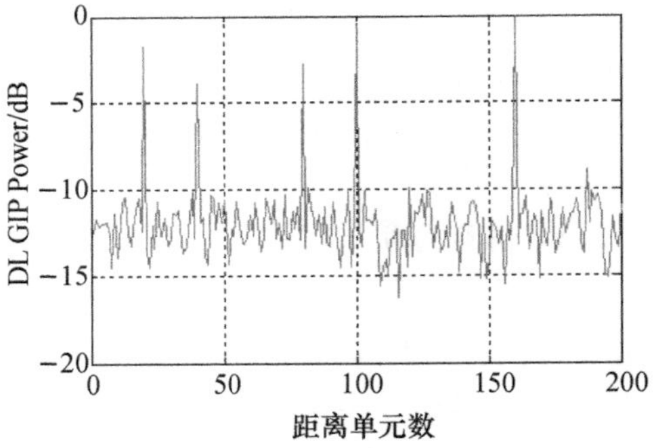

图 7.32　DL－GIP 检测结果（五个离群点分别注入在第 20、40、80、100 和 160 距离单元）

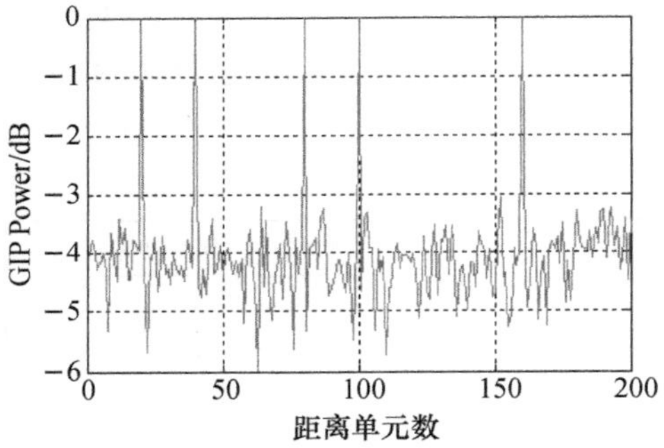

图 7.33　GIP 检测结果（两个离群点分别注入在第 80 和 140 距离单元）

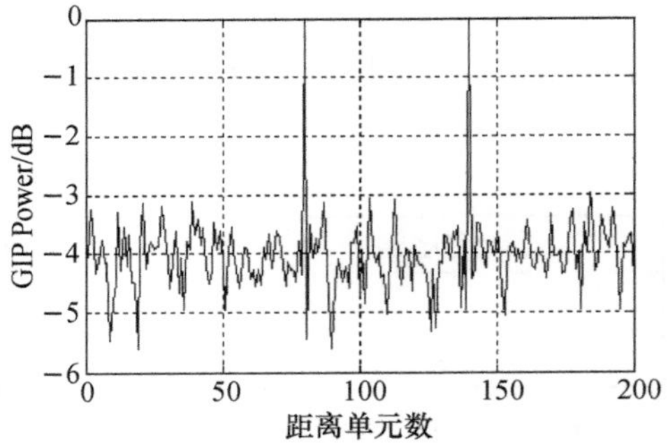

图 7.34　GIP 检测结果（五个离群点分别注入在第 20、40、80、100 和 160 距离单元）

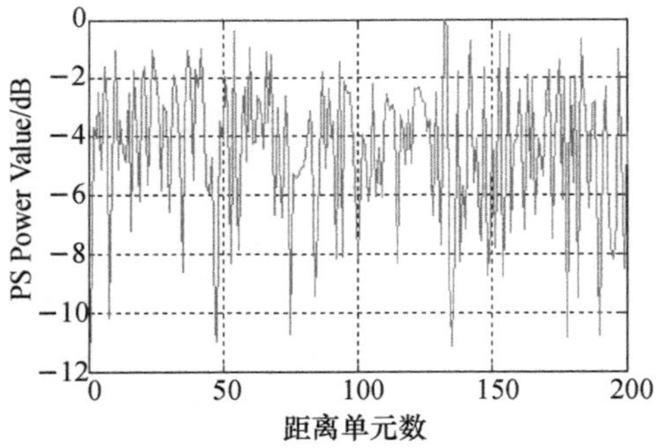

图 7.35　PS 检测结果（两个离群点分别注入在第 80 和 140 距离单元）

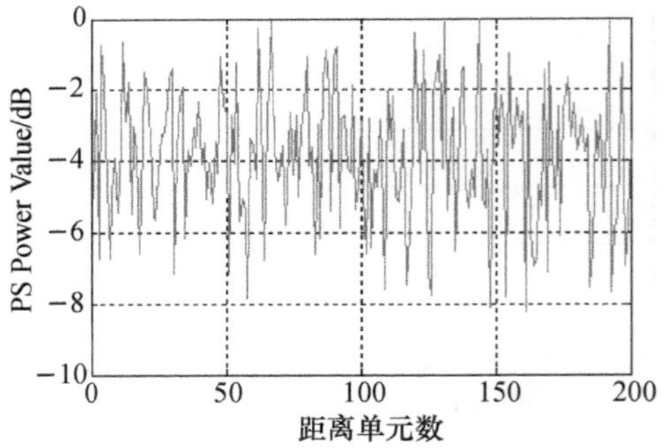

图 7.36　PS 检测结果（五个离群点分别注入在第 20、40、80、100 和 160 距离单元）

明显低于图 7.32 中的背景噪声，性能的改善大约为 6dB，在图 7.34 和图 7.36 之间的改善大约为 7dB。这可以利用下面的分析进行解释。

$$\hat{\boldsymbol{R}}_x^{-1} = \sum_{i=1}^{N} \frac{\boldsymbol{v}_i \boldsymbol{v}_i^{\mathrm{H}}}{\lambda} \tag{7.101}$$

故GIP检验量可以表示为

$$\begin{aligned}
\mathrm{GIP}_{\mathrm{CUT}} &= \boldsymbol{x}_{\mathrm{CUT}}^{\mathrm{H}} \hat{\boldsymbol{R}}_x^{-1} \boldsymbol{x}_{\mathrm{CUT}} = \boldsymbol{x}_{\mathrm{CUT}}^{\mathrm{H}} \left(\sum_{i=1}^{N} \frac{\boldsymbol{v}_i \boldsymbol{v}_i^{\mathrm{H}}}{\lambda_i} \right) \boldsymbol{x}_{\mathrm{CUT}} \\
&= \sum_{i=1}^{N} \frac{\boldsymbol{x}_{\mathrm{CUT}}^{\mathrm{H}} \boldsymbol{v}_i \boldsymbol{v}_i^{\mathrm{H}} \boldsymbol{x}_{\mathrm{CUT}}}{\lambda_i} = \sum_{i=1}^{N} \frac{\boldsymbol{x}_{\mathrm{CUT}}^{\mathrm{H}} \boldsymbol{v}_i (\boldsymbol{x}_{\mathrm{CUT}}^{\mathrm{H}} \boldsymbol{v}_i)^{\mathrm{H}}}{\lambda_i} \\
&= \frac{|\boldsymbol{x}_{\mathrm{CUT}}^{\mathrm{H}} \boldsymbol{v}_1|^2}{\lambda_1} + \frac{|\boldsymbol{x}_{\mathrm{CUT}}^{\mathrm{H}} \boldsymbol{v}_2|^2}{\lambda_2} + \cdots + \frac{|\boldsymbol{x}_{\mathrm{CUT}}^{\mathrm{H}} \boldsymbol{v}_N|^2}{\lambda_N}
\end{aligned} \tag{7.102}$$

式中：$\boldsymbol{x}_{\mathrm{CUT}}^{\mathrm{H}} \boldsymbol{v}_i \triangleq y_i$ 表示矢量 $\boldsymbol{x}_{\mathrm{CUT}}$ 和 $\boldsymbol{v}_i$ 的内积，且 $i=1,2,\cdots,N$，即 $\boldsymbol{x}_{\mathrm{CUT}}$ 在 $\boldsymbol{v}_i$ 上的投影。由于 $\lambda_1 \geqslant \lambda_2 \geqslant \cdots \geqslant \lambda_N > 0$，假设 $\lambda_1, \lambda_2, \cdots, \lambda_k$ 为信号子空间所对应的特征值，即 $\boldsymbol{v}_1, \boldsymbol{v}_2, \cdots, \boldsymbol{v}_k$ 张成信号子空间，即 $\boldsymbol{x}_{\mathrm{CUT}}$ 在 $\boldsymbol{v}_1, \boldsymbol{v}_2, \cdots, \boldsymbol{v}_k$ 上的投影为有用信号部分，而其余部分为干扰和噪声的输出部分。为了分析的方便且不失一般性，假设对应于最大特征值 λ_1 的特征矢量 $\boldsymbol{v}_1$ 表示信号子空间，因此 $y_1 = \boldsymbol{x}_{\mathrm{CUT}}^{\mathrm{H}} \boldsymbol{v}_1$ 表示 $\boldsymbol{x}_{\mathrm{CUT}}$ 在 $\boldsymbol{v}_1$ 上的投影，而且是有用的输出信号。为了分析的方便，定义输出的信噪比(SNR)由下式表示：

$$\mathrm{SNR}_{\mathrm{out}} = \frac{y_1^2 / \lambda_1}{y_2^2 / \lambda_2 + \cdots + y_N^2 / \lambda_N} \tag{7.103}$$

同样，基于对角加载的输出SNR为

$$\mathrm{SNR}_{\mathrm{out}}^{\mathrm{DL}} = \frac{y_1^2 / (\lambda_1 + \sigma_L^2)}{y_2^2 / (\lambda_2 + \sigma_L^2) + \cdots + y_N^2 / (\lambda_N + \sigma_L^2)} \tag{7.104}$$

由于加载电平 $\sigma_L^2 \ll \lambda_1$，故输出的有用信号基本不会受到对角加载的影响，但是背景噪声，即无用信号将明显地受到影响，而且大大地减小了。所以，对角加载可以明显地改善GIP输出的SNR，该分析结果也可以从式(7.103)和式(7.104)的表达式中得到，而且可以简单地证明如下。

对式(7.104)进行变形，可得

$$\begin{aligned}
\mathrm{SNR}_{\mathrm{out}}^{\mathrm{DL}} &= \frac{1}{((\lambda_1 + \sigma_L^2)\lambda_1)} \cdot \frac{|y_1|^2 / \lambda_1}{|y_2|^2 / (\lambda_2 + \sigma_L^2) + \cdots + |y_N|^2 / (\lambda_N + \sigma_L^2)} \\
&= \frac{|y_1|^2 / \lambda_1}{|y_2|^2 \dfrac{\lambda_1 + \sigma_L^2}{\lambda_1(\lambda_2 + \sigma_L^2)} + \cdots + |y_N|^2 \dfrac{\lambda_1 + \sigma_L^2}{\lambda_1(\lambda_N + \sigma_L^2)}}
\end{aligned} \tag{7.105}$$

要证明 $\mathrm{SNR}_{\mathrm{out}}^{\mathrm{DL}} > \mathrm{SNR}_{\mathrm{out}}$，只要证明 $(\lambda_1 + \sigma_L^2)/(\lambda_1(\lambda_i + \sigma_L^2)) < 1/\lambda_i, i=2,3,\cdots,N$ 即可。而该关系式必然满足，这是因为

$$\frac{(\lambda_1 + \sigma_L^2)/(\lambda_1(\lambda_i + \sigma_L^2))}{1/\lambda_i} = \frac{\lambda_1 + \sigma_L^2}{\lambda_1} \cdot \frac{\lambda_i}{\lambda_i + \sigma_L^2} = \frac{\lambda_1 \lambda_i + \sigma_L^2 \lambda_i}{\lambda_1 \lambda_i + \sigma_L^2 \lambda_1} < 1, i=2,3,\cdots,N \tag{7.106}$$

如果按照传统的信噪比定义，只需将式(7.105)和式(7.106)中每一项进行平方即可，与上面分析方法相同，也可以得出对角加载可以改善输出信噪比的结论。但是不能无限加载，而且当 σ_L^2 大到一定程度后（如 $\sigma_L^2 >> \lambda_1\lambda_2$）对 SNR 的改善将不明显，而且还会丧失所有的自由度，故加载电平必须进行合理的选择。

因此，通过理论分析和仿真结果可以得出以下结论：对角加载可以降低 GIP NHD 的虚警概率，而且可以明显地改善检测可靠性，换句话说，对角加载提高了检测概率。

7.3.2 基于不敏变换的稳健 STAP 协方差矩阵估计算法

不敏变换（UT）主要用于数据融合中的非线性系统状态估计[22-24]，即用于计算经过非线性变换的随机变量的统计特性，如可以利用变换集合的均值和方差来近似原始样本点的均值和方差经过非线性变换后的估计值。本节将 UT 应用于空时自适应处理的协方差矩阵估计，提出了不敏空时自适应处理（USTAP）算法，即将原始的非均匀数据到其所对应的均匀数据看作一种特殊的非线性变换，利用 UT 估计非均匀数据经非线性变换后所对应均匀数据的协方差矩阵。该算法利用 UT 来获得足够数量的训练样本，并得到非均匀条件下的近似协方差矩阵，有效地降低了非均匀特性的影响。最后的仿真结果验证了该算法在非均匀环境下具有良好的运动目标检测性能。

1. UT

在非均匀条件下，样本点的数量相对较小，利用 ML 算法在有限训练样本数据条件下估计的协方差矩阵并不能精确地近似主要的分布特性，而且在经过连续的非线性变换后，这种近似的误差将会被进一步放大。随着 UT 的出现[22]，随机抽样的固有误差也将同时产生。UT 是通过构造一组样本点，称为 sigma 点，该点是通过相同的已知统计信息进行确定性的构造的，如一阶矩和二阶矩，作为给定的测量值或状态估计值。如果某一给定的非线性变换应用于每一个 sigma 点，则不敏估计结果可以通过计算样本点的变换集合的统计特性而获得。UT 的确定性部分避免了由于蒙特·卡罗和其他抽样方法所引入的采样误差，而且明显地降低了要想获得相同变换精度所要求的样本点数量。

UT[23,24] 主要用于计算随机变量经过非线性变换后的统计特性，它建立了这样一种原则，即相对于一个任意的非线性函数，可以更加容易地近似变换后的概率分布，该变换可以简述如下。假设随机变量 x（维数为 Nx）通过某一非线性函数 $y=g(x)$ 进行变换，而且 x 具有均值 $\bar{x}$ 和协方差 $\boldsymbol{P}x$，为了计算非线性变换后的随机变量 y 的统计特性，构造一个矩阵 $\boldsymbol{X}$，该矩阵是由如下所述的 $2Nx+1$ 个 sigma 矢量 $\boldsymbol{x}_i$（以及相应的加权值 $\boldsymbol{w}_i$）组成：

$$\boldsymbol{x}_0=\bar{\boldsymbol{x}} \tag{7.107}$$

$$\boldsymbol{x}_i = \bar{\boldsymbol{x}} + \left(\sqrt{(N_x+\lambda)\boldsymbol{P}_x}\right)_i, i=1,2,\cdots,N_x \tag{7.108}$$

$$\boldsymbol{x}_{i+N_x} = \bar{\boldsymbol{x}} - \left(\sqrt{(N_x+\lambda)\boldsymbol{P}_x}\right)_i, i=1,2,\cdots,N_x \tag{7.109}$$

$$\boldsymbol{w}_0^{(m)} = \frac{\lambda}{N_x+\lambda} \tag{7.110}$$

$$\boldsymbol{w}_0^{(c)} = \frac{\lambda}{N_x+\lambda} + (1-\alpha^2+\beta) \tag{7.111}$$

$$\boldsymbol{w}_i^{(m)} = W_i^{(c)} = \frac{1}{2(N_x+\lambda)}, i=1,2,\cdots,2N_x \tag{7.112}$$

式中:参数 λ 为一个尺度参数,并且可以通过一种确定性的方式选择,即

$$\lambda = \alpha^2(N_x+\eta) - N_x \tag{7.113}$$

α 为常数,用于确定 sigma 点在其状态均值 $\bar{x}$ 周围的扩展,而且通常被设置为一个小的正数值。常数 η 为第二个尺度参数,而且它通常被设置为0。β 通常用来体现 x 分布的先验信息(例如,对于高斯分布,$\beta=2$ 为最优值)。$\left(\sqrt{(N_x+\lambda)\boldsymbol{P}_x}\right)_i$ 为矩阵平方根的第 i 行或第 i 列,计算矩阵的平方根可以通过一种稳态数值算法来计算,如 Choleski 分解等[23,24]。$\boldsymbol{w}_i^{(m)}$ 中的上标"m"表示均值,而 $\boldsymbol{w}_i^{(c)}$ 中的上标"c"表示协方差。

UT 是利用变换后的 sigma 点的加权样本均值和协方差来近似地确定系统输出 y 的均值和协方差。

$$\boldsymbol{y}_i = g(\boldsymbol{x}_i) \tag{7.114}$$

$$\bar{y} \approx \sum_{i=0}^{2N} \boldsymbol{w}_i^{(m)} \boldsymbol{y}_i \tag{7.115}$$

$$\boldsymbol{P}_y \approx \sum_{i=0}^{2N} \boldsymbol{w}_i^{(c)} [\boldsymbol{y}_i - \bar{y}] \cdot [\boldsymbol{y}_i - \bar{y}]^{\mathrm{H}} \tag{7.116}$$

式中:$[\cdot]^{\mathrm{H}}$ 表示 Hermitian 转置,即共轭转置。

实际上,UT 的计算量与其所用的 sigma 点的个数成正比,因此,如果减少 sigma 点的个数,就可以降低计算量。这样的考虑具有巨大的实际应用价值,尤其对于系统具有较高的实时性能要求或者是系统对于大量的计算需要付出较高的代价来说是比较重要的。

2. 基于 UT 的 STAP 协方差矩阵估计

在非均匀条件下,二次数据并不满足协方差矩阵估计的条件,如独立同分布条件以及数据数量的要求,而且在非均匀条件下的二次数据数量只有很小的一部分。但是,可以将非均匀数据到其所对应的均匀数据看作一种特殊的非线性变换,故可以利用 UT 估计非均匀数据经非线性变换后所对应均匀数据的协方差矩阵。因此,通过对原始二次数据应用 UT 来获得更多的可利用训练数据,并用来估计非均匀条件下的近似协方差矩阵,以降低非均匀特性对检测结果的影

响。不敏空时自适应处理(USTAP)算法可以描述如下:

第一步:对于 $\boldsymbol{x}_k(k=1\sim K)$,实现如下的 UT:

$$\bar{\boldsymbol{x}}_k=\boldsymbol{x}_k \tag{7.117}$$

$$\boldsymbol{P}_{\boldsymbol{x}_k}=\boldsymbol{x}_k\boldsymbol{x}_k^{\mathrm{H}} \tag{7.118}$$

计算$(2MN+1)$个 sigma 矢量:

$$\boldsymbol{x}_{k,0}=\bar{\boldsymbol{x}}_k \tag{7.119}$$

$$\boldsymbol{x}_{k,i}=\bar{\boldsymbol{x}}_k+\left(\sqrt{(MN+\lambda)\boldsymbol{P}_{\boldsymbol{x}_k}}\right)_i,i=1,2,\cdots,MN \tag{7.120}$$

$$\boldsymbol{x}_{k,i+MN}=\bar{\boldsymbol{x}}_k-\left(\sqrt{(MN+\lambda)\boldsymbol{P}_{\boldsymbol{x}_k}}\right)_i,i=1,2,\cdots,MN \tag{7.121}$$

$$\boldsymbol{w}_{k,0}^{(m)}=\frac{\lambda}{MN+\lambda} \tag{7.122}$$

$$\boldsymbol{w}_{k,0}^{(c)}=\frac{\lambda}{MN+\lambda}+(1-\alpha^2+\beta) \tag{7.123}$$

$$\boldsymbol{w}_{k,i}^{(m)}=\boldsymbol{w}_{k,i}^{(c)}=\frac{1}{2(MN+\lambda)},i=1,2,\cdots,2MN \tag{7.124}$$

这里的$(2MN+1)$个 sigma 矢量为 i. i. d. 数据矢量。进行如下的线性变换:

$$\boldsymbol{y}_{k,i}=\boldsymbol{x}_{k,i},i=0,2,\cdots,2MN \tag{7.125}$$

然后估计第 k 个近似的协方差矩阵:

$$\boldsymbol{P}_{Y_k}=\frac{1}{2MN}\sum_{i=0}^{2MN}\boldsymbol{w}_{k,i}^{(c)}(\boldsymbol{y}_{k,i})(\boldsymbol{y}_{k,i})^{\mathrm{H}} \tag{7.126}$$

第二步:利用第一步的结果 $\boldsymbol{P}_{Y_k}(k=1\sim K)$ 估计非均匀环境下的近似协方差矩阵:

$$\boldsymbol{P}_y=\frac{1}{K}\sum_{i=0}^{K}\boldsymbol{P}_{Y_i} \tag{7.127}$$

第三步:在标准的 STAP 算法中利用 $\boldsymbol{P}_y$ 代替 $\boldsymbol{R}$。

通过算法的第一步,可以得到比原始数据更多的训练数据,并获得简单的近似协方差矩阵,这一步的近似降低了该距离单元非均匀数据的影响。通过第二步,最后的近似结果综合了每一个空时快拍数据中非均匀项的影响,并且体现了接收数据中的主要统计特性,其中的累加求和以及平均处理进一步减少了所处理的非均匀环境中非均匀数据的影响。因此,通过 UT 处理可以有效地降低非均匀特性对协方差矩阵估计的影响。

相对于数据选择和数据加权的协方差矩阵估计算法,UT 比较简单,且不受非均匀环境类型的限制,其运算量可以通过选择 sigma 点的个数来控制。

3. 仿真分析

为了验证所提出算法的正确性和有效性,进行了如下的仿真分析。仿真参数同 7. 3. 1 节。比较内容包括改善因子(IF)和最优处理器输出,为了便于分析,

IF 曲线进行了归一化处理。

对于第一种场景,仿真结果如图 7.37～图 7.39 所示。

改善因子(IF)如图 7.37 所示。通过比较可知,由于目标型非均匀数据的存在,在非均匀条件下基于 MLE 估计的协方差矩阵所对应的 IF 曲线(IF:SCJN)具有较宽的凹槽,并在目标所在的多普勒区域具有较低的改善增益,而且 IF 曲线是非对称的,因此具有较差的运动目标检测能力。但是,通过 UT 降低了非均匀特性的影响之后,估计的协方差矩阵所对应的 IF 曲线(IF:USCJN)具有相对较窄的凹槽,而且具有近似对称的改善增益,因此对低速运动目标的检测性能得到了较大的改善。故此算法具有良好的杂波抑制能力,以及优良的运动目标检测性能。

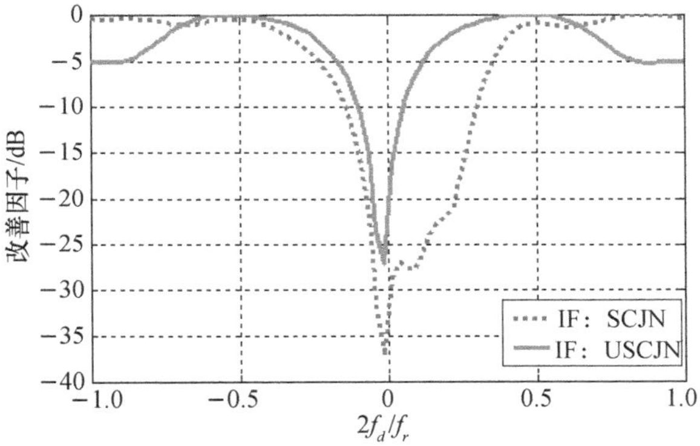

图 7.37　改善因子(1)

在非均匀条件下基于 MLE 估计的协方差矩阵所对应的 STAP 处理器输出如图 7.38 所示。由于非均匀数据的影响,使得估计的协方差矩阵具有较差的动目标检测性能,而且从 STAP 处理器的输出中很难找到任何有用的信息用于动目标检测,信号的输出完全淹没在杂波的输出中。

基于 UT 估计的协方差矩阵所对应的 USTAP 处理器的输出如图 7.39 所示。由于利用 UT 估计的协方差矩阵能够很好地降低非均匀特性的影响,因此,从 USTAP 处理器的输出可以有效地对动目标进行检测并进行目标运动参数的估计。信号输出得到了清楚的显示,而杂波输出得到了成功的抑制,目标分别位于第 80、140 个距离单元。其中,第 80 个距离单元的信号幅度较小,是因为该目标具有较小的径向运动速度,因此具有较低的改善因子,这也可以从图 7.37 中的 IF 曲线看出,高速目标的 IF 曲线要明显优于慢速目标。

对于第二种场景,仿真结果如图 7.40、图 7.41 所示。相关的分析与第一种场景相类似。

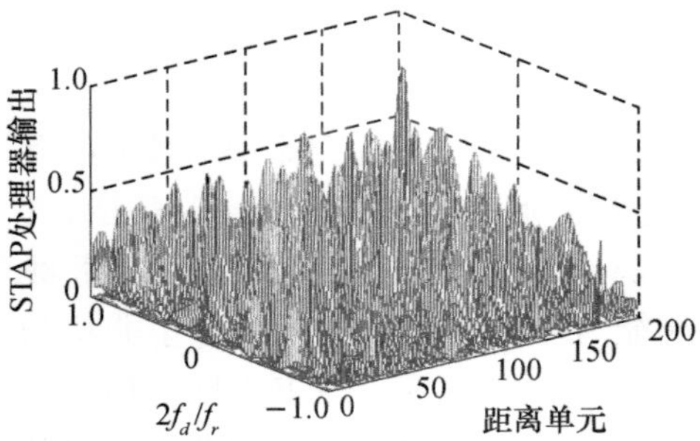

图 7.38 基于 MLE 算法的 STAP 处理器输出(见彩图)

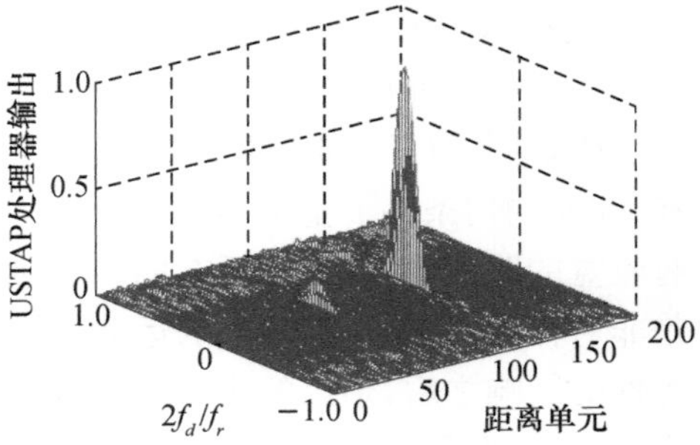

图 7.39 基于 UT 算法的 USTAP 处理器输出(见彩图)

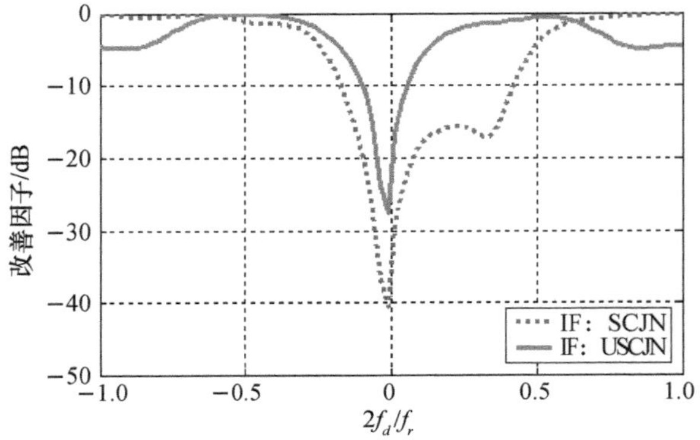

图 7.40 改善因子(2)

改善因子(IF)如图 7.40 所示。从 IF 的曲线图可以看出,由于目标型非均匀数据的存在,在非均匀条件下基于 MLE 估计的协方差矩阵所对应的 IF 曲线(IF:SCJN)具有较宽的凹槽,而且在目标存在的多普勒区域具有较低的改善增益,因此具有较差的运动目标检测能力。但是,基于 UT 估计的协方差矩阵所对应的 IF 曲线(IF:USCJN)由于具有相对较窄的凹槽,而且具有近似对称的改善增益,因此对运动目标的检测性能得到了较大的改善。

在非均匀条件下基于 MLE 估计的协方差矩阵所对应的 STAP 处理器的输出如图 7.41 所示。由于非均匀数据的影响,从 STAP 处理器的输出中很难找到任何有用的信息用于动目标的检测,信号的输出完全淹没在杂波的输出中。

基于 UT 估计的协方差矩阵所对应的 USTAP 处理器的输出如图 7.42 所示。由于 UT 能够很好地降低非均匀数据的影响,从 USTAP 处理器的输出可以有效地对动目标进行检测并进行目标运动参数的估计。信号输出得到了清楚的显示,而杂波输出得到了成功的抑制,目标分别位于第 20、40、80、100、160 个距离单元。其中,第 20、40、80 个距离单元的信号幅度较小,是因为这些目标具有较小的径向运动速度，因此具有较低的改善因子，这也可以从图7.40中的IF曲线看出，高速目标的IF曲线要明显优于慢速目标。

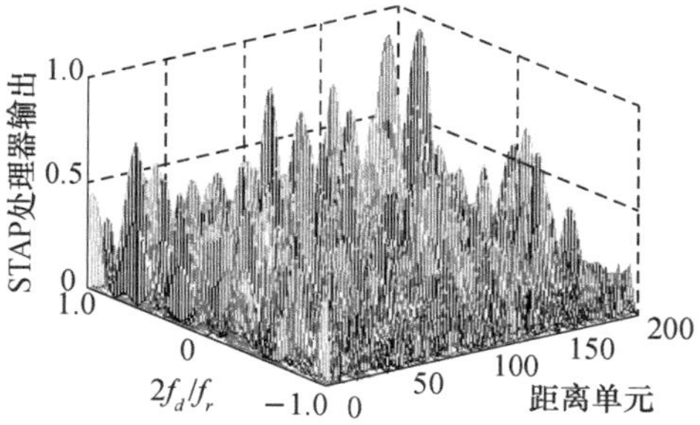

图7.41　基于MLE算法的STAP处理器输出(见彩图)

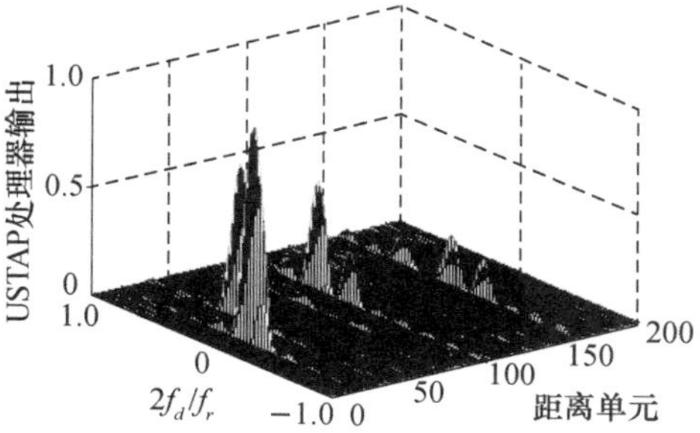

图7.42　基于UT算法的USTAP处理器输出

通过比较STAP处理器和USTAP处理器的输出以及IF曲线，可以清楚地看出，USTAP算法可以有效地降低非均匀特性的影响，准确地检测运动目标并进行参数估计，较大地改善了非均匀环境下的运动目标检测性能。

7.3.3　DDD级联统计STAP的非均匀处理方法

1. 信号模型

为了讨论方便起见，假定雷达天线为均匀线阵结构（也可以是面阵经微波合成的等效线阵），阵元数目为N，在一个相干处理间隔（CPI）内的脉冲数目为K，因此接收到的数据$\boldsymbol{X}$为$N\times K$维的矩阵，其元素$x_{n,k}$表示第n个阵元在第k个脉冲下的回波。目标信号$\boldsymbol{S}$也为$N\times K$维的矩阵，它由空域导向矢量和时域导向矢量所构成，若两个矢量分别为

$$\boldsymbol{s}_S(\psi_{S0})=[1,\exp(\mathrm{j}\varphi_S(\psi_{S0})),\cdots,\exp(\mathrm{j}(N-1)\varphi_S(\psi_{S0}))]^{\mathrm{T}} \quad (7.128)$$

式中：$\varphi_S(\psi_{S0})=2\pi d\cos\psi_{S0}/\lambda$，$d$为阵元间距，$\lambda$为波长。

$$\boldsymbol{s}_S(f_{d0})=[1,\exp(\mathrm{j}\varphi_T(f_{d0})),\cdots,\exp(\mathrm{j}(K-1)\varphi_T(f_{d0}))]^{\mathrm{T}} \quad (7.129)$$

式中：$\varphi_T(f_{d0})=2\pi f_{d0}/f_r$，$f_{d0}$为目标信号的多普勒频率，$f_r$为脉冲重复频率。因此目标信号矩阵为

$$\boldsymbol{S}=\boldsymbol{s}_S(\psi_{S0})\boldsymbol{s}_T^{\mathrm{T}}(f_{d0}) \quad (7.130)$$

2. 先DDD STAP后统计STAP处理的非均匀级联算法

文献[25]提出的DDD STAP方法的基本思想是直接由待检测距离单元数据分别和联合利用空域两阵元和时域两脉冲信号相消滤除信号，然后再在空域和时域分别作前后向滑动得到若干样本，以此估计干扰信息来设计空时二维最优滤波器。由式(7.128)~式(7.130)可以看出，目标信号矩阵$\boldsymbol{S}$沿行方向（空

域）的相位差为 $\varphi_S(\psi_{S0})$，沿列方向（时域）的相位差为 $\varphi_T(f_{d0})$，沿对角线方向（空时域）的相位差为 $\varphi_S(\psi_{S0})+\varphi_T(f_{d0})$。因此，根据信号矩阵沿空域、时域和空时域的相位差对矩阵 $\boldsymbol{X}$ 分别作空域、时域和空时域的两阵元（两脉冲）相消滤除信号后，可以分别得到如下三个矩阵：

$$\boldsymbol{X}_S=\boldsymbol{X}(1:N-1,:)-\exp(-\mathrm{j}\varphi_S(\varphi_{S0}))\boldsymbol{X}(2:N,:) \tag{7.131}$$

$$\boldsymbol{X}_T=\boldsymbol{X}(:,1:K-1)-\exp(-\mathrm{j}\varphi_T(f_{d0}))\boldsymbol{X}(:,2:K) \tag{7.132}$$

$$\boldsymbol{X}_{ST}=\boldsymbol{X}(1:N-1,1:K-1)-\exp(-\mathrm{j}(\varphi_S(\psi_{S0})+\varphi_T(f_{d0})))\boldsymbol{X}(2:N,2:K) \tag{7.133}$$

由式(7.131)~式(7.133)可以看出，矩阵 $\boldsymbol{X}_S$、$\boldsymbol{X}_T$ 和 $\boldsymbol{X}_{ST}$ 分别为 $(N-1)\times K$ 维、$N\times(K-1)$ 维和 $(N-1)\times(K-1)$ 维。若假设空域和时域滑动的孔径分别为 N_m 和 K_m，则矩阵 $\boldsymbol{X}_S$、$\boldsymbol{X}_T$ 和 $\boldsymbol{X}_{ST}$ 经前向滑动后分别可以得到 $(N-N_m)\times(K-K_m+1)$、$(N-N_m+1)\times(K-K_m)$ 和 $(N-N_m)\times(K-K_m)$ 个样本，若同时作前向和后向滑动，则各样本数目分别加倍。为获得足够的训练样本，若无特别说明本章后面均为前后向同时滑动，因此总共可以得到

$$L=2((N-N_m)(K-K_m+1)+(N-N_m+1)(K-K_m)+(N-N_m)(K-K_m)) \tag{7.134}$$

个样本，将这 L 个样本作为训练样本，并记为 $\boldsymbol{X}_m^l$，$l=1,2,\cdots,L$，由这 L 个训练样本估计的协方差矩阵为

$$\hat{\boldsymbol{R}}_X=\frac{1}{L}\sum_{l=1}^{L}\mathrm{Vec}(\boldsymbol{X}_m^l)\mathrm{Vec}^{\mathrm{H}}(\boldsymbol{X}_m^l) \tag{7.135}$$

式中 Vec(·)表示对一个矩阵作如下操作：将矩阵的第二列放在第一列的下面，第三列放在第二列的下面，依此类推将矩阵变换为一列矢量。DDD 算法的自适应权可按如下优化问题的解求得

$$\begin{cases}\min\limits_{W}\boldsymbol{w}^{\mathrm{H}}\hat{\boldsymbol{R}}_X\boldsymbol{w}\\ \mathrm{s.\,t}\cdot\boldsymbol{w}^{\mathrm{H}}\boldsymbol{s}_m=1\end{cases} \tag{7.136}$$

式中：$\boldsymbol{s}_m$ 为前 N_m 个阵元和 K_m 个脉冲所构成的指向目标信号的空时导向矢量，空时数据 $\boldsymbol{X}$ 经 DDD 算法处理后可得到 $(N-N_m+1)\times(K-K_m+1)$ 维的输出矩阵 $\boldsymbol{Y}$，而文献[25]仅将矩阵 $\boldsymbol{Y}$ 的第一个元素 $y_{1,1}$（即用自适应权 $\boldsymbol{W}$ 处理 $\boldsymbol{X}$ 的前 N_m 个阵元的前 K_m 次脉冲数据后的输出）作为待检测距离单元的最终输出。

根据 2 倍采样干扰协方差矩阵维数准则[26]可知，在理想情况下当训练样本数目为所估计的干扰协方差矩阵维数的 2 倍时，可以获得信干噪比（SINR）损失最多不超过 3dB 的性能，而文献[27]认为此时虽然 SINR 只有 3dB 左右的损失，

但是自适应方向图的旁瓣波形却遭受严重失真，并且旁瓣电平也急剧抬高。因此为了精确估计干扰协方差矩阵，应该增加训练样本数目，一般情况下取6~8倍时比较理想，但这在实际中很难实现，一般取3~4倍比较合理，则由式(7.134)经过简单近似可得

$$3NK-3NK_m-3N_mK\geqslant -N_mK_m \tag{7.137}$$

若设$N=K,N_m=K_m$，由式(7.137)可知$N_m=0.55N,K_m=0.55K,N_mK_m=0.3NK$，因此平滑后空域和时域孔径损失比较严重，通过对仿真数据（为了便于说明问题，假设为均匀环境）的研究也表明，在满足足够训练样本数目的前提下，没有系统误差时，DDD算法基本可以达到目标检测的需要，但与全维统计STAP最优和3DT-STAP等准最优处理方法相比，改善因子损失较大，特别是当系统出现误差时，目标检测性能更是急剧下降。在实际相控阵机载雷达系统里，无论是空域孔径（阵元数或子阵数），还是时域孔径（脉冲数）都是相当宝贵的，特别是受实际系统中设备复杂度的限制空域孔径更为有限，例如，MCARM实验系统算是目前空域通道数做得最多的实际系统之一，其空域通道数也不过仅为22，而且还是由上下子阵数各11的两行线阵构成的面阵阵列结构。然而DDD算法又不得不以相当大的空时孔径损失为代价来换取足够的训练样本数目，因此必须想法补偿由孔径损失带来的这部分性能损失，使DDD算法不断完善，以满足实际系统在非均匀环境下的检测性能要求，下面就是从这方面来考虑的。

前面已说过，空时数据矩阵$\boldsymbol{X}$经DDD算法处理后得到$(N-Nm+1)\times(K-Km+1)$维的输出矩阵$\boldsymbol{Y}$，由于$\boldsymbol{Y}$已经过DDD算法处理，孤立干扰已得到充分抑制，而干扰目标依然存在，因为任何处理不可能将各距离单元的目标滤除，干扰目标的不利影响主要表现为污染训练样本，由受污染的训练样本估计的杂波协方差矩阵得到的自适应权会造成目标信号相消，影响目标检测，这一点可通过上面的信号滤除方法解决。另外，系统出现误差时，特别是在主杂波区训练样本存在功率非均匀问题，由于功率非均匀主要由系统误差受距离平方调制引起，因此可以通过在距离门上分段处理来解决功率非均匀问题，当然距离分段会减少训练样本数目，这一点也可以由信号滤除来得到补偿。若令$N_Y=N-N_m+1,K_Y=K-K_m+1$，用上述信号滤除方法由$\boldsymbol{Y}$可以得到如下五个矩阵：

$$\boldsymbol{Y}_{S1}=\boldsymbol{Y}(1:N_Y-1,1:K_Y-1)-\exp(-\mathrm{j}\varphi_S(\psi_{S0}))\boldsymbol{Y}(2:N_Y,1:K_Y-1) \tag{7.138}$$

$$\boldsymbol{Y}_{S2}=\boldsymbol{Y}(1:N_Y-1,2:K_Y)-\exp(-\mathrm{j}\varphi_S(\psi_{S0}))\boldsymbol{Y}(2:N_Y,1:K_Y) \tag{7.139}$$

$$\boldsymbol{Y}_{T1}=\boldsymbol{Y}(1:N_Y-1,1:K_Y-1)-\exp(-\mathrm{j}\varphi_T(f_{d0}))\boldsymbol{Y}(1:N_Y-1:,2:K_Y) \tag{7.140}$$

$$Y_{T2} = Y(2:N_Y, 1:K_Y-1) - \exp(-j\varphi_T(f_{d0}))Y(2:N_Y:, 2:K_Y) \tag{7.141}$$

$$Y_{ST} = Y(1:N_Y-1, 1:K_Y-1) - \exp(-j\varphi_S(\psi_{S0}) + \varphi_T(f_{d0})))Y(2:N_Y, 2:K_Y) \tag{7.142}$$

由于矩阵$\boldsymbol{Y}$通过信号滤除可以得到$\boldsymbol{Y}_{S1}$、$\boldsymbol{Y}_{S2}$、$\boldsymbol{Y}_{T1}$、$\boldsymbol{Y}_{T2}$和$\boldsymbol{Y}_{ST}$五个$(N_Y-1)\times(K_Y-1)$维的矩阵,因此由距离分段处理带来的训练样本数目损失可以得到有效补偿,训练样本数目为每段样本数目的5倍(当然这是由空域和时域分别损失一个阵元和一个脉冲的孔径损失换取的,不过,这对目标检测的性能没有多大影响),由它们估计杂波协方差矩阵得到自适应权,从而实现对数据$\boldsymbol{Y}$的级联统计STAP处理,级联处理可用全维STAP及其降维方法,在实际中后者比较可行,如3DT-STAP处理方法[7~10],其性能接近于最优处理,而计算量却比最优方法小得多。注意,这时导向矢量$\boldsymbol{S}_Y$为前N_Y个阵元和K_Y个脉冲所构成的指向目标信号的空时导向矢量,即

$$\boldsymbol{S}_Y = \mathrm{Vec}\begin{pmatrix} s_{1,1} & s_{1,2} & \cdots & s_{1,KY} \\ s_{2,1} & s_{2,2} & \cdots & s_{2,KY} \\ \vdots & \vdots & \ddots & \vdots \\ s_{NY,1} & s_{NY,2} & \cdots & s_{NY,KY} \end{pmatrix} \tag{7.143}$$

注意,式(7.136)中的导向矢量$\boldsymbol{S}_m$的形式与式(7.143)相似。

3. 仿真实验研究

实验一 本实验主要研究非均匀方法处理计算机仿真数据的性能。仿真时雷达系统采用16列×4行的正侧视面阵阵列结构,雷达工作波长为0.23m,脉冲重复频率为2260Hz,在一个相干处理间隔(CPI)内的脉冲数为24,波束指向方向偏离阵面法向90°,输入杂噪比为60dB,载机的飞行速度为130m/s,飞行高度为6000m。发射时俯仰和方位均为等(不)加权,而接收时俯仰加权20dB,而方位和多普勒则为等(不)加权,DDD处理时前后向滑动的空时孔径分别取为$N_m=9$,$K_m=5$,级联的统计方法为STAP处理。

图7.43给出了没有幅相误差和幅相误差为5%两种情况下文献[25]DDD方法和本章级联方法的改善因子比较。由图可以看出,级联方法不论是在主瓣杂波区还是在旁瓣杂波区都能明显改善处理性能,当没有误差时,本章级联方法可以达到Brennan最优处理器的性能,由DDD方法处理中的孔径损失而引起的性能损失可以得到完全补偿;当存在误差时,级联方法的性能变差,尽管如此,较之DDD方法性能改善仍然非常明显。级联方法在误差情况下性能下降的原因在于因级联而使得导向矢量与协方差矩阵两次失配,其中在DDD处理时因误差引起的第一次失配对处理性能的影响最为严重,这一点在本章后面作进一步分析。至于计算量,因为DDD方法是通过对各距离单元数据作前后向滑动分别计

算自适应权，而统计 STAP 方法则是对全部距离单元分段处理，对于每段数据（包括若干个距离单元）内的自适应权只需计算一次，因而级联方法与 DDD 方法相比，计算量增加不大，只相当于 DDD 方法处理一个距离单元的计算量，因此级联方法以较低的计算量增加换取较高的性能改善是值得的。

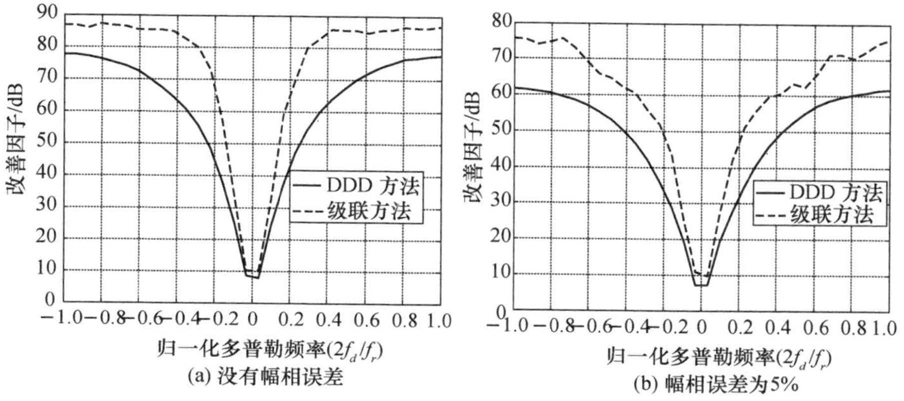

图 7.43　改善因子的比较

图 7.44 给出了阵元幅相误差为 5% 时两种方法的剩余杂波功率的比较。为了比较两种方法的目标检测性能和孤立干扰抑制性能，图 7.44(a) 为在 350 号距离门注入 SNR = 20dB，f_d = 0.2903 的目标信号（从主波束方向 f_s = 0 进入）后的处理结果；图 3.44(b) 为在 350 号距离门存在 INR = 20dB，f_d = 0.2903 的孤立干扰（从偏离主波束方向为 f_s = 0.1613 进入）后的结果。由图 7.44 可知，级联方法比 DDD 方法的剩余杂波功率低 15dB 左右，尤其是在主杂波区，DDD 方法根本无法检测到目标，而级联方法处理后目标要比杂波高出 7dB 以上，很容易就检测到了目标信号。

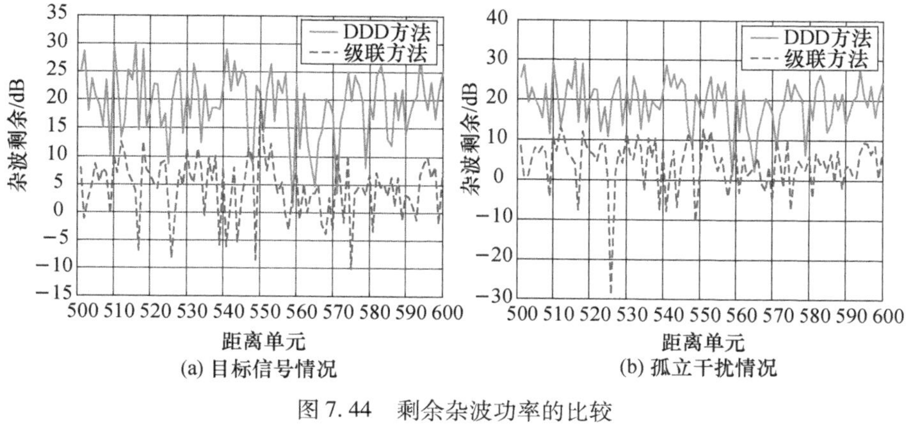

图 7.44　剩余杂波功率的比较

7.3.4 DDD 级联多级维纳滤波器的非均匀处理方法

1. DDD 级联多级维纳滤波器(DDD – MWF)方法描述

在直接数据域(DDD)中,若要减少进行样本获取带来的空时孔径损失,就必须以减少训练样本数目为代价。本节将 MWF 引入到直接数据域算法的求解过程中,从而能够在小的孔径损失下获得好的处理性能。首先来介绍 MWF 的基本原理。

从图 7.45 中可以看到 MWF 的第一级是广义旁瓣相消框架,$\boldsymbol{s}$ 是归一化之后的信号导向矢量,满足

$$\boldsymbol{s}=\boldsymbol{s}_0/\|\boldsymbol{s}_0\| \tag{7.144}$$

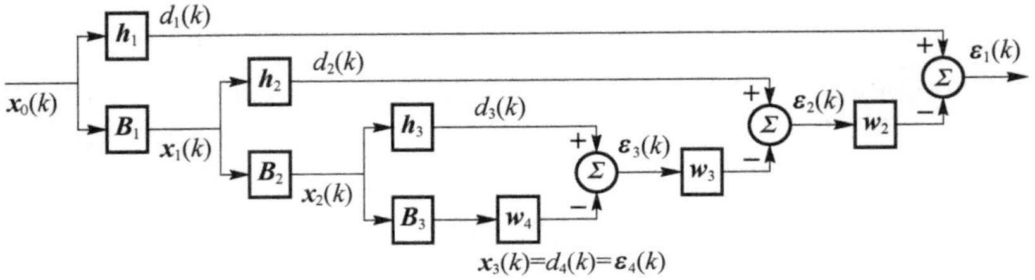

图 7.45 MWF 过程框图

基于相关相减的 MWF 算法如下:

步骤 1 初始化:变换矩阵 $\boldsymbol{T}_1=[\boldsymbol{h}_1 \quad \boldsymbol{B}_1]$,其中 $\boldsymbol{h}_1=\boldsymbol{s}$,$\boldsymbol{B}_1$ 是 $NK\times(NK-1)$ 维的阻塞矩阵,它的列矢量形成了 $\boldsymbol{h}_1$ 零空间的正交基,即 $\boldsymbol{B}_1^{\mathrm{H}}\boldsymbol{h}_1=\boldsymbol{0}_{(NK-1)\times 1}$。

$$d_1(k)=\boldsymbol{h}_1^{\mathrm{H}}\boldsymbol{x}_0(k),\boldsymbol{x}_1(k)=\boldsymbol{B}_1^{\mathrm{H}}\boldsymbol{x}_0(k) \tag{7.145}$$

步骤 2 前向递推:For $i=2,3,\cdots,NK-1$

变换矩阵 $\boldsymbol{T}_i=[\boldsymbol{h}_i \quad \boldsymbol{B}_i]$,$\boldsymbol{h}_i=\dfrac{E[\boldsymbol{x}_{i-1}(k)d_{i-1}^{\mathrm{H}}(k)]}{\|E[\boldsymbol{x}_{i-1}(k)\boldsymbol{d}_{i-1}^{\mathrm{H}}(k)]\|_2}$,$\boldsymbol{B}_i$ 满足 $\boldsymbol{B}_i^{\mathrm{H}}\boldsymbol{h}_i=0$,

$$d_{i-1}(k)=\boldsymbol{h}_{i-1}^{\mathrm{H}}\boldsymbol{x}_{i-2}(k) \tag{7.146}$$

步骤 3 后向递推:$\boldsymbol{\varepsilon}_{NK}(k)=\boldsymbol{d}_{NK}(k)=\boldsymbol{x}_{NK-1}(k)$,For $i=NK,NK-1,\cdots,2$

$$\boldsymbol{w}_i=E[d_{i-1}^{\mathrm{H}}(k)\boldsymbol{\varepsilon}_i(k)]/E[|\boldsymbol{\varepsilon}_i(k)|^2] \tag{7.147}$$

$$\boldsymbol{\varepsilon}_i(k)=\boldsymbol{d}_{i-1}(k)-\boldsymbol{w}_i^*\boldsymbol{\varepsilon}_i(k) \tag{7.148}$$

以上迭代过程即为 MWF 的滤波过程,MWF 最终输出为 $\boldsymbol{\varepsilon}_i(k)$。本节采用文献[10]中的方法,$\boldsymbol{B}_i=\boldsymbol{I}-\boldsymbol{h}_i\boldsymbol{h}_i^{\mathrm{H}}$,因为这种阻塞矩阵的形成方法是已知方法中计算量最小的,在每一级分解后可以降低数据的运算量。

MWF 的等效权矢量可以按以下递推公式得到

$$\begin{cases} \boldsymbol{w}_{e,NK-1} = \boldsymbol{h}_{NK-1} - \boldsymbol{B}_{NK-1}\boldsymbol{w}_{NK} \\ \boldsymbol{w}_{e,i} = \boldsymbol{h}_i - \boldsymbol{B}_i \boldsymbol{w}_{e,i+1} w_{i+1}, i = NK-2, \cdots, 1 \end{cases} \tag{7.149}$$

以上为全维维纳滤波器的分解,如果对前向递推和后向递推进行简单的截断,那么就得到降维的 MWF。文献[28]提出了两级级联的 STAP 方法。但如果要在比较小的孔径损失下获得好的性能,在 DDD 之后级联传统的 STAP 方法是不可取的,因为滑动数目的减小会使得协方差矩阵无法获得正确的估计。针对这种情况,本节改用 MWF 来求解,称为 DDD - MWF。

具体实现步骤如下:

步骤 1:首先对待检测距离门数据分别作空域、时域和空时域的两阵元(两脉冲)相消滤除信号和孤立干扰。因为在实际中,各个阵元之间的误差不一样,所以不能用传统的平均方法来计算空域相位差。本节采用一种实用的信号滤除方法[29]。设空域导向矢量为 $\boldsymbol{s}_S(\psi_{S0})$,则有

$$\boldsymbol{x}_S(1:N-1,k) = \boldsymbol{x}(1:N-1,k) - \boldsymbol{\xi}(S) \circ \boldsymbol{x}(2:N,k), k=1,2,\cdots,K \tag{7.150}$$

式中:$\boldsymbol{\xi}(S) = \boldsymbol{s}_S^{1:N-1}(\psi_{S0}) \circ \boldsymbol{s}_S^{2:N}(\psi_{S0})^*$ 为对应两阵元之间的实际相位差,其中 $\circ$ 为对应的元素相乘积,$[\ ]^*$ 表示共轭。

步骤 2:对滤除信号后的数据进行前向,后向平滑,空域子孔径 N_m 和时域子孔径 K_m 的选取要根据样本数目需求与系统空时自由度损失这两方面来综合考虑。

步骤 3:对滑动后得到的数据样本按照 MWF 算法来进行自适应权值求解。

步骤 4:利用得到的自适应权值对接收数据 $\boldsymbol{X}_m^l$ 的第一列进行杂波抑制与动目标检测,即用自适应权 W 处理 $\boldsymbol{X}$ 的前 N_m 个阵元的前 K_m 次脉冲数据后的输出作为待检测距离单元的最终输出。

步骤 5:对所有的待检测多普勒通道重复上述步骤 1 ~4,完成之后即可以在输出的距离多普勒图像上制定门限进行动目标检测。

DDD - MWF 方法能够在较小的空时孔径损失的前提下获得较传统的直接数据域方法更好的杂波抑制性能,下一节将对其进行实验验证。

2. 实验结果

以机载 MCARM[8,30] 雷达实测数据(不考虑距离模糊)来验证本节方法能够在空时孔径损失较少的条件下获得更好的性能。载机高度为 3073m,载机速度为 100m/s,工作频率为 1.24GHz,脉冲重复频率为 1984Hz,取 630 距离门,天线数目为 11,阵面与速度夹角为 7.28°。

截取该数据 200 ~630 号距离门,图 7.46 为第五个空域通道的回波功率随距离变化的曲线,图 7.47 为其距离 - 多普勒亮度图。

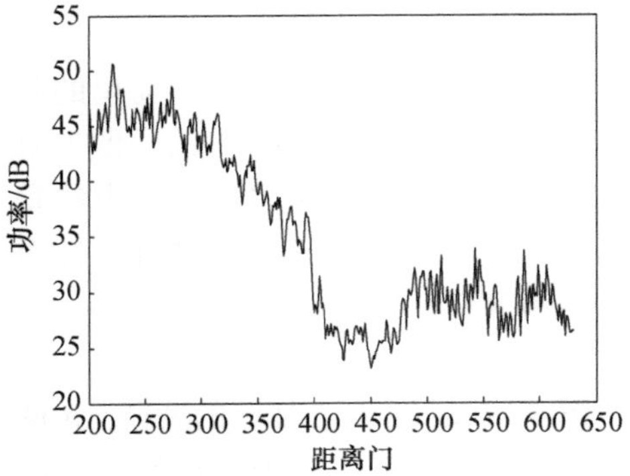

图 7.46　第五个空域通道回波功率随距离变化曲线

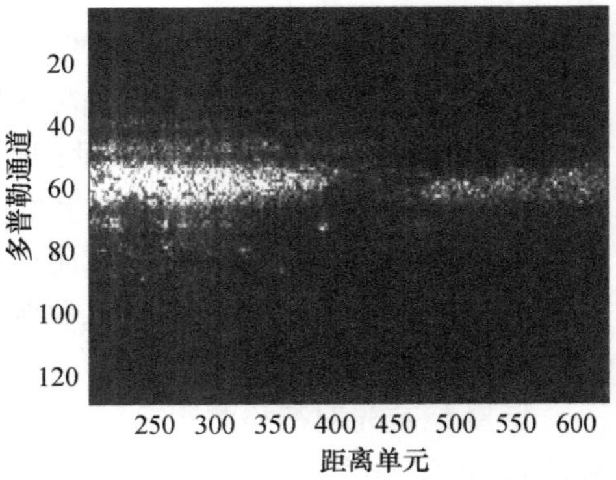

图 7.47　第五个空域通道的距离－多普勒亮度图

该实测雷达回波的主杂波明显展宽，从图 7.47 中可以看到，主杂波区占据了将近 20 个多普勒通道；另外该回波存在明显的强弱杂波分区。如果直接对该数据进行统计 STAP 处理，由于回波呈现强烈的非均匀特性，不能得到预期的处理效果。在待检测多普勒通道中加入运动目标，然后分别用 DDD 和 DDD－MWF 进行处理，在逐步减小空域、时域孔径损失的条件下画出该动目标的改善因子。考虑到计算量的问题，实验中只取了该雷达的前 24 个积累脉冲进行处理。

弱杂波区处理的改善因子图（图 7.48～图 7.50）：

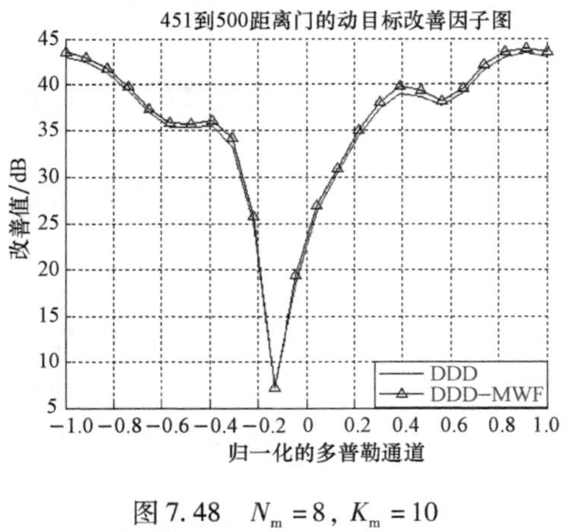

图 7.48　$N_m=8$，$K_m=10$

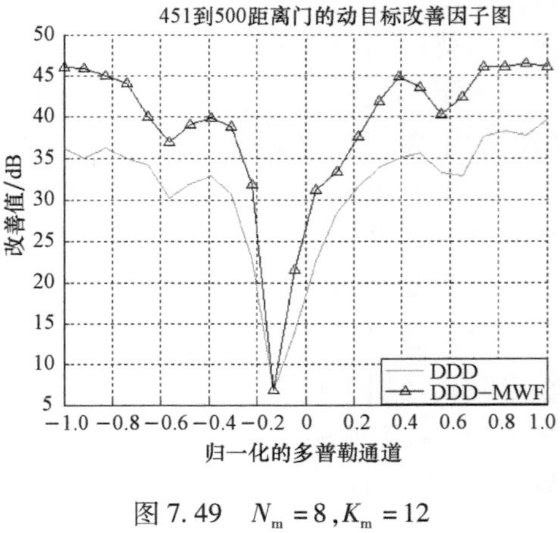

图 7.49　$N_m=8$，$K_m=12$

强杂波区处理的改善因子图（图 7.51～图 7.53）：

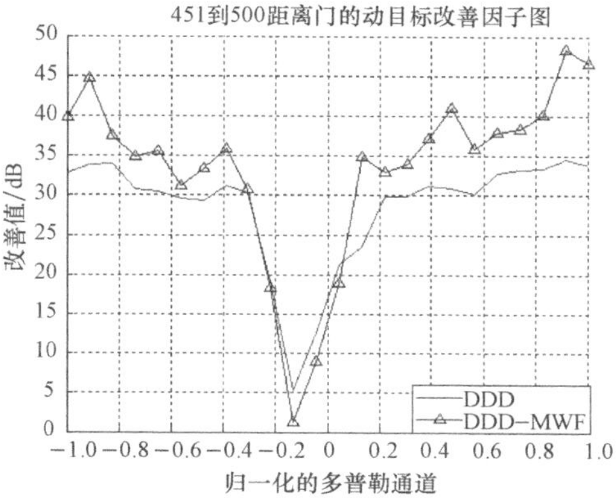

图 7.50 $N_m = 8, K_m = 14$

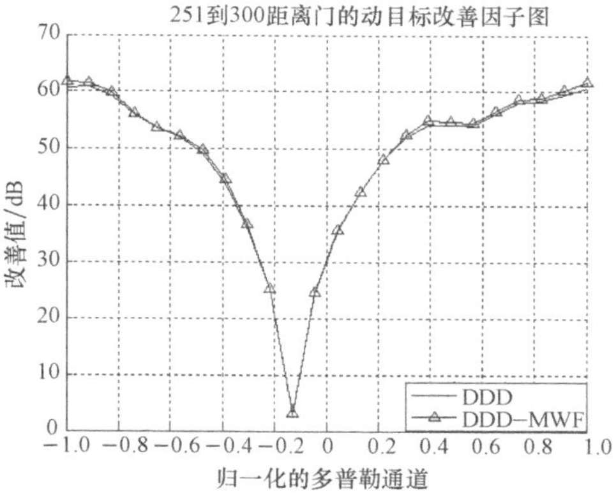

图 7.51 $N_m = 8, K_m = 10$

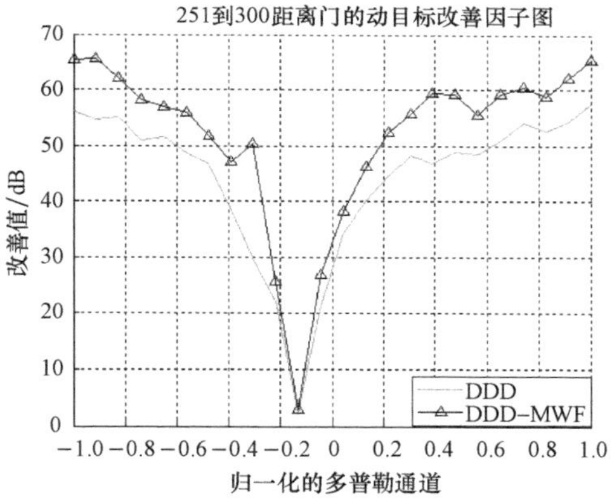

图 7.52 $N_m = 8, K_m = 12$

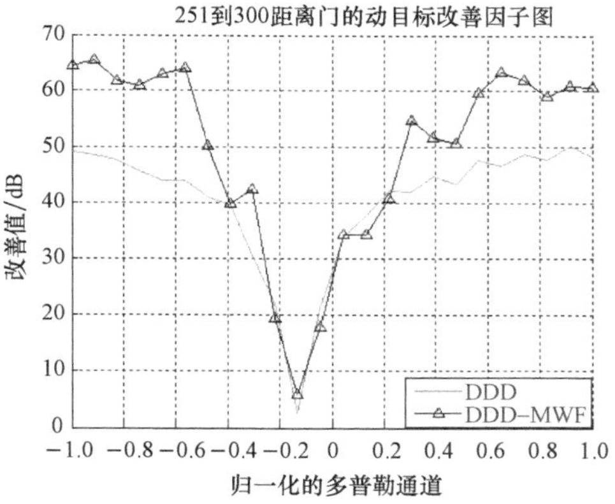

图 7.53 $N_m = 8, K_m = 14$

画出的改善因子是经过50个距离门进行平均得到的。从处理结果中可以看到，在滑动样本数目比较多的情况下，DDD与DDD-MWF性能接近，而当减少空域、时域孔径损失（由于一般机载雷达空域自由度不高，因此实际处理中主要是在时域进行滑动以获得足够样本），即减少样本数目时，DDD的性能恶化非常严重。例如，当 $K_m = 12$ 时，由式(7.101)可知滑动后的样本数目为243，约为系统自由度的2倍，但由于滑动得到的样本不满足独立同分布条件，因此由此估计得到的协方差矩阵不准确，致使DDD处理性能下降。从图7.49和图7.52可以看到DDD的性能比不减少孔径损失处理在旁瓣区下降了约10dB，而DDD-MWF在这种情况下性能反而有所提高。这是因为MWF是一种基于互相关的自适应滤波器，只要减少的样本数目在互相关估计允许的范围之内，增加孔径数目是能够提高系统处理性能的。实验中发现若一味地减少样本数目，DDD-MWF性能也会下降，因为此时的互相关估计不准确，图7.50和图7.53验证了这点。改善因子是加入动目标后处理得到的，能够反映出客观的处理性能。本节虽然选用的是满秩多级维纳滤波器，但计算量与直接 DDD 处理相比不会增加，因为在采用文献[31]方法计算阻塞矩阵时，计算量级仅为 $O(NK)$，而其他的阻塞矩阵选取方法的计算量级至少都在 $O(NK)^2$，甚至更大。

7.3.5 改进的空间角频移杂波谱补偿方法

1. 空间角频移方法

对于前视阵雷达，其杂波谱在空时平面上呈现正椭圆分布，并且存在严重的展宽现象。因此，必须首先对其杂波谱的距离依赖性进行一定的补偿，STAP 方法才能有效地对地杂波进行抑制。空间角频移杂波谱距离补偿方法的示意图如图 7.54 所示。

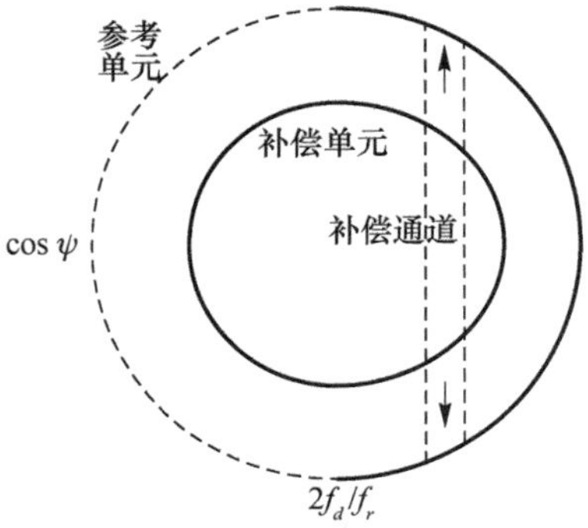

图 7.54 空间角频移杂波谱距离补偿示意图

可以看到，空间角频移的主要思路是对待补偿距离单元雷达回波的不同多普勒通道在空间增加一补偿相位。从而使得不同距离单元的回波谱在距离上重合，进而减少杂波谱的距离展宽。对于不同距离单元对应不同的俯仰角 $\varphi(r)$，对某个待补偿距离单元回波数据进行多普勒滤波处理之后，若第 k 个多普勒通道对应的多普勒频率为 $f_d(k)$，则该通道数据对应的空域锥角余弦为

$$\cos\psi = \pm\sqrt{\cos^2\varphi - \left(\frac{f_d(k)}{f_{dm}}\right)^2} \tag{7.151}$$

式中：f_{dm} 为最大多普勒频率。假定参考距离单元多普勒频率为 $f_d(k)$ 时，空域锥角余弦为 $\cos\psi_0$，则对待补偿距离单元数据所需要的空间角频移补偿相位为

$$\chi = \cos\psi_0 - \cos\psi = \sqrt{\cos^2\varphi_0 - \left(\frac{f_d(k)}{f_{dm}}\right)^2} - \sqrt{\cos^2\varphi - \left(\frac{f_d(k)}{f_{dm}}\right)^2} \tag{7.152}$$

由于前视阵杂波谱呈现正椭圆分布，必须向正负两个方向同时进行空间角频移 χ，进行空间角频移后，各个距离单元的回波能够基本重合在一起。由于通

常的机载前视情况下主波束指向正前方，空域锥角为零，所以空间角频移将各个距离单元的杂波谱叠加到了参考距离单元杂波谱的旁瓣上，导致杂波谱旁瓣明显抬高，使得旁瓣区的动目标检测存在性能损失。

2. 改进的空间角频移方法

针对空间角频移的缺点，采用先对回波进行统一的多普勒补偿，使各个距离单元的杂波谱主瓣重合，然后再进行空间角频移补偿，这样就可以避免空间角频移方法距离补偿后参考距离单元杂波谱旁瓣较高的缺点。具体的实现如下：

步骤 1：首先对接收的前视阵雷达回波向参考距离单元进行多普勒补偿，具体方法是对接收的回波数据乘以变换矩阵 $\boldsymbol{T}$，表示为 $\boldsymbol{X}_T=\boldsymbol{T}^{\mathrm{H}}\boldsymbol{x}$，$\boldsymbol{x}$ 为待补偿距离单元的 $NK\times 1$ 维空时两维数据矢量，$\boldsymbol{X}$ 和 $\boldsymbol{T}$ 分别表示为

$$\boldsymbol{x}=[x_{1,1},x_{1,2},\cdots,x_{1,N},x_{2,1},x_{2,2},\cdots,x_{2,N},\cdots,x_{K,1},x_{K,2},\cdots,x_{K,N}]^{\mathrm{T}} \tag{7.153}$$

$$\boldsymbol{T}=\mathrm{diag}(1,\mathrm{e}^{\mathrm{i}\pi\beta},\mathrm{e}^{\mathrm{i}2\pi\beta},\cdots,\mathrm{e}^{\mathrm{i}(K-1)\pi\beta})\otimes \boldsymbol{I}_N \tag{7.154}$$

$$\beta=\frac{2(f_d-f_{d0})}{f_r}=\frac{2f_{dm}}{f_r}\left(\sqrt{\cos^2\varphi-\cos^2\psi_0}-\sqrt{\cos^2\varphi_0-\cos^2\psi_0}\right) \tag{7.155}$$

式中：$\otimes$为 kronecker 直积。由于只对主瓣杂波进行多普勒补偿，所以 $\cos\psi_0=0$，则式(7.155)变成

$$\beta=\frac{2f_{dm}}{f_r}(\cos\varphi-\cos\varphi_0) \tag{7.156}$$

步骤 2：对上面经过多普勒补偿后的待补偿距离单元的数据重新排列成 $N\times K$维的数据矩阵，然后进行时域多普勒滤波，若第 k 个多普勒通道输出的数据矢量为 $\boldsymbol{x}_k$，对其在空域进行快速傅里叶变换得到空间波束域数据 $\boldsymbol{y}_k$。

步骤 3：求出 $\boldsymbol{y}_k$ 的正频和负频部分 $\boldsymbol{y}_{k1}$ 和 $\boldsymbol{y}_{k2}$，$\boldsymbol{y}_{k1}$ 的正频点为 $\boldsymbol{y}_k$ 的正频点（包含零频点），负频点为零，$\boldsymbol{y}_{k2}$ 负频点为 $\boldsymbol{y}_k$ 的负频点，正频点为零，然后对 $\boldsymbol{y}_{k1}$ 和 $\boldsymbol{y}_{k2}$ 分别做快速逆傅里叶变换将其变换到空间阵元域得 $\boldsymbol{x}_{k1}$ 和 $\boldsymbol{x}_{k2}$。

步骤 4：根据式(7.152)求出空间角频移补偿因子χ，然后由χ 分别构造空间角频移变换矢量 $\boldsymbol{h}_1$ 和 $\boldsymbol{h}_2$，其中 $\boldsymbol{h}_1=(1,\mathrm{e}^{\mathrm{j}\pi\chi},\mathrm{e}^{\mathrm{j}2\pi\chi},\cdots,,\mathrm{e}^{\mathrm{j}(N-1)\pi\chi})^{\mathrm{T}}$，$\boldsymbol{h}_2=(1,\mathrm{e}^{-\mathrm{j}\pi\chi},\mathrm{e}^{-\mathrm{j}2\pi\chi},\cdots,,\mathrm{e}^{\mathrm{j}(N-1)\pi\chi})^{\mathrm{T}}$，根据傅里叶变换的频移性质，对 $\boldsymbol{x}_{k1}$ 和 $\boldsymbol{x}_{k2}$ 进行空间频移补偿得到 $\boldsymbol{x}'_{k1}$ 和 $\boldsymbol{x}'_{k2}$，其中 $\boldsymbol{x}'_{k1}=\boldsymbol{x}_{k1}\circ\boldsymbol{h}_1$，$\boldsymbol{x}'_{k2}=\boldsymbol{x}_{k2}\circ\boldsymbol{h}_2$，符号 $\circ$为 Hadamard 积。由 $\boldsymbol{x}'_{k1}$ 和 $\boldsymbol{x}'_{k2}$ 得到最终补偿结果 $\boldsymbol{x}'_k$，即 $\boldsymbol{x}'_k=\boldsymbol{x}'_{k1}+\boldsymbol{x}'_{k2}$。

步骤 5：将各个距离单元补偿后的 $\boldsymbol{x}'_k$进行降维 3DT－STAP[32,33] 自适应处理，得到空时两维自适应权，然后利用该权值对补偿后的数据进行杂波抑制。

3. 仿真实验结果

仿真实验的雷达系统采用 10×10 的前视阵列结构，进行列子阵合成后接收为均匀线阵，雷达工作波长为 0.32m，阵元间距为半波长，脉冲重复频率为 2000Hz，在一个相干处理间隔（CPI）内的脉冲数为 20，载机速度为 120m/s，飞行

高度为6000m,不考虑距离模糊,输入杂噪比为60dB。

图7.55、图7.56画出的机载前视阵雷达回波的三维和两维亮度图,从中可以看到机载前视阵的杂波功率谱呈正椭圆分布,存在严重的展宽,从而使慢速动目标检测非常困难。

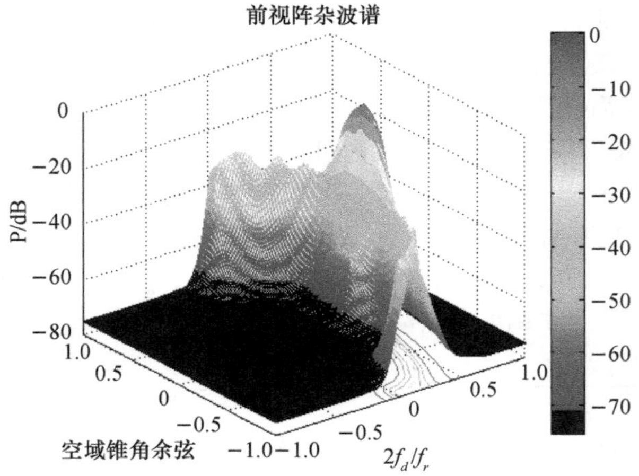

图7.55 机载前视阵杂波谱(见彩图)

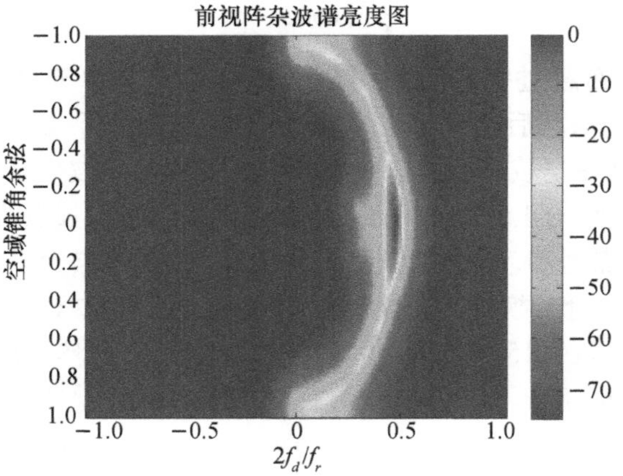

图7.56 机载前视阵杂波谱亮度图(见彩图)

对实验中的前视雷达回波,分别采用空间角频移方法和改进的空间角频移方法来对各距离单元杂波谱进行补偿,具体做法在前面已经详细叙述。对两种方法补偿后的雷达回波分别画出其功率谱的亮度图,如图7.57、图7.58所示。

可以明显看到,经过距离补偿后的杂波功率谱明显的要比补偿前的窄。如前面分析的那样,空间角频移方法会使参考距离单元杂波谱旁瓣抬高,从图7.58中可以看到,本书所提出的改进空间角频移方法的杂波谱旁瓣要比直接空

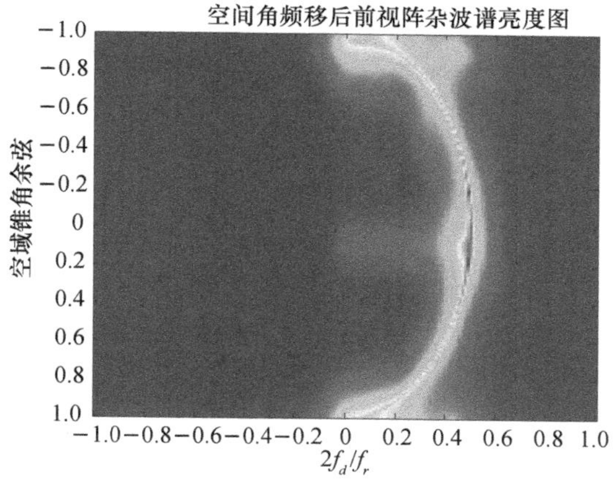

图 7.57　空间角频移补偿后的杂波谱亮度图(见彩图)

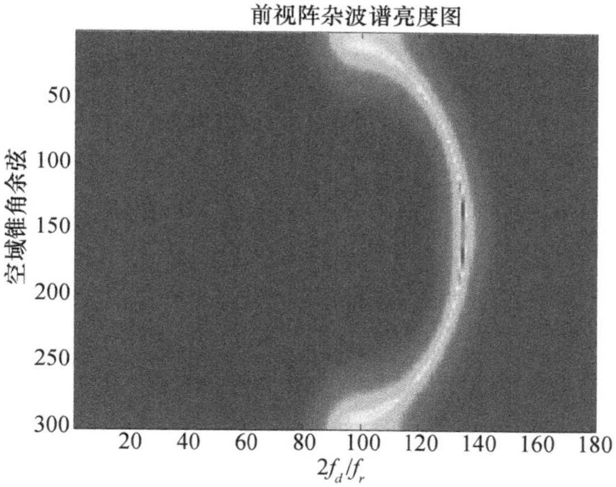

图 7.58　改进的空间角频移方法补偿后的杂波谱亮图(见彩图)

间角频移方法低。

为了表明改进的空间角频移方法能够改善前视阵的动目标检测性能,对理想雷达回波和具有阵元通道误差、杂波起伏误差,以及多普勒补偿误差的回波分别进行处理,来检验所提方法的性能,实验结果如图 7.59 ~ 图 7.62 所示。

从图 7.59 可以看到,改进的空间角频移方法比不进行杂波谱距离补偿在旁瓣区有 10 ~ 20dB 的改善,这是因为将各距离单元的杂波谱补偿到了参考距离单元,减小了杂波谱的展宽,进而能充分抑制掉主杂波,提高了检测性能。传统/直接空间角频移方法将待检测距离单元的杂波谱搬移到了参考距离单元杂波的旁瓣杂波上,因而在旁瓣区有一定的性能下降。

从图 7.60、图 7.61 中可以看到,所提方法基本上能够比空间角频移方法在

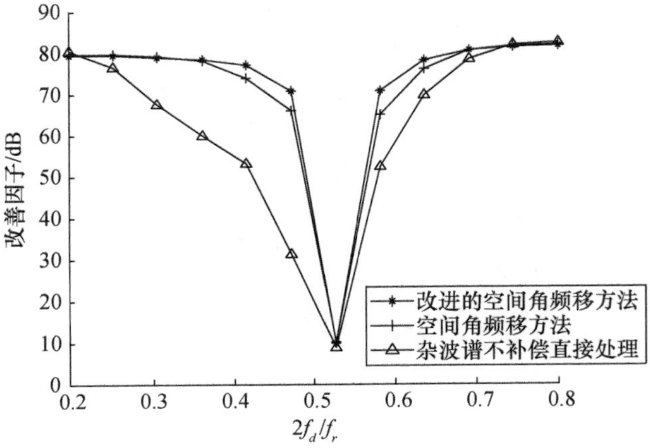

图 7.59　理想回波处理改善因子

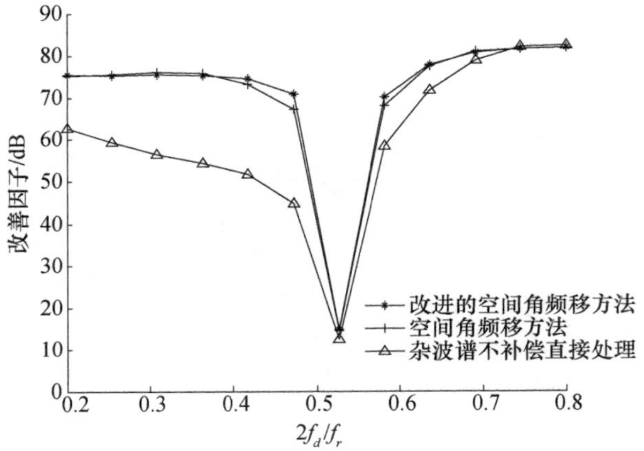

图 7.60　5% 阵元通道误差的处理改善因子

旁瓣区改善 3 ~ 5dB，并且当雷达回波存在杂波起伏误差和阵元通道误差的情况下仍然能够保持好的性能，这主要是因为在进行多普勒补偿后各个距离单元杂波谱主瓣重合。使得旁瓣区的杂波抑制压力比直接空间角频移小，而阵元误差对杂波的影响就是杂波谱旁瓣抬高，所以所提方法比空间角频移方法对阵元通道误差更稳健。

由于所提方法首先对杂波进行多普勒补偿，然后再进行空间角频移，若在多普勒补偿时存在误差，则对后面的空间角频移会产生一定影响，这是因为当存在多普勒补偿误差时，按原有公式计算的补偿量不能完全正确地反映出杂波的多普勒特性，致使性能有所下降。从图 7.62 可以看到当存在 5% 多普勒补偿误差时，所提方法仍然能够达到空间角频移方法的性能。

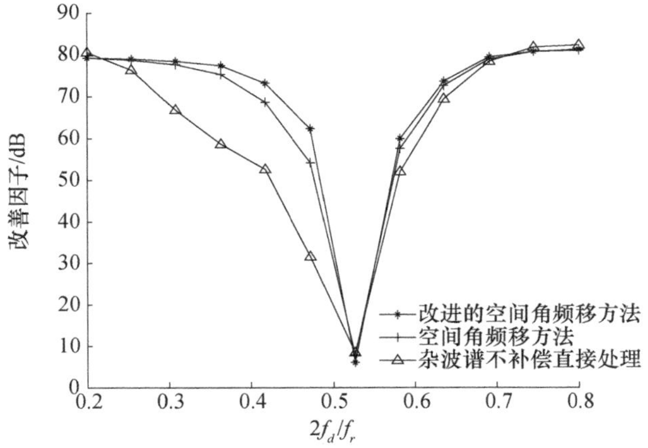

图7.61　5%杂波起伏的处理改善因子

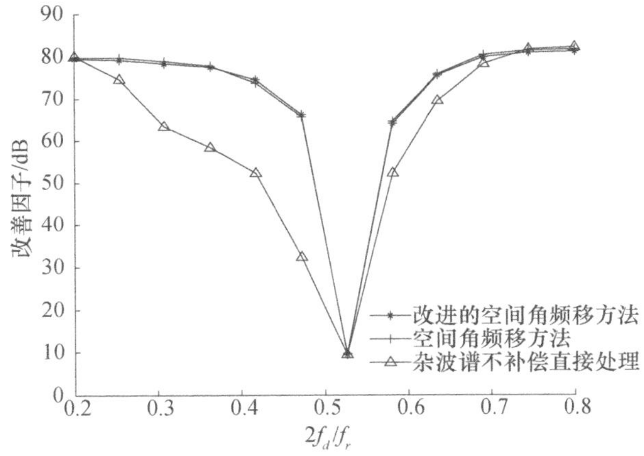

图7.62　5%多普勒补偿误差的处理改善因子

7.3.6　降维的导数更新(DBU)杂波谱补偿方法

1. DBU处理方法介绍

DBU处理认为杂波谱的分布特性是斜距R的函数,且随着斜距的变化而变化。若待检测距离单元的STAP权矢量为$\boldsymbol{w}_{\mathrm{DBU}}(r_i)$。设参考距离单元为$r_m$,相应的STAP权矢量为$\boldsymbol{w}_{\mathrm{DBU}}(r_m)$,则$\boldsymbol{w}_{\mathrm{DBU}}(r_i)$的泰勒展开式为

$$\boldsymbol{w}_{\mathrm{DBU}}(r_i)=\boldsymbol{w}_{\mathrm{DBU}}(r_m)+(r_i-r_m)\boldsymbol{w}'_{\mathrm{DBU}}(r_m)+\frac{1}{2}(r_i-r_m)^2\boldsymbol{w}''_{\mathrm{DBU}}(r_m)+\cdots \tag{7.157}$$

若认为r_i-r_m相对于r_m很小,忽略上面式子中二次项及其以上高次项的影

响,则

$$\boldsymbol{w}_{\mathrm{DBU}}(r_i) \approx \boldsymbol{w}_{\mathrm{DBU}}(r_m) + (r_i - r_m)\boldsymbol{w}'_{\mathrm{DBU}}(r_m) \tag{7.158}$$

$\boldsymbol{w}'_{\mathrm{DBU}}(r_m)$、$\boldsymbol{w}''_{\mathrm{DBU}}(r_m)$分别代表$\boldsymbol{w}_{\mathrm{DBU}}(r_m)$的一阶和二阶导数。由式(7.157)可知对于不同的距离单元,其自适应权矢量是不同的。在实际工程实现时,通常用雷达接收的所有距离单元中的一段或全程距离单元数据来统计平均估计杂波协方差矩阵,并用由此计算的权矢量来对正在处理的一段或全程距离单元数据进行杂波抑制,即对于正在处理的一段或全程距离单元数据来说,所有距离单元的最优权矢量应该相同。由式(7.157)中的权矢量处理相应距离单元数据$\boldsymbol{X}(r_i)$后输出为

$$\begin{aligned} y(r_i)_{\mathrm{DBU}} &= \boldsymbol{w}^{\mathrm{H}}_{\mathrm{DBU}}(r_m)\boldsymbol{x}(r_i) + (r_i - r_m)\boldsymbol{w}^{\mathrm{H}}_{\mathrm{DBU}}(r_m)\boldsymbol{x}(r_i) \\ &= \begin{pmatrix} \boldsymbol{w}_{\mathrm{DBU}}(r_m) \\ \boldsymbol{w}'_{\mathrm{DBU}}(r_m) \end{pmatrix}^{\mathrm{H}} \begin{pmatrix} \boldsymbol{x}(r_i) \\ (r_i - r_m)\boldsymbol{x}(r_i) \end{pmatrix} = \boldsymbol{w}^{\mathrm{H}}_{\mathrm{DBU}}\boldsymbol{x}_{\mathrm{DBU}}(r_i) \end{aligned} \tag{7.159}$$

这样,经过式(7.159)变换后自适应权矢量不再随距离单元而变化。自适应权随距离变化的特性已经被转移到各个距离单元数据之中,从而实现了对雷达接数据距离依赖的杂波谱校正,此时就可以用统计平均方法来求参考距离单元的权矢量。

$$\boldsymbol{R}_{\mathrm{DBU}} = \frac{1}{L}\sum_{i=1}^{L}\boldsymbol{x}_{\mathrm{DBU}}(r_i)\boldsymbol{x}^{\mathrm{H}}_{\mathrm{DBU}}(r_i) \tag{7.160}$$

$$\boldsymbol{x}_{\mathrm{DBU}}(r_i) = \begin{pmatrix} \boldsymbol{x}(r_i) \\ \gamma_{\mathrm{DBU}}(r_i - r_m)\boldsymbol{x}(r_i) \end{pmatrix} \tag{7.161}$$

$$\frac{1}{L}\sum_{i=1}^{L}\gamma^2_{\mathrm{DBU}}(r_i - r_m)^2 = 1 \tag{7.162}$$

式中:γ_{DBU}为当$\boldsymbol{X}_{\mathrm{DBU}}(r_i)$为高斯白噪声时保证$\boldsymbol{R}_{\mathrm{DBU}}$为单位矩阵的归一化系数。最优权矢量的计算如下:

$$\boldsymbol{w}_{\mathrm{DBU}} = \boldsymbol{R}^{-1}_{\mathrm{DBU}}\boldsymbol{s}/(\boldsymbol{s}^{\mathrm{H}}\boldsymbol{R}^{-1}_{\mathrm{DBU}}\boldsymbol{s}) \tag{7.163}$$

$$\boldsymbol{s} = \begin{pmatrix} \boldsymbol{s}_T(f_{d0}) \otimes \boldsymbol{s}_S(\psi_{S0}) \\ \boldsymbol{0}_{NK\times 1} \end{pmatrix} \tag{7.164}$$

$$\boldsymbol{s}_S(\psi_{S0}) = [1, \exp(\mathrm{j}\varphi_S(\psi_{S0})), \cdots, \exp(\mathrm{j}(N-1)\varphi_S(\psi_{S0}))]^{\mathrm{T}} \tag{7.165}$$

$$\boldsymbol{s}_T(f_{d0}) = [1, \exp(\mathrm{j}\varphi_T(f_{d0})), \cdots, \exp(\mathrm{j}(K-1)\varphi_T(\psi_{d0}))]^{\mathrm{T}} \tag{7.166}$$

式中:$\varphi_S(\psi_{S0}) = 2\pi d\cos\psi_{S0}/\lambda$,$d$为天线阵元间距,$\lambda$为发射波长;$\varphi_T(f_{d0}) = 2\pi f_{d0}/f_r$,$f_{d0}$为待检测的多普勒频率,$f_r$为脉冲重复频率;$\otimes$为 kronecker 直积。

2. 降维的 DBU 处理方法

从式(7.163)可知,对$\boldsymbol{w}_{\mathrm{DBU}}$求解的过程中要对$\boldsymbol{R}_{\mathrm{DBU}}$这样$2NK\times 2NK$的矩阵求逆,计算量是巨大的。根据 Reed - Mallett - Brennan(RMB)[27]准则,即当获得

的独立同分布(iid)样本数目大于 2 倍的系统自由度时,获得的性能与最优处理相比下降不超过 3dB,所以 DBU 的求解对 iid 样本数目至少需要 $4NK$。

考虑到不同距离单元的数据之间是相互独立的,可以写出 DBU 的数据协方差如下:

$$\boldsymbol{R}_{\mathrm{DBU}}=\begin{pmatrix} \dfrac{1}{L}\sum\limits_{i=1}^{L}\boldsymbol{x}_{\mathrm{DBU}}(r_i)\boldsymbol{x}_{\mathrm{DBU}}^{\mathrm{H}}(r_i) & \dfrac{\gamma_{\mathrm{DBU}}}{L}\sum\limits_{i=1}^{L}(r_i-r_m)\boldsymbol{x}_{\mathrm{DBU}}(r_i)\boldsymbol{x}_{\mathrm{DBU}}^{\mathrm{H}}(r_i) \\ \dfrac{\gamma_{\mathrm{DBU}}}{L}\sum\limits_{i=1}^{L}(r_i-r_m)\boldsymbol{x}_{\mathrm{DBU}}(r_i)\boldsymbol{x}_{\mathrm{DBU}}^{\mathrm{H}}(r_i) & \dfrac{\gamma_{\mathrm{DBU}}^{2}}{L}\sum\limits_{i=1}^{L}(r_i-r_m)^2\boldsymbol{x}_{\mathrm{DBU}}(r_i)\boldsymbol{x}_{\mathrm{DBU}}^{\mathrm{H}}(r_i) \end{pmatrix} \tag{7.167}$$

因为 $L>NK$,即上面矩阵中的 4 块均可逆。由分块矩阵求逆公式[29],

$$\begin{bmatrix}\boldsymbol{AU}\\ \boldsymbol{AD}\end{bmatrix}^{-1}=\begin{bmatrix}(\boldsymbol{A}-\boldsymbol{UD}^{-1}\boldsymbol{V})^{-1} & -(\boldsymbol{V}-\boldsymbol{DU}^{-1}\boldsymbol{A})^{-1}\\ (\boldsymbol{U}-\boldsymbol{AV}^{-1}\boldsymbol{D})^{-1} & (\boldsymbol{D}-\boldsymbol{VA}^{-1}\boldsymbol{U})^{-1}\end{bmatrix} \tag{7.168}$$

可以对 $\boldsymbol{W}_{\mathrm{DBU}}$ 的求解公式进行化简,令

$$\boldsymbol{A}_{\mathrm{DBU}}=\frac{1}{L}\sum_{i=1}^{L}\boldsymbol{x}_{\mathrm{DBU}}(r_i)\boldsymbol{x}_{\mathrm{DBU}}^{\mathrm{H}}(r_i) \tag{7.169}$$

$$\boldsymbol{U}_{\mathrm{DBU}}=\boldsymbol{V}_{\mathrm{DBU}}=\frac{\gamma_{\mathrm{DBU}}}{L}\sum_{i=1}^{L}(r_i-r_m)\boldsymbol{x}_{\mathrm{DBU}}(r_i)\boldsymbol{x}_{\mathrm{DBU}}^{\mathrm{H}}(r_i) \tag{7.170}$$

$$\boldsymbol{D}_{\mathrm{DBU}}=\frac{\gamma_{\mathrm{DBU}}^{2}}{L}\sum_{i=1}^{L}(r_i-r_m)^2\boldsymbol{x}_{\mathrm{DBU}}(r_i)\boldsymbol{x}_{\mathrm{DBU}}^{\mathrm{H}}(r_i) \tag{7.171}$$

则

$$\begin{aligned}
\boldsymbol{W}_{\mathrm{DBU}}&=\frac{\boldsymbol{R}_{\mathrm{DBU}}^{-1}\begin{bmatrix}\boldsymbol{R}_{NK\times1}\\ \boldsymbol{0}_{NK\times1}\end{bmatrix}}{\begin{bmatrix}\boldsymbol{s}_{NK\times1}\\ \boldsymbol{0}_{NK\times1}\end{bmatrix}^{\mathrm{H}}\boldsymbol{R}_{\mathrm{DBU}}^{-1}\begin{bmatrix}\boldsymbol{s}_{NK\times1}\\ \boldsymbol{0}_{NK\times1}\end{bmatrix}}=\frac{\begin{bmatrix}\boldsymbol{A}_{\mathrm{DBU}}\boldsymbol{U}_{\mathrm{DBU}}\\ \boldsymbol{V}_{\mathrm{DBU}}\boldsymbol{D}_{\mathrm{DBU}}\end{bmatrix}^{-1}\begin{bmatrix}\boldsymbol{s}_{NK\times1}\\ \boldsymbol{0}_{NK\times1}\end{bmatrix}}{\begin{bmatrix}\boldsymbol{s}_{NK\times1}\\ \boldsymbol{0}_{NK\times1}\end{bmatrix}^{\mathrm{H}}\begin{bmatrix}\boldsymbol{A}_{\mathrm{DBU}}\boldsymbol{U}_{\mathrm{DBU}}\\ \boldsymbol{V}_{\mathrm{DBU}}\boldsymbol{D}_{\mathrm{DBU}}\end{bmatrix}^{-1}\begin{bmatrix}\boldsymbol{s}_{NK\times1}\\ \boldsymbol{0}_{NK\times1}\end{bmatrix}}\\
&=\frac{\begin{bmatrix}(\boldsymbol{A}_{\mathrm{DBU}}-\boldsymbol{U}_{\mathrm{DBU}}\boldsymbol{D}_{\mathrm{DBU}}^{-1}\boldsymbol{V}_{\mathrm{DBU}})^{-1} & -(\boldsymbol{V}_{\mathrm{DBU}}-\boldsymbol{D}_{\mathrm{DBU}}\boldsymbol{D}_{\mathrm{DBU}}^{-1}\boldsymbol{A}_{\mathrm{DBU}})^{-1}\\ (\boldsymbol{U}_{\mathrm{DBU}}-\boldsymbol{A}_{\mathrm{DBU}}\boldsymbol{V}_{\mathrm{DBU}}^{-1}\boldsymbol{D}_{\mathrm{DBU}})^{-1} & (\boldsymbol{D}_{\mathrm{DBU}}-\boldsymbol{V}_{\mathrm{DBU}}\boldsymbol{A}_{\mathrm{DBU}}^{-1}\boldsymbol{U}_{\mathrm{DBU}})^{-1}\end{bmatrix}\begin{bmatrix}\boldsymbol{s}_{NK\times1}\\ \boldsymbol{0}_{NK\times1}\end{bmatrix}}{\begin{bmatrix}\boldsymbol{s}_{NK\times1}\\ \boldsymbol{0}_{NK\times1}\end{bmatrix}^{\mathrm{H}}\begin{bmatrix}(\boldsymbol{A}_{\mathrm{DBU}}-\boldsymbol{U}_{\mathrm{DBU}}\boldsymbol{D}_{\mathrm{DBU}}^{-1}\boldsymbol{V}_{\mathrm{DBU}})^{-1} & -(\boldsymbol{V}_{\mathrm{DBU}}-\boldsymbol{D}_{\mathrm{DBU}}\boldsymbol{U}_{\mathrm{DBU}}^{-1}\boldsymbol{A}_{\mathrm{DBU}})^{-1}\\ (\boldsymbol{U}_{\mathrm{DBU}}-\boldsymbol{A}_{\mathrm{DBU}}\boldsymbol{V}_{\mathrm{DBU}}^{-1}\boldsymbol{D}_{\mathrm{DBU}})^{-1} & -(\boldsymbol{D}_{\mathrm{DBU}}-\boldsymbol{V}_{\mathrm{DBU}}\boldsymbol{A}_{\mathrm{DBU}}^{-1}\boldsymbol{U}_{\mathrm{DBU}})^{-1}\end{bmatrix}\begin{bmatrix}\boldsymbol{s}_{NK\times1}\\ \boldsymbol{0}_{NK\times1}\end{bmatrix}}\\
&=\begin{pmatrix}\dfrac{(\boldsymbol{A}_{\mathrm{DBU}}-\boldsymbol{U}_{\mathrm{DBU}}\boldsymbol{D}_{\mathrm{DBU}}^{-1}\boldsymbol{V}_{\mathrm{DBU}})^{-1}\boldsymbol{s}_{NK\times1}}{\boldsymbol{s}_{NK\times1}^{\mathrm{H}}(\boldsymbol{A}_{\mathrm{DBU}}-\boldsymbol{U}_{\mathrm{DBU}}\boldsymbol{D}_{\mathrm{DBU}}^{-1}\boldsymbol{V}_{\mathrm{DBU}})^{-1}\boldsymbol{s}_{NK\times1}}\\ \dfrac{(\boldsymbol{U}_{\mathrm{DBU}}-\boldsymbol{A}_{\mathrm{DBU}}\boldsymbol{V}_{\mathrm{DBU}}^{-1}\boldsymbol{D}_{\mathrm{DBU}})^{-1}\boldsymbol{s}_{NK\times1}}{\boldsymbol{s}_{NK\times1}^{\mathrm{H}}(\boldsymbol{A}_{\mathrm{DBU}}-\boldsymbol{U}_{\mathrm{DBU}}\boldsymbol{D}_{\mathrm{DBU}}^{-1}\boldsymbol{V}_{\mathrm{DBU}})^{-1}\boldsymbol{s}_{NK\times1}}\end{pmatrix}
\end{aligned} \tag{7.172}$$

可以看出，$\boldsymbol{w}_{\mathrm{DBU}}$的前 NK 行就是我们要求的参考距离单元的最优权矢量，而后 NK 行是它的一阶导数。可知参考距离单元最优权矢量可以看成是对直接统计出来的杂波协方差矩阵 $\boldsymbol{A}_{\mathrm{DBU}}$ 进行修正，而 $\boldsymbol{U}_{\mathrm{DBU}}\boldsymbol{D}_{\mathrm{DBU}}^{-1}\boldsymbol{V}_{\mathrm{DBU}}$ 为其修正矩阵，即可以直接将修正后的矩阵 $\boldsymbol{A}_{\mathrm{DBU}}-\boldsymbol{U}_{\mathrm{DBU}}\boldsymbol{D}_{\mathrm{DBU}}^{-1}\boldsymbol{V}_{\mathrm{DBU}}$ 作为样本协方差矩阵来进行最优求解。而参考距离单元最优权的一阶导数则可以看成是对直接统计得出的矩阵 $\boldsymbol{U}_{\mathrm{DBU}}$ 的修正，$\boldsymbol{A}_{\mathrm{DBU}}\boldsymbol{V}_{\mathrm{DBU}}^{-1}\boldsymbol{D}_{\mathrm{DBU}}$ 为其修正矩阵。在后面的分析中可以看到，经过修正后的矩阵其大特征值比原来的数据协方差矩阵要明显的集中，也就是说其杂波子空间的维数比原来的小，从而使得降维处理能够达到与最优处理相近的性能。为了进一步减少计算负担，我们应用 3DT 降维方法来进行最优权的求解。

对 $NK \times NK$ 维的杂波协方差矩阵进行估计和求逆，其运算量为 $o(NK)^3$，修正矩阵中只是 NK 维的矩阵进行求逆，加上 3DT 处理的计算量一般要比全维处理低一个到两个数量级，所以整体来看本节的降维 DBU 方法所需的计算量约只是原来全维 DBU 处理的 1/4。由于修正矩阵中求逆的矩阵维数为 NK，达到同样性能所需要的 iid 样本数目为原来全维 DBU 处理的一半。图 7.63 是整个处理流程框图。

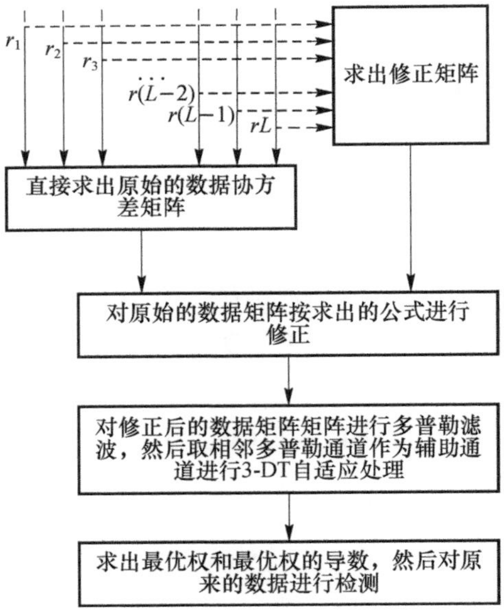

图 7.63　降维 DBU 处理流程框图

3. 实验结果

仿真实验的雷达系统采用 8×8 的前视阵列结构，进行列子阵合成后接收为均匀线阵，雷达工作波长为 0.32m，阵元间距为半波长，脉冲重复频率为 2000Hz，在一个相干处理间隔（CPI）内的脉冲数为 16，载机速度为 120m/s，飞行高度为 6000m,不考虑杂波的距离模糊。

图 7.64 为仿真实验得到的前视阵杂波功率谱,从图中可以看到,机载前视阵的回波呈正椭圆分布(不考虑背面散射效应),并且杂波谱有明显的展宽,这使得大量的低速目标湮没在主瓣杂波之中无法检测。分别用降维 DBU,DBU 以及直接对原始回波数据进行处理,仿真结果如图 7.65 所示。

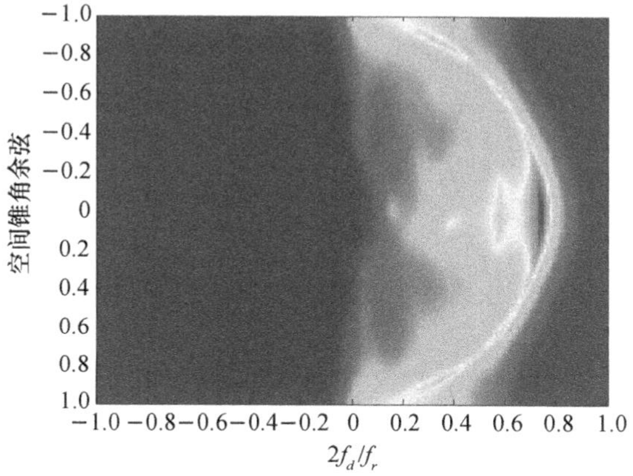

图 7.64　前视阵杂波功率谱(见彩图)

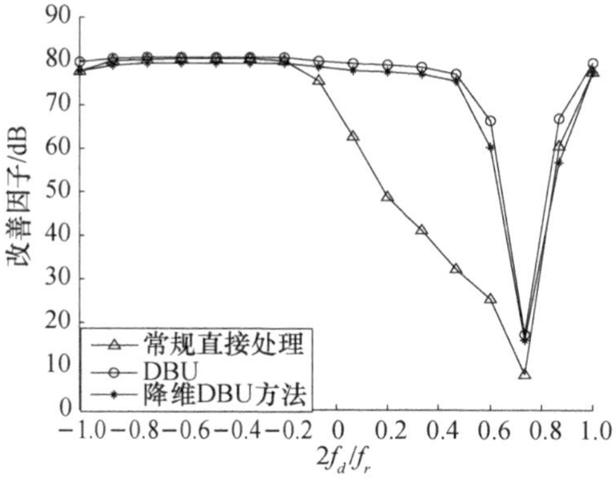

图 7.65　理想回波的 DBU,降维 DBU,直接 STAP 处理改善因子

从图 7.65 中可以明显地看出,降维 DBU 的处理性能与传统的 DBU 相比几乎没有性能损失,但计算量约只是其 1/4。而常规直接处理性能下降就要明显得多,尤其是在主杂波附近将近有 40dB 的性能损失。为了验证所提出方法的性能,分别对杂波存在 5% 阵元误差,5% 通道误差,5% 杂波起伏的雷达回波进行处理。图 7.66 ~ 图 7.68 表明降维 DBU 与 DBU 的性能仍然十分接近,且都要大大地优于直接处理的性能。所提的降维 DBU 处理之所以能够获得好的性能,可以从下面的杂波谱分析中得到解释。

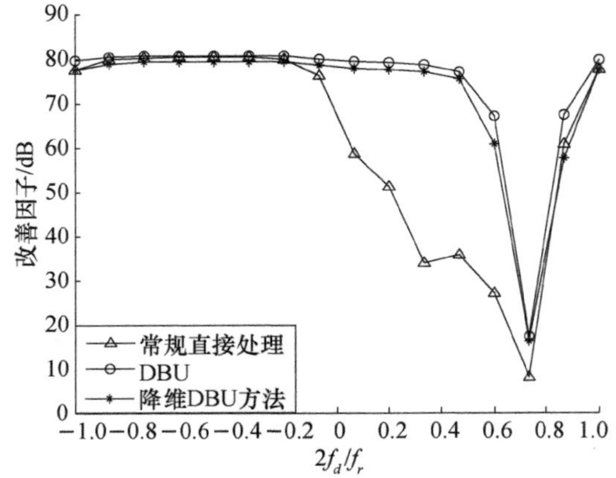

图 7.66　5% 阵元误差的 DBU,降维 DBU,直接 STAP 处理改善因子

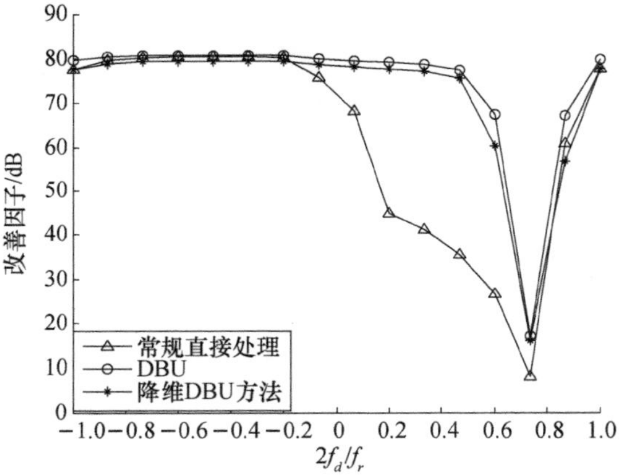

图 7.67　5% 通道误差的 DBU,降维 DBU,直接 STAP 处理改善因子

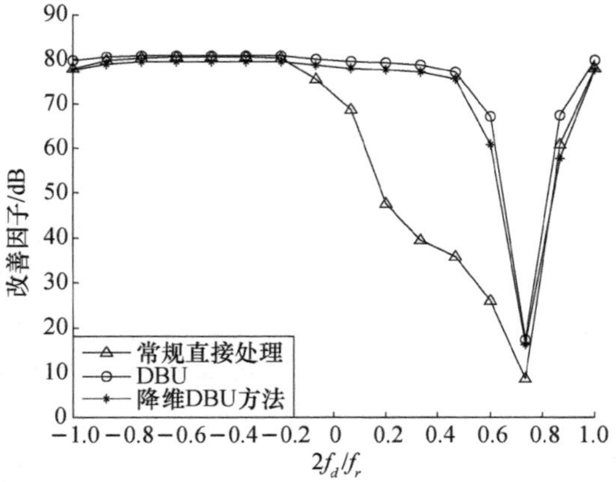

图 7.68　5% 杂波起伏的 DBU,降维 DBU,直接 STAP 处理改善因子

从图7.69和图7.70可以明显看出修正数据矩阵的大特征值明显的要比未修正的数据矩阵少。若以与最大特征值之比大于-40dB为界限,所提方法的大特征值数目要比原始数据的少将近30个左右,这使得杂波的特征子空间的维数大大降低。从上面的实验结果可以看出,所提方法基本上能够在较小的计算负担下达到接近最优处理的性能,并且减轻了对iid样本数目的要求。

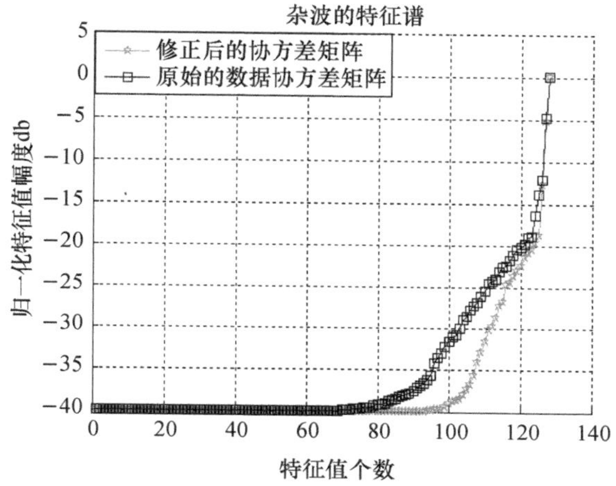

图7.69 A_{DBU}与修正后的A_{DBU}特征谱

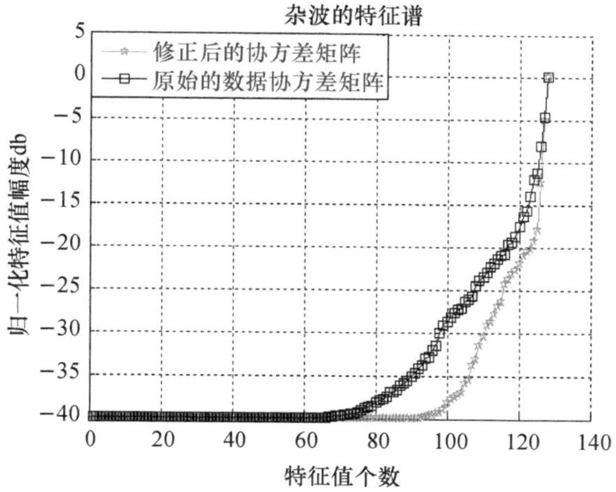

图7.70 U_{DBU}与修正后的U_{DBU}特征谱

参考文献

[1] Maurice W. Airborne Early Warning System Concepts[M]. Boston: Artech House, 1992.

[2] Li M, Liao G, Zhang L. An approach to suppress short – range clutter for non – side looking airborne radar[J]. 电子科学学刊(英文版), 2011, 28(1):64 – 70.

[3] Brennan L E , Reed I S. Theory of adaptive radar[J]. IEEE Transactions on Aerospace and Electronic Systems, 1973, 9(2): 237 – 250.

[4] Klemm R. Adaptive airborne MTI: an auxiliary channel approach[J]. IEE Proc. F, 1987, 134(3): 269 – 276.

[5] 廖桂生. 相控阵天线 AEW 雷达时空二维自适应处理[D]. 西安:西安电子科技大学,1992.

[6] 廖桂生, 保铮, 张玉洪. 相控阵 AEW 雷达杂波抑制的简化辅助通道法[J]. 电子科学学刊, 1993, 15(5):475 – 481.

[7] 保铮,廖桂生,吴仁彪,等. 相控阵机载雷达杂波抑制的时空二维自适应滤波[J]. 电子学报,1993,21(9):1 – 7.

[8] 保铮,张玉洪,廖桂生,等. 机载雷达空时二维信号处理[J]. 现代雷达,1994,16(1):38 – 48.

[9] 保铮,张玉洪,廖桂生,等. 机载雷达空时二维信号处理(续)[J]. 现代雷达,1994,16(2):17 – 27.

[10] Dipietro R. Extended factored space – time processing for airborne radar systems[C]. proceedings of the 26th Asilomar Conference on Signals, Systems, and Computing, Pacific Grove, CA, October, 1992 .

[11] Brennan L E, Piwinski D J, Staudaher F M. Comparison of space – time adaptive processing approaches using experimental airborne radar data[C]. The Record of 1993 IEEE National Radar Conference, Massachusetts, USA, 1993 .

[12] Liu Q G, Peng Y N. Analysis of array errors and a short – time processor in airborne phased array radars[J]. IEEE Transactions on Aerospace & Electronic Systems, 1996, 32(2): 587 – 597.

[13] Wang H, Cai L. On adaptive spatial – temporal processing for airborne surveillance radar systems[J]. IEEE Transactions on Aerospace & Electronic Systems, 1994, 30(3):660 – 670.

[14] 王永良 , 彭应宁. 便于工程实现的机载雷达空时二维自适应处理方法[J]. 电子科学学刊, 1996, 18(3) : 236 – 2 42.

[15] Picciolo M L, Gerlach K. Median cascaded canceller for robust adaptive array processing [J]. IEEE Transactions on Aerospace & Electronic Systems, 2003, 39(3):883 – 900.

[16] Chen P, Melvin W L, Wicks M C. Screening among multivariate normal data[M]. Manhattan:Academic Press, Inc, 1999.

[17] Mili L, Cheniae M G, Vichare N S, et al. Robust state estimation based on projection statistics [of power systems] [J] . IEEE Transactions on Power Systems, 1996, 11 (2): 1118 – 1127.

[18] Hong Wang. Space – time adaptive processing and its radar applications[D]. Notes for 1995 summer course ELE891 in syracuse university, 1995.

[19] Rangaswamy M, Himed B, Michels J H. Statistical analysis of the nonhomogeneity detector [C]. Signals, Systems and Computers, 2000. Conference Record of the Thirty – Fourth Asilomar Conference on. IEEE, 2000.

[20] Cox H, Zeskind R M, Owen M M. Robust adaptive beamforming[J]. IEEE Transactions on Acoustics Speech & Signal Processing, 1987, 35(10):1365 – 1376.

[21] Schoenig G N, Picciolo M L, Mili L. Improved detection of strong nonhomogeneities for STAP via projection statistics[C]. IEEE International Radar Conference. IEEE, 2005: 720 – 725.

[22] Laviola J J. A comparison of unscented and extended Kalman filtering for estimating quaternion motion[C]. American Control Conference, 2003. Proceedings of the. IEEE, 2003.

[23] Simon J Julier, Jeffrey K. A New Extension of the Kalman Filter to Nonlinear Systems[C]. Proceedings of AeroSense. The 11th International Symposium on Aerospace/Defence Sensing, Simulation and Controls, lcentration 1997:182 – 193.

[24] Wan E A, Van R. The Unscented Kalman Filter for Nonlinear Value of Concentration Estimation[C]. Proceedings IEEE Symposium 2000 (AS – SPCC), Lake Louise, Alberta, Canada, Oct, 2000.

[25] Sarkar T K, Wang H, Park S, et al. A deterministic least – squares approach to space – time adaptive processing (STAP)[J]. IEEE Transactions on Antennas & Propagation, 2001, 49 (1):91 – 103.

[26] Reed I S, Mallett J D, Brennan L E. Rapid Convergence Rate in Adaptive Arrays[J]. IEEE Transactions on Aerospace & Electronic Systems, 1974, 10(6):853 – 863.

[27] Guerci J R. Theory and application of covariance matrix tapers for robust adaptive beamforming[J]. IEEE Transactions on Signal Processing, 2002, 47(4):977 – 985.

[28] Wang Y L, Peng Y N, Bao Z. Space – time adaptive processing for airborne radar with various array orientations[J]. IEE Proceedings – Radar, Sonar and Navigation, 1997, 144(6): 330 – 340.

[29] 保铮,张玉洪,廖桂生,等. 机载预警雷达空时二维滤波的一种方案及其改进[C]. 机载雷达研讨会北京,1992.

[30] 廖桂生,保铮,张玉洪. 机载雷达时空二维部分联合自适应处理[J]. 电子科学学刊,1993,15(6):575 – 580.

[31] Klemm R. Real – time adaptive airborne MTI, Part Ⅱ: space – frequency processing[C]. Proc. of 1996 CIE Int. Conf. On Beijing, 1996.

[32] Klemm R. Ambiguities in bistatic STAP radar[C]. Proc. of IEEE International Geoscience and Remote Sensing Symposium, 2000.

[33] Wang Y, Bao Z and Liao G. Three united configurations on adaptive spatial – temporal processing for airborne surveillance radar system[C]. International conference on signal processing (ICSP'93), Beijing, 1993.

主要符号表

$\boldsymbol{A}(f_j)$	信号源在对应频点的方向矩阵
$\boldsymbol{A}(\boldsymbol{\Theta})$	期望信号的方向矩阵
$\boldsymbol{a}(\theta_k,\varphi_k)$	第 k 个信号的导向矢量
$\boldsymbol{A}^+$	A 的伪逆
$\boldsymbol{A}$	阵列流型/导向矩阵
B_w	信号带宽(Hz)
$\boldsymbol{B}$	干扰信号的方向矩阵
$c_{k_1,\cdots,k_n}$	随机矢量$(x_1,x_2,\cdots,x_n)$的 r 阶联合累量
c_k	随机变量 x 的 k 阶累量
C_s	信号 $s(t)$ 的四阶累量
c	光速(m/s)
C	扩展信号 $z(t)$ 的四阶累量
d_c	相干距离(m)
D	天线有效孔径
d	阵元间距(m)
$e(k)$	误差信号
$f(r_1,r_2,\cdots,r_N\|\theta)$	θ 的条件概率密度函数
$f(x)$	随机变量 x 的概率密度函数
$F(\theta)$	天线电压方向性函数
f_0	中心频率
f_{d}	多普勒频率(Hz)
f_{r}	脉冲重复频率(Hz)
f	频率(Hz)
$\mathrm{GIP}_{\mathrm{CUT}}$	GIP 检验的统计量
g	聚焦损失
$I_0(\cdot)$	第一类零阶修正贝塞尔函数
IF	改善因子
$\mathbf{in}(\boldsymbol{t})$	包含干扰信号和背景噪声的矢量

$\boldsymbol{I}$	单位阵
$\boldsymbol{J}$	反向单位矩阵
$\boldsymbol{k}$	波数矢量
k	空间频率(rad/m)
$\mathrm{LLF}(k)$	对数似然函数
LNR	加载噪声比
L	阵列的最大轮廓尺寸(m)
$m_{k_1,\cdots,k_n}$	随机矢量$(x_1,x_2,\cdots,x_n)$的 r 阶联合矩
m_k	随机变量 x 的 k 阶矩
$M_s(t)$	随机过程 $s(t)$ 的均值
M_s^{α}	一阶循环平稳过程 $s(t)$ 的循环均值
$\boldsymbol{n}(t)$	噪声矢量
$P_{\mathrm{BPD}}(N,M,k)$	罚函数
P_{D_N}	检测概率
P_{FA_N}	虚警概率
$\boldsymbol{P}_{\boldsymbol{A}}^{\perp}$	向噪声子空间的投影矩阵
R_0	目标到平台的最近斜距(m)
$\hat{\boldsymbol{R}}(\boldsymbol{K})$	采样协方差矩阵
$\hat{R}_{\mathbf{ss}}^{\alpha}(\tau)$	循环相关函数的估计值
$\boldsymbol{R}_s^f$	前后向平滑相关矩阵
$\boldsymbol{R}_S$	信号复包络协方差矩阵
$\boldsymbol{R}_{\mathbf{xx}}(\alpha,\tau)$	$M\times M$ 维循环自相关函数
$\boldsymbol{R}_{\mathbf{xx}^*}(\alpha,\tau)$	$M\times M$ 维循环共轭自相关函数
$R_{sg}^{\alpha}(\tau)$	循环互相关函数
$R_{sg^*}^{\alpha}(\tau)$	循环共轭互相关函数
$R_{ss}^{\alpha}(\tau)$	二阶循环平稳过程 $s(t)$ 的循环自相关函数
$R_{ss^*}^{\alpha}(\tau)$	循环共轭自相关函数
R	地面点到发射通道的斜距(m)
$\boldsymbol{R}$	接收数据的自相关矩阵
SNR	信噪比
$\boldsymbol{s}_s$	空域导向矢量
$\boldsymbol{s}_t$	时域导向矢量
$\boldsymbol{s}$	空时导向矢量
T_N	对于给定虚警概率的检测门限

t	时间变量(s)
T	周期/脉冲重复周期(s)
$U(\cdot)$	单位阶跃函数
U_n	噪声子空间
U_s	信号子空间
$\boldsymbol{U}$	特征分解所得的特征矢量组成的矩阵
v_x, v_y, v_z	目标速度在 x, y, z 三个方向上的分量(m/s)
V	载机速度(m/s)
$\boldsymbol{w}_{\text{CAB}}$	循环自适应波束形成(CAB)算法权矢量
$\boldsymbol{w}_{\text{CAP}}$	Capon 波束形成器最优权矢量
$\boldsymbol{W}_j$	波束空间形成阵或者权矩阵
$\boldsymbol{w}$	加权矢量
$\boldsymbol{x}(\boldsymbol{t})$	阵列接收数据矢量
$\boldsymbol{Z}$	阵元互耦矩阵
$\boldsymbol{\Gamma}$	阵列流型幅相误差矩阵
$\Delta(\theta_t)$	差波束
∇	微分算子
$\boldsymbol{\Sigma}(\theta_t)$	和波束
Φ	旋转因子
$\boldsymbol{\Phi}$	旋转因子组成的对角矩阵
$\boldsymbol{\phi}(w_1, w_2, \cdots, w_n)$	随机矢量$(x_1, x_2, \cdots, x_n)$的第一特征函数
$\boldsymbol{\alpha}$	慢速矢量
α	循环频率
γ	正数加载量
$\delta(\cdot)$	狄利克莱函数
ε	误差
$\hat{\theta}_i$	第 i 个信号的 DOA 估计量
θ_d	偏航角(rad)
θ_k	第 k 个信号的方位角(°)
λ	波长(m)
$\boldsymbol{\lambda}$	特征值
ρ_N	检测器的广义输出信噪比
$\rho_{xy}^{\alpha}(\tau)$	循环相关因子
$\boldsymbol{\rho}$	相关系数

σ_L^2	加载因子
σ_n^2	阵元噪声功率
σ_s^2	期望信号功率
σ	散射系数
$\tau_{\max}$	信号到达各阵元的最大时差(s)
τ_{res}	信号的时间分辨率(s)
$\varphi(w)$	随机变量 x 的第一特征函数
φ_k	第 k 个信号的俯仰角(°)
$\psi(w)$	随机变量 x 的第二特征函数
$\psi(w_1, w_2, \cdots, w_n)$	随机矢量$(x_1, x_2, \cdots, x_n)$的第二特征函数
ψ_a	目标与天线方向的空间锥角(rad)
ψ_v	目标与平台速度方向的空间锥角(rad)
ψ	空间锥角(rad)
ω_0	中心角频率
ω_s	空间角频率(Hz)
ω_t	时间角频率(Hz)
ω	时间频率(rad/s)

缩略语

ACR	auxiliary channel receiver	辅助通道法
ADBF	adaptive digital beamforming	自适应数字波束形成
AEW	airborne early warning	空中早期预警
AIC	Akaike information criterion	信息论准则
AM	amplitude modulation	幅度调制
ASC	antenna sidelobe cancellation	天线旁瓣相消
BPD	Bayesian predictive density	贝叶斯预测密度
BPSK	binary phase shift keying	二相相移键控信号
BS-CSSM	beam-space coherent signal subspace method	宽带聚焦波束空间算法
C-CAB	constrained cyclic adaptive beamforming	约束 CAB 算法
CAB	cyclic adaptive beamforming	循环自适应波束形成
CDF	cumulative distribution function	累积分布函数
CFAR	constant false alarm rate	恒虚警率
CNR	clutter-to-noise ratio	杂噪比
CPI	coherent processing interval	相干处理间隔
CS-GSC	cross spectrum generalized sidelobe canceller	交叉谱广义旁瓣对消
CSSM	coherent signal-subspace method	相干信号子空间算法
CUT	cell under test	检测单元
DBF	digital beamforming	数字波束形成
DBU	derivative-based updating	导数更新
DDD	direct data domain	直接数据域方法
DL	diagonal loading	对角加载
DL-GIP	diagonal loading-based generalized inner product	对角加载广义内积算法

DOA	direction of arrival	波达方向
ESPRIT	estimation of signal parameters via rotational invariance techniques	旋转不变子空间算法
F$A	factored approach	先时域滑窗后时空联合的处理方法
FIR	finite impulse response	有限脉冲响应
FOC-MUSIC	fourth-order cumulants-based MUSIC	四阶统计量 MUSIC 算法
GIP	generalized inner product	广义内积
GLR	generalized likelihood ratio	广义似然比
GSC	generalized sidelobe canceller	广义旁瓣对消器
IF	improvement factor	改善因子
IID	independent identically distribution	独立同分布
INR	interference-to-noise ratio	干噪比
ISAR	inverse synthetic aperture radar	逆合成孔径雷达
ISSM	incoherent signal-subspace method	非相干信号子空间算法
JDL	joint domain localized	局域联合处理方法
LCMV	linearly constrained minimum variance	线性约束最小方差
LF	likelihood function	对数似然函数
LMS	least mean square	最小均方
LNR	loading noise ratio	加载噪声比
MDL	minimum description length	最小描述长度
ML	maximum likelihood	最大似然
MLE	maximum likelihood estimation	最大似然估计
MSE	mean square error	均方误差
MUSIC	multiple signal classification	多重信号分类算法
MVDR	minimum variance distortionless response	最小方差无畸变响应
NHD	non-heterogeneous detection	非均匀检测
PC-GSC	principle component generalized sidelobe canceller	主分量广义旁瓣对消
PD	pulse Doppler	脉冲多普勒
PDF	probability density function	概率密度函数
PS	projection statistic	复投影统计算法

QPSK	quadrature phase shift keying	四相相移键控信号
R-CAB	robust cyclic adaptive beamforming	稳健的 CAB 算法
RR-MWF	reduced-rank multistage Wiener filter	降秩多级维纳滤波器
RSS	rotational signal subspace	旋转信号子空间算法
SAR	synthetic aperture radar	合成孔径雷达
SDMA	space division multiple access	空分多址
SINR	signal-to-interference-pluse-noise ratio	信干噪比
SLC	sidelobe cancellation	旁瓣相消
SMI	sample matrix inversion	采样协方差矩阵求逆
SMSE	sample-based mean square error	采样均方误差
SNR	signal-to-noise ratio	信噪比
SOI	signal of interest	有用信号
STAP	space-time adaptive processing	空时自适应处理
TCT	two-sided correlation transformation	双边相关变换方法
UCA	uniform circular array	均匀圆阵
ULA	uniform linear array	等距线阵
USTAP	unscented space-time adaptive processing	不敏空时自适应处理
UT	unscented transformation	不敏变换
WNG	white noise gain	白噪声增益

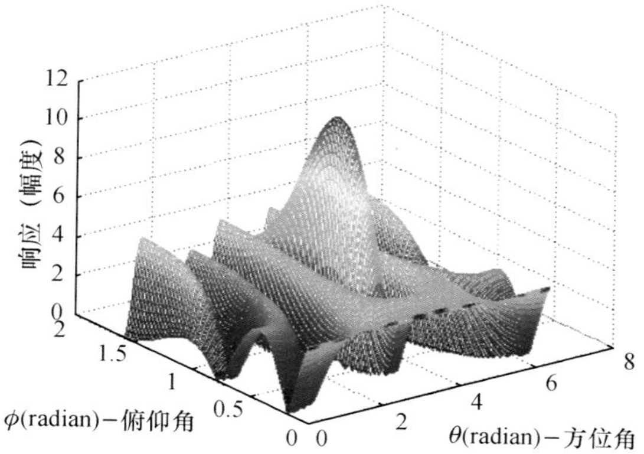

图 3.3　均匀圆阵方向图

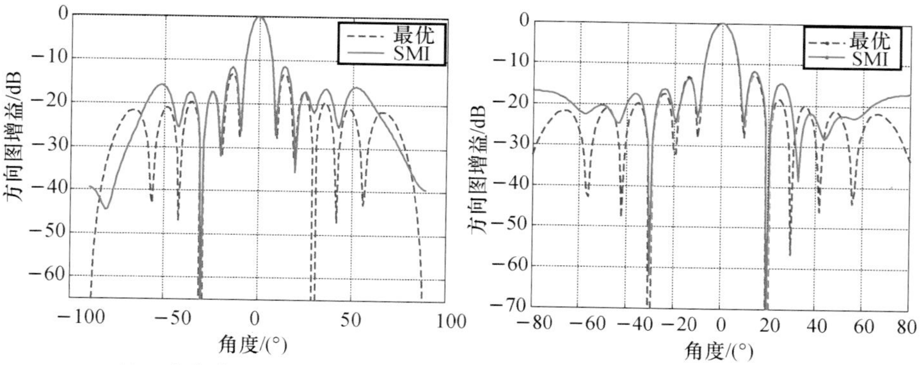

(a) 一个信号和一个干扰时SMI方法形成的方向图

(b) 一个信号和两个干扰时SMI方法形成的方向图

图 3.15　有干扰时 SMI 方法性能

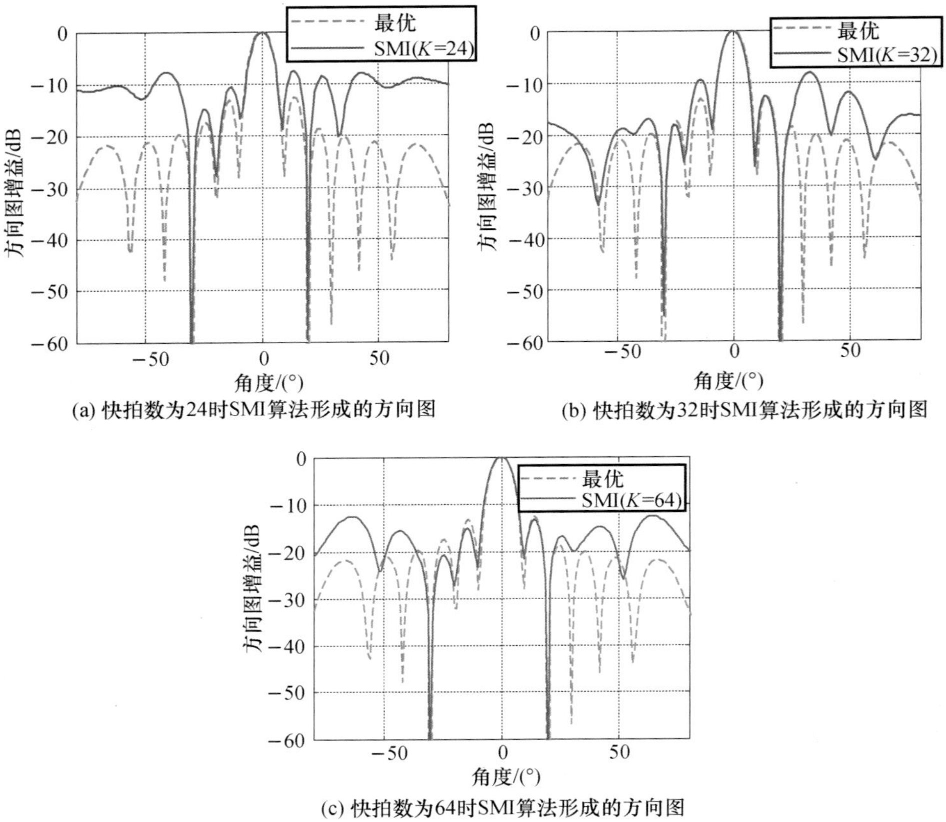

(a) 快拍数为24时SMI算法形成的方向图

(b) 快拍数为32时SMI算法形成的方向图

(c) 快拍数为64时SMI算法形成的方向图

图 3.16　快拍数对 SMI 算法性能的影响

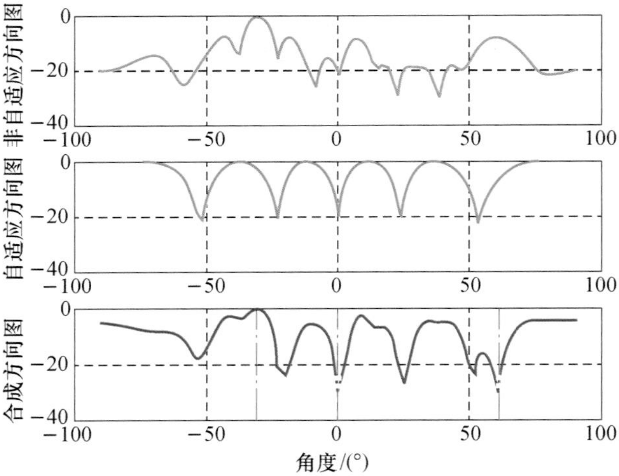

图 4.7　自适应方向图和非自适应方向图

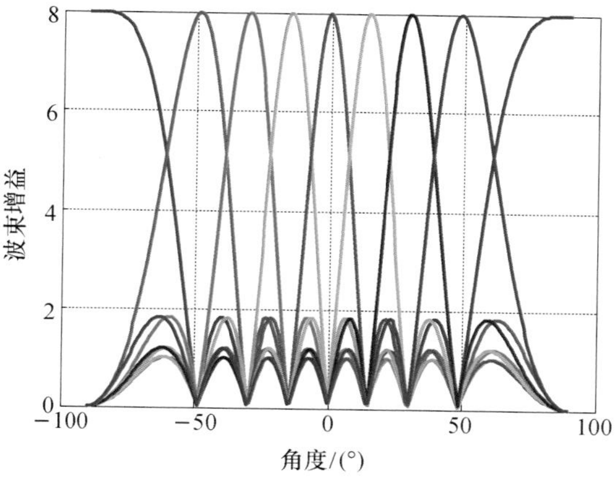

图 4.9　波束方向图在副瓣区共零点

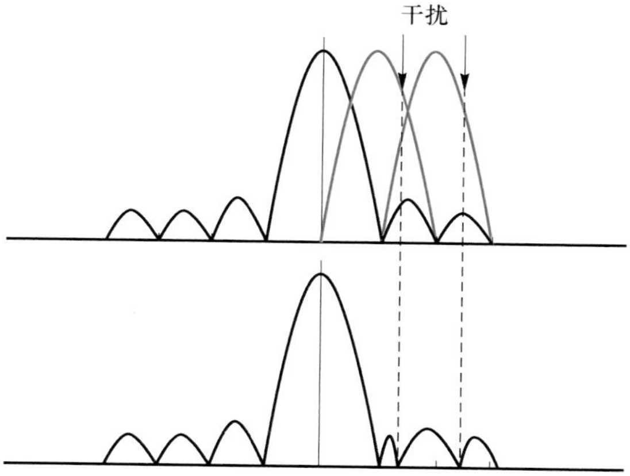

图 4.10　用辅助波束的主瓣对消主波束的旁瓣

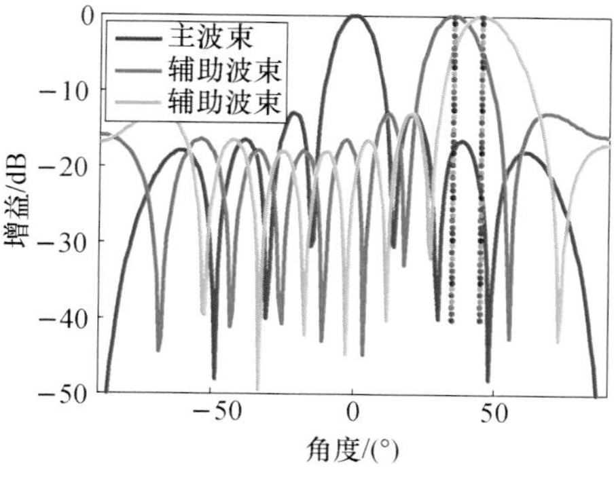

图 4.11　主波束和辅助波束的方向图

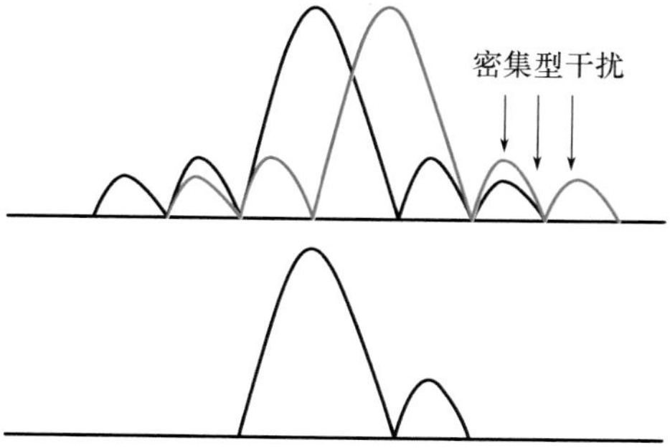

图 4.13　用辅助波束的旁瓣对消主波束的旁瓣

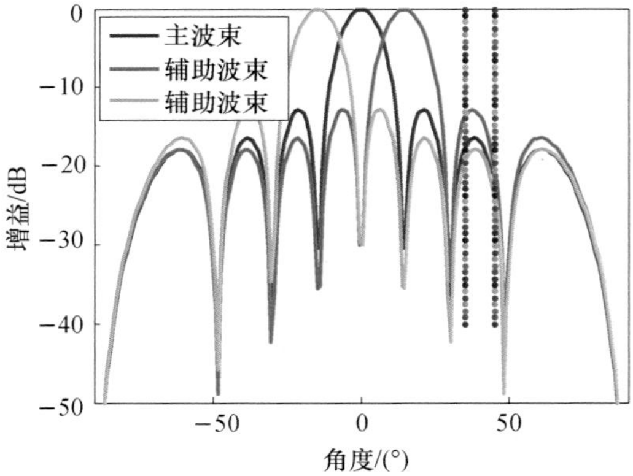

图 4.14　主波束和辅助波束及干扰方向

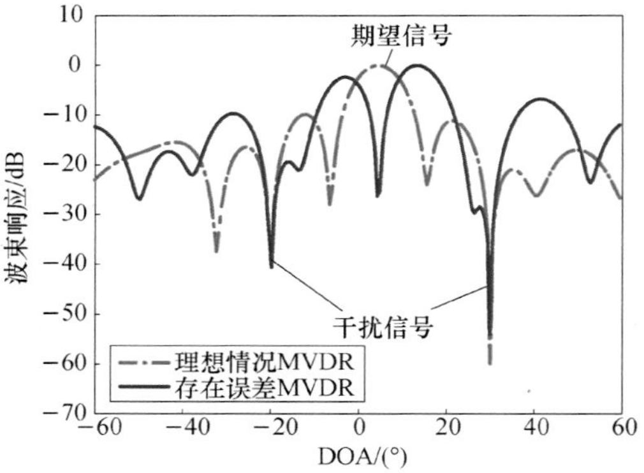

(a) 波束响应对比图

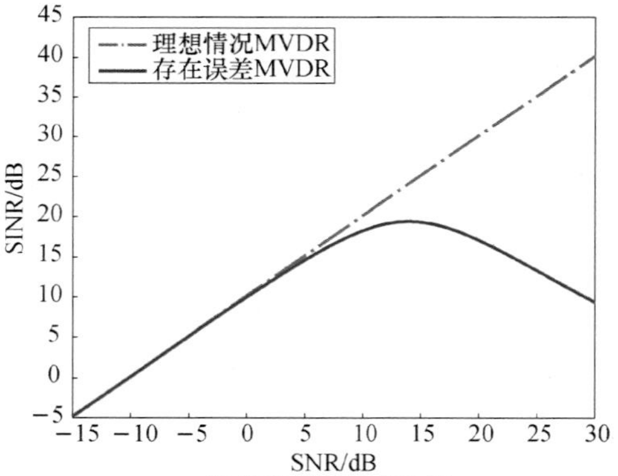

(b) SINR随SNR变化图

图 6.5　存在误差时的波束形成器与理想情形的性能对比图

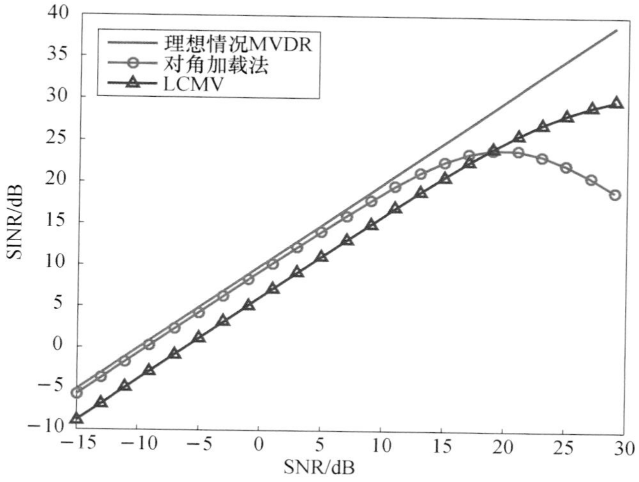

图 6.6　对角加载稳健波束形成方法 SINR 与 SNR 性能比较

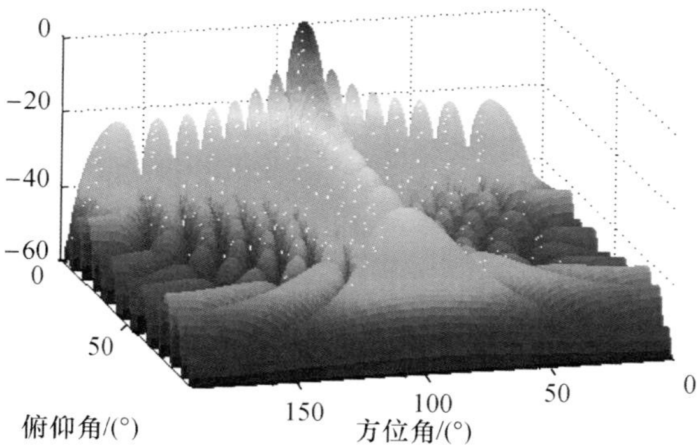

图 7.2　天线发射方向图

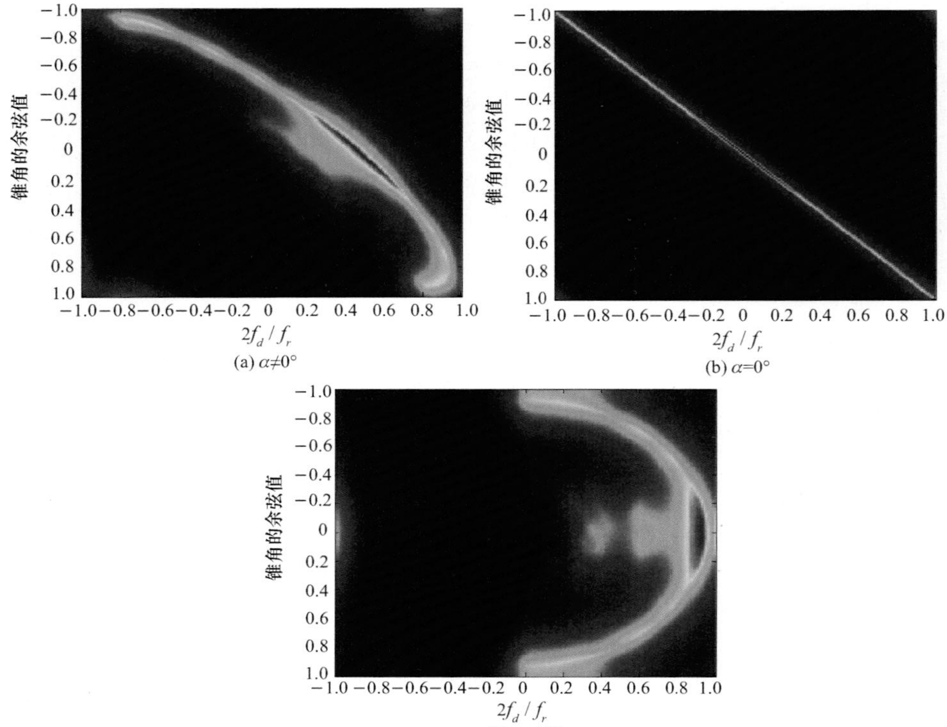

(a) $\alpha \neq 0°$　(b) $\alpha = 0°$　(b) $\alpha = 90°$

图 7.7　杂波空时两维谱

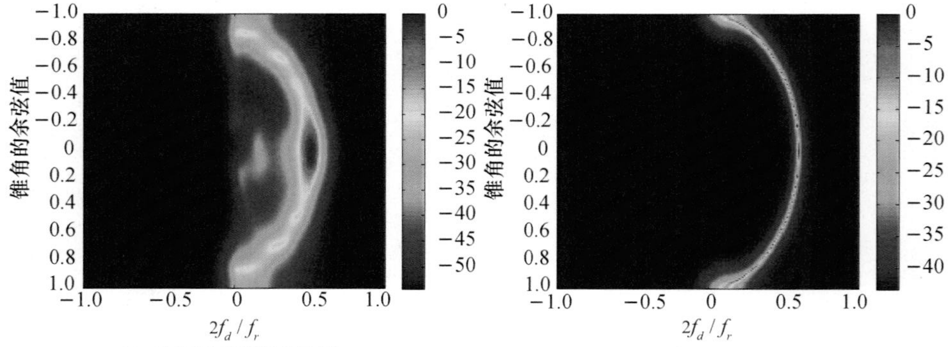

(a) 存在距离模糊杂波谱　(b) 无距离模糊的杂波谱

图 7.9　存在距离模糊的杂波功率谱

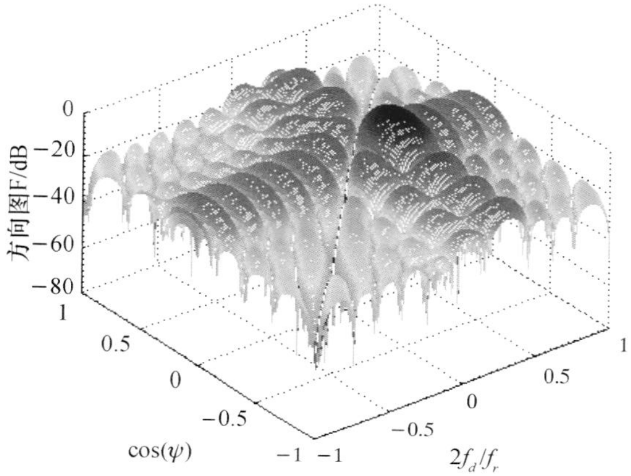

图 7.11　最优处理器的自适应二维方向图

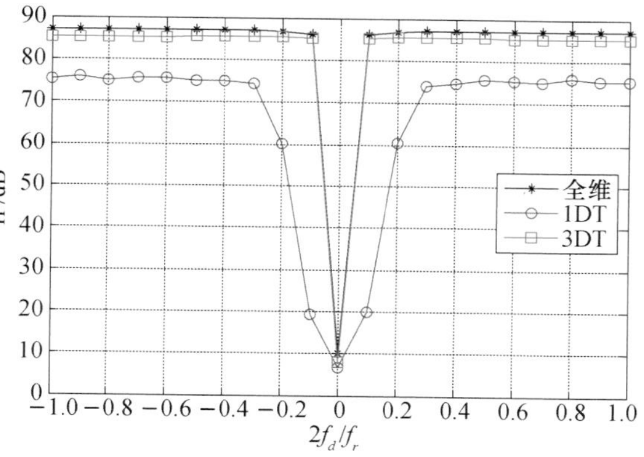

图 7.21　无误差、无速度模糊时 mDT 性能

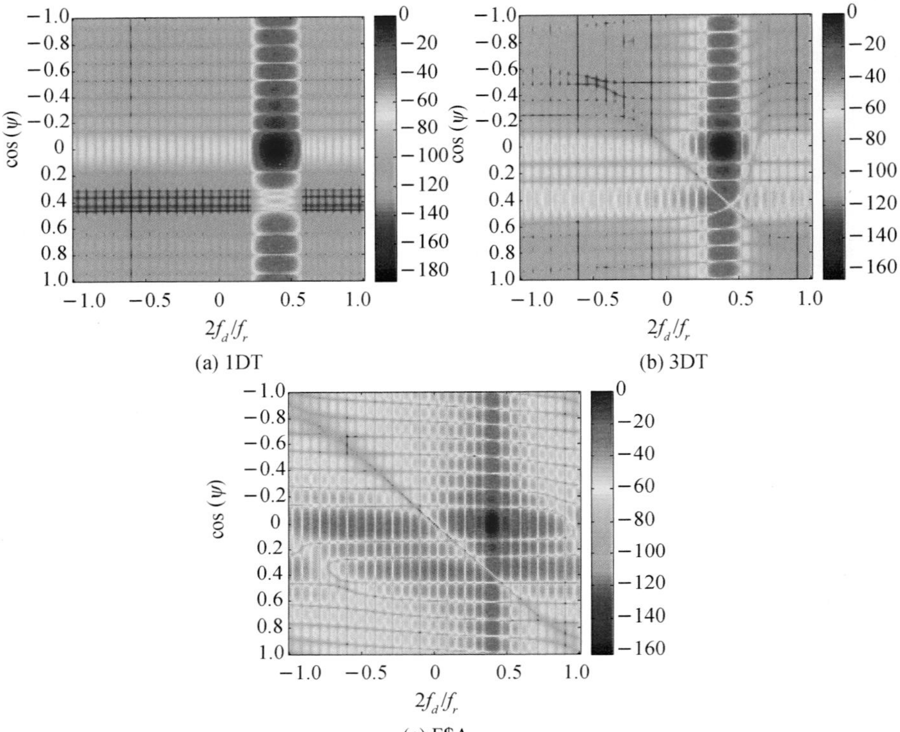

(a) 1DT (b) 3DT

(c) F$A

图 7.23 不同处理方法对应的局部空时二维频响图(1DT、3DT、F $A)

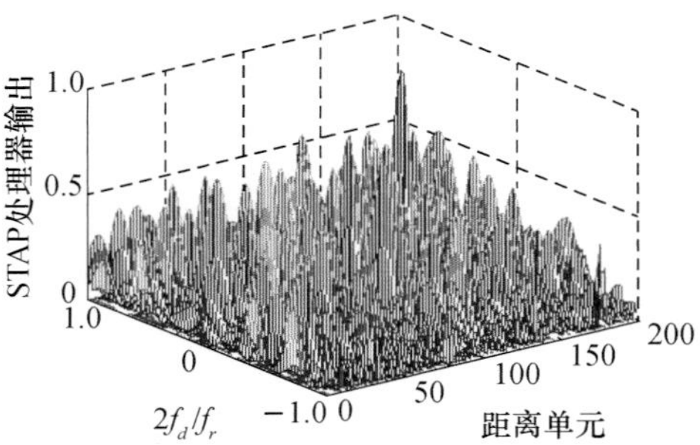

图 7.38 基于 MLE 算法的 STAP 处理器输出

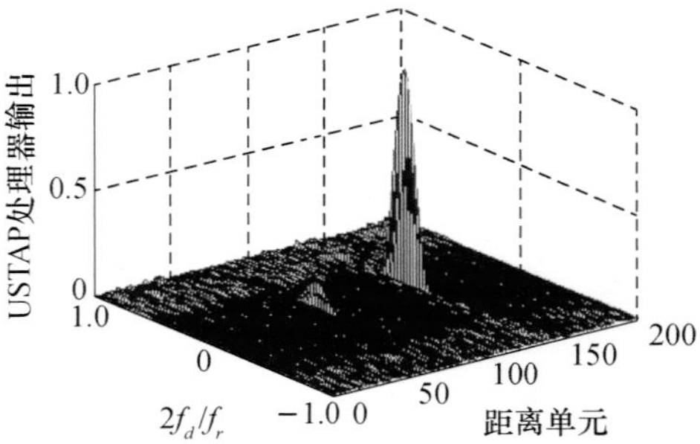

图 7.39 基于 UT 算法的 USTAP 处理器输出

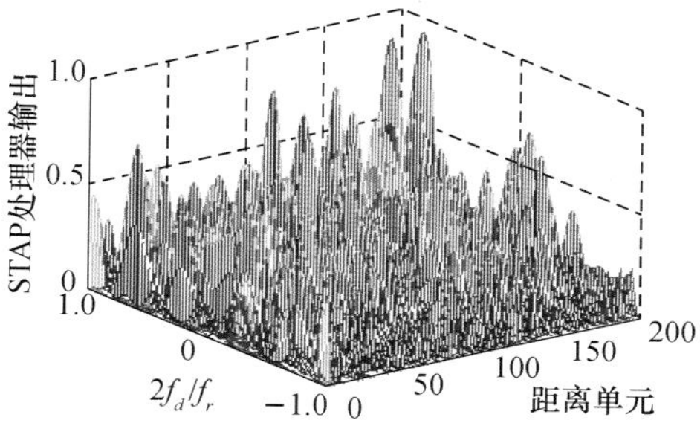

图 7.41　基于 MLE 算法的 STAP 处理器输出

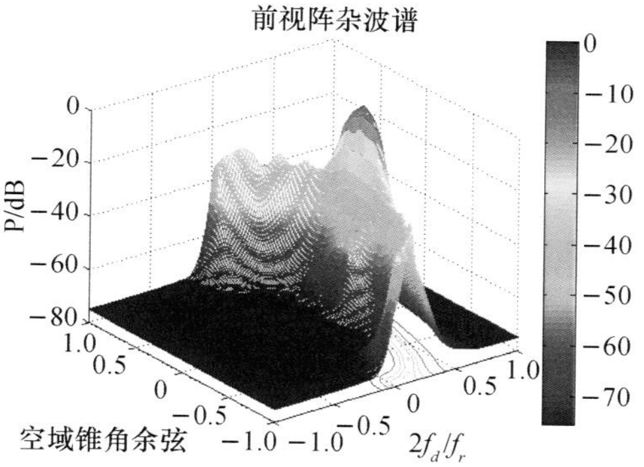

图 7.55　机载前视阵杂波谱

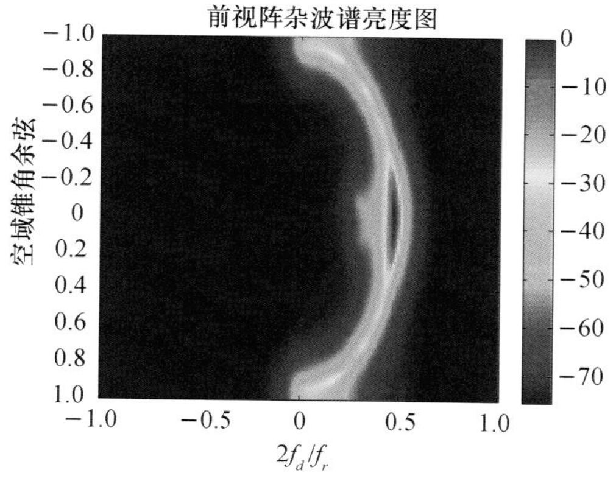

图 7.56　机载前视阵杂波谱亮度图

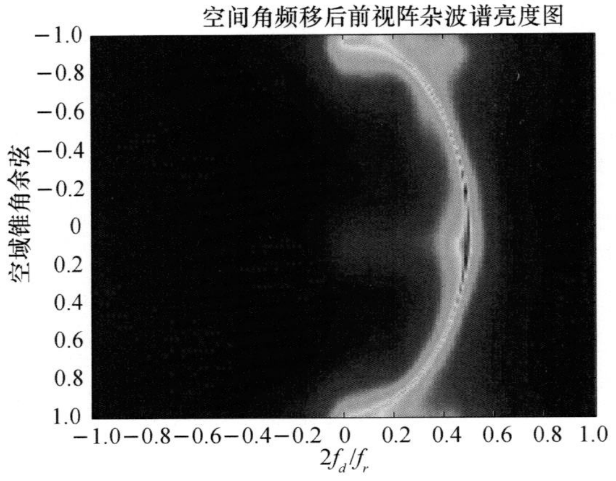

图 7.57　空间角频移补偿后的杂波谱亮度图

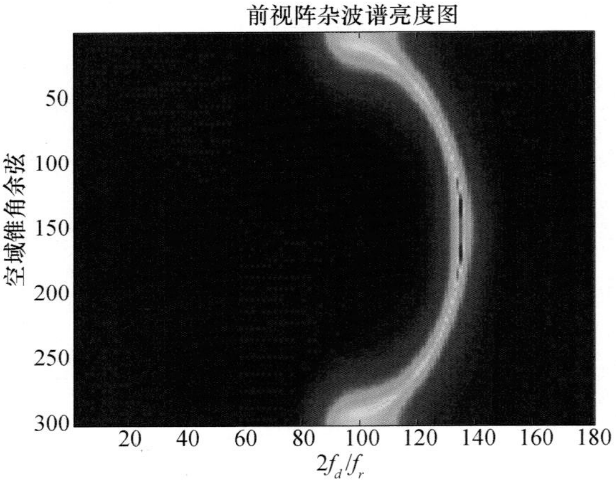

图 7.58　改进的空间角频移方法补偿后的杂波谱亮图

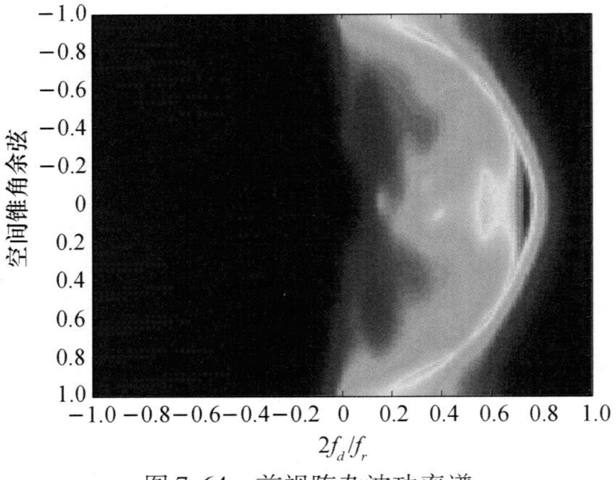

图 7.64　前视阵杂波功率谱

彩/10